CHRIS CHANT

BOMBER

EINE ILLUSTRIERTE GESCHICHTE DER BOMBER VON 1914 BIS HEUTE

tosa

Bildnachweis:

Aerospace Publishing Ltd: 10-11 (IWM), 12 (RAF Museum), 26, 40, 55, 56, 58, 63, 86, 172. **Hugh W. Cowin:** 51. **TRH Pictures:** 6-7, 8-9, 14-15, (IWM), 16-17, 18, 22 (US Department of Defence), 23, 24, 28-29 (RAF Museum), 30, 32 (IWM), 36, 38, 42-43, 44 (British Aerospace), 48, 49 (RAF Museum), 52-53, 54, 57, 61, 65, 66, 69, 72, 73, 74 (RAF Museum), 75, 78-79, 80, 82, 84-85, 89, 91, 96-97, 100, 102, 103 (RAF Museum), 106-107, 109, 110 (IWM), 111, 113, 114 (Dornier), 115, 118, 120 (IWM), 122 (US Air Force), 123, 126, 128-129, 131, 132 (IWM), 133 (RAF Museum), 137 (US Air Force), 138 (IWM), 140-141 (Rockwell International), 142, 144, 145 (General Dynamics), 150, 151 (US Air Force), 153, 154, 155 (US Air Force), 157 (US Department of Defence / US Air Force), 158, 160, 163, 165 (Arthur Gibson), 166, 167 (J. Widdowson), 170 (Tim Senior), 173 (US Air Force), 174 (Northrop-Grumman).

Originaltitel: *The World's Great Bombers*
Aus dem Englischen von DIE TEXTWERKSTATT, WIEN / Tatjana Dönt, Mathias R. Hofter, Rudolf F. Kaspar, Ulrike Müller-Kaspar

Printed in Slovenia

This translation of *The World's Great Bombers* first published in 2000 is published by arrangement with Amber Books Ltd.

INHALT

KAPITEL 1

ERSTER WELTKRIEG

Im Verlauf des ersten größeren Konflikts des 20. Jahrhunderts entwickelten sich die primitiven Bomber der frühen Kriegsjahre zu spezialisierten, weit reichenden, mehrmotorigen Flugzeugen, die ihre Bomben auch über dem Land des Feindes abwerfen konnten.

Der erste Bomber des Ersten Weltkriegs war der Avro Typ 504. Er ist bis heute ein Klassiker und war berühmt für seine Bedienungsfreundlichkeit und Langlebigkeit. Es wurden stattliche Stückzahlen von ihm produziert.

Der Prototyp machte seinen Jungfernflug bereits 1913, aber erst nach einer ganzen Reihe von Änderungen ging der definitive Entwurf im Oktober 1914 an den Start. Der „Avro", wie er kurz genannt wurde, sollte sowohl zivilen wie militärischen Zwecken dienen. Der erste Auftrag erging 1913 vom Kriegsministerium, das zunächst 12 Flugzeuge für das Königliche Fliegerkorps (Royal Flying Corps, RFC) bestellte. Die Admiralität bestellte ebenfalls eine Maschine für den Königlichen Marineflugdienst (Royal Navy Air Service, RNAS). (RFC und RNAS wurden später, am ersten April 1918, zur Königlichen Luftwaffe, Royal Air Force, RAF, verschmolzen).

Diese ersten Bestellungen wurden zwischen Juli und September 1913 ausgeliefert, als Beginn einer Produktion von insgesamt 8340 Stück, von denen 3696 von Avro selbst, 4644 von anderen Vertragspartnern bis zum Ende des Ersten Weltkriegs gebaut wurden.

Ein Avro Typ 504 war das erste britische Flugzeug, das im Ersten Weltkrieg verloren ging, als am 22. August 1914 in Belgien eine Maschine der 5. Staffel der RFC vom Bodenfeuer abgeschossen wurde. Das RFC setzte das Modell bis Ende 1914 in großem Maßstab an der Westfront ein. In kleiner Anzahl, aber für sehr viel riskantere Missionen, verwendete ihn die RNAS, so für die Bombenangriffe gegen die Zeppelinhangars in Friedrichshafen am Bodensee im November 1914. Dabei trug jede Maschine vier 20-Kilo-Bomben und es gelang ihnen, damit die Anlage zu zerstören, in der das Gas für die Zeppeline hergestellt wurde. Mit derselben Bewaffnung griff die RNAS die deutschen U-Bootbasen in Oostende und Antwerpen an, wo sie zwei U-Boote zerstören konnte. Das RFC griff damit deutsche Zeppeline in der Luft an, wobei der Avro sich über und etwas vor die riesigen, mit Wasserstoff gefüllten Luftschiffe setzte, um seine Bomben auszuklinken.

Weil sie keine besonders herausragende Leistung erbrachte, aber über gutmütige Flugeigenschaften verfügte, benutzte man die zweisitzige Maschine seit Ende 1914 mehr für die Ausbildung der Piloten als für den militärischen Einsatz, und von da an wurden die meisten Exemplare mit Doppelsteuerung ausgeliefert.

■ LINKS: Obwohl für Propagandazwecke aufgenommen, illustriert das Foto doch treffend die primitiven Bombenabwurf- und -positionierungstechniken am Beginn des Ersten Weltkriegs.

DER ERSTE FRANZÖSISCHE ENTWURF

Die nächste Parallele zum Avro Typ 504 war der Farman HF.20, das erste Flugzeug, das Einflüsse von beiden Brüdern Farman, Henri und Maurice, aufwies. Henri entwickelte den Farman HF.20 1913 weiter aus seinem F.16, verwendete dabei aber auch viele Elemente des MF.11 „Shorthorn" seines Bruders.

Er war ein Anderthalbdecker, eine mit Tuch bespannte Holzkonstruktion. Das zweisitzige Flugzeug wurde von einem 80-PS-(59,6 kW-)Gnome-7-Drehkolbenmotor mit einem zweiflügeligen Holzpropeller angetrieben.

Der HF.20 war eine genügsames, wenn auch nicht außergewöhnliches Flugzeug, was seine Wendigkeit und Flugeigen-

schaften anging, aber für den Transport von Bomben war er eindeutig zu schwach motorisiert. Dennoch wurde er bei Ausbruch des Kriegs im August 1914 von der belgischen, der französischen und der britischen Luftwaffe benutzt. Man machte einige Versuche mit ihm als Bomber, ehe er nur noch für Aufklärungsflüge und seit 1915 fast ausschließlich für Ausbildungszwecke eingesetzt wurde.

Der HF.21 war ein Versuch, die Leistung des HF.20 zu verbessern. Der Gnome-Motor wurde durch einen Le-Rhône-Drehkolbenmotor, ebenfalls mit 80 PS Leistung, ersetzt und die obere Tragfläche wurde vergrößert, aber seine Flugeigenschaften waren noch schlechter. Der HF.22 war ein weiterer enttäuschender Nachfolger des HF.20.

Der erfolgreichste aus der HF.20-Serie war der HF.27. Im Kern war er ein überarbeiteter HF.20 mit einem Stahlrahmen, einem neuen Fahrwerk (ein Paar Bugräder unter dem vorderen Teil des Rumpfes), einer Doppeldecker-Tragflächeneinheit mit gleicher Spannweite und einem Salmson-(Canton-Unné-)Sternmotor mit 140 oder 160 PS (104 oder 119 kW). Er konnte eine 500-Pfund-Bombe (227 kg) zuladen und wurde von den Briten in der Ägäis, in Afrika und in Mesopotamien eingesetzt.

Die Produktionsserien des HF.20 erreichten 3300 Stück, von denen die meisten für die Ausbildung benutzt wurden. Hergestellt wurde er in Belgien, Frankreich, Italien, Russland und Großbritannien mit mindestens acht verschiedenen Typen von Motoren.

DER VOISIN TYP L

In französischen Diensten stand dem HF.20 der Voisin Typ L (Typ 1 und 2) zur Seite. Nach dem Jahr seiner Einführung (1913) oder seiner Spannweite von 13,5 m wurde er auch Modell 13 genannt. Er war das wichtigste Produkt aus dem Hause Voisin am Beginn des Ersten Weltkriegs. Er wirkte zwar von außen etwas schwächlich, war aber in Wirklichkeit dank seiner mit Stoff bespannten Stahlkonstruktion extrem robust. Sein

OBEN: Der Avro Typ 504B, ein typisches Allzweckflugzeug, wie es am Beginn des Ersten Weltkriegs als Bomber oder zum Abfangen von Zeppelin-Luftschiffen eingesetzt wurde.

Herzstück war der kurze zentrale Rumpf, in dem sich (von vorn nach hinten) der Beobachter/Bordschütze, der Pilot, die Benzin- und die Öltanks befanden. Ein Gnome-Drehkolbenmotor war erhöht angebracht, der einen zweiblättrigen Druckpropeller aus Holz antrieb.

Etwa 70 Exemplare des Typs L erhielten die französischen Luftstreitkräfte, wo sie von den *Esquadrilles* (Staffeln) V.14 und V.21 geflogen wurden. Weitere Maschinen wurden an die russischen Luftstreitkräfte geliefert. Sie wurden im Allgemeinen zur Artilleriebeobachtung eingesetzt und erst im November 1914 wurden die restlichen Maschinen mit Halterungen für leichte Bomben seitlich des Rumpfes ausgerüstet.

Die beiden Varianten waren die Voisin Typ 1 mit einem Gnome-7-Drehkolben-

motor mit 70 PS (52,2 kW) und Typ 2 mit einem stärkeren 80-PS-(59,6 kW-)Le-Rhône-9C-Triebwerk.

Neben dem Voisin Typ L gab es bei den Einheiten, die Voisins flogen, noch die Typen LA und LB (Typ 3 und 4), die den L nach und nach ersetzten. Erstmals im Februar 1914 war der LA im Einsatz, der später die Bezeichnung Typ 3B.2 erhalten sollte – eine verbesserte Version des Typs L mit zwei Tragflächen ungleicher Spannweite und gegenläufig verjüngten Querrudern an den Tragflächenenden sowie einem Salmson-(Canton-Unné-)9M-Sternmotor, der von zwei Kühlblöcken gekühlt wurde. Das robuste Basismodell wurde nach und nach der Aufgabe als Kriegsflugzeug angepasst und erhielt schwerere Bewaff-nung und stärkere Maschinen. Der wassergekühlte Salmson 9M trieb einen zweiblättrigen hölzernen Druckpropeller an.

Ein Kontingent dieser Flugzeuge stand bei Ausbruch des Ersten Weltkriegs für den Export nach Russland bereit und Gabriel Voisin bot die Maschinen sofort der französischen Regierung an und bewaffnete sechs von ihnen sogar auf eigene Kosten mit 8-mm-Hotchkiss-Maschinengewehren. In einer dieser Maschinen, einem Typ LA der Staffel V.24, die von Leutnant Joseph Frantz geflogen wurde, machte der Bordschütze Korporal Quénault Kriegs- und Fluggeschichte, als er am 5. Oktober den ersten Luftsieg des Ersten Weltkriegs erfocht, indem er einen unbewaffneten Aviatik-B-I-Aufklärer mit 47 Schuss aus seinem Hotchkiss-Maschinengewehr abschoss.

Später wurde der Typ LA zum Typ LA.S (S für surélevé, verbessert) ausgebaut, indem bei ihr die Montage des Motors leicht modifiziert wurde: Er wurde jetzt in einem Winkel montiert, sodass der Schub nach unten gelenkt wurde. Viele dieser Flugzeuge wurden später zu Ausbildungsmaschinen des Typs 3D.2 umgebaut.

Der Voisin Typ LA wurde in größerer Anzahl gebaut als alle anderen Voisin-Maschinen; etwa 800 wurden als Allzweckflugzeuge an die *Aviation Militaire* der französischen Armee geliefert, meist zur Artilleriebeobachtung und zur Gefechtsfelderkundung, seit September 1915 wurde sie auch für nächtliche Bombenflüge benutzt. Eine kleine Anzahl wurde mit drei Schwimmern ausgestattet und vom französischen Marineflugdienst eingesetzt, andere wurden nach Russland (wo sie auch in Lizenz nachgebaut wurden), Belgien (wo eine ganze Staffel mit ihnen ausgestattet wurde) und nach Großbritannien exportiert.

Der Typ 3B.2 war die Grundausstattung der ersten strategischen Bomberflotte der französischen *Aviation Militaire,* als 1915 die Staffeln VB.1, VB.2 und VB.3 zur *1er Groupe de Bombardement* (1. Bombergruppe) zusammengefasst

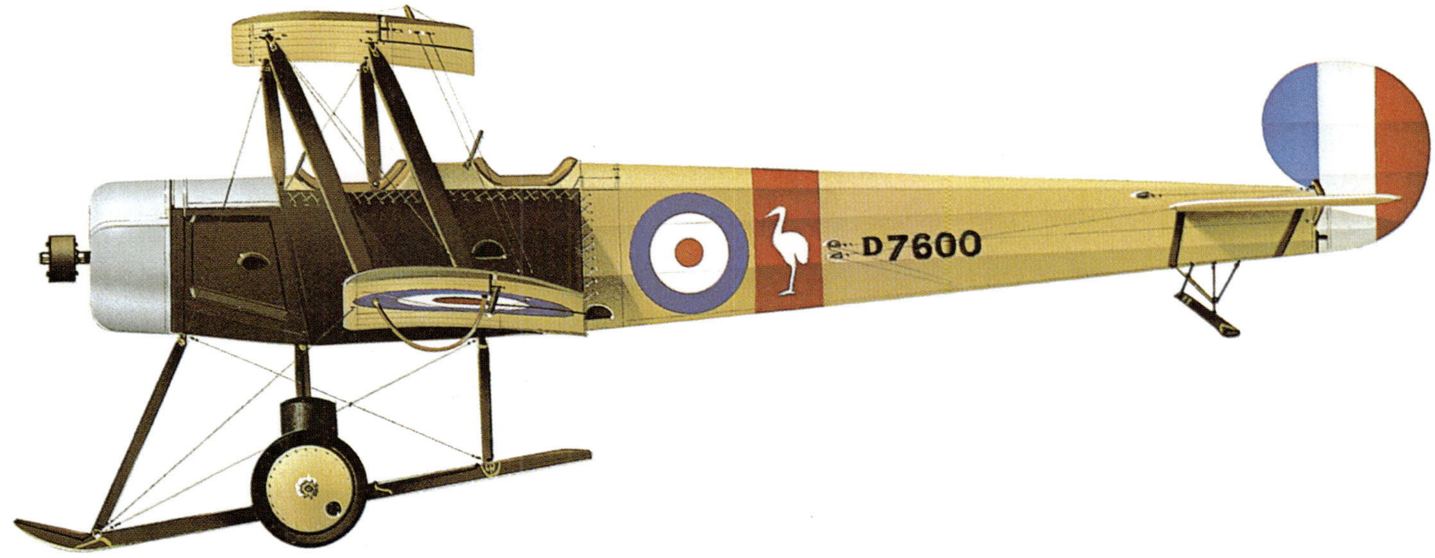

Avro Typ 504

Typ: zweisitziges Mehrzweck-Militärflugzeug
Herkunftsland: Großbritannien
Triebwerk: ein Clerget-, Gnome- oder Le-Rhône-Drehkolbenmotor mit 80 PS (59,6 kW)
Leistung: Höchstgeschwindigkeit 132 km/h in Meereshöhe
Gewicht: Leermasse: 419 kg; maximale Startmasse: 714 kg
Abmessungen: Spannweite 10,97 m; Länge 8,97 m; Höhe 3,18 m; Tragflügelfläche 29,73 m²
Bewaffnung: keine

wurden. Die Einheit besaß 18 Maschinen, die später durch GB 2, GB 3 und GB 4 ergänzt wurden. Sie wurde zu einer Reihe von strategischen Tagesangriffen auf Ziele hinter den deutschen Linien eingesetzt wie Eisenbahnknotenpunkte, Truppenkonzentrationen oder industrielle Ziele wie Giftgasfabriken. Ab September 1915 waren diese Angriffe recht erfolgreich, insbesondere seit man die Flugzeuge mit Schächten für den Abwurf von Bomben von bis zu 60 kg ausstattete. Doch steigende Verluste im Sommer 1915 führten zum Abbruch der Kampagne.

In Italien wurden 1915 und 1916 112 Flugzeuge des Typs LA durch die *Società Italiana Transaerea* in Lizenz für die italienischen Luftstreitkräfte gefertigt, die fünf *Squadriglie* (Staffeln) damit ausstattete. Sie hatten Motoren von Fiat, Isotta-Fraschini oder Renault. Der gebräuchlichste war der Isotta-Fraschini-Reihenmotor mit 190 PS (142 kW).

Der Typ LB, später bekannt unter dem Namen 4Ca.2, wurde nach seinem Jungfernflug im März 1915 in einer Stückzahl von 200 Maschinen hergestellt. Er hatte versetzt angeordnete Tragflächen, einen verstärkten Rumpf und vor allem eine sehr viel stärkere Bewaffnung in Form einer 37-mm-Hotchkiss-Kanone (manche sogar vom Kaliber 47 mm) am Bug des Rumpfes. Dieses Kanonenflugzeug war im Luftkampf wenig hilfreich, weil das Gewicht der Kanone die Beweglichkeit und Leistung erheblich einschränkte, erwies sich aber als recht effektiv bei der Bekämpfung von Bodenzielen.

RUSSISCHE ENTWICKLUNGEN

Zavod A. A. Anatra war seit 1913 einer der fünf größten Flugzeughersteller Russlands im Ersten Weltkrieg. Die Werke in Sewastopol und in Simferopol in der Ukraine bauten 1917 im Monat 80 Flugzeuge, bis die Oktoberrevolution das Kaiserreich Russland in die Sowjetunion verwandelte. Die Firma A. A. Anatra konzentrierte sich auf den Lizenzbau von französischen Modellen wie dem Nieuport und dem Voisin. 1915 baute Anatra den Voisin-5-Bomber, den LA.S, der auch in anderen Werken hergestellt wurde. Um seine nicht mehr ganz zeit-

Voisin Typ 1B.2

Type: zweisitziges Mehrzweckkampfflugzeug und leichter Bomber
Herkunftsland: Frankreich
Triebwerk: ein 70-PS-(52,2-kW-) Gnome-7A-Drehkolbenmotor
Leistung: Höchstgeschwindigkeit leer 95 km/h in Meereshöhe
Gewicht: leer 825 kg; maximale Startmasse 1100 kg
Abmessungen: Spannweite 13,50 m; Länge 10,50 m; Höhe 2,90 m;
Bewaffnung: ein 8-mm-Gewehr oder Karabiner sowie bis zu 60 kg Bomben.

gemäßen Flugeigenschaften zu verbessern, beauftragte Anatra Leutnant V. Ivanov damit, eine neue Version zu entwerfen. Dies war der V.I. (Voisin-Ivanov), der sich nur in wenigen Details von dem ursprünglichen Typ 5 unterschied, die den Luftwiderstand reduzieren sollten.

Ivanov konnte die Höchstgeschwindigkeit um 21 km/h verbessern und die Aufstiegsdauer auf 2000 m um fünf Minuten reduzieren. Dennoch funktionierten das Seitenleitwerk und generell die Steuerung schlecht und auch das Fahrwerk neigte zu Ausfällen, da es nicht dem höheren Gewicht des Flugzeugs entsprechend verstärkt worden war.

Anatra erhielt eine Bestellung über 139 Einheiten des V.I., die zwischen März 1915 und März 1916 geliefert werden sollten, doch der letzte wurde erst 1918 fertig gestellt. Er war bei den russischen Flugbesatzungen unbeliebt und das auch nach 1917, als Ivanov die meisten Fehler – bis auf das Fahrwerk – korrigiert hatte

FORTSCHRITTE DER FRANZOSEN

In den Jahren vor dem Ausbruch des Ersten Weltkriegs wurde eine Reihe kontinuierlich verbesserter Breguet-Doppeldecker hergestellt. Der wichtigste war der Typ III, der in verschiedenen Varianten in Frankreich und Großbritannien für militärische Zwecke eingesetzt wurde. In den ersten Monaten des Kriegs diente Breguet selbst als Pilot, vorwiegend bei der Staffel BR.17, die weitgehend mit der U.3 ausgerüstet waren. Er bemerkte bald, dass die Flugzeuge seiner Zeit nicht stabil und stark genug waren, um zu etwas anderem als zu Aufklärungsflügen eingesetzt zu werden, und auch das nur, wenn gleichzeitig keine riskanten Manöver geflogen wurden mussten.

Breguet entwarf den Typ IV, auch unter der militärischen Bezeichnung BU3 bekannt. Er hatte einen Druckpropeller, weil dies der französische Generalstab so gefordert hatte; der Beobachter auf dem Vordersitz sollte freie Sicht und freies Schussfeld für sein 8-mm-Hotchkiss-Maschinengewehr haben. Den Druckpropellertypus bezeichnete der Buchstabe „B“, und „U3“ stand für die Ausrüstung mit einem160-PS-(119-kW-)Salmson-(Canton-Unné-)Sternmotor mit Wasserkühlung.

Der Prototyp war noch in der Entwicklung, als der deutsche Vormarsch in Nordostfrankreich im Spätsommer 1914 das Breguet-Werk in Douai bedrohte, und er wurde deswegen nach Villacoublay bei Paris zur Fertigstellung gebracht. Diese erfolgte Ende Oktober oder Anfang November und er wurde unverzüglich in Dienst gestellt. Louis Breguet selbst flog die Demonstration. Er war ein solider

LINKS: Charakteristisch für die erste Generation wirklicher Bomber waren die französischen Zweisitzer vom Typ Voisin VIII und IX, die 300 kg Bomben zuladen konnten.

dreijochiger Doppeldecker mit einem vierrädrigen Fahrwerk sowie einem ausladenden Rumpf für eine zweiköpfige Besatzung mit dem Sternmotor am Heck. Da es ein *Avion de combat* (Kampfflugzeug) sein sollte, war der Rumpf zum Teil gepanzert, aber der Beobachter/Bordschütze war auf dem Rücksitz untergebracht und musste aufstehen, um sein Maschinengewehr im Stehen über den Kopf des Piloten hinweg abzufeuern. Die französische Luftflotte wollte ihn als ungepanzerten Jagdflieger überarbeiten lassen, aber schließlich entschloss man sich doch, ihn als Bomber in Serie gehen zu lassen.

Die erste Variante des BU3, die von Michelin gebaut wurde, war der BUM – eine Maschine des Typs B mit einem Salmson-(Canton-Unné-)Motor, ebenfalls von Michelin. Nach einigen Veränderungen wurde er als BrM2B.2 in der Kategorie *Bombardement deux-place* (zweisitziger Bomber) mit einem 200-PS-(149-kW-)Salmson-(Canton-Unné-)Motor gebaut. Der BLM war die definitive Version des BU3 von Michelin und ging als BrM4B.2 mit einem stärkeren Renault-12Fb-V-Motor mit 220 PS (164 kW) in Dienst. Weil diese Maschine länger war, wurden die Tanks zwischen den Flügeln über der Kreuzung der Drähte zwischen Rumpf und den inneren Streben angebracht.

Der BLC bildete als leichter Bomber und Begleitschutzjäger das Pendant zum BUC, der Begleitversion des BU3, und verhielt sich daher wie der BrM4 zum BrM2. Der BLC war mit dem Renault-12Fb-V-Motor zu 220 PS (164 kW)

OBEN: Das Flugboot Short Typ 184 war als Torpedobomber entworfen worden, aber erfüllte diese Aufgabe nicht und wurde deswegen oft als konventioneller Bomber eingesetzt.

ausgerüstet und erhielt zwei Tanks mit einem Fassungsvermögen von insgesamt 460 Litern, die zwischen innerer Verstrebung und Rumpf montiert waren. Bei einer späteren Änderung wurden die breiten Tragflächenruder der älteren Modelle durch schmalere ersetzt, die nur bis zur Hinterkante der Tragflächen selbst reichten.

Der Breguet Chasse war die Variante des BUC, die vom RNAS, den britischen Marinefliegern, in Dienst genommen wurde, die 17 Exemplare dieses Typs erhielten. Die wichtigste Änderung gegenüber dem BUC war die Ersetzung des 2M7-Sternmotors durch einen Sunbeam-Mohawk-V-Kolbenmotor, in einigen Fällen durch einen Rolls-Royce-Falcon-V-Motor.

EINE NEUE ORGANISATION

Im Frühjahr 1916 beschloss die französische Luftwaffe, ihre Flugzeuge in fünf Kategorien einzuteilen: Kategorie A für Flugzeuge zur Luftunterstützung der Bodenstreitkräfte, Kategorie B für Jäger (oder Jäger-Aufklärer, wie sie damals hießen), Kategorie C für dreisitzige *Avions de combat*, Mehrzweckkampfflugzeuge, Kategorie D für *Avions Canon*, Kanonenflugzeuge, Kategorie E für Bomber.

Kategorie D war mit einer 37-mm-Hotchkiss-Kanone ausgerüstet und Maschinen mit dieser Grundausstattung wurden wiederum in zwei Unterkategorien unterteilt: D.1 besaß eine kurzläufige Fassung dieser Kanone für den Luftkampf, während die Kategorie D.2 Flugzeuge mit der langläufigen Version dieser Kanone enthielt, die für Angriffe auf deutsche Beobachtungs- und Feuerleitballons, Züge und Artilleriestellungen gedacht war, insbesondere für den Angriff auf Flugabwehrgeschütze.

DER BREGUET V

Breguet hatte bereits beschlossen, ein Flugzeug vorwiegend für den Geleitschutz zu entwerfen, das aber durch Zuladung von 20 kleinen Bomben auch die Aufgaben eines leichten Bombers übernehmen konnte; dies sollte den Anforderungen für Flugzeuge der Kategorie C entsprechen. Der Prototyp dieser neuen Maschine, sein Typ V, erschien gegen Ende 1915. Seine kurzläufige 37-mm-Kanone wurde von dem Beobachter/Bordschützen auf dem Vordersitz bedient. Um weitere Einsatzbereiche abzudecken, erhielt er noch ein heckwärts feuerndes Lewis-Maschinengewehr über der Mitte der oberen Tragfläche mit einem Rohrgestell, an das sich der Schütze lehnen konnte, während er im vorderen Cockpit stehend diese Waffe bediente.

Der Typ V wurde vom Renault-12Fb-V-Motor mit 220 PS (164 kW) angetrieben. Er bestand bei den Probeflügen im April 1916 alle Tests, und eine beschränkte Stückzahl wurde produziert und als Bre.5Ca.2 – Ca für *Canon,* Kanonenflugzeug – in Dienst gestellt. Es wurde nie eine ganze Staffel damit ausgerüstet, sondern die Maschinen wurden nur Bomberstaffeln als Geleitschutz zugeteilt. Einige spätere Exemplare erhielten den Renault-12Fbx-oder Fcx-Motor mit 250 PS (186 kW). Während die Franzosen den Bre.5 vor allem zum Geleitschutz einsetzten, benutzte das 3. Geschwader der RNAS in Form der 5. Staffel in Koudekerk 35 Stück dieser Maschinen als Bomber.

Als der Breguet Typ V in Serie ging und als Bre.5 in Dienst gestellt wurde, befürchtete man, dass der Nachschub an Renault-Motoren nicht reichen könnte. Breguet entwickelte also einen überarbeiteten Typ VI mit dem wassergekühlten Salmson-(Canton-Unné-)A9-Sternmotor mit 225 PS (168 kW), der den Druckpropeller über eine Welle antrieb.

Er ging unter den Bezeichnungen Bre.6B.2 als zweisitziger Bomber und unter Bre.6Ca.2 als Geleitschutzjäger mit einer 37-mm-Kanone bei der französischen Luftwaffe in Dienst.

Als die Bre.5-Reihe zugunsten des Breguet Bre.14 außer Dienst genommen wurde, wurden die verbliebenen Maschinen nicht ausgemustert, sondern für den Einsatz als Nachtbomber unter dem Namen Bre.12B.2 überarbeitet und mit einem Zwillings-Bugrad wie die BrM4B.2 versehen. Einige andere Maschinen wurden entsprechend zu den Bre.12Ca.2-Nachtjägern umgebaut; die Kanone erhielt einen Suchscheinwerfer und unter der unteren Tragfläche wurde eine Reihe von acht Landescheinwerfern angebracht.

BRITISCHE EXPERIMENTE

Im Juli 1914, dem Monat unmittelbar vor Kriegsausbruch, gelang es dem RNAS-Staffelkommandeur A. M. Longmore, einen 356-mm-Torpedo mit einem Gewicht von 408 kg von einem Flugzeug aus abzuwerfen, in diesem Fall von einem Short-Flugboot mit einem 160-PS-(119-kW-)Gnome-Drehkolbenmotor. Dies gilt als erster erfolgreicher Torpedoabschuss aus der Luft, obwohl Longmore einen Rivalen hatte, Capitano Alessandro Guidoni in Italien. Ihm gelang Mitte 1914 Ähnliches mit einem Übungstorpedo von 375 kg und dem Pateras-Pescara-Versuchsflugzeug. Seine ersten Versuche hatte er 1912 mit einem Farman-Doppeldecker unternommen.

1913 kamen die Briten ein bedeutender Schritt auf diesem Weg voran, als sie einen 356-mm-Torpedo unter einem Sopwith-C-Flugboot in die Luft brachten, mit einem Salmson-(Canton-Unné-)Motor mit 200 PS (149 kW). Aber erst Longmores Erfolg überzeugte das britische Oberkommando und insbesondere Captain Murray Sueter, den Leiter der Luftfahrtabteilung der Admiralität, dass der luftgestützte Torpedo schnell zu einer effizienten Kriegswaffe werden konnte.

Kurz nach dem Ausbruch des Ersten Weltkriegs führte die Firma Short Brothers in Rochester/Kent ihr Flugboot Typ 166 ein, das mit einer Abschussvorrichtung für Torpedos ausgestattet werden konnte, aber das Luftfahrtministerium fand, dass ein größeres Modell mit einer stärkeren Maschine für einen wirksamen Einsatz als Torpedoflugzeug benötigte würde. Sueter verhandelte direkt mit dem ältesten der Short-Brüder, Horace (ebenso mit den Firmen Sopwith und Wight), und Anfang 1915 erschien der Prototyp eines Wasserflugzeugs mit zwei Schwimmern und großer Flügelspannweite, das dann der Typ 184 wurde. Er war ein direkter Nachfahre von Shorts Beitrag zum britischen Flugbootwettbewerb von 1913 mit einer stärkeren Maschine, die eine größere Zuladung erlaubte.

Bevor überhaupt der erste Prototyp erprobt war, schloss die Admiralität bereits einen Vertrag über zehn weitere Maschinen ab, die später als das Vorserienkontingent bezeichnet werden sollten, zusammen mit ebenfalls je zehn Exemplaren vom Sopwith 860 und dem Wight 840, also den Modellen von der Konkurrenz. Bereits jetzt war die Admiralität so vom Short Typ 184 überzeugt, dass sie ihn in Serie gehen ließ und in Stückzahlen bestellte, die die beiden Short-Fabriken in Kent überforderten. So wurde zunächst ein Vertrag über 75 Flugzeuge mit Short abgeschlossen und einer über 30 Maschinen mit Saunders in Cowes auf der Isle of Wight. Weitere Aufträge zur Produktion von jeweils zwölf Einheiten gingen an andere Firmen, die bisher über keinerlei Erfahrungen im Flugzeugbau verfügten.

Im Januar 1916 erließ die Admiralität eine weitere Serie von Bestellungen, unter anderem auch über den etwas abweichenden Typ 184 B. Er hatte eine überarbeitete doppeljochige Tragflächeneinheit mit einem erhöhten Abstand der Tragflächen und einer vergrößerten Spannweite der oberen Tragfläche, deren Spitzen von einer giebelförmigen Drahtverspannung gehalten wurde. Die unteren Tragflächen (nun ohne Querruder) waren durch die Beschneidung der äußeren Flügelfelder verkleinert worden. Obwohl der Typ 184 B deutlich bessere Steigflugeigenschaften und eine größere Gipfelhöhe hatte, wurden nur zehn Stück dieses Typs gebaut.

ERSTE EINSÄTZE

Auch als die Serienproduktion bereits angelaufen war, stellten die beiden Prototypen die Fähigkeiten des Modells unter Beweis. Sie wurden auf dem Post-

Short Typ 184

Typ: auf Flugzeugträgern und an Küsten stationierter Torpedo- und Flächenbomber
Herkunftsland: Großbritannien
Triebwerk: ein 194-kW-Sunbeam-Maori-I-Kolbenmotor
Leistung: Höchstgeschwindigkeit 142,5 km/h in 610 m Höhe; Dienstgipfelhöhe 2745 m
Gewicht: leer 1680 kg; maximale Startmasse 2433 kg
Abmessungen: Spannweite 19,36 m; Länge 12,38 m; Höhe 4,10 m
Bewaffnung: ein 7,7-mm-Lewis-Maschinengewehr sowie bis zu 367 kg Zuladung

dampfer *Ben-my-Chree* der Isle of Man, der zu einem Flugzeugträger umgebaut worden war, 1915 zur griechischen Insel Mytilene verschifft, die der Küste des Kriegsgegners Türkei gegenüberlag. Das begehrteste Ziel der britischen Piloten war der deutsche Schlachtkreuzer SMS *Goeben* und sein leichter Geleitkreuzer SMS *Breslau.* Sie mussten sich jedoch mit einem kleineren Fisch als erstem und dann auch einzigem Erfolg zufrieden geben, als sie am 12. August aus einer Entfernung von 320 m einen türkischen Frachter trafen, der aber bereits vorher von dem britischen U-Boot HMS *E-14* manövrierunfähig geschossen worden war. In derselben Woche landeten sie Treffer bei zwei weiteren türkischen Schiffen; in einem Fall schoss der Typ 184 seinen Torpedo erst ab, nachdem er wegen Motorproblemen zum Wassern gezwungen worden war.

Diese Erfolge konnten nicht verbergen, dass der Typ 184 in seinem jetzigen Zustand Schwächen hatte. Er konnte nur von See aus starten, wenn leichter Wellenschlag die Reibung zwischen den

LINKS: Pilot und Beobachter/Bordschütze der Staffel Nr. 112 der RAF überwachen in St. Omer in Frankreich, wie ein Bombenzünder an einer F.E.2b angebracht wird.

glatten Schwimmerunterseiten und dem Wasser verringerte, und auch das nur, wenn er als Einsitzer mit reduziertem Treibstoff geflogen wurde. Ein anderes Problem in heißem Klima war, dass das Kühlwasser während der langen Startanläufe des Typs 184 zum Kochen neigte.

Daher beschloss man, den Typ 184 nicht mehr als Torpedoflugzeug einzusetzen, sondern nutzte seine Eignung zum Flächenbombardement aus, insbesondere gegen deutsche U-Boote, oder für Feuerleitaufgaben, besonders für die Panzerschiffe der Royal Navy.

Später wurden im hinteren Cockpit ein bewegliches Lewis-Maschinengewehr mit drei Trommelmagazinen zu 97 Schuss installiert und die bogenförmigen Querverstrebungen zwischen den Schwimmern, die für den Transport der Torpedos vorgesehen waren, wurden durch gerade Verstrebungen ersetzt.

Einige der Flugzeuge wurden zum 184-D-Einsitzer umgebaut und das vordere Cockpit dem Transport von neun vertikal angebrachten 29,5-Kilo-Bomben angepasst. Über den Typ 184 C existieren keine Informationen mehr.

Der Typ 184 wurde an RNAS-Einheiten für die U-Bootbekämpfung und zur Küstenüberwachung ausgeliefert, kleine Stückzahlen wurden auch auf Flugzeugträgern von der *Grand Fleet* und anderen Überwassereinheiten der Royal Navy eingesetzt. Es war ein Typ 184 des Flugzeugträgers HMS *Engadine,* der den einzigen britischen Aufklärungsflug in der entscheidenden Skagerrakschlacht unternahm (im Mai 1916), auch wenn er vorzeitig durch eine defekte Benzinleitung beendet wurde. Zuvor jedoch konnte die Besatzung ihren Bericht über die Entdeckung von 13 deutschen Kriegsschiffen in Gestalt von drei Kreuzern und zehn Zerstörern per Funk an die Hochseeflotte absetzen.

DIE VERBESSERUNG DER MOTOREN DER 184

Der Typ 184 wurde bis zum Kriegsende produziert, obwohl er seit Anfang 1917 nur noch zur U-Bootbekämpfung eingesetzt wurde.

Von den insgesamt bestellten 1090 Maschinen wurden tatsächlich alle bis auf 145 fertig gestellt. Nach und nach wurden andere und stärkere Motoren montiert, so der Sunbeam Gurkha mit 240 PS (179 kW), der Renault mit 240 PS (179 kW), der an seinem aufwärts gerichteten Auspuff zu erkennen war, der Sunbeam Maori I und II mit 260 PS (194 kW) und der Maori III mit 275 PS (205 kW), der an seinen vertikalen Auspuffen zu erkennen war.

Einige der später hergestellten Flugzeuge hatten eine verbesserte Installation des Motors, die auf dem Flugplatz der Royal Navy in Dover entworfen worden war, mit dem Kühlblock an der Front, die das Gesichtsfeld des Piloten deutlich verbesserte. Diese Dover 184 war hauptsächlich für den Einsatz über den unruhigen Gewässern des Ärmelkanals gedacht und hatte größere Pontons, und die Stützschwimmer unter den Tragflächen waren ebenfalls länger und stärker stromlinienförmig.

Nach dem Ersten Weltkrieg behielten die Briten einige Exemplare dieses Typs für Minenräumkommandos im Dienst und bescheidene Stückzahlen wurden exportiert.

DER ALBATROS BOMBER

1916 stellte der deutsche Hersteller Albatros den einzigen Prototyp seines mittleren Bombers G II vor. Er hatte einen mit Sperrholz verschalten Rumpf und mit Stoff überzogene Tragwerke, das Leitwerk hatte die übliche Albatrosform. Das auffälligste Merkmal war der ungewöhnlich starke Querschnitt der Tragflächen, der den größtmöglichen Auftrieb und damit eine möglichst große Zuladung an Bomben gewährleisten sollte. Andere Merkmale waren das Fahrwerk, das aus einem fixen Heckspørn, einer Haupteinheit und einer zusätzlichen Bugeinheit mit jeweils durchgehender Achse bestand, die X-förmigen Verstrebungen zwischen den Flächen, deren Stärke zusätzliche Drahtverspannungen weitgehend überflüssig machte, und die beiden Benz-Bz.III-Reihenmotoren zu jeweils 150 PS (112 kW), die in engen Gehäusen über der unteren Tragfläche saßen und die zweiblättrigen Druckpropeller mit Luftschraubenhauben antrieben.

Das gleiche Grundkonzept wurde für den G III übernommen, der Ende 1916 folgte. Er hatte offene Cockpits für die dreiköpfige Besatzung. Produktionsziffern und Einsätze sind weitgehend unbekannt. Der Albatros G III wurde in beschränkter Anzahl an der makedonischen Front eingesetzt, wo maximal zehn Flugzeuge gleichzeitig stationiert waren. Es ist unwahrscheinlich, dass er nach Herbst 1917 noch geflogen wurde.

Obwohl Friedrichshafen für seine Flugboote bestens bekannt war, wurde dort auf Initiative des Chefingenieurs Theodor Kober mit dem Entwurf einer Serie von größeren Bombern begonnen. Der erste, der 1915 herauskam, war der vierjochige Doppeldecker G I mit einem ebenfalls doppelstöckigen Leitwerk und einer dreiköpfigen Besatzung, ausgestattet mit einem Antriebsaggregat von zwei Benz-Bz.III-Reihenmotoren zu jeweils 150 PS (112 kW) mit zweiblättrigem Druckpropeller.

Der G I wurde nicht in die Serienproduktion aufgenommen. Besser ging es dem G II, der im ersten Halbjahr 1916 als Weiterentwicklung des G I herauskam. Er verfügte über eine dreijochige Tragflächeneinheit, ein Eindeckerleitwerk und eine Defensivbewaffnung von je einem drehbaren 7,92-mm-LMG-14-Parabellum-Maschinengewehr in Bug und Heck sowie eine Zuladungskpazität von 1000 kg Bomben. Zwei Benz-Bz.IV-Reihenmotoren mit jeweils 200 PS (149 kW) trieben einen zweiblättrigen Druckpropeller mit einer kleinen Luftschraubenhaube an.

Der G III – eine Weiterentwicklung des G II, deren äußerer Flügelabschluss von dem des G I abgeleitet war – stand dem Gotha G V als der Hauptwaffe der deutschen Bombergeschwader an der Westfront von Anfang 1917 bis zum Kriegsende im November 1918 zur Seite. Der G III war ein vierjochiger Doppeldecker in einer gemischten Holz- und Metallkonstruktion. Der G IIIa war eine Variante mit etwas weniger gebogenen Flügelenden und einem Heck mit Doppeldecker-Höhenleitwerk und Zwillings-Seitenleitwerk. Sie wurden von der Muttergesellschaft, aber auch in Lizenz von der Daimler Motorengesellschaft (245 Maschinen) und den Hanseatischen Flugzeugwerken (93 Maschinen) gebaut. Sie kamen ausschließlich an der Westfront zum Einsatz. Ihr größter Vorzug war eine große Reichweite mit einer beträchtlichen Bombenzuladung und sie wurden daher für Bombenangriffe gegen Paris und wahrscheinlich auch auf Großbritannien eingesetzt.

HEINKELS ERSTE ENTWÜRFE

Das erste zweimotorige Flugzeug von Ernst Heinkel, dem Chefingenieur der Hansa-Brandenburg-Werke, war der ZM aus dem Jahr 1915. Es war ein Bomberprototyp von eckiger Erscheinung und er war, typisch für diese Zeit, eine mit Stoff bespannte Holzkonstruktion mit einem Rumpf von quadratischem Querschnitt, einem Standardleitwerk und einer doppelten Tragflächeneinheit mit gleicher Spannweite und vier Jochen und Tragflächenrudern über den beiden Außenjochen. Angetrieben wurde er von zwei Maybach-Reihenmotoren mit je 169 PS (119 kW) mit einem zweiblättrigen Druckpropeller aus Holz. Sie waren zwischen den Tragflächen an den beiden inneren Flügelstreben angebracht.

Die Besatzung bestand aus drei Mann, davon zwei Bordschützen, die die beiden 7,92-mm-Parabellum-Maschinengewehre am Bug und über dem Heck bedienten. Die Bombenzuladung betrug 250 kg und wurde außen am Flugzeug angebracht.

Der ZM ging nie in Serie, aber aus diesem Basisentwurf entwickelte Heinkel einen fortgeschrittenen Typ, der als GF bekannt wurde. Dies war ein Doppeldecker mit gleicher Spannweite, eine Holzkonstruktion, die mit einer Kombination von Stoff und Sperrholz verkleidet war. Er flog zuerst 1915, aber die kaiserliche Luftwaffe interessierte sich nicht für ihn.

Hansa-Brandenburg hatte jedoch gute Verbindungen zur österreichisch-ungarischen Luftwaffe, weil einer ihrer Gründer, Camillo Castiglione, aus Ungarn stammte. Dieser beschloss, den Typ als G I durch die UFAG (Ungarische Flugzeugfabrik A.G.) in Lizenz herstellen zu lassen. Ihre Motoren und Bewaffnung stammten aus Ungarn. Schätzungen zufolge wurden zwischen drei und 15 Stück gebaut, sie hatten ein überarbeitetes Leitwerk und einen verkürzten Bug, der dem Piloten eine bessere Sicht nach

RECHTS: Mit Flugzeugen wie dem Albatros G III begann das Konzept des Bombers richtige Konturen anzunehmen, obwohl er zu klein war für größere Bombenlasten.

vorne gestattete. Einige erhielten anstelle des beweglichen 8-mm-Schwarzlose-Maschinengewehrs am Bug eine Becker-20-mm-Kanone als bessere Abwehr gegen italienische Jäger, aber selbst damit und mit Jägergeleitschutz war der G I nicht sehr erfolgreich.

NEUE RUSSISCHE FLUGZEUGE

Nachdem er 1909/10 in Frankreich fliegen gelernt hatte, gründete Alexander Lebedew 1912 seine eigene Flugzeugfabrik bei St. Petersburg, die PTA (Petersburger Luftfahrt-Gesellschaft). Später hieß sie einfach Lebedev. Eine weitere Produktionsstätte wurde 1917 in Taganrog gebaut. Eine dritte Anlage in Penze wurde nicht mehr vollendet, als die Oktoberrevolution das zaristische Russland in die UdSSR verwandelte und diese dann aus dem Ersten Weltkrieg ausschied. Die Lebedev-Fabriken machten seine Gesellschaft zu einem der fünf größten russischen Flugzeughersteller des Kriegs und steigerten ihre Produktion von 30 Stück pro Monat 1916 auf 75 im folgenden Jahr. Anfangs baute man einfach ausländische Entwürfe nach, so die von Depardussin, Farman, Morane-Saulnier, Nieuport und Voisin aus Frankreich und Sopwith aus Großbritannien.

Eines der fortschrittlichsten Modelle, die Lebedev produzierte, war der Sopwith Tabloid, der als Lebed VII herauskam. Die Lebed VIII und IX waren Nachbauten der Albatros B II und des LVG.

1915 kombinierten die Konstrukteure der Gesellschaft, Schkulnik und sein Vertreter Ribokov, den Lebed VIII mit Elementen eines Albatros (wahrscheinlich des B II), den sie von den Deutschen erbeutet hatten, zu einem neuen russischen Entwurf, der für den Einsatz als Aufklärungsflugzeug und leichter Bomber optimal eingerichtet war.

Dies war der Lebed XI, ein zweijochiger Doppeldecker aus einer mit Draht verspannten Holzkonstruktion mit einer Spannweite von 14,5 m. Ein kleines Kontingent von 10 Maschinen benutzte einen Salmson-(Canton-Unné)-Sternmotor (so auch ein kleine Anzahl von LM-I-Flugbooten), die im Wesentlichen für Erkundungsflüge, aber auch für Kampfeinsätze verwendet wurden.

Im Allgemeinen war der Lebed XI bei den Piloten beliebt, auch wenn sie den größten Fehler des Typs bemerkten,

OBEN: Der Friedrichshafen FF 45 wurde als G III bei den Kampfgeschwadern 1, 2 und 4 in Dienst gestellt. Er war sehr zuverlässig und erfolgreich.

nämlich seine große Spannweite, die dazu führte, dass er bei der Landung auszubrechen drohte. Daher wurde eine Variante mit reduzierter Spannweite eingeführt, der Lebed XII, dessen Tragflächeneinheit um 1,35 m verkürzt wurde. Diese Version flog als Prototyp erstmals im Dezember 1915.

Im April 1916 erhielt die Gesellschaft den Auftrag über 225 Einheiten des Lebed XII. Der erste davon flog im August 1916 und wurde im Oktober in Dienst gestellt, mit dem Salmson-(Canton-Unné-)Sternmotor mit 150 PS (112 kW). Im Einsatz erwies er sich bei den Mannschaften als wenig beliebt. Seine Flügel entwickelten die Tendenz zum Flattern und die ungünstige Position des Schwerpunktes, insbesondere bei Zuladung von Bomben, machten das Auffangen der Maschine nach einem Sinkflug extrem schwierig. Die Abgasaustritte waren zu nahe am Cockpit und die Schkulnik-Bombenaufhängungen und die Lafette für das Maschinengewehr des Bordschützen war unpraktisch und wurde später durch Kolpakov-Fabrikate ersetzt.

Nachdem im Sommer 1917 etwa 80 Lebed XII geliefert worden waren, stellte man die Produktion auf den Lebed XIIbis um mit einem Hispano-Suiza-8-Zylinder-V-Motor mit 140 PS (104 kW). Von den bestellten 225 Lebed-Maschinen wurden 214 geliefert, und die Überreste dieser Luftflotte wurden noch bis in die 20er Jahre als Ausbildungsflugzeuge benutzt, mit dem Schüler und dem Fluglehrer im vorderen bzw. hinteren Cockpit.

VERBESSERUNGEN IN FRANKREICH

Ende des Jahres 1915 erschien der Voisin Typ LA.S, eine verbesserte Version des Typs LA (Typ 3) mit derselben Zelle, die für einen Salmson-(Canton-Unné-)9D-Sternmotor mit 150 PS (112 kW) überarbeitet worden war und über ein stärkeres Fahrwerk und einen breiteren Ausschnitt in der Mitte der oberen Tragfläche verfügte. Unter dem Namen 5B.2 in Dienst gestellt, war der Typ LA.S ein Doppeldecker mit unterschiedlicher Spannweite der Tragflächen und einer stoffbespannten Stahlrohrkonstruktion. Er wurde nur von der französischen *Aviation Militaire* benutzt, ebenso wie der Typ 6B.2, eine Variante, die sich von ihm nur durch die 155-PS-(116 kW-)Version des Salmson-(Canton-Unné-)9D-Motors unterschied. Die Produktion beider Varianten umfasste etwa 450 Einheiten; sie wurden im Wesentlichen als Nachtbomber eingesetzt, da die Tagesangriffe mit den Typen 3 und 4 zu hohen Verlusten und dem Abbruch der ersten strategischen Bomberkampagne der Franzosen im September 1915 geführt hatte.

DER AIRCO D.H.4

Der Airco D.H.4 gilt im Allgemeinen als der beste einmotorige Bomber, der im Ersten Weltkrieg in großem Maßstab eingesetzt wurde. Er war in jeder Hinsicht ein klassisches Flugzeug und einer der besten Entwürfe von Captain Geoffrey de Havilland, dem Chefkonstrukteur der Aircraft Manufacturing Co. Ltd. Der D.H.4 ging auf die Nachfrage nach einem leistungsfähigen Bomber zurück und er war das erste britische Flugzeug, das ausschließlich für diesen Zweck konstruiert wurde.

Die vorgesehene Maschine war ein Beardmore-Reihenmotor, der aus einem älteren Modell mit 120 PS (89,5 kW) entwickelt wurde; als er in die Produktion genommen wurde, leistete er 160 PS (119 kW), später dann 192 PS (143 kW).

Als die Arbeit am D.H.4 fortschritt, sicherte sich der begabte Maschineningenieur Frank Halford die Erlaubnis, eine radikale Weiterentwicklung zu einer Leistung von mindestens 200 PS (149 kW) vorzunehmen. Zusammen mit Sir William

Beardmore und T. C. Pullinger entwarf er den Motor als vergrößerte Version des Standard-Beardmore mit einigen Merkmalen, die von Hispano-Suiza-Modellen angeregt waren, die Halford 1915 in Frankreich gesehen hatte. Die Sechszylinder-Reihenanordnung wurde beibehalten, allerdings mit größerem Hubraum. Die neue BHP-(Beardmore-Halford-Pullinger-)Maschine lief im Juni mit einer Leistung von 236 PS (176 kW) und war trotz einiger Kinderkrankheiten von Anfang an sehr zuverlässig. Sie wurde sofort für den D.H.4 ausgewählt und bei Siddeley-Deasy Motor Car Co. Ltd. (dem Vorgänger des berühmten Motorenherstellers Armstrong Siddeley) in Auftrag gegeben, später bei Galloway Engineering Co. Ltd.

Als der BHP-Motor seiner Vollendung entgegenschritt, war de Havilland auch mit dem Entwurf des D.H.4 fertig und überwachte gerade die Herstellung des Prototyps. Das Ganze vermittelte jenen Eindruck von „Stimmigkeit", den ein wirklich durchdachtes Flugzeug so oft ausstrahlt. Die neue Maschine war eine im Wesentlichen stoffbespannte Holzkonstruktion. Der Prototyp machte seinen Jungfernflug im August 1916 mit einem BHP-Motor mit 230 PS (171,5 kW) und stellte schnell seine guten Flug- und Bedienungseigenschaften unter Beweis. Er wurde gleich in großem Maßstab in Serie produziert, aber Probleme bei der Massenproduktion des BHP-Motors – der erst Mitte 1917 verfügbar war – führten dazu, dass ein anderer Motor gefunden werden musste. Glücklicherweise stand einer in Form des Rolls-Royce-V-Motors zur Verfügung, der als Mk III (später unter dem Namen Eagle) mit einer anfänglichen Leistung von 250 PS (186 kW) in Produktion ging. Als V-Motor war er breiter, aber niedriger als der BHP-Motor, sodass die Motorhaube flacher gehalten werden konnte und der Pilot eine bessere Sicht hatte.

GUTE FLUGEIGENSCHAFTEN

In dieser Form stieß der D.H.4 auf allgemeine Zustimmung, vor allem bei den Piloten, die die exzellente Bedienung und die sehr guten Flugeigenschaften lobten. Er hatte einen unvergleichlich breiten Geschwindigkeitsbereich, von einer Landegeschwindigkeit von nur 72,5 km/h bis zu einer Höchstgeschwindigkeit von 191,5 km/h, die später von stärkeren Motoren noch bedeutend gesteigert werden konnte. Die Gutmütigkeit bei niedrigen Geschwindigkeiten erlaubte problemloses Starten und Landen von den kurzen Pisten der damaligen Zeit und seine Leistung in einer Einsatzhöhe von 4570 m machte ihn den gegnerischen Jägern überlegen.

Der Hauptkritikpunkt war die Platzierung des Benzintanks zwischen den beiden Cockpits; dies bedeutete, dass die Besatzung nur über ein Gosport-Rohr miteinander kommunizieren konnte, was ein effektives taktisches Fliegen behinderte, und dass ein Treffer in der Mitte des Rumpfes, auch ohne die Besatzung direkt zu verwunden oder zu töten, den Tank in Brand setzen würde.

Der D.H.4 wurde auch mit einer Reihe anderer Motoren ausgestattet, so dem RAF-3a-Reihenmotor mit 200 PS (149 kW), dem BHP und dem sehr ähnlichen Siddeley-Puma-Reihenmotor, jeweils mit 230 PS (171,5 kW), dem Fiat A.12-Reihenmotor mit 260 PS (194 kW), dem Rolls-Royce-Mk-II-V-Motor mit 275 PS (205 kW), der später zum Eagle VI mit 322 PS (240 kW) aufgestockt wurde, dem Rolls-Royce-Mk-III-V-Motor mit 275 PS (205 kW), der später zum Eagle VII mit 325 PS (242 kW) gesteigert wurde, und dem Rolls-Royce Eagle VIII mit 375 PS (280 kW).

Der Einsatz dieser verschiedenen Motoren beeinflusste die Gestalt des Bugs je nach dem jeweiligen Kühler und der Anordnung der Zylinder in Reihen- oder V-Form; aber auch Länge und Höhe des Flugzeugs änderten sich und damit seine Flugeigenschaften.

Die britischen Bestellungen beliefen sich auf etwa 1700 Flugzeuge. Die Bedeutung dieses Typs wird auch durch das Überleben großer Bestände nach dem Krieg und seinen weit verbreiteten Einsatz in sechs RFC- und drei RNAS-Staffeln an der Westfront, in sechs RNAS-Staffeln zur Küstenüberwachung und Verteidigung, zwei RFC-Staffeln in

Airco (de Havilland) D.H.4

Typ: zweisitziger leichter Bomber
Herkunftsland: Großbritannien
Triebwerk: ein 375-PS-(280-kW-) Rolls-Royce-Eagle-VIII-V-Motor
Leistung: Höchstgeschwindigkeit leer 230 km/h; Reichweite 700 km
Gewicht: leer 1083 kg; max. Startmasse 1784 kg
Abmessungen: Spannweite 12,92 m; Länge, 9,35 m; Höhe 3,18 m
Bewaffnung: Ein 7,7-mm-Vickers- sowie ein oder zwei 7,7-mm-Lewis-Maschinengewehre und bis zu 209 kg Zuladung.

Mesopotamien, einer Staffel in Makedonien, sechs RNAS-Staffeln in der Ägäis, vier RNAS-Staffeln über der Adria und einer großen Anzahl in der Pilotenausbildung bestätigt.

Der D.H.4 wurde nach dem Waffenstillstand im November 1918 ausgemustert, aber kleinere Mengen gelangten nach Australien, Kanada, Neuseeland und Südafrika als Kern für die Luftstreitkräfte dieser Länder. Andere wurden an die griechische und spanische Luftwaffe verkauft und mindestens eine erbeutete Maschine flog in der sowjetischen Luftwaffe. Eine bescheidene Anzahl übriger Flugzeuge gelangte auch auf den zivilen Markt.

DER KRIEGSEINTRITT DER VEREINIGTEN STAATEN

Als die USA im April 1917 in den Krieg eintraten, zeigte sich im Lande bald, dass praktisch alle Mittel einer modernen Kriegführung nicht in der Größenordnung vorhanden waren, die notwendig gewesen wäre, um die gewaltigen Streitkräfte, die die USA aufstellen wollten, rasch zu bewaffnen. Frankreich und Großbritannien halfen mit schwerem Material wie Artillerie und leichtem wie Maschinengewehren und Kriegsflugzeugen aus, aber auch in den USA selber wurden die Produktionskapazitäten dramatisch ausgeweitet. Zu Anfang wählte man eine Anzahl der besten alliierten Flugzeugtypen für die Herstellung in Lizenz aus. Einer davon war der D.H.4, der gerade in Dienst gestellt worden war und an der Westfront bereits seine hervorragenden Eigenschaften unter Beweis stellte. Im Mai 1917 bestellte das *Department of War* im Rahmen eines Beschaffungsprogramms über insgesamt 7375 Flugzeuge eine erste Tranche von 1700 D.H.4, der in seiner amerikanischen Lizenzversion DH-4 hieß.

Der D.H.4 wurde von den Amerikanern geschätzt, weil sein Motorraum eine große neue Maschine aufnehmen konnte, die sie im Rahmen ihrer Aufrüstung entwickelt hatten. Sie wurde im Juni 1917 von Jesse Vincent von der Packard-Automobilgesellschaft und E. J. Hall von der Hall-Scott-Flugmaschinengesellschaft entworfen und lief bereits im folgenden Monat. Es war ein starker V-Motor, dessen Breite dadurch reduziert wurde, dass die beiden Zylinderreihen in einem Winkel von 45° statt wie normal 60° zueinander standen. Er sollte in einer 4-, 6-, 8-, und 12-Zylinderversion gebaut werden je nach der benötigten Leistung, aber praktisch alle der von dem Konsortium der beteiligten Automobilhersteller ausgelieferten 20.748 Motoren (fast alle vor November 1918) waren das Liberty-12-Modell mit zwölf Zylindern.

Die Bestellungen für den DH-4 beliefen sich auf etwa 10.000 Flugzeuge. Bei der Dayton-Wright Aeroplane Co. wurden 5000, bei der Fisher Body Corporation 4000 und bei der Standard Aircraft Corporation 1000 Einheiten bestellt. Der Liberty-12-Motor wurde zuerst in eine importierte D.H.4 eingebaut und erreichte schließlich eine Leistung von 395 PS (294,5 kW). Der erste DH-4 wurde im Februar 1918 von Dayton Wright geliefert und bis zum Waffenstillstand folgten weitere 3227 Einheiten. Die

Verträge über die restlichen 7502 Stück wurden gekündigt, aber viele Flugzeuge, die bereits in der Produktion waren, wurden fertig gestellt und die US-Produktion erreichte eine Gesamtzahl von 4844. 3070 wurden vor dem Waffenstillstand nach Europa verschifft, davon 1885 fertig montiert und 1185 in Einzelteilen; von den Letzteren wurden noch 1025 zusammengebaut. Von diesen 2910 Flugzeugen wurden seit Mai 1918 1025 bei zwölf Staffeln und Einheiten der nördlichen Bombergruppe der US-Marine in Dienst gestellt.

Oktober 1918 führte die Ingenieurabteilung des *Bureau of Aircraft Production* den von der Airco-D.H.9-Serie inspirierten DH-4B ein, wo die Position von Haupttank und Pilot vertauscht wurde, sodass Pilot und Bordschütze dichter zusammenrückten. Bei dieser Gelegenheit wurde auch das Fahrwerk etwas nach vorne verschoben, um der Tendenz der DH-4, auf der Nase zu landen, entgegenzuwirken, und die Sperrholzdecke des vorderen Rumpfbereichs bis zum Heck ausgedehnt. Auch wenn nach

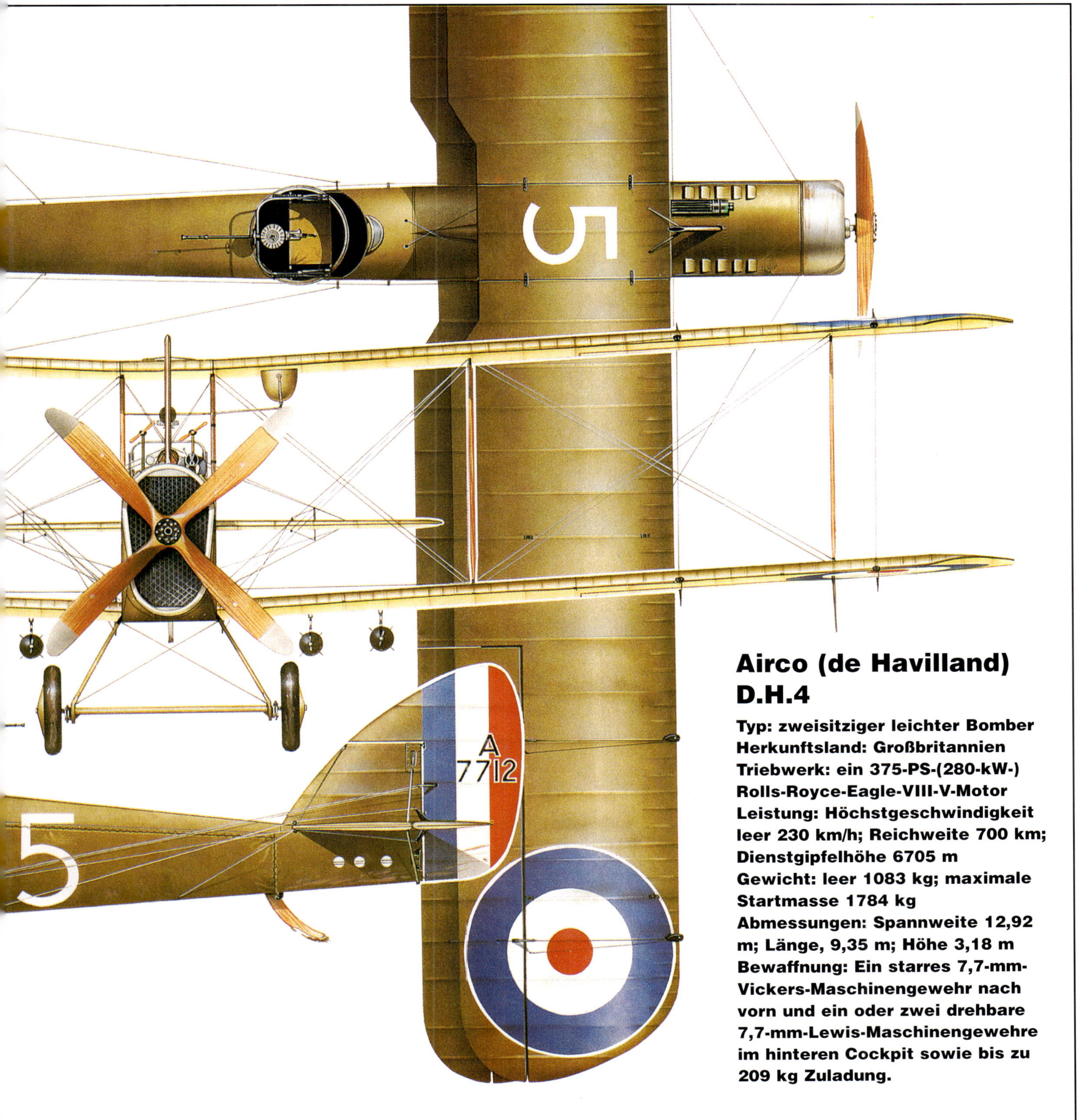

Airco (de Havilland) D.H.4

Typ: zweisitziger leichter Bomber
Herkunftsland: Großbritannien
Triebwerk: ein 375-PS-(280-kW-) Rolls-Royce-Eagle-VIII-V-Motor
Leistung: Höchstgeschwindigkeit leer 230 km/h; Reichweite 700 km; Dienstgipfelhöhe 6705 m
Gewicht: leer 1083 kg; maximale Startmasse 1784 kg
Abmessungen: Spannweite 12,92 m; Länge, 9,35 m; Höhe 3,18 m
Bewaffnung: Ein starres 7,7-mm-Vickers-Maschinengewehr nach vorn und ein oder zwei drehbare 7,7-mm-Lewis-Maschinengewehre im hinteren Cockpit sowie bis zu 209 kg Zuladung.

diesem Modell kein neues Flugzeug mehr gebaut wurde, so rüstete man doch viele nachträglich auf diesen Standard um.

ITALIENISCHE BOMBER

Neben Russland war Italien das einzige Land, wo vor dem Ersten Weltkrieg ein mehrmotoriger Bomber entworfen und gebaut wurde.

Der Entwurf des Ca 30/31 entstand 1913 als Caproni 260 hp (die Bezeichnung Ca 30 wurde erst nach dem Krieg rückwirkend vergeben) und der Prototyp machte seinen Jungfernflug im Oktober 1914, als Italien noch neutral war. Er wurde von drei Gnome-Drehkolbenmotoren angetrieben. Er war ein schwerer, dreijochiger Doppeldecker mit der üblichen stoffbespannten Holzkonstruktion, während die Disposition der Maschine sehr ungewöhnlich war. Das Flugzeug hatte zwei Ausleger, und die Motoren waren im Mittelrumpf im Tandem angeordnet. Der hintere Motor, ein 100-PS-(74,5-kW-) Aggregat, trieb direkt einen Druckpropeller am Heck an, die beiden anderen mit je 80 PS (59,6 kW) trieben über Differentialgetriebe zwei Zugpropeller an den beiden Auslegern an.

Die Ca-30-Familie bildete das Grundmuster der Caproni-Bomber der nächsten Generationen. Das Leitwerk am Ende der beiden rechteckigen Ausleger umfasste eine einzelne horizontale Fläche aus einer starren Schwanzflosse und einem beweglichen Höhenruder sowie mehrere vertikale Flächen als Seitenleitwerk in Form zweier vollständig beweglicher Ruder. Das Fahrwerk bestand aus je einem Sporn unter den Auslegern, einem vierrädrigen Hauptelement unter jedem Ausleger mit je zwei Rädern am Ende von kurzen Achsen, das von V-förmigen drahtverspannten Verstrebungen gehalten wurde, und schließlich einem Zwillingsbugrad unter dem Vorderteil des mittleren Rumpfes, das das Flugzeug am Überkippen während des Startens und Landens auf den damaligen holprigen Flugplätzen hindern sollte.

Der Ca 31 war flugfähig, aber nicht sehr praktisch. Bald zeigte sich, dass das Differential, das die beiden Zugpropeller antrieb, schwer und störanfällig war und die Leistung beträchtlich reduzierte. Das Konzept der Ca 30 wurde daher für den neuen Caproni-300-hp-Prototyp (nach dem Krieg als Ca 32 bezeichnet) abgewandelt. Alle drei Gnome-Motoren hatten jetzt eine Leistung von 100 PS (74,6 kW) und die beiden für die Zugpropeller wurden hinter diesen in den Auslegern montiert und trieben sie direkt an. Noch während der Erprobungsphase wurde der zentrale Gnome-Drehkolbenmotor durch einen Curtiss-OX-5-V-Motor mit 90 PS (67,1 kW) ersetzt. Weitere Änderungen betrafen den Zentralrumpf, der einen stärker abgerundeten Bug und eine weniger trapezförmige obere Schwanzfläche erhielt; die Seitenruder wurden vergrößert und eine fixe zentrale Flosse kam hinzu, ferner wurde die untere Tragfläche nicht schräg gestellt, sondern flacher gehalten und die Verstrebungen der Flächen verbessert.

OBEN: Der Airco (de Havilland) D.H.4 war ein britischer Entwurf für einen Tagbomber und wurde dann in den USA in großer Zahl in Lizenz mit einem Liberty-Motor als DH-4 nachgebaut.

DER CA 1 GEHT IN DIENST

Die italienische Luftwaffe sah die Fähigkeiten des überarbeiteten Typs, von dem zwei Prototypen gebaut wurden, und ordnete die Serienproduktion als Ca 1 (Firmenbezeichnung Ca 32) mit einem veränderten Antriebsaggregat von drei Fiat-A.10-Reihenmotoren zu je 100 PS (74,6 kW) an. Etwa 160 Stück wurden zwischen August 1915 und Dezember 1916 ausgeliefert. Ende Frühjahr 1916 war die Ca 1 bei sieben Staffeln der *IV. Gruppo* in Aviano und Comina und bei einer Staffel des *III. Gruppo* in Verona in Dienst.

Das Modell Ca 2, von dem in derselben Zeit nur neun Stück ausgeliefert wurden (Firmenbezeichnung Ca 350 hp), war eine simple Weiterentwicklung des Ca 1, bei der der zentrale Fiat-Motor durch einen Isotta-Fraschini-V.4B-Reihenmotor mit 150 PS (112 kW) ersetzt worden war. Beide Typen waren solide und angenehm zu fliegen und boten eine brauchbare Reichweite und Zuladung. Sie wurden in größerer Anzahl gebaut und bildeten den Grundstock der italienischen strategischen Bomberflotte, aber es wurde bald klar, dass verbesserte Fähigkeiten, insbesondere was die Leistung und Nutzlast anging, von stärkeren Antriebsaggregaten abhingen.

Eine solche stärkere Version des Ca 2 war der Ca 3, dessen Prototyp Ende 1916 getestet wurde und von dem dann unter der Firmenbezeichnung 450 hp (später Ca 33) insgesamt 298 Stück zwischen Februar 1917 und 1919 produziert wurden. Es handelte sich um das Grundmodell des Ca 2, dessen zwei äußere Maschinen durch Isotta-Fraschini-V.4B-Motoren ersetzt wurde, sodass das gesamte Antriebsaggregat aus diesen drei je 150 PS (112 kW) starken Motoren bestand. Er diente vorwiegend in der italienischen Luftwaffe als schwerer Bomber, aber die Marine benutzt ihn ebenfalls in beschränktem Maße als Torpedoflugzeug und eine bescheidene Anzahl wurde an Frankreich geliefert, wo weitere 83 Exemplare von Robert Esnault-Pelterie unter der Bezeichnung Caproni-Esnault-Pelterie in Lizenz produziert wurden.

Der Ca 3 mod (für *modificato,* verändert) wurde bei Caproni unter der Bezeichnung Ca 36 (oder 36M) geführt und war eine verbesserte und strukturell vereinfachte Version des Ca 3. Er wurde von 1923 bis 1927 in einer Stückzahl von 153 ausgeliefert und folgte wesentlich dem Standard des Ca 3, unterschied sich aber von diesem durch sein stärkeres Antriebsaggregat aus drei V.4B-Maschinen, die jede 190 PS (142 kW) lieferten. Er nahm an einigen militärischen Operationen teil, die das faschistische Italien Benito Mussolinis zur Wiedergewinnung seiner „verlorenen“ Kolonien in Abessinien unternahm.

DER CAPRONI CA 5

1917 kam Caproni zu dem Schluss, dass die Ca-3-Doppeldecker- und die Ca-4-Dreideckerbomber zwar befriedigende Kapazitäten in Bezug auf Zuladung und Reichweite aufwiesen und bedienungsfreundlich waren, dass sie jedoch die notwendigen Eigenschaften vermissen ließen, um in den von modernen Jägern gesicherten Luftraum des Feindes einzudringen. Der Konstruktionsstab von Caproni sah zwei mögliche Lösungen: eine wäre der Bau eines Tag- und Nachtbombers mit im Prinzip der gleichen Leistung wie die vorhandenen Modelle, jedoch mit erheblich verbesserter Defensivbewaffnung; die andere Option war jedoch ein sehr viel modernerer Bomber mit einem hochgezüchteten Antriebsaggregat und so weit verbesserten Flugeigenschaften, dass er Chancen hatte, einer Begegnung mit der feindlichen Abwehr auszuweichen.

Dies bereitete den Weg für einen Doppeldeckerbomber, der anfangs die Firmenbezeichnung Ca 600 hp trug, aber nach dem Krieg C 44 genannt wurde und bei der italienischen Luftwaffe als Ca 5 lief. Vom Grundgedanken her war er ein verbesserter Caproni 450 hp (Ca 3) mit einer stärkeren Maschine, einer Tragflächeneinheit mit größerer Spannweite und Fläche, einem überarbeiteten Zentralrumpf, der die Mannschaft und auch einen Teil der Bombenzuladung aufnehmen konnte, und einer veränderten Fahrwerkskonstruktion.

So wurde der Ca 5 ein kräftiger Doppeldecker mit vierjochiger, nicht gegeneinander versetzter Tragflächeneinheit gleicher Spannweite, im Wesentlichen in stoffbespannter Holzbauweise. Das Herzstück war der Zentralrumpf von rundem Querschnitt, in der (von vorne nach hinten) der Bomben-/Bugschütze mit einem drehbaren 6,5-mm-Revelli-Maschinengewehr, dann Seite an Seite Pilot und Co-Pilot, dahinter die Treibstofftanks, der Heckschütze und schließlich der Mittelmotor untergebracht waren. Dieser trieb einen zweiblättrigen Holzpropeller an und darüber befand sich eine Art rohrförmige Kanzel, in die der Heckschütze für den Kampf stieg. Mit einem Metallnetz zum Schutz überzogen, eröffnete sie dem Schützen ringsum und nach oben ein freies Schussfeld mit seinem drehbaren 6,5-mm-Revelli-MG.

Der Prototyp machte seinen ersten Flug in der zweiten Hälfte des Jahres 1917 mit drei A.12-Fiat-Reihenmotoren mit jeweils 200 PS (149 kW), die später durch drei verbesserte A.12-Maschinen mit je 250 PS (186 kW) ersetzt wurden.

Der Erfolg des Typs wird von der großen Zahl der Bestellungen bestätigt: bei italienischen Herstellern wurden 3900 Einheiten bestellt, später reduziert auf 3650, wobei ein Drittel für französische Dienste vorgesehen war; bei zwei französischen Herstellern waren es mindestens 150 Einheiten, und 1500 Einheiten wurden bei zwei amerikanischen Herstellern für die amerikanischen Streitkräfte bestellt. Der Waffenstillstand kam der Auslieferung jedoch zuvor, und so wurde keine französische Maschine fertig gestellt und nur drei amerikanische (zwei Ca 44 von Standard und eine Ca 46 von Fisher). Dennoch wurden in Italien produzierte Ca-5-Bomber von den Franzosen und Amerikanern ebenso wie von den Italienern eingesetzt.

Der Typ Ca 5 wurde in drei Varianten gefertigt: mit der Fabrikbezeichnung Caproni 600 hp oder 600/900 hp respektive der Nachkriegsbezeichnung Ca 44, mit der Fabrikbezeichnung Caproni 750 hp oder 600/700hp (Ca 45) und mit der Fabrikbezeichnung Caproni 900/1200 hp (Ca 46). Die Produktion erreichte zwischen 1918 und 1921 eine Gesamtzahl von 659 (552 von Caproni, 102 von Breda und fünf von Miani e Silvestri).

Die Ca 44 wurde von drei A.12- oder A.12bis-Maschinen von jeweils 250 oder 300 PS (186 oder 224 kW) angetrieben und war 1917 das Hauptmodell der Produktion. Dann wurde sie zur Ca 45 weiterentwickelt, jener Variante, die von Frankreich ausgewählt wurde, mit einem stärker zugespitzten Zentralrumpf und

■ UNTEN: Der erste viermotorige Bomber war der russische Sikorsky Ilya Muromets, der bereits vor Kriegsbeginn entworfen, dann aber nur in kleiner Anzahl gebaut wurde.

drei Isotta-Fraschini-V.6-Reihenmotoren mit je 250 PS (186 kW), einem Leergewicht von 3000 kg, einem maximalen Startgewicht von 5200 kg, einer Höchstgeschwindigkeit von 150 km/h, einer Steiggeschwindigkeit auf 1000 m von 6 Minuten und 15 Sekunden und einer Dienstgipfelhöhe von 4200 m.

Die Ca 46 war eine Weiterentwicklung nach demselben Konzept für Produktion und Einsatz; sie wurde 1918 in Dienst gestellt, ihre höchste zulässige Bombenlast jedoch auf 540 kg reduziert, und ihr Antrieb bestand aus drei Liberty-12-V-Motoren mit je 360 PS (268,5 kW).

Unter der Nachkriegsbezeichnung CA 47 gab es noch die Flugbootversion der Ca 44. Zehn Stück wurden von Piaggio und eine kleine Anzahl von Bastianelli hergestellt. Das Fahrwerk wurde durch ein nebeneinander angeordnetes Paar einstufiger Schwimmer ersetzt, wodurch die Länge auf 13,20 m und die Höhe auf 5,00 m anstieg.

DER DEUTSCHE GOTHA

Gothas erster Versuch mit einem Großkampfflugzeug war die Konstruktion des unglücklichen G-I-Doppeldeckers von Oskar Ursinus, dem Herausgeber der Zeitung „Flugsport", mit einem Triebwerk aus zwei Mercedes-D.III-Reihenmotoren mit jeweils 160 PS (119 kW), die in Gehäusen auf der Oberseite der unteren Tragfläche angebracht waren, während der Rumpf an der Unterseite der oberen Fläche aufgehängt war. Diese Anordnung erlaubte es, die Motoren nah zueinander

■ OBEN: Der Oberkommandierende der italienischen Armee General Cadorna tritt einen Flug in einem Caproni Ca 3 an, ein richtungweisender Typ des schweren Bombers.

zu rücken, was die Probleme mit dem Geradeausflug bei Ausfall einer Maschine reduzierte, während die Platzierung der zwei- oder dreiköpfigen Mannschaft über der oberen Tragfläche ihr eine exzellente Sicht und ein gutes Schussfeld nach oben ermöglichten. 1915 wurden mehrere Exemplare des G I als normale Maschinen hergestellt und 1916 eine einzige UWD-Variante mit einer Zwillingsschwimmereinheit. Die Stabilität der Gesamtkonstruktion und ihre Leistungen ließen jedoch zu wünschen übrig, die Bedienung war schwierig und die Besatzung war im Fall eines Überschlags bei der Landung extrem gefährdet.

Mit diesen Problemen im Blick sicherte sich Gotha die Erlaubnis, durch seinen Chefingenieur Hans Burckhardt ein völlig neues Flugzeug zu konstruieren, das speziell dafür vorgesehen war, eine Bombenlast von 300 kg über eine taktische Reichweite zu tragen.

Von Anfang an schuf Burckhardt einen Grundentwurf, der ein solches Entwicklungspotential besaß, dass seine Varianten noch am Ende des Kriegs hergestellt wurden.

Die Rolle, die die Gotha-Bomber bei den deutschen strategischen Bomberkampagnen spielen sollten, war derartig fundamental, dass bei den Alliierten alle deutschen Bomber nur noch „Gothas" genannt wurden.

Als Burckhardt den G II entwarf, ließ er sich von drei Hauptgesichtspunkten leiten: erstens der Geschwindigkeit; deswegen reduzierte er die Spannweite so weit wie möglich; zweitens dem Schutz des Schützen in der offenen Bugkanzel, weswegen ein zusätzliches Bugrad hinzugefügt wurde, um einen Überschlag am Boden zu vermeiden; und drittens der Möglichkeit, die Flugzeuge einfach mit der Eisenbahn zu transportieren, die bei dem G III durch die Gliederung in drei Teile gewährleistet war: Die äußeren Tragflächen, der Vorderteil des Rumpfes mit den Motoren und dem Mittelteil der Tragflächen sowie der hintere Teil des Rumpfes mit dem Leitwerk passten jeweils auf einen offenen Eisenbahnwaggon, sodass ein ganzer Bomber auf nur drei Plattformwaggons ausgeliefert werden konnte.

Der 1916 fertig gestellte Prototyp des G II bestand aus einem stoffbezogenen Holzgerüst bis auf den vorderen Teil des Rumpfes, der mit Sperrholz verkleidet war.

Die Erprobungsflüge ergaben, dass der G II leicht zu bedienen war und generell ausgezeichnete Leistung brachte, und nur drei Probleme tauchten auf. Eine war die mangelnde Stabilität im Geradeausflug, die durch eine rechteckige Schwanzflosse behoben wurde; dann eine unzureichende Steiggeschwindigkeit bei maximaler Bombenlast, der durch eine größere Spannweite und Tiefe der Tragfläche mit aerodynamisch ausgewogenen Tragflächenrudern und einem zusätzlichen Paar von Verstrebungen an den Flügelenden abgeholfen wurde; und schließlich die Tendenz, bei der Landung nicht genügend abzubremsen, was durch die Hinzufügung eines starren Schwanzsporns geklärt wurde. Wegen dieser Korrektur entfernte man dann doch das Bugrad und brachte die beiden anderen Fahrwerke weiter vorne vor dem Schwerpunkt der Maschine an, sodass der Schwanz nach der Landung auf einem am Boden schleifenden Schwanzsporn aufsaß.

DER GOTHA G II

Diese Änderungen wurden in das zweite Flugzeug, den Gotha-G-II-Produktionsprototyp, übernommen, der im April 1916 fertig wurde; und als die Erprobungsflüge zur Zufriedenheit verliefen, baute der Hersteller das erste Kontingent von zehn Maschinen. Die erste wurde noch im selben Monat fertig und der Typ wurde im September ausgeliefert und in den Dienst gestellt. Die G II hatte ein Triebwerk aus zwei Mercedes-D.IV-Reihenmotoren mit je 220 PS (164 kW), eine Spannweite von 23,70 m, eine Länge von 12,20 m, eine Höhe von 3,90 m, ein Leergewicht von 2180 kg, eine maximale Startmasse von 3190 kg, eine Höchstgeschwindigkeit von 135 km/h in optimaler Höhe und eine Einsatzdauer von zwei Stunden.

Der G II war ohne Zweifel ein für seine Zeit sehr leistungsfähiges Kriegsflugzeug, aber er wurde bis Frühjahr 1917 nur in kleinen Stückzahlen für begrenzte Einsätze hergestellt, weil der Mercedes-Motor Probleme machte: Es war ein Achtzylinder-Reihenmotor, der starke Vibrationen der Kurbelwelle erzeugte, die zu häufigen Ausfällen führten.

Als Ersatz baute man den Mercedes D.IVa ein, bei dem der Hersteller mit verschiedenen Maßnahmen die Vibrationen reduziert und die Leistung auf 260 PS (194 kW) erhöht hatte. Mit dieser Maschine wurde aus dem G II der G III, der im April 1916 erfolgreich getestet wurde. Weitere Änderungen betrafen eine Verstärkung des Rumpfes und die Hinzufügung einer ventralen (im „Bauch“ der Maschine liegenden) Kanzel, in der der Heckschütze in Bauchlage ein drittes, drehbares 7,92-mm-LMG-14-Parabellum-Maschinengewehr bedienen konnte, um auch Flugzeuge unter Feuer zu nehmen, die versuchten, den Bomber in seinem bis dahin verwundbaren hinteren unteren Quadranten anzugreifen.

Die Auslieferung von 25 Flugzeugen erfolgte zur selben Zeit wie die des G II und diese Bomber blieben bis in den Herbst 1917 in Dienst. Sie wurden in der Hauptsache vom Kampfgeschwader 1, das in Hudova stationiert war, bei Einsätzen auf dem Balkan geflogen und vom Kampfgeschwader 2, das in Freiburg stationiert war, an der Westfront. Der Erfolg dieser beiden Einheiten, insbesondere der ersteren, die zu einigen entscheidenden Siegen beigetragen hatte, überzeugten das deutsche Oberkommando, dass die Produktion von großen zweimotorigen Bombern ausgeweitet werden sollte, um die deutsche Bomberflotte zu vergrößern.

VERBESSERUNGEN BEI DER DEFENSIVBEWAFFNUNG

Die Erfahrungen mit dem G III ergaben, dass er selbst mit dem ventralen, rückwärts feuernden Maschinengewehr gegen Angriffe von hinten bei Tageslicht nur ungenügend gesichert war. Mit seinem oberen Maschinengewehr hatte der Heckschütze nur ein eingeschränktes Schussfeld, und wenn er das untere in Bauchlage bediente, konnte es sein, dass er plötzlich rasch auf die Füße kommen musste, um das obere Maschinengewehr zu bemannen, wenn das angreifende Jagdflugzeug aus einer Position unterhalb des Bombers in eine höher gelegene Position zog. Burkhard versuchte zunächst die Form des hinteren Rumpfes so zu verändern, dass der tote Winkel des Schussfeldes nach den Seiten und nach unten verringert wurde. Doch dies war eine unbefriedigende Lösung, die immer noch keine Möglichkeit bot, die toten Winkel unter und hinter dem Flugzeug mit einem Maschinengewehr abzudecken.

Burkhards endgültige Lösung war viel einfacher: Er höhlte den hinteren Teil des Rumpfes am Boden aus und brachte in der oberen Abdeckung eine dreieckige Öffnung an, durch die der Heckschütze in einem Winkel von 25° zur Seite und in einem Neigungswinkel von 60° feuern konnte. So konnte er angreifende Jäger unter dem Schwanz beschießen, ohne die Liegeposition einzunehmen, obwohl dies auch noch möglich war, da das untere 7,92-mm-LMG-14-Parabellum-Maschinengewehr in der ventralen Kanzel im Zuge der neuen Lösung ebenfalls ein weiteres Schussfeld erhalten hatte.

Man versuchte, auch noch ein viertes drehbares 7,92-mm-LMG-14-Parabellum-Maschinengewehr auf einer Stange auf der vorderen oberen Abdeckung zwischen dem Bomben-/Bugschützen und dem Piloten anzubringen, das von einem zusätzlichen Besatzungsmitglied bedient werden sollte; doch diese Einrichtung wurde nur selten benutzt, da sie den Verzicht auf einen Teil der Bombenlast bedeutete, um den Mann zu tragen.

Caproni Ca 3

Typ: viersitziger schwerer Bomber
Herkunftsland: Italien
Triebwerk: drei 150-PS-(112-kW-) Isotta-Fraschini-V.4B-Kolbenmotoren
Leistung: Höchstgeschwindigkeit 140 km/h; Dienstgipfelhöhe 4800 m; Reichweite 450 km
Gewicht: leer 2300 kg; maximale Startmasse 2890 kg
Abmessungen: Spannweite 22,20 m; Länge 10,90 m; Höhe 3,70 m
Bewaffnung: Revelli-Maschinengewehre bis zu Kaliber 6,5 mm sowie bis zu 450 kg Bombenlast

Die Änderungen wurden im G-IV-Bomber übernommen, der sich vom G III auch darin unterschied, dass sein Rumpf aus Stabilitätsgründen vollständig mit Sperrholz verkleidet war. Außerdem waren die Hinterkanten der Tragflächenruder der oberen und unteren Flächen durch Streben miteinander verbunden.

Der G IV, von dem im Herbst 1916 zunächst nur eine Testausführung mit der neuen Lösung für den Heckschützen in Dienst genommen wurde, wurde erst ab März 1917 in großem Maßstab für den Hauptstoß der deutschen „Türkenkreuz"-Bomberkampagne gegen England eingesetzt.

Diese Kampagne war seit Ende 1916 geplant, als deutlich wurde, dass die von Luftschiffen ausgeführten Bombenflüge nach England ein teurer Fehlschlag waren. Sie sollten von zweimotorigen und, wenn in ausreichender Anzahl vorhanden, viermotorigen Bombern der Kategorie G ausgeführt werden. Die erste Einheit, die damit bestückt wurde, war die Kampfstaffel 3 in ihren Basen in St. Denis-Westrem und Gonterode, die später Bomberstaffel 3 genannt wurde. Sie wurde allerdings bald von britischen Bombern gezwungen, sich nach Mariakerke und Oostracker zurückzuziehen. Alle vier Basen lagen in der Provinz Gent im deutsch besetzten Belgien.

Im November 1916 bestellte die deutsche Luftwaffe 35 Einheiten des G IV, die bis Februar 1917 auf 50 Einheiten erweitert wurden. Der G IV wurde Dezember 1916 erfolgreich typengestestet. Das Ziel war eine Sollstärke von 30 Flugzeugen für die vier (seit Juli 1917 sechs) Schwärme der Kampfstaffel 1, rechtzeitig für den Start der für Anfang Februar geplanten „Türkenkreuz"-Offensive. Aber angesichts der Ereignisse erwies sich dieser Zeitplan als allzu ehrgeizig, einerseits weil die Produktion des G IV bereits in der Frühphase durch den Mangel an den notwendigen Materialien stark behindert wurde, und schließlich erfüllte er auch nicht die in seine Leistung gesetzten Erwartungen.

FLÜGE NACH ENGLAND

Die ersten Angriffe galten London, aber die dabei entdeckten Mängel machten den Austausch der Maschinen nötig, da die Lager der Originale defekt waren. Zugleich wurden die Treibstofftanks überarbeitet, um sicherzustellen, dass ihre gesamte Kapazität ausgenutzt wurde, und schließlich wurde auf der oberen Fläche ein Zusatztank angebracht, damit bei einem Angriff auf London nicht in Nordbelgien noch ein Tankstopp fällig wurde.

Am 25. Mai 1917 unternahmen 23 G IV die ersten von insgesamt 22 Angriffsflügen auf Ziele in England und den Erfolg dieser ersten Angriffe zeigten vor allem die hektischen und groß angelegten Bemühungen der Briten, ihre Luftverteidigung in Südostengland zu verstärken, da sie über keine Jagdflugzeuge verfügten, die die Angriffshöhe des G IV von 4500 m erreichen konnten. Erst im September verbesserte die Einführung des Bristol F.2, des Royal Aircraft Factory S.E.5 und des Sopwith-F.1.-Camel-Jägers die britische Verteidigung so maßgeblich, dass die Deutschen zu Nachtangriffen übergingen, um ihre Bomberverluste zu reduzieren. Die Nachtangriffe gingen weiter bis Mai 1918 und im Verlaufe dieser kombinierten Tag- und Nachtkampagnen warfen die Gotha-Bomber der dritten Bomberstaffel 84.745 kg Bomben ab und verloren insgesamt 61 Maschinen, 24 während des Einsatzes und 37 bei Unfällen, oftmals nach Beschädigung im Luftkampf.

Zu diesem Zeitpunkt wurden noch zwei weitere Zulieferer bemüht, um die G-IV-Streitmacht auf ihrer Sollstärke zu halten: Im Dezember 1916 hatten die Siemens-Schuckert-Werke einen Auftrag über 80 G IV erhalten, und die Luftverkehrsgesellschaft erhielt etwas später einen Vertrag über 100 Einheiten. Die ersten Flugzeuge von Siemens und der LVG bestanden im April und Juni 1917 erfolgreich ihre Tests, aber die Flugzeuge aus diesen beiden Werken reichten nie an die Leistungen der von Gotha selbst gebauten Maschinen heran, weil die IdFlieg (Inspektion der Fliegertruppen) eine stärkere und daher schwerere Zelle für diese in Lizenz hergestellten Exemplare vorgeschrieben hatten.

Die Flugzeuge von Siemens wurden zwischen Juli 1917 und Februar 1918 im Wesentlichen an die Kampfstaffeln 3 und 4 und die Bomberausbildungsschule in Paderborn ausgeliefert, das zweite Kontingent folgte zwischen Dezember 1917 und August 1918 vorwiegend für Ausbildungseinheiten, da der G IV damals zu Recht schon nicht mehr als ganz zeitgemäß galt.

Die Flugzeuge des zweiten Kontingents wurden nach niedrigeren Standards angefertigt; der Treibstofftank wurde wieder in den Rumpf hinein verlagert und war so bei Angriffen weniger ver-

■ UNTEN: Der Gotha G III war einer der wichtigsten und erfolgreichsten Bomber der kaiserlichen deutschen Wehrmacht in der Mitte des Ersten Weltkrieges.

Gotha G IV

Typ: dreisitziger Langstreckenbomber
Herkunftsland: Deutschland
Triebwerk: zwei 260-PS-(194-kW-) Mercedes-D.IVa-Reihenmotoren
Leistung: Höchstgeschwindigkeit 148 km/h; Flugdauer 3 Stunden 45 Minuten
Gewicht: leer 2383 kg; maximale Startmasse 3635 kg
Abmessungen: Spannweite 23,70 m; Länge 11,86 m; Höhe 4,30 m
Bewaffnung: bis zu drei 7,92-mm-LMG-14-Parabellum-Maschinengewehre sowie 500 kg Bombenlast

wundbar, das Triebwerk wurde durch zwei NAG-C.III- oder Argus-As.III-Reihenmotoren mit je 185 oder 180 PS (138 oder 134 kW) ausgetauscht, ein zusätzliches Bugrad hinzugefügt, um die Zahl der Unfälle durch Überschläge beim Landen zu verringern, und ein Flettner-Trimmruder wurde am Ruder angebracht, um den Kraftaufwand bei der Steuerung zu reduzieren.

Bei einigen der Siemens-Schuckert-Flugzeuge versuchte man Methoden zu entwickeln und zu testen, die Flugeigenschaften zu verbessern; eine Maschine wurde mit zwei Maybach-Mb.IVa-Reihenmotoren zu 245 PS (183 kW) ausgestattet, die einen Zug- anstelle eines Druckpropellers antrieben. Eine weitere wurde mit zusätzlichen Flügelstreben ausgestattet, um die Spannweite auf 24,90 m und die Tragflächenfläche auf 88,90 m² zu erweitern, bei einer anderen wurde ein Kompressor installiert, den Siemens entwickelt hatte.

Die von der LVG gebauten Flugzeuge wurden ebenfalls zunächst an Kampfeinheiten und später an Ausbildungsstätten ausgeliefert. Im Februar 1918 wurden 30 Flugzeuge, die man jetzt in Deutschland für überholt hielt, an die österreichisch-ungarische Luftwaffe überstellt. Sie wurden von der Oeffag mit einer Defensivbewaffnung von drei 8-mm-Schwarzlose-Maschinengewehren ausgestattet und erhielten zwei Hiero-Reihenmotoren mit jeweils 230 PS (171,5 kW), die einen zweiblättrigen Druckpropeller antrieben.

DER GOTHA G V

In dem Maße, wie Siemens-Schuckert und LVG zunehmend das Gewicht der G-IV-Produktion übernahmen, konnte Burkhardt ab dem Frühjahr 1917 seine Aufmerksamkeit einer verbesserten Version des G IV zuwenden, der zuerst in Gotha, dann durch die beiden Lizenznehmer hergestellt werden sollte.

Dieses verbesserte Modell war der G V, in den nicht nur Burkhardts Ideen, sondern auch die Erfahrungen der Kampfeinheiten, insbesondere der Kampfstaffel 3, eingingen. Sie wünschten sich vor allem, dass die Haupttreibstofftanks von ihren gegenwärtigen Positionen unter den Motoren entfernt würden, wo sie bei Bruchlandungen bersten und ihr Inhalt sich über die heißen Maschinen ergießen konnte – mit fast unvermeidlich fatalen Folgen für die Besatzung.

Im G V wurde daher der Haupttank in die Mitte des Rumpfes verlegt, die Maschinen wurden in kleineren und windschnittigeren Verkleidungen direkt über der unteren Tragfläche mit vier kurzen Streben angebracht und die Bombenzuladung wurde unter dem Rumpf und der unteren Tragfläche angeordnet. Der neue Entwurf wurde Juli 1917 erfolgreich getestet und bereits im August desselben Jahres bei der Bomberstaffel 3 in Dienst gestellt. Man hatte gehofft, dass der neue Bomber eine so stark verbesserte Leistung erbrachte, dass die Tagesbombenangriffe auf London und andere englische Ziele wieder aufgenommen werden konnten, doch es wurde bald klar, dass seine Leistung keine wirkliche Verbesserung gegenüber dem G IV bedeutete; die höhere Geschwindigkeit war durch eine niedrigere Steiggeschwindigkeit erkauft.

Die Serienmodelle des G V litten auch an der Reduktion der Motorleistung; die Leistung wurde von 260 PS (194 kW) auf 245 PS (183 kW) reduziert, um schlechteres Benzin verwenden zu können. Das Gewicht erhöhte sich durch zusätzliche Ausrüstung und die Notwendigkeit, nicht abgelagertes Holz zu verwenden, um etwa 400–450 kg. Bei gleichen Abmessungen und gleicher Bewaffnung wie der G IV hatte der G V ein Leergewicht von 2740 kg und ein maximales Startgewicht von 3970 kg, seine Höchstgeschwindigkeit betrug 140 km/h auf 3650 m Höhe, er stieg in 29 Minuten auf 3000 m und seine Dienstgipfelhöhe betrug 6500 m, die er in 52 Minuten 30 Sekunden erreichte.

Diese Leistungszahlen konnten nur von einem unbewaffneten Bomber erreicht werden und mit jedem zusätzlichen Prozent an Gewicht verlor man 60 bis 80 m an Dienstgipfelhöhe und entsprechend verschlechterte sich die Steiggeschwindigkeit. Die Folge davon zeigte sich im Vergleich mit dem G IV. Während der G IV seine ersten Tagangriffe auf England oft in einer Höhe von mehr als 5000 m absolvierte, konnte er seine späteren Angriffe mit einer größeren Bombenlast und mehr Benzin nur noch selten höher als in 4000 m Höhe fliegen. Der schwerer beladene G V war daher gezwungen, seine ersten

Einsätze in Höhen von nur bis zu 2500 m zu fliegen und seine späteren Einsätze nur noch in rund 1700 m Höhe. Diese Höhen lagen aber innerhalb der rasch erreichbaren Steighöhen und damit innerhalb der bequemen Reichweite der schnellen britischen Jäger, die so bereits starten und die Bomber abfangen konnten, bevor sie ihre Last losgeworden waren.

Nach dem Ende der deutschen Bombenangriffe auf England im Mai 1918 wurden die verbliebenen Maschinen bis zum Kriegsende an der Westfront eingesetzt, obwohl seit Juli 1918 auf diesem Schauplatz der Gebrauch des G V zurückgefahren wurde, als hier in kleinerer Anzahl verbesserte Flugzeuge auftauchten.

SPÄTERE VARIANTEN

Diese verbesserten Varianten waren der G Va und der G Vb, die beide mit einer kombinierten Leitwerkeinheit (Doppeldecker-Höhenruder und Zwillingsseitenruder) für eine verbesserte Steuerung beim einmotorigen Flug ausgestattet waren. Bei den früheren Modellen hatte der asymmetrische Schub beim Ausfall einer Maschine den Piloten gezwungen, die andere zu drosseln, aber bei den neuen Varianten erlaubte die verbesserte Leitwerkssteuerung den einmotorigen Flug bei voller Kraft. Das neue Heck mit seinen insgesamt kleineren Dimensionen vergrößerte auch das Schussfeld des Heckschützen. Andere Veränderungen bei diesen Varianten waren ein kürzerer Bug, ein Hilfsfahrgestell mit Zwillingsrad unter dem Bug oder zwei Doppelräder unmittelbar vor den Motoren wie beim G II, und bei einigen Maschinen Flettner-Trimmruder an den Tragflächenrudern, um den Kraftaufwand bei der Seitensteuerung zu verringern.

Der G Va wurde im Februar 1918 erfolgreich typengetestet und ging im folgenden Monat in Serie, um im April 1918 in Dienst gestellt zu werden. Die Produktion einer begrenzten Zahl von Maschinen ging weiter bis Juni 1918, als er in der Gothaer Produktionslinie vom G Vb ersetzt wurde, der für eine um 365 kg größere Nutzlast überarbeitet worden war. Diese Nutzlast bestand aus der Mannschaft, Maschinengewehren, Munition, Bomben und Treibstoff, die auf der Basis von einem Leergewicht von 2950 kg ein maximales Startgewicht von 4550 kg erlaubte, auch wenn dies einen leichten Verlust an Höchstgeschwindigkeit bedingte. Die Produktion des G Vb ging in Deutschland bis zum Ende des Ersten Weltkriegs weiter, aber sie erreichte bloß eine Anzahl von etwa 30 Stück gegenüber etwa 200 Einheiten der G-V-Serie.

■OBEN: Der Airco (de Havilland) D.H.9A, die verbesserte Version des D.H.4, war so effektiv, dass er bis in die Dreißigerjahre im British Empire intern eingesetzt wurde.

DIE BRITISCHE ANTWORT

Am 13. Juni 1917 verursachte ein einziger Tagesangriff von 18 Gotha-G-IV-Bombern auf London höhere Schäden (162 Tote und 432 Verwundete) als alle anderen Angriffe der Deutschen Luftschiffflotte zuvor. Als direkte Antwort erbat der britische Generalstabschef Feldmarschall Sir William Robertson eine zahlenmäßige Aufstockung der britischen Kriegsflugzeuge. Nur eine Woche später beschloss das britische Kriegskabinett, dass die Stärke des RFC von 108 auf 200 Staffeln gebracht werden sollte, von denen die meisten mit Bombern ausgerüstet werden sollten, um den Krieg nach Deutschland zu tragen. Der Bedarf an neuen Flugzeugen für die Ausrüstung der neuen Staffeln schlug sich noch vor Ende des Monats in Bestellungen von zusätzlichen 700 Airco-de-Havilland-D.H.4-Tagbombern nieder und um fast die gleiche Zeit wurde Feldmarschall Sir Douglas Haig, der Kommandeur der Britischen Expeditionstruppen in Frankreich, informiert, dass eine verbesserte Version des D.H.4 mit vergrößerter Reichweite in Angriff genommen worden sei, um das Operationsgebiet der britischen Bomberflotte zu erweitern.

Dieser Kommentar spielte auf einen Plan für den D.H.9 an, einer weitgehend veränderten Version des D.H.4, der kurz vorher beim Luftwaffenkommando eingegangen war. Er sollte eine größere Reichweite haben und eine Höchstgeschwindigkeit von 180 km/h in 3050 m Höhe erbringen. Das Luftwaffenkommando war am Anfang nicht davon angetan, weil die Einführung des neuen Typs die Auslieferung der bestellten D.H.4-Kontingente verzögern könne, aber als es hörte, dass die Einführung des neuen Typs die Bomberlieferungen von Airco und den anderen D.H.4-Vertragslieferanten höchstens um vier Wochen verzögern würde, lenkte es ein und ordnete an, dass die noch ausstehenden D.H.4-Bestellungen durch den verbesserten D.H.9 ersetzt werden sollten.

Die Weiterentwicklung des D.H.9 betraf vorwiegend seinen Rumpf, sodass Tragflächen und Leitwerk des D.H.4 unverändert übernommen werden konnten Die Hauptänderung betraf den Austausch des Pilotencockpits und des Haupttanks, sodass die Mannschaft in taktisch schwierigen Situationen besser miteinander kommunizieren konnte und die Gefährdung des Piloten bei einer Bruchlandung durch ein Verrutschen oder den Bruch des Tanks gebannt war. Die Einführung einer neuen Motoraufhängung verminderte den Luftwiderstand und erhöhte die Geschwindigkeit. Sie basierte auf der Motoraufhängung, die beim D.H.4 für den Fiat-A.12-Reihenmotor entwickelt worden war, der mit einem guten Teil seiner Zylinderbank über dem hübsch geformten Bug lag und einen Kühlblock besaß, der in die Unterseite des vorderen Rumpfes zurückgezogen werden konnte, um eine ausreichende Kühlung bei minimalem Luftwiderstand zu gewährleisten.

Der D.H.9-Prototyp war ein Umbau des D.H.4, der seinen ersten Flug im Juli 1917 mit einem Galloway-Adriatic-Reihenmotor bestritt, einer Weiterentwicklung der BHP-Maschine mit einer höheren Kompression und 230 PS (171,5 kW) und einem zweiblättrigen Holzpropeller. Die Erprobungsflüge des Prototyps liefen ohne Probleme, aber man entschloss sich, für die Serienproduktion des D.H.9 die Standardversion der BHP mit 300 PS (224 kW) zu nehmen, die von Siddeley-Deasy als Siddeley Puma gebaut wurde. Siddeley-Deasy baute im Augenblick etwa bis zu 30 BHP-Maschinen pro Woche, aber es existierten Pläne, nach denen sie 100 Pumas pro Woche bauen sollten.

Ein unmittelbares Problem war der Nachschub an Zylinderblöcken aus Aluminium, von denen nicht weniger als 90 % fehlerhaft waren, was ihre Leistung auf 230 PS (171,5 kW) reduzierte.

Dies löste beträchtliche Besorgnis im RFC aus, denn den höheren Offizieren wurde von Geoffrey de Havilland, dem Konstrukteur des D.H.4 und des D.H.9 eröffnet, dass die Leistungen des mit dem Puma bestückten D.H.9 unter denen des mit dem Rolls-Royce-Mk-III-(später Eagle-III-)V-Motor versehenen D.H.4 liegen würden, insbesondere Geschwindigkeit, Steiggeschwindigkeit und Dienstgipfelhöhe.

Haig bat auf Veranlassung von Generalmajor Hugh Trenchard, dem Kommandeur der RFC in Frankreich, darum, dass der D.H.9 nur an 15 der neuen Staffeln ausgeliefert würde, da der Typ im Juni 1918 veraltet sein würde. Diese Bitte kam jedoch zu spät, denn die Produktionspläne waren nicht nur entworfen, sondern auch die Anlagen waren bereits umgestellt worden, um den D.H.4 zuerst durch den D.H.9 zu ergänzen und dann zu ersetzen, und so war die Produktion des D.H.9 bald in vollem Gang, um mit den Lieferungen des BHP-Motors gleichzuziehen, der bald Stückzahlen von 200 pro Woche erreichte. Bald hieß es, der D.H.9 sei „ein D.H.4, der offiziell gefördert wurde, weil er sich für Massenproduktion und den BHP-Motor eignete“.

DIE ERSTEN LIEFERUNGEN

Der erste D.H.9 verließ die Fabrik Ende 1917 und er hatte die BHP-Maschine von Galloway oder Siddeley. Die Tests bestätigten, dass er ein gutes Kampfflugzeug war, dessen Anlagen durch die schlechte Maschine nicht zur Geltung kamen. Da er nach seinem Entwurf eigentlich größere Lasten tragen sollte (Bomben, Maschinengewehre mit Munition, Benzin, Öl, Wasser und die Besatzung) als der stärker motorisierte D.H.4, wies der D.H.9 unvermeidlich rundum schlechtere

Flugeigenschaften auf und konnte vor allem nicht dieselbe Höhe erreichen wie der D.H.4. Die D.H.9-Formationen konnten selten höher als 3960 m aufsteigen und auch in dieser Höhe war die Beanspruchung der Maschine so stark, dass Ausfälle an der Tagesordnung waren. Und die resultierende Verkleinerung der Einheiten beschnitt die Fähigkeit der D.H.9-Bomber noch, sich gegenseitig bei deutschen Jägerangriffen zu decken.

Der D.H.9 wurde ab Anfang 1918 an die Bomberstaffeln ausgeliefert und die ersten Einheiten, die mit ihm in Aktion traten, waren die Staffeln No. 98, 206 und 211, die April 1918 in Frankreich eintrafen, als die Deutschen die letzte Großoffensive starteten, um Frankreich und Großbritannien zu schlagen, bevor die frischen amerikanischen Formationen den alliierten Angriff an der Westfront unterstützten, der dann unvermeidlich zur deutschen Niederlage führte.

Zu dieser Zeit beschleunigte sich die Produktion der neuen Maschinen rapide, trotz der zahllosen Verluste und wegen Motorproblemen abgeblasenen Einsätze. Trenchard beschloss im Juni 1918, dass der Typ bei den Einsätzen in vorderster Front ab August ersetzt werden sollte, aber die Lieferungen erfolgten so zahlreich, dass er bis zum Ende des Kriegs 1918 im Dienst behalten wurde.

Wegen der nach damaligen Maßstäben dürftigen Leistungen des D.H.9 konnten die Besatzungen von Glück sagen, dass die deutsche Jagdwaffe in dieser Phase des Kriegs durch die Benzinknappheit weitgehend zur Untätigkeit verurteilt war, sodass das Hauptproblem der RAF-Mannschaften die Unzuverlässigkeit der Motoren war, die alle von dem schlechten BHP-Grundmodell abgeleitet waren.

Die Herstellung des D.H.9 ging bis Ende 1918 weiter und erreichte insgesamt 3204 Stück. Der Typ blieb bis in die 30er Jahre im Dienst, vorwiegend bei ausländischen Abnehmern.

DER LIBERTY-MOTOR

August 1917 kündigte das US Kriegsministerium die Fertigstellung des ersten Liberty-Flugzeugmotors an, nur 28 Tage, nachdem mit dem Entwurf begonnen worden war. Dies war in der Tat eine sehr eindrucksvolle Leistung und das Ministerium lobte die Fähigkeiten der Maschine in den höchsten Tönen mit dem Fazit, dass sie „der beste Flugzeugmotor aller Länder sei".

Wie sich dann zeigen sollte, war der Liberty in der Tat ein sehr guter Motor, aber zur Zeit der Ankündigung des Kriegsministeriums war er noch nicht geflogen und hatte die Kinderkrankheiten noch vor sich, die jeder Motor aufweist, wenn er zur Produktionsreife entwickelt wird.

Der erste Motor im Einsatz war der Liberty 8 mit acht Zylindern in V-Anordnung, die für alle Libertys beibehalten wurde. Dieser erste Typ trat aber bald völlig in den Schatten des Liberty 12 mit zwölf Zylindern. Er wurde zuerst August 1917 mit einer Leistung von 314 PS (234 kW) getestet, wurde dann aber zwei Monate später in der Version mit 395 PS (295 kW) für die Produktion freigegeben. Die Produktionspläne schrieben eine Stückzahl von 4800 pro Monat bis Mai 1918 vor, aber diese wurde nie erreicht; bis zu diesem Zeitpunkt wurden nur 1100 anstelle der geplanten 9420 ausgeliefert. Werkbänke, Werkzeuge und Messinstrumente waren knapp und es waren nicht weniger als 1022 Modifikationen

■OBEN: Die vergleichsweise gigantischen Dimensionen des Handley Page O/100 werden in dieser Gegenüberstellung mit einem S.E.5a-Jäger besonders deutlich.

zwischen September 1917 und November 1918 erforderlich.

Obwohl die Produktionsziele nicht erreicht wurden, war der Liberty nichtsdestoweniger eine bedeutende Errungenschaft und seine hohe Leistungsausbeute interessierte die britischen Behörden, die nach einer Alternative für den Rolls-Royce Eagle suchten, dessen Fertigung beträchtlich hinter der Nachfrage zurückblieb. Ein früher Liberty 12 war Oktober 1917 für einen Testflug in einen D.H.4 eingebaut worden und verbesserte deutlich die Flugeigenschaften gegenüber der Standardbestückung mit dem BHP oder Puma. Man entschied sich also, die angeblich so große Produktionskapazität auszunutzen, die die Amerikaner anboten. Ende Januar forderten die Briten 3000 Exemplare des Liberty-Motors an, dessen Lieferung in demselben Monat zu jeweils 500 Stück beginnen sollte, aber die ersten 10 Stück trafen erst im März ein und die Lieferungen wurden im Juli nach nur 1050 Motoren eingestellt.

Angesichts der Tatsache, dass der Liberty einen erfolgreichen Testflug in einem umgebauten D.H.4 absolviert hatte, beschlossen die Briten, dass der vermutete stetige Fluss der Liberty-12-Motoren in erster Linie benutzt werden sollte, um den enttäuschenden D.H.9 aufzuwerten, der ja selbst eine Weiterentwicklung des D.H.4 war. Airco selbst war zu sehr mit der Entwicklung des Entwurfs des zweimotorigen D.H.10-Amiens-Bombers beschäftigt, um die

Umkonstruktion des D.H.9 in den D.H.9A mit der Liberty-Maschine vorzunehmen, und so wurde dieser Auftrag den Westland-Flugzeugwerken der Petters Ltd. in Yeovil/Sommerset übertragen. Diese Firma war vollständig in die D.H.4- und D.H.9-Programme eingebunden und daher bereits mit der Konzeption der Airco-Flugzeuge bestens vertraut.

DER D.H.9A

Der D.H.9A, der aus dieser Entwicklung hervorging, ähnelte mehr dem D.H.4 als dem D.H.9, da der Kühler an der Front angebracht war und er so die gleiche Bugform hatte. Haupttank, Pilot und Bordschütze hatten jedoch die gleiche Position wie beim D.H.9 und er hatte eine etwas andere Rumpfkonstruktion mit kreuzförmigen Drahtverspannungen anstelle der Sperrholzwände beim D.H.9, um die Stabilität zu erhöhen, damit er eine schwerere Maschine tragen konnte. Die doppelte Tragflächeneinheit hatte eine größere Spannweite und ermöglichte einen schnelleren Aufstieg und eine größere Flughöhe. Ansonsten war er ein herkömmlicher Doppeldecker ohne weitere bemerkenswerte Eigenschaften.

Der erste D.H.9A war ein Umbau des D.H.9, der mit einem Eagle-VIII-V-Motor flog, der einen vierblättrigen Holzpropeller antrieb. Dies erlaubte den Beginn des Testprogramms, als die Lieferung der ersten Liberty-12-Maschinen aus den USA noch nicht feststand. Denn so konnte die Eagle VIII als alternatives Aggregat für den neuen Bomber im Auge behalten werden, wenn sich herausstellen sollte, dass der Nachschub an Liberty-Motoren nicht ausreichte oder zu spät für die rasch anlaufende Produktion des D.H.9A eintreffen sollte. Jedoch sollten dann in der Praxis die meisten D.H.9A mit den Liberty-12-Motoren zu 400 PS (298 kW) ausgestattet werden. Damit brachten sie es auf ein Leergewicht von 1256 kg, eine normale Startmasse von 1914 kg, eine maximale Startmasse von 2107 kg und eine Höchstgeschwindigkeit von 198 km/h in Meereshöhe, welche in 5000 m Höhe auf 164 km/h zurückging. Die Einsatzdauer betrug 5 Stunden 15 Minuten, die Steiggeschwindigkeit 271 m pro Minute, der Aufstieg auf 2000 m dauerte 7 Minuten und die Dienstgipfelhöhe lag bei 5790 m.

Das Produktionsprogramm wurde Mitgliedern derselben Organisation anvertraut, die auch den D.H.9 baute, und im Juni 1918 wurden die ersten 18 Einheiten von geplanten 2300 ausgeliefert. Im März 1918 hatte General Hugh M. Trenchard, der Kommandeur der Royal Air Force (die im April 1918 aus der Verschmelzung des RFC und des RNAS hervorgegangen war) darauf gedrungen, dass der Produktion des D.H.9A höchste Priorität eingeräumt werde, sodass er den D.H.9 in seinen Bomberstaffeln ersetzen könnte. Es wurde jedoch August, bevor die Staffel Nr. 110 als erste mit D.H.9A ausgestattete Einheit in Frankreich eintraf. Sie wurde der *Independent Force* zugeteilt, wie die britische strategische Bomberflotte jetzt genannt wurde, und flog Mitte September 1918 ihre ersten Einsätze.

VERBESSERTE LEISTUNGEN

Die D.H.9A war sehr beliebt wegen ihrer Flugeigenschaften, die deutlich besser waren als die der D.H.9, besonders in Höhen über 4000 m. Anfangs war man misstrauisch wegen der Abreißzündung des Liberty-12-Motors. So ein Zündungssystem war in den britischen Streitkräften selten, und erst als die britischen Mechaniker die Vorzüge dieses System schätzen gelernt hatten und es richtig warten konnten, entfaltete der Liberty-12-Motor jene Art von Zuverlässigkeit, die von der RAF gewünscht war.

Bis Dezember 1918 wurden 885 D.H.9A gebaut, aber nur 405 davon wurden bis Ende Oktober an die RAF ausgeliefert. Der Typ flog im Wesentlichen an der Westfront in den Staffeln Nr. 18, 99, 110 und 205, aber er wurde auch als Küstenpatrouille in den Staffeln Nr. 212 und 273 in den Basen an der englischen Küste und bei Ausbildungseinheiten in

Airco (de Havilland) D.H.9A

Type: zweisitziger Tagbomber
Herkunftsland: Großbritannien
Triebwerk: ein 375-PS-(280-kW-) Rolls-Royce-Eagle-VIII-V-Motor
Leistung: Höchstgeschwindigkeit 202 km/h; Dienstgipfelhöhe 6095 m; Flugdauer 5 Stunden 15 Min.
Gewicht: leer 1227 kg; maximale Startmasse 2184 kg
Abmessungen: Spannweite 14,01 m; Länge 9,22 m; Höhe 3,45 m
Bewaffnung: ein 7,7-mm-Vickers-Maschinengewehr sowie bis zu 336 kg Bombenlast

Cranwell, Fowlmere und Waddington eingesetzt. Als die Alliierten im russischen Bürgerkrieg nach der Oktoberrevolution auf der Seite der Weißen gegen die bolschewistischen Streitkräfte intervenierten, bestand ein Teil des britischen Kontingents aus zwei D.H.9A-Einheiten, nämlich den Staffeln Nr. 47 und 221.

Der D.H.9A war einer der wenigen Typen des Ersten Weltkriegs, der auch danach weiter produziert wurde, auch als die Abrüstung und finanzielle Kürzungen in einem außerordentlich schnellen Abbau der militärischen Stärke Großbritanniens und insbesondere der Armee und der RAF mündeten. Die Nachkriegsproduktion belief sich noch auf etwa 300 weitere Flugzeuge, die bis 1928 ausgeliefert wurden. Dazu gehörte auch eine kleine Anzahl von Flugzeugen, die vorwiegend im Postdienst der Streitkräfte eingesetzt wurden und mit einem Napier-Lion-W-Typ-Kolbenmotor mit 450 PS (335,5 kW) bestückt waren.

DIENST IN DEN ÜBERSEEKOLONIEN

In der unmittelbaren Nachkriegszeit wurden die meisten der D.H.9A-Staffeln den Lufteinheiten der alliierten Besatzungstruppen in Deutschland zugeordnet, aber bald wurden sie auf Kaderstärke abgebaut und dann aufgelöst. Die einzige Ausnahme war die Staffel Nr. 99, die im Mai 1919 in Nordwestindien als Teil jener drei RAF-Staffeln stationiert wurde, die die beiden anderen Staffeln der RAF in diesem Krisengebiet verstärken sollte, wo gerade der dritte afghanische Krieg (1919/20) begonnen hatte.

Die Piloten stellten jedoch fest, dass sie am Himmel über Indien ihre Flugtechniken neu lernen mussten; der Start dauerte lang und der Aufstieg verlief in der heißen Luft der niedrigeren Höhen langsam. Wegen der Kälte war dagegen der Flug in großen Höhen besonders unbequem und ein Aufsetzen in seitlicher Schräglage musste um jeden Preis vermieden werden, damit das Fahrwerk nicht zusammenbrach. Auch die Kühlung der Motoren war ein Problem und im August 1920 wurde ein zusätzlicher Kühlblock unter dem Bug angebracht. Weitere Änderungen, die der D.H.9A allmählich durchlief, waren ein Zusatztank für Langstreckenflüge unter der oberen Tragfläche steuerbord, ein Ersatzrad, das backbord am oder unter dem Rumpf angebracht war, ein Trinkwasserschlauch (in der Regel aus Leder), Notrationen und eine Bettrolle.

OBEN: Der Handley Page O/400 war eine deutlich verbesserte Weiterentwicklung des O/100 und zweifellos der effektivste schwere britische Bomber im Ersten Weltkrieg.

Der D.H.9A diente ebenfalls als der Haupttagbomber an den RAF-Heimatbasen, bis er 1924 vom Fairey Fawn und anderen Typen ersetzt wurde. Er wurde auch von der Reserveluftwaffe benutzt, die 1925 geschaffen wurde, und von einer ganzen Zahl von Flugschulen. Der letzte D.H.9A auf den britischen Heimatbasen wurde 1930 aus dem aktiven Dienst genommen.

Eine kleinere Anzahl von D.H.9A-Bombern, die für die britischen Dienste nicht benötigt wurden, wurden 1922 an Spanien verkauft. Sie unterschieden sich von ihren britischen Gegenstücken durch ihre Eagle-VIII-Motoren, die von einem Paar Lamblin-Kühlern gekühlt wurden, die unter dem Rumpf zwischen den Stützen des Fahrwerks angebracht waren.

Aufgrund ihrer vorherigen Entscheidung, große Stückzahlen des D.H.4 als DH-4 und dann des D.H.9 als USD-9 zu bauen, beschlossen die Amerikaner angesichts der Möglichkeit, dass der Erste Weltkrieg noch bis 1919 dauern könne, ein große Bestellung für den D.H.9A mit dem Liberty Motor aufzugeben, der dann als USD-9A bekannt wurde. Oktober 1918 bauten Dayton-Wright vier Flugzeuge des Typs, die von der Ingenieurabteilung des *Bureau of Aircraft Production* entworfen worden waren. Hauptthersteller sollte die Curtiss Aeroplane and Motor Co. Inc. sein, aber im November 1918 wurden die Verträge über 4.000 USD-9A unmittelbar nach dem

Ende der Feindseligkeiten gekündigt. Die wenigen USD-9A wurden im Wesentlichen für Testzwecke verwendet und im Februar 1919 wurde einer davon der einzige USD-9B, nachdem er mit dem Liberty-12A-Motor mit 420 PS (313 kW) und einer Tragflächeneinheit mit größerer Fläche ausgerüstet worden war.

EIN RICHTIGER SCHWERER BOMBER

Als Handley Page 1924 eine neue Typennomenklatur einführte, wurde der O/100 nachträglich als H.P.11 bezeichnet. Er war unbestreitbar der erste wirklich effektive schwere Bomber der Welt, der in Dienst gestellt wurde. Die ursprüngliche Bezeichnung basierte auf einem Buchstabencode, der die Abfolge der Entwürfe in alphabetischer Reihenfolge bezeichnete und seit 1911 in einem nummerischen Suffix, das ein Hauptmerkmal des Flugzeugs, etwa die Spannweite oder die Leistung des Motors in PS anzeigte.

Die technischen Ursprünge dieses wichtigen Kriegsflugzeugs gehen auf das Jahr 1913 zurück, als die Zeitung Daily Mail einen Preis von 10.000 Pfund für denjenigen Piloten aussetzte, der zuerst den Atlantischen Ozean überquerte. Dies war für die damalige Zeit eine beträchtliche Summe und eins der drei Flugzeuge, die daraufhin entworfen und gebaut wurden, um diesen Preis zu gewinnen, war der Handley Page L/200. Er war ein Doppeldecker mit zwei Mann Besatzung und doppelter Steuereinrichtung, angetrieben von einem wassergekühlten Salmson-(Canton-Unné-)Sternmotor mit 200 PS (149 kW) Leistung, hatte eine Spannweite von 18,30 m und eine geschätzten Flugdauer von 23 Stunden bei einer Geschwindigkeit von 130 km/h. Er wurde niemals auf die Probe gestellt, denn im August 1914 bei Ausbruch das Kriegs war er noch nicht fertig. Trotz dieser Tatsache war der L/200 sehr wichtig, weil er der erste von Frederick Handley Page entworfene Typ war, der der Allgemeinheit die Wichtigkeit eines großen Flugzeugs zu Bewusstsein brachte, das eine größere Ladung an Treibstoff und/oder Nutzlast befördern konnte.

Im Dezember 1914 forderte die britische Admiralität die Flugzeugbauer auf, ein großes Flugzeug zu konstruieren, das ausgedehnte Seepatrouillen mit einer taktisch effektiven Bombenlast unternehmen konnte. Die Spezifikationen schrieben eine zweiköpfige Besatzung vor, einen zweimotorigen Antrieb, eine Höchstgeschwindigkeit von 116 km/h, ein 7,7-mm-Gewehr als Defensivbewaffnung und eine Offensivbewaffnung von 45 kg Bomben. Handley Page reichte einen Entwurf für einen großen Doppeldecker mit zwei Beardmore-Reihenmotoren mit je 120 PS (89,5 kW) ein, der Commodore Murray Sueter, den Direktor der Luftfahrtabteilung der Admiralität, so beeindruckte, dass er Handley Page bat, den Entwurf auszuweiten auf einen „bloody paralyzer' von einem Flugzeug.

Mit Unterstützung von G. R. Volkert überarbeitete Handley Page seinen ursprünglichen Entwurf und gab ihm größere Abmessungen und zwei Sunbeam-Reihenmotoren mit je 150 PS (112 kW). Dieses Modell erhielt die Firmenbezeichnung O/100, um anzudeuten, dass es dem N/80 Projekt eines Aufklärungsflugzeugs mit einem Gnome-Drehkolbenmotor mit 80 PS (59,6 kW) nachfolgte und über eine Spannweite von 100 Fuß (30,50 m) verfügte.

Das Handley-Page-Werk arbeitete sieben Tage die Woche, um den Prototyp fertig zu stellen, der beträchtliche Probleme aufwarf, da es sich um das bisher größte Flugzeug handelte, das in Großbritannien hergestellt worden war. Niemand hatte irgendwelche Erfahrung mit dem Entwurf und der Konstruktion von so großen Flugzeugen, und um eine angemessene Stabilität sicherzustellen, wurde jedes einzelne Bestandteil bis zum Bruch getestet, bevor dann ein identisches Teil montiert wurde. So war der Prototyp erst zwölf Monate nach der Ausschreibung für die Konstruktion testbereit. Ebenso forcierte Roll-Royce die Entwicklung seines Mk-II-V-Motors, der eng mit den weiteren Geschicken des O/100 und seinen Nachfolgern verbunden blieb. Ursprünglich auf die Leistung von 200 PS (149 kW) ausgelegt und später „Eagle" genannt, lief er zuerst im März 1915. Im August hatte diese Maschine bereits eine Leistung von 300 PS (224 kW) bei 3000 U/min, obwohl dann schließlich wegen der größeren Zuverlässigkeit für die Serienproduktion eine Leistung von 250 PS (186 kW) bei 1800 U/min gewählt wurde.

Infolge eines Zusatzvertrages vom Februar 1915, der bald auf vier Prototypen und ein erstes Kontingent von acht Serienmodellen ausgeweitet wurde, ersetzten zwei dieser Rolls-Royce-Motoren das ursprünglich vorgeschriebene Paar von Sunbeam-Maschinen. Jeder war in einem gepanzerten Gehäuse untergebracht, das auch die auf diese Art zugleich geschützten Benzin- und Öltanks enthielt. Weitere Panzerung und schusssicheres Glas wurden in einem geschlossenen Flugdeck am Bug des Flugzeugs vor der Tragflächeneinheit zum Schutz der Besatzung angebracht. In dieser Form absolvierte der O/100-Prototyp im Dezember 1915 seinen Jungfernflug. Die Erprobungsflüge erwiesen die Notwendigkeit einer ganzen Reihe von Änderungen, so die Entfernung der Abdeckung des Flugdecks, die während eines Fluges zusammengebrochen war, und seinen Ersatz im zweiten Prototyp und allen nachfolgenden Exemplaren durch eine lange, sperrholzverkleidete Bugsektion, in der die beiden Piloten etwa 3,60 m weiter vorne saßen als in der alten Version. Dies erlaubte eine Position des Bugschützen, die besser mit dem Heckschützen harmonierte, der zusätzlich zur oberen Kanzel auch noch durch eine Falltür nach unten gegen angreifende Flugzeuge operieren konnte. Dann wurde auch auf die gesamte Panzerung, auch der Motoren und Tanks, verzichtet.

Die Produktion des O/100 inklusive der Prototypen erreichte eine Stückzahl von 46 Flugzeugen, die alle von Handley Page selbst fertig gestellt wurden und nicht von Mann, Egerton & Co. Ltd., wie ursprünglich vorgesehen. Die letzten sechs Flugzeuge hatten zwei Sunbeam-Cossack-V-Motoren mit je 320 PS (238,5 kW), und während die ersten 40 Flugzeuge eigentlich mit zwei Eagle-Motoren ausgerüstet sein sollten, wurden einzelne Exemplare zu Erprobungszwecken mit der Cossack-Maschine oder dem Fiat-A.12bis-Reihenmotor mit 260 PS (194 kW) bestückt.

DER O/100 IM EINSATZ

Die Flugzeuge wurden ab September 1916 an den RNAS ausgeliefert; zunächst sollten sie die in Manston/Kent stationierte Ausbildungsstaffel ausrüsten, dann die Staffeln des Geschwaders Nr. 5 in Dünkirchen an der nordfranzösischen Küste. Anfangs wurden im November dieser Einheit nur drei O/100 Bomber zugeteilt, jedoch folgten ab April 1917 weitere und bildeten die vollständige Ausrüstung der Staffeln Nr. 7 und Nr. 7A sowie eines Teils des Geschwaders Nr. 3 in Luxueil weiter südlich in Frankreich, von wo Industrieziele in Deutschland angegriffen wurden. Die Maschinen in Nordfrankreich waren ursprünglich mit der Bekämpfung von Schiffen und U-Booten beauftragt, aber der Verlust von zwei Maschinen durch Flugabwehrfeuer führte zu der Überlegung, dass der O/100 zu groß und zu schwerfällig für Tageseinsätze sei, und die beiden RNAS-Staffeln wurden verlegt, um gegen deutsche Industrieziele und gegen die Flugplätze zu operieren, von denen die deutschen Bomber zu ihren Angriffen in Südengland aufstiegen.

Seit Oktober 1917 wurde eine Anzahl der Bomber zu der neuen „A“-Staffel in Manston überstellt, die den Kern der größeren Einheit bildete, die vom RFC und dem RNAS (die dann im April 1918 zur Royal Air Force zusammengelegt wurden) als unabhängige Streitmacht geplant wurde und für eine strategische Bomberkampagne gegen Deutschlands Kriegsindustrie eingesetzt werden sollte. Die „A“-Staffel flog im Oktober 1917 nach Ochey in Frankreich und wurde dort Teil des 41. Geschwaders, dem ersten Element der *Independent Force.* Im Januar 1918 wurde sie zur (Marine) Staffel Nr. 16 und dann im Dienst der RAF umbenannt als Staffel Nr. 216 für den Einsatz bis zum Waffenstillstand.

Nur ein einziger O/100-Bomber wurde außerhalb des europäischen Kriegsschauplatzes eingesetzt; er war auf dem Stützpunkt der RNAS auf der Insel Mudros in der Ägäis für eine Bomberkampagne gegen die türkische Hauptstadt Konstantinopel (jetzt Istanbul) stationiert war. Er absolvierte nur am Beginn seiner Stationierung Juli 1917 einen Flug nach Konstantinopel und wurde dann für drei Monate zum Patrouillendienst eingeteilt. Bei seinem zweiten Besuch in Konstantinopel Ende September 1917 musste er wegen eines Maschinenschadens im Golf von Xeros landen und die Besatzung wurde von den türkischen Streitkräften gefangen genommen.

DER HANDLEY PAGE O/400

Später unter der Firmenbezeichnung H.P.12 geführt, die von Handley Page 1924 eingeführt wurde, war der O/400 eine folgerichtige Weiterentwicklung des O/100, dessen nummerisches Suffix jetzt die PS-Stärke des Motors und nicht mehr die Spannweite angab, die unverändert 100 Fuß (30,50 m) betrug. Er war vor allem für den Einsatz im RFC vorgesehen, das dem Beispiel des RNAS bei dem Einsatz der schweren Bomber folgte, nachdem man die Bedeutung der deutschen „Türkenkreuz“-Bomberkampagne gegen Großbritannien erkannt hatte, die im Februar 1917 begonnen und im späten Frühjahr und im Sommer des Jahres ernst zu nehmende moralische Auswirkungen hatte.

Bis zu dieser Zeit hatte das RFC auf die leichten Tageslichtbomber gesetzt, die mit einer geringeren Bombenlast größere Geschwindigkeiten entfalten konnten und eher taktischer Natur waren; man glaubte, dass die kleineren Bomben, da sie bei Tag mit größerer Präzision platziert werden konnten, von größerem Wert seien als die größeren Bombenlasten, die bei Nacht weniger genau ins Ziel gebracht wurden. Diese Ansicht war bei den Oberkommandierenden des RFC so verbreitet, dass sie Juli 1917 beschlossen, die weitere Entwicklung von schweren Bombern zu beenden.

Im August desselben Jahres wurde das RFC jedoch angesichts der Erfolge, die die deutschen Gothas erzielt hatten, und angesichts der Treffergenauigkeit, die die kleine Streitmacht der O/100-Bomber des RNAS bei ihren nächtlichen Bombeneinsätzen erzielt hatte, gezwungen, diese Position zu überdenken. Ein erster Schritt zur Wiederaufnahme eines schweren Bomberprojekts war im August 1917 die Ausschreibung für Prototypen des schweren Handley Page V/1500 und des mittleren Vickers-F.B.27-Vimy-Nachtbombers und dann der Vertrag über erste 100 Einheiten des O/400, der verbesserten Version des O/100.

Die Wichtigkeit der britischen Entscheidung wurde eindringlich bestätigt durch die Tatsache, dass die Deutschen im folgenden Monat ihre Bombenangriffe von Tages- auf Nachteinsätze umstellten; die Flüge waren sehr erfolgreich und die Verluste der Deutschen gingen zurück. Daraufhin bestellte das Luftflottenkommando weitere 200 O/400-Bomber und noch einmal weitere 100 als Antwort auf die Anfrage des Feldmarschalls Sir Douglas Haig, der die britischen Expeditionstruppen in Frankreich befehligte und erreichen wollte, dass ein Viertel aller neuen Bomber an der Westfront Nachtbomber sein sollten.

Die Entwicklung des O/400 war das direkte Ergebnis der Einsatzerfahrungen, die die RNAS mit den O/100 in Frankreich gemacht hatte, und die wichtigste einzelne Änderung des O/400 gegenüber dem O/100 bestand in einem völlig neuen System der Treibstoffzufuhr. Während der O/100 zwei 545-Liter-Tanks in den Motorgehäusen und einen 590-Liter-Tank im Rumpf hatte, verfügte der O/400 über zwei 590-Liter-Tanks im Rumpf. Jeder der beiden Tanks war mit einer windgetriebenen Pumpe ausgerüstet, die das Benzin direkt in die Vergaser sowie in zwei 64-Liter-Tanks in der oberen Tragfläche pumpte, von denen aus die Motoren auch bei einem Ausfall der Pumpe versorgt werden konnten. Dies erlaubte die Verkürzung und auch eine Reduzierung des Gewichts der beiden Motorengehäuse, die immer noch die Öltanks für jeden Motor trugen und die jetzt von einem veränderten Stützensystem getragen wurden. Die einzige

Handley Page O/400

Typ: vier/fünfsitziger schwerer Bomber
Herkunftsland: Großbritannien
Triebwerk: zwei 360-PS-(268,5-kW-)Rolls-Royce-Eagle-VIII-V-Motoren
Leistung: Höchstgeschwindigkeit 157 km/h; Dienstgipfelhöhe 2590 m; Flugdauer 8 Stunden
Gewicht: leer 3857 kg; max. Startmasse 6060 kg
Abmessungen: Spannweite 30,48 m; Länge 19,16 m; Höhe 6,71 m
Bewaffnung: bis zu fünf 7,7-mm-Lewis-Maschinengewehre sowie 907 kg Bomben.

andere sichtbare Änderung war eine einzelne, quer durch den Flügel gehende Strebe hinter jedem Motorengehäuse und die Verschiebung der zentralen Flosse etwas nach hinten, sodass sich ihre Hinterkante etwas hinter denen der Höhenruder befand. Als Antriebsaggregate waren die neuesten und stärksten Versionen des Rolls-Royce-V-Motors gedacht, vor allem der Eagle IV und VIII mit je 284 oder 360 PS (212 und 268,5 kW), aber die Produktion hielt nicht mit der Nachfrage Schritt und andere Maschinen wurden ausprobiert, so der Fiat-A.12bis-Reihenmotor mit 260 PS (194 kW) und der Sunbeam Maori V-Motor mit 275 PS (205 kW)

Der O/400 übernahm die Grundstruktur des O/100 und war daher völlig konventionell im Design und Aufbau, mit einer Bespannung aus Stoff über einer Holzkonstruktion mit kreuzförmiger Drahtverspannung. Der Rumpf hatte einen rechteckigen Querschnitt und war aus drei Teilen zusammengesetzt; der wichtigste Abschnitt war die zentrale Zelle mit dem internen Bombendepot, dessen Schächte mit federbetriebenen

Falltüren verschlossen waren. An dieses Herzstück wurden die Bug- und Heckeinheiten einfach angesetzt. Das Leitwerk bestand aus einer doppelten Horizontaleinheit und einer dreifachen vertikalen Einheit. Von den starren Flächen des Höhenruders war die untere mit den unteren Längsholmen des Rumpfes verbunden, die beweglichen Ruder waren aerodynamisch ausbalanciert. Die obere Ebene der Horizontaleinheit wurde von vier vertikalen Streben beiderseits der zentralen vertikalen Flosse über dem Heck und durch zwei weitere Vertikalstreben vor den beiden aerodynamisch ausbalancierten Seitenrudern gestützt.

Die nicht gegeneinander verschobene Tragflächeneinheit war dreijochig, der untere Flügel war 9,15 m kürzer als der obere. Sie waren beide durchgehend gleich tief, die untere Fläche bestand aus vier Abschnitten, die längere obere aus fünf. Die untere Tragfläche bestand aus zwei flachen Hälften in der Mitte, die an den unteren Längsholmen befestigt waren und die beiden äußeren Hälften der Flügel trugen, die leicht nach oben angewinkelt waren und abgerundete Enden besaßen. Die obere Tragfläche hatte ebenfalls einen flachen Abschnitt in der Mitte, der über dem Rumpf vorne und hinten von zwei umgekehrt-V-förmigen Streben gehalten wurde, und daran schlossen nach außen die ebenfalls leicht nach oben gewinkelten äußeren Hälften an. Diese waren wiederum in zwei Teile unterteilt und der äußere wurde noch einmal von einer giebelförmigen oberen Drahtverspannung gehalten. Die Enden der oberen Flächen waren vorne abgerundet und auf ihrer Rückseite befand sich das große aerodynamisch ausbalancierte Tragflächenruder. Die äußeren Flügelabschnitte waren durch jeweils zwei Streben verbunden und konnten nach hinten gefaltet werden, um Platz im Hangar zu sparen, und die ganze Tragflächeneinheit war mit den üblichen Verspannungen aus Flug- und Landedrähten stabilisiert.

Der Rumpf wurde vervollständigt durch Triebwerk und Fahrwerk. Das Aggregat bestand aus zwei Eagle-V-Motoren, die je einen vierblättrigen Holzpropeller antrieben und durch einen großen frontalen Kühlerblock gekühlt wurden. Untergebracht waren sie in einem Paar kurzer Gehäuse, die vorn im zentralen Abschnitt zwischen den Tragflächen angebracht waren. Jedes Gehäuse war von einem Paar von V-Streben gegen die untere Tragfläche abgestützt und stützte seinerseits die obere Fläche. Das Fahrwerk umfasste einen Schwanzsporn und zwei Räderpaare mit gefederter Achse, die mit trapezförmigen

■ UNTEN: Da es noch keine Motorpumpen gab, an die wir heute so gewöhnt sind, mussten Flugzeuge wie hier der O/400 mühsam von Hand betankt werden.

Verstrebungen unter der Außenwand des Flugzeugrumpfes und der Verankerung der Maschinen angebracht waren.

DIE PRODUKTION

Vom O/400 wurden 548 von insgesamt 788 bestellten Flugzeugen hergestellt, und zwar 211 von Handley Page selbst (von ursprünglich 324 Bestellungen wurden 113 wieder storniert), 102 (von 120 bestellten) von Birmingham Carriage Co., 18 von der Royal Aircraft Factory, 100 (von 175 bestellten) von der Metropolitan Waggon Co. Ltd., 46 (von 50 bestellten) von Clayton & Shuttleworth Ltd., 70 (von 100 bestellten) von der National Aircraft Factory Nr. 1 und eine Maschine von Harland & Wolff Ltd. als Ersatz für diejenige, die an die Standard Aircraft Corporation in den USA als Muster geliefert worden war.

DIE INDEPENDENT FORCE

Die O/400-Bomber verließen erst im Februar 1918 in größerer Anzahl die Fabrikhallen und erst Mitte August erhielt die *Independent Force,* die Unabhängige Streitmacht, der Royal Air Force (die im April 1918 aus der Zusammenlegung von RFC und RNAS entstanden war) ihre erste vollständig mit O/400 ausgestattete Einheit, als die Staffel Nr. 97 in Frankreich eintraf. Später in demselben Monat folgte die Staffel 215 aus England sowie die Staffel Nr. 100, deren F.E.2b-Bomber der Royal Aircraft Factory in Frankreich gegen O/400 ausgetauscht wurden.

In Frankreich wurden nach und nach die Staffeln Nr. 58, 207 und 214 des 82., 54. und 82. Geschwaders der IX. Brigade mit O/400 Maschinen ausgerüstet, ebenso wie die Staffeln Nr. 97, 100, 115, 215 und 216 des 83. Geschwaders der VIII. Brigade. In Palästina wurde ein O/400 an die Staffel Nr. 1 des australischen Fliegerkorps überstellt und O/400 Kriegsflugzeuge wurden auch in Großbritannien in den Flugschulen Nr. 1 und 2 für Flugnavigation und Bombeneinsätze benutzt, die im Westen des Landes bei Stonehenge und Andover lagen.

In den letzten drei Kriegsmonaten wurden die in Frankreich stationierten Flugzeuge mit beträchtlichem Erfolg gegen die deutschen Verbindungslinien und kriegswichtige Industrieanlagen im Westen Deutschlands eingesetzt, wo sie bei ihren Einsätzen die 748-kg-„Blockbuster"-Bomben abwarfen, die bemerkenswerte Zerstörungen anrichteten.

Der Erfolg wurde natürlich auch mit Verlusten erkauft und zwischen Juni und November verlor die *Independent Force* 69 Maschinen, 18 im Einsatz und 51 durch Unfälle. Nach dem Krieg beschloss die RAF, nur den Airco-(de Havilland-)D.H.10-Amiens- und den Vickers-F.B.27-Vimy-Bomber als Standardausrüstung zu behalten, und die Zahl von O/400-Bombern ging rapide zurück. Die letzten beiden Einheiten waren die Staffeln Nr. 70 und 216, die in Ägypten den Typ bis 1920 flogen.

COMMANDANT DORANT

In den ersten 18 Monaten des Ersten Weltkriegs lag die Verantwortung für Entwurf und Produktion der französischen Kriegsflugzeuge beim SFA *(Service des Fabrications de l'Aviation),* der im Februar 1914 geschaffen worden war. Dann wurde jedoch im Februar 1916 diese Aufgabe einer neuen Körperschaft übertragen, der STA *(Section Technique de l'Aeronautique),* die von Commandant (später Lieutenant Colonel) Dorand geleitet wurde.

Eine von Dorands ersten Maßnahmen war die Spezifizierung der Anforderungen für drei neue Typen von Kriegsflugzeugen, die von den Einsatzstaffeln *(Esquadrilles)* der französischen Luftwaffe dringend benötigt wurden. Dieses waren erstens ein Flugzeug mit Zugpropeller, der den Farman F.40 als Aufklärer ersetzen sollte, dann ein Jäger mit einem Maschinengewehr, das durch den Propellerkreis schießen konnte, und drittens ein dreisitziges, zweimotoriges Aufklärungsflugzeug.

Das letztere war deutlich ein Erbe von Dorands Bekanntschaft mit dem zweimotorigen Caudron-R.4-Dreisitzer. Als Gaston Caudron bei einem Unfall mit einem solchen Flugzeug im Dezember 1915 ums Leben kam, war Dorand einer der Offiziere, die mit der Ermittlung der Unfallursache beauftragt wurden, und er schlug vor, dass seine kleine, mit keiner besonderen Aufgabe betraute Einheit in Lyon das Entwurfsbüro von Caudron übernehmen sollte. René Caudron, der überlebende Bruder, widersetzte sich mit aller Macht diesem Ansinnen und Dorand schlug dann die Schaffung eines neuen technischen Dienstes vor, als der dann die STA entstand.

Um der ersten und dritten Anforderung seines Leiters zu genügen, entwarf der STA zwei Flugzeuge, den zweisitzigen AR-Doppeldecker und einen dreisitzigen Doppeldecker mit zwei Hispano-Suiza-8-V-Motoren, die je einen zweiblättrigen Zugpropeller antrieben. Dorand verbreitete, die Flugzeuge seien sein eigener Entwurf, was dann oft zu der Bezeichnung als Dorand-Flugzeuge führte, aber in Wirklichkeit stammten sie von Capitaine Georges Le Père.

Der Dreisitzer erwies sich bei den Tests des Prototyps als befriedigend und eine Bestellung über 175 Einheiten (in nicht weniger als sieben verschiedenen Varianten) ging an die Etablissements Letord, die 1908 als Fabrik für gasgefüllte Ballons und Luftschiffe eröffnet worden waren, bevor sie 1916 auch in die Produktion von motorbetriebenen Luftfahrzeugen einstieg. Die erste Variante, die in Dienst gestellt wurde, war der Let.1A.3-Aufklärer mit zwei Hispano-Suiza-8A-Motoren mit jeweils 150 PS (112 kW) oder zwei Lorraine-Dietrich-8A-V-Motoren mit je 170 PS (127 kW). Diese wurden auch im Let.4A.3 eingebaut, der dritten Aufklärervariante.

Der Let.3 war eine Ableitung des Let.2 mit derselben Maschine, aber ohne Hilfsbugrad und einer vierjochigen Tragflächeneinheit, deren Spannweite auf 17 m vergrößert worden war. Er war in zwei Varianten geplant worden, als Let.3BN.3-Nachtbomber mit einem maximalen Startgewicht 2400 kg und als Let.3Ca.3-Geleitschutzjäger mit einer drehbaren 37-mm-Hotchkiss-Kanone und einem 7,7-mm-Lewis-Maschinengewehr.

Weder der Let.3BN.3 noch der Let.3Ca.3 gingen in Produktion, aber sie bereiteten den Weg für die Nachfolgemodelle. Der Let.3BN.3 wurde weiter zum Prototyp des Let.7BN.3 entwickelt, der 1918 herauskam, mit einer Spannweite von 19 m und einem maximalen Startgewicht von 2860 kg sowie zwei Lorraine-Dietrich-Maschinen mit jeweils 275 PS (205 kW), während das Konzept des Let.3Ca.3 in das des Let.6Ca.3 mündete, mit dessen Erprobung im Januar 1918 begonnen wurde, der aber den Wettbewerb gegen den überlegenen Caudron R.11 verlor, der bereits in großem Maßstab produziert wurde.

Der Let.4BN.3 war der einzige Nachtbomber aus dieser Reihe, der in die Serienproduktion kam, und das auch nur in der bescheidenen Stückzahl von 51 Maschinen, die dann für den Einsatz in der Kategorie *Bombardement de Nuit trois-place* ausgerüstet wurden. Der Typ hatte kein Hilfsbugrad und war auch bemerkenswert wegen seiner dreijochigen Tragflächenkonstruktion bei ungleicher Spannweite; die untere Fläche war kürzer als die obere. Die äußeren Hälften der oberen Fläche wurden durch eine giebelförmige Drahtverspannung gehalten.

DIE MACCHI-BOMBER

Im Verlauf des Jahres 1917 packte den italienischen Flugzeugbauer Macchi, der bis dahin eine beträchtliche Erfahrung im Entwurf und Bau von Flugbooten nach dem Design von Lohner gesammelt hatte, der Ehrgeiz, eigene Entwürfe in die Tat umzusetzen. Ausgehend von einer intensiven Beschäftigung mit der Statik und den aerodynamischen Eigenschaften des starren Flugzeugrumpfes entwickelte er als neuen Typ das M.8-Aufklärer- und Bomberflugboot, das Macchi Ende 1917 auf der Grundlage des aerodynamischen Konzepts des von Lohner abgeleiteten M.3 einführte. Hier wurde eine neue Art der Flügelverstrebung benutzt, um der Tragflächeneinheit Stabilität und Festigkeit zu verleihen. Sie wies wesentlich weniger Luftwiderstand auf, da sie keine Flug- und Landedrähte benötigte, und einfacher zu installieren war, weil die Drähte auf die reinen Verspannungen reduziert werden konnten.

Das Resultat war nicht nur eine robuste und einfach zu wartende Zelle, sondern auch eine deutliche Verbesserung der Flugeigenschaften. Die Testflüge des M.8-Prototyps zeigten nicht nur Verbesserungen gegenüber dem M.3 und M.4, sondern auch eine hohe Bedienungsfreundlichkeit, und deswegen ging der Typ in die Serienproduktion für den Dienst in der italienischen Marineluftwaffe, die zwischen 1917 und 1918 insgesamt 57 dieser Flugboote erhielt.

Je nach Einsatzzweck konnte er zwei oder drei Mann Besatzung aufnehmen, und die Bewaffnung bestand aus einem beweglichen, nach vorne schießenden 6,5-mm-Revelli-Maschinengewehr, das von Fiat hergestellt wurde und das auf einer Scarff-Ringlafette installiert war. Eine kleine Anzahl der Flugboote war zur U-Boot-Bekämpfung mit einer 40-mm-Kanone der Coventry-Ordnance-Werke bewaffnet, deren Geschosse die Haut der damaligen U-Boote durchschlagen konnten. Als Bomber konnte er 550 kg Bomben zuladen und 300 kg, wenn er zur U-Boot-Jagd eingesetzt war.

Der Anti-U-Boot-Einsatz wurde seit der zweiten Hälfte 1917 immer wichtiger, als deutsche U-Boote von den Basen der k. u. k. österreichisch-ungarischen Marine an der Nordostküste der Adria aus operierten.

In den späteren Phasen des Ersten Weltkriegs ging der Trend zum Entwurf immer größerer Flugboote für die U-Bootbekämpfung, damit die volle Ausrüstung und Bewaffnung für diese Aufgabe für die erforderliche Zeit in der Luft gehalten werden konnte. So wurde für den M.9, der als Nachfolger des M.8 vorgesehen war, das Grundkonzept seines erfolgreichen Vorläufers in größerem Maßstab beibehalten, aber auch die schwächere der beiden Maschinen, weil gute Steigflugeigenschaften und große Einsatzdauer bei der U-Boot-Bekämpfung und Aufklärung wichtiger waren als reine Schnelligkeit.

Die mitgeführte Ausrüstung bestand unter anderem aus einer Drehlafette am Bug, zwei Abwurfvorrichtungen für vier Seeminen, eine Aufklärungskamera und einer Funkeinrichtung. Manche Flugboote waren auch für die Mitführung von zwei kugelförmigen Anti-U-Boot-Minen bis zu einer Gesamtnutzlast von 775 kg ausgestattet; oder sie konnten vier-100-kg-Minen oder zwei 135-kg-Wasserbomben gegen U-Boote zuladen.

Zu den weiteren Daten des M.9 gehört ein Fiat-A.12bis-Reihenmotor mit 300 PS (224 kW), eine Spannweite von 15,45 m mit einer Gesamtflügelfläche von 48,5 m^2, eine Länge von 9,5 m, eine Höhe von 3,15 m, ein Leergewicht von 1250 kg, ein maximales Startgewicht von 1800 kg,

■OBEN: Die größte Bombe, die von den Briten im Ersten Weltkrieg eingesetzt wurde, die SN, eine vernietete Konstruktion von 748 kg, die mit 363 kg Amatol gefüllt war.

eine Höchstgeschwindigkeit von 187 km/h auf Meereshöhe, eine maximale Reichweite von 900 km, eine Durchschnittsreichweite von 700 km, eine Aufstiegszeit auf 3000 m von 19 Minuten und eine Dienstgipfelhöhe von 5500 m.

Nach den offiziellen Testflügen wurde der M.9 bei Macchi in die Serienproduktion übernommen und es waren Lizenzabkommen mit weiteren Herstellern geplant; da dies bereits gegen Ende des Kriegs war, wurden in der Praxis nur ungefähr 30 von Macchi gebaute M.9-Flugboote ausgeliefert, 16 davon noch 1918, und sie blieben bis 1924 in Dienst.

Das Grundkonzept des M.9 erwies sich als so stabil und effektiv, dass es ohne weitere Veränderungen, nur in größerer Auslegung, für den M.12 übernommen wurde, dessen Prototyp im Herbst 1918 fertig gestellt wurde, aber der nicht mehr während des Ersten Weltkriegs in Serie ging. Gedacht war er für Langstreckenaufklärungsflüge und er verfügte über einen Ansaldo-San-Giorgio-4-E/28-Motor mit 450 PS (335,5 kW). Sein hervorstechendstes Merkmal war sein breiterer Rumpf, der sich auf der Höhe der hinteren Tragflächenenden in zwei Heckzellen teilte, die jeder eine fixe horizontale Leitwerkeinheit hatten, die wiederum durch ein gemeinsames Höhenruder verbunden wurden.

Der M.12 war mit zwei drehbaren, von Fiat hergestellten 6,5-mm-Revelli-Maschinengewehren bewaffnet. Eine Art Gangway im Rumpf erlaubte dem Bordschützen, von seiner Hauptposition im Bug zu dem hinteren MG zu wechseln, von wo er ein gutes Schussfeld hatte, auch nach unten durch den Zwischenraum zwischen beiden Heckzellen.

Weitere Daten der M.12 waren eine Spannweite von 17 m mit einer Gesamttragfläche von 61 m^2, eine Länge von 10,90 m, eine Höhe von 3,66 m, ein Leergewicht von 1780 kg, eine maximale Startmasse von 2560 kg, eine Höchstgeschwindigkeit von 190 km/h auf Meereshöhe, eine maximale Reichweite von 950 km, eine Einsatzreichweite von 750 km, der Aufstieg auf 3000 m Höhe dauerte 28 Minuten und 30 Sekunden, und die effektive Dienstgipfelhöhe betrug 5000 m.

DER ZEPPELIN-STAAKEN R VI

Obwohl die frühen Bomber der Zeppelin-Serie nur als Einzelstücke entweder in Gotha-Ost oder Staaken gebaut wurden, erreichten sie dennoch eine beträchtliche Gefechtserprobung. Aber erst mit dem R VI erreichte die Firma sowohl in ihrem Entwurf wie in ihren Einsatzmöglichkeiten ein bemerkenswertes Niveau.

Der R VI war daher der erste Bomber von Zeppelin, der in die Serienproduktion ging, und auch das größte in Serie gefertigte Flugzeug des Ersten Weltkriegs. Die Lieferungen beliefen sich auf 18 Einheiten mit Ausnahme der Flugbootvarianten, aber von diesen wurden nur sechs von der Muttergesellschaft hergestellt, während sechs von der Automobil & Aviatik AG und jeweils drei von der Luftschiffbau Schütte-Lanz und der Ostdeutschen Albatroswerke GmbH hergestellt wurden.

Im R VI flossen die vorhergehenden Erfahrungen von Zeppelin beim Entwurf und Bau von „Riesenflugzeugen“ als Bombern ein. Die Hauptunterschiede zu den vorhergehenden Modellen bestanden in seiner geschlossenen Zelle, einem Fahrwerk mit starrem Schwanzsporn und Hilfsbugrad, um Überschläge beim Landen zu verhindern, und einem Triebwerk aus vier Motoren, die jeweils im Tandem als Druck- und Zugpaare arbeiteten und zwischen den Tragflächen saßen, während sich im Bug keine Maschine befand.

Die wichtigste dieser Änderungen betraf ohne Zweifel den Antrieb, der von dem Bestreben geprägt war, die Bugmaschine und die Koppelung von Motor und Getriebeblock zu vermeiden. Ein Motor im Bug erforderte ein aufwändiges Fahrwerk und erhöhte die Gefahr von Überschlägen mit fatalen Folgen, wenn etwa das Benzin in die heiße Maschine lief und sich entzündete. Entwurf, Entwicklung und Produktion der Getriebeblöcke für die gekoppelten Maschinen waren kostspielig und zeitintensiv und hätten einen Produktionsengpass verursacht, der es unmöglich gemacht hätte, solche Bomber in einem vertretbaren Zeitraum herzustellen. Außerdem hatten sich diese Getriebe als unzuverlässig herausgestellt, auch wenn sie sorgfältig hergestellt wurden, und sie mussten von speziell geschulten Mannschaften gewartet werden, von denen es nur wenige gab.

Die Erprobung des Tandem-Zug- und Druckantriebs wurde 1916 von der Schwestergesellschaft der Zeppelinwerke

Zeppelin-Staaken R VI

Typ: schwerer Langstreckenbomber
Herkunftsland: Deutschland
Triebwerk: vier 260-PS-(194-kW-) Mercedes-D.IVa-Kolbenmotoren
Leistung: Höchstgeschwindigkeit 130 km/h; Dienstgipfelhöhe 3800 m; Flugdauer 8 Stunden
Gewicht: leer 7680 kg; max. Startmasse 11.460 kg
Abmessungen: Spannweite 42,20 m; Länge 22,10 m; Höhe 6,30 m
Bewaffnung: bis zu vier 7,92-mm-LMG-14-Maschinengewehre sowie bis zu 4500 kg Zuladung

Staaken, den Zeppelinwerken Lindau (Dornier), durchgeführt und ergaben einen fast ebenso hohen Wirkungsgrad wie einzeln angeordnete Propeller. Damit konnte Zeppelin (Staaken) ohne Verzögerung zum Entwurf und zur Produktion des ersten R VI übergehen. Die ersten beiden R-VI-Bomber wurden von der IdFlieg (Inspektion der Fliegertruppen) im Juni und Juli 1917 angenommen. Wann sie ihre Jungfernflüge absolvierten, ist unbekannt, wahrscheinlich Ende 1916. Der Erfolg dieser ersten beiden Flugzeuge wird auch dadurch bestätigt, dass die Bestellungen nicht nur an Zeppelin Staaken, sondern auch an Aviatik, Schütte-Lanz und die Ostdeutsche Albatros hinausgingen.

In Übereinstimmung mit Zeppelins früheren aerodynamischen und strukturellen Konzepten war der R VI im Grunde eine Holzkonstruktion, die vorwiegend mit Stoff bezogen war. Das Kernstück war der Rumpf von rechteckigem Querschnitt mit abgerundeten Ecken, die Rumpflängsholme bestanden aus Holz und die Wanten aus verschweißten Stahlrohren. Der Bugabschnitt war mit Sperrholz verkleidet, der Rest mit Stoff. Der Rumpf beherbergte – von vorne nach hinten – die offene Bugkanzel für den Bomben- und Bordschützen, das geschlossene und gut ausgestattete Flugdeck für die beiden Piloten nebeneinander, Kommandeur/Navigator, Funker und Treibstoffwart, dann acht oder zehn 245-Liter-Tanks, dann die Bombenschächte für bis zu 1800 kg Bomben (es konnten außen auch zwei 1000-kg-Bomben angebracht werden), dann folgte der offene Gefechtsstand des Heckschützen auf dem Rücken des Flugzeugs mit einem offenen im Bauch darunter, und schließlich das Leitwerk. Das Flugzeug wurde anfangs von vier Mercedes-D.III-Reihenmotoren mit je 260 PS (194 kW) angetrieben, aber später wurden sie durchgängig durch vier Maybach-Mb.IVa-Reihenmotoren ersetzt, die 245 PS (183 kW) in einer Höhe von 2000 m entwickelten, was 300 PS (224 kW) auf Meeresniveau entsprach, wo die hoch verdichteten Maschinen jedoch nur gedrosselt betrieben werden konnten. Jede Maschine wurde von einem Kühlerblock gekühlt, der zwischen den Verstrebungen über ihr angebracht war.

Die Maschinen mit den Maybach-Motoren unterschieden sich von den von Mercedesmotoren angetriebenen in einigen Details, so der Treibstoffzuladung von 3000 Litern, dem Leergewicht von 7921 kg, dem maximalen Startgewicht von 11848 kg, der Höchstgeschwindigkeit von 135 km/h in optimaler Flughöhe, einer Einsatzdauer von 10 Stunden, einer Aufstiegdauer auf 2000 m von 23 Minuten und einer Dienstgipfelhöhe von 4320 m.

Die bevorzugte Defensivbewaffnung war das Lewis-MG, das aus Beutegut stammte und nur in begrenzten Mengen vorlag. Der R VI wurde aber auch mit LMG-14-Parabellum-Maschinengewehren ausgestattet. Die drei Positionen für die drehbaren Gewehre waren die Gefechtsstände im Bug und die Kanzeln auf der Ober- und der Unterseite hinter den Tragflächen, die jeweils mit einem, zwei bzw. einem Maschinengewehr bestückt waren. Doch bei mindestens zwei Flugzeugen gab es Gefechtsstände für ein einzelnes MG über der oberen Tragfläche, die von den Mechanikern in ihrer sekundären Rolle als Bordschützen bedient wurden, wobei sie auf einer Plattform über den hinteren Maschinen standen und mit Kopf und Schultern die obere Tragfläche überragten.

DIE ERFOLGSSTORY

Die R VI bildeten die Hauptbewaffnung der beiden „Riesenflugzeugabteilungen", nämlich der Rfa 500 und der Rfa 501 an der Westfront, die Einsätze gegen Ziele in Frankreich und Großbritannien flogen. Für die damaligen Maßstäbe erwies sich das Flugzeug als sehr erfolgreich, obwohl 11 der 18 Maschinen im Krieg verloren gingen: Zwei wurden abgeschossen (eines von der Flugabwehr, das andere von einem Jäger), sieben mussten nach Bruchlandungen abgeschrieben werden, eines ging während des Starts wegen eines Maschinenfehlers zu Bruch, ein anderes ging nach Überbeanspruchung in der Luft kaputt. Von den übrigen Flug-

UNTEN: Einer der besten französischen Bomber im Ersten Weltkrieg war der Breguet Bre.16; hier im Bild der Bre.16BN.2, die zweisitzige Nachtbomberversion.

Ansaldo SVA-10/IF
Typ: zweisitziger Tagbomber und Aufklärungsflugzeug
Herkunftsland: Italien
Triebwerk: ein 250-PS-(186-kW-) Isotta-Fraschini-Semi-Asso-Reihenmotor
Leistung: Höchstgeschwindigkeit 215 km/h; Dienstgipfelhöhe 5000 m; Flugdauer 5 Stunden
Gewicht: leer 730 kg; maximale Startmasse 1060 kg
Abmessungen: Spannweite 9,18 m; Länge 9,10 m; Höhe 3,10 m;
Bewaffnung: ein 7,7-mm-Vickers-Maschinengewehr, ein 7,7-mm-Lewis-Maschinengewehr im hinteren Cockpit sowie Bomben.

zeugen wurden einige nach dem Krieg für den zivilen Einsatz benutzt.

DER ANSALDO SVA-10

Nach dem Erfolg des Ansaldo SVA-5, eines Aufklärungsflugzeugs, das auch in beschränktem Maße als Bomber eingesetzt wurde, betrieb Ansaldo die Entwicklung dieses Typs, der von Umberto Savoia und Rudolfo Verduzio der *Direzione Tecnica dell'Aereonautica Militare* entworfen worden war, mit großem Elan und beträchtlichem Erfolg weiter, der sich in 1248 während des Kriegs ausgelieferten Einheiten niederschlug.

Eine vergleichsweise einfache Weiterentwicklung war der unbewaffnete zweisitzige Aufklärer SVA-9, in dem der Beobachter vor dem Piloten saß.

Es wurde jedoch bald klar, dass die Leistungen des SVA-9 nicht ausreichten, um eine hinreichende Sicherheit gegen die feindlichen Abfangjäger zu bieten, und so entwickelte Ansaldo den SVA-10 als bewaffnete Version, wo die Positionen des Piloten und Beobachters vertauscht wurden, sodass der Letztere hinten saß und zugleich als Bordschütze agierte und ein nach hinten feuerndes MG bediente. Auch der Pilot war bewaffnet, jedoch wurde, um Gewicht zu sparen und die Flugeigenschaften der Maschine am besten auszuspielen, nur eins der beiden festen MGs installiert, mit denen die SV-5 noch bestückt waren. Wie dort wurden auch beim SV-9 Vorrichtungen angebracht, um eine leichte Bombenlast aufzunehmen.

Der SVA-10 war ein Doppeldecker mit ungleicher Spannweite der Tragflächeneinheit, der die Grundstruktur des SVA-5 übernahm, welcher gezielt auf gute Flugeigenschaften, einfache Herstellung und problemlose Wartung entworfen worden war. Der SVA-10, der 1918 in Dienst gestellt wurde und dort bis 1920 blieb, wurde mit zwei unterschiedlichen Maschinen ausgeliefert, dem Isotta-Fraschini-Semi-Asso-Reihenmotor mit 250 PS (186 kW), der dann SVA-10/IF genannt wurde, und dem SPA-6-Reihenmotor mit 220 PS (164 kW), der dann SVA-10/SPA genannt wurde. Dieser war etwas langsamer, hatte aber bessere Steigflugeigenschaften; er schaffte 3000 m Höhe in 11 anstelle von 12 Minuten.

DER BRE.16

Entworfen für die taktische Rolle in der *Bombardement de Nuit deux-place*-(zweisitziger-Nachtbomber-)Kategorie war der Bre.16N.2 im Grunde eine vergrößerte Version des Bre.14 mit derselben mit Aluminium und Stoff verkleideten Metallkonstruktion (Duraluminium-Glieder mit Stahlkupplungen). Der Hauptunterschied zum Bre.14 bestand darin, dass der Bre.16 eine Doppeldecker-Tragflächeneinheit von gleicher Spannweite, drei anstelle von zwei Jochen und aerodynamisch ausbalancierte Tragflächenruder an der unteren wie an der oberen Tragfläche besaß. Die Vergrößerung der Tragfläche bewirkte eine Steigerung der maximalen Startmasse in Form einer vergrößerten Zuladung an Bomben.

Der Bre.16 absolvierte seinen ersten Flug als Prototyp im Juni 1918 mit einem Renault-12Jb-V-Motor mit 450 PS (335,5 kW), der einen zweiblättrigen Holzpropeller antrieb, und für die für 1919 geplanten großen Offensiven der Alliierten an der Westfront sollte er in großer Anzahl in Dienst gestellt werden. Der Erste Weltkrieg endete jedoch im November 1918, ohne dass diese Offensiven noch erforderlich wurden. Bis zu diesem Zeitpunkt waren erst sehr wenige Maschinen des Typs Bre.14BN.2 mit einem Renault 12Fe-V-Motor mit einer Leistung von 300 PS (224 kW) und einem überarbeiteten Seitenleitwerk, das eine deutlich eckigere Form als der Prototyp aufwies, im Einsatz. Einige Flugzeuge wurden mit dem Packard-Liberty-V-Motor mit 400 PS (298 kW) ausgestattet und auch mit dem Panhard-12-V-Motor mit 350 PS (261 kW), aber keiner der beiden Motoren wurde für irgendeine der für die Produktion vorgesehenen Varianten des Bre.16 ausgewählt.

Die Produktion des Bre.16BN.2 ging nach dem Ende des Kriegs weiter mit dem Renault-12Fe-Motor und wahrscheinlich wurden mehr als 200 dieser Flugzeuge bis 1923 ausgeliefert.

KAPITEL 2

BOMBER DER ZWISCHENKRIEGSZEIT

Trotz der Abrüstung am Ende des Kriegs ging die Entwicklung der Bomber weiter. Als in den 30er Jahren die massive Wiederaufrüstung begann, konnte man bereits auf neue, wendige Eindecker zurückgreifen.

Die Periode, die auf das Ende des Ersten Weltkriegs im November 1918 folgte, brachte für die Verlierermächte die faktische Auflösung ihrer Streitkräfte mit sich. Gleichzeitig meinte man bei den siegreichen Aliierten, mit diesem Krieg ein für alle Mal Frieden geschaffen zu haben und aus diesem Grund künftig mit einem Bruchteil der ursprünglichen Streitkräfte das Auslangen zu finden.

Im Bereich der militärischen Luftfahrt verließ man sich kurzfristig daher im Großen und Ganzen auf jenes Modell, mit welchem man den Krieg beendet hatte. Modernere, erst kürzlich beziehungsweise zu Kriegsende entwickelte Flugzeuge waren nur in sehr beschränkter Anzahl vorzufinden.

Obwohl sein D.H.3-Bomber aus dem Jahre 1916 nicht übermäßig erfolgreich gewesen war und deshalb nie in Serie ging, war Geoffrey de Havilland überzeugt davon, dass sein Modell grundsätzlich einige Vorzüge besaß. In der Folge ließ er es unter der Bezeichnung D.H.10 wieder aufleben: Der neue Prototyp wurde 1918 präsentiert. Beim D.H.10 handelte es sich um eine Holzkonstruktion, die mit Stoff und Sperrholz überzogen war, konzipiert als vierjochiger Doppeldecker mit einem Fahrgestell mit starrem Hecksporn. Seine zwei BHP-Reihenmotoren mit 230 PS (171,5 kW) trieben je einen zweiblättrigen Druckpropeller aus Holz hinter den Flügelhinterkanten an. Der Prototyp des Amiens Mk I, wie er später genannt wurde, absolvierte seinen Jungfernflug am 4. März 1918.

■ LINKS: Die Hawker Hart, hier über typischem nordindischen Gelände, war ein zweisitziger leichter Bomber, der den Kern der britischen Tagbombereinheiten in den 30er Jahren bildete.

Der nachfolgende Prototyp, der Amiens Mk II, war mit zwei Rolls-Royce-Eagle-VIII-V-Motoren mit je 360 PS (268,5 kW) bestückt, die einen zweiblättrigen Zugpropeller aus Holz vor den Tragflächenvorderkanten antrieben. Dies verbesserte die Leistung des Flugzeuges beträchtlich, doch der Motor, den man für das Produktionsmodell wählte, war ein neues amerikanisches Modell, der Packard-Liberty-12-V-Motor mit rund 400 PS (298 kW). Auch bei den dritten und vierten Prototypen des Amiens Mk III war dies der Motor der Wahl.

Es lagen bereits fixe Bestellungen für 800 Flugzeuge vor und darüber hinaus weitere Kaufoptionen, sodass man mit einer Produktion von insgesamt 1275 Stück rechnete. Doch der Amiens Mk III konnte nicht ausgeliefert werden. Grund dafür waren Probleme bei Entwicklung, Produktion und Versand der Liberty-12-Motoren aus den USA. So trafen die ersten Lieferungen erst im Oktober 1918 in Frankreich ein; Empfänger war die 104. Fliegerstaffel der *Independent Force,* damals eine strategische Formation der Royal Air Force. Diese Staffel war erst nach dem Ende des Ersten Weltkriegs im November 1918 einsatzfähig.

Der Amiens Mk IIIA (Herstellerbezeichnung: D.H.10A) war eine einfache Weiterentwicklung des Amiens Mk III, wobei die Triebwerksgehäuse im Sinne einer vereinfachten Abstützung und zur Reduzierung des Luftwiderstandes an die Oberseite des Mittelstücks des unteren Tragflügels versetzt wurden. Die Bezeichnung D.H.10B war der zivilen Variante des D.H.10 vorbehalten und die (wenigen) Modelle des Typs D.H.10C zeichneten sich durch je zwei Eagle-VIII-Motoren mit 375 PS (280 kW) aus, die wohl als Folge des Lieferstopps der Liberty 12 im

Juli 1918 verwendet wurden. Keine der Maschinen mit Eagle-Motoren kam je zum Einsatz. Im Dezember 1918 wurde die Produktion des D.H.10 eingestellt, insgesamt 258 Flugzeuge waren ausgeliefert worden. Bald darauf, 1920, kauften Birmingham Small Arms die finanziell angeschlagene Airco. De Havilland hatte Airco bereits 1918 aufgrund von nervöser Erschöpfung verlassen und im September 1920 gründete er die de Havilland Aircraft Co Ltd., die von nun an für die logistischen Belange der D.H.10 und anderer ehemaliger Airco-Kampfflugzeuge verantwortlich zeichnete.

Die Modelle blieben bis 1923 bei einer ganzen Reihe von Fliegerstaffeln im Einsatz; unter anderem bei der 60. (ehemals 97.) Staffel an der Indischen Nordwestgrenze und der 216. in Ägypten, wobei erstere bei Rebellenaufständen im November 1920 und Anfang 1922 aktiv war, letztere Pionierarbeit im Bereich des Lufttransportes und der Flugpost zwischen Kairo und Bagdad leistete.

NACHTEINSATZ

Im Juli 1917 entschied das Air Board als Konsequenz der Bombenangriffe der Deutschen auf London, die Entwicklung und Beschaffung von Langstrecken-Nachtbombern voranzutreiben. So wollte man von französischen Stützpunkten aus auch Ziele in Innerdeutschland erreichen. Kuzfristig bediente man sich daraufhin des O/400-Bombers, einer Weiterentwicklung des Handley Page O/100, doch diese Modelle waren auf lange Sicht keine Lösung dieser Frage. Man benötigte leistungsfähigere Modelle; also wurden Prototypen des viermotorigen Handley Page-V/1500-Bombers sowie des zweimotorigen Vickers-F.B.27-Bombers bestellt. Im Juli 1917 traf bei Vickers die Order für drei Prototypen eines Bombers ein, mit welchem es möglich sein sollte, von Frankreich aus Berlin zu bombardieren. Das Ergebnis lag bereits am 30. November 1917 vor, als der erste Prototyp seinen Jungfernflug absolvierte: es handelte sich um einen großen dreisitzigen Doppeldecker mit einer Tragflächeneinheit mit gleicher Spannweite im F.B.27-Design mit mit zwei Hispano-Suiza-8-V-Motoren mit jeweils 200 PS (149 kW).

Offiziell vorgestellt wurde der erste F.B.27-Prototyp im Januar 1918, und dass man dieses Modell mit einer größeren Anzahl von Bomben beladen konnte als den O/400-Bomber, kam einer kleinen Sensation gleich. Später wurden die Hispano-Suiza-8-Motoren durch zwei wassergekühlte Salmson-(Canton-Unné-)Sternmotoren mit je 260 PS (194 kW) ersetzt.

Der zweite F.B.27-Prototyp lag im April 1918 vor und er unterschied sich von seinem Vorgänger durch zwei Sunbeam-Maori-V-Motoren mit 260 PS (194 kW), die je einen vierblättrigen Holzpropeller antrieben, ein drittes, rückwärts feuerndes drehbares 7,7-mm-Lewis-Maschinengewehr im Bauch des

■ OBEN: Bis in die frühen 20er Jahre gehörte der de Havilland D.H.10 Amiens zur Ausstattung der Bomberstaffeln der Royal Air Force. Er war gegen Ende des Ersten Weltkriegs entwickelt worden.

Rumpfes und Tragflächen mit verjüngten Querrudern ohne überhängende Ausgleichsflächen mit einer Spannweite von 20,83 m und einer Gesamtfläche von 127,83 m². Diese Maschine stürzte aufgrund eines Triebwerksausfalles ab, ein Schicksal, das auch den dritten Prototyp ereilen sollte. Dieses Modell war einige Wochen nach Erscheinen seines Vorgängers präsentiert worden und verfügte über zwei Fiat-A.12-Reihenmotoren mit je 260 PS (194 kW).

Mittlerweile hatte der F.B.27A-Bomber den offiziellen Namen „Vimy" erhalten und ging in großem Stil in Produktion. Vickers erhielt im März 1918 einen Erstauftrag über 150 Maschinen, von denen die meisten zur U-Boot-Abwehr eingesetzt werden und den überholten Blackburn Kangaroo ersetzen sollten. Bald darauf wurden weitere 200 Maschinen bestellt. In der Folge wurde die Produktion der Bomber vorangetrieben, um für die großen Offensiven, die die Aliierten für das Kriegsjahr 1919 planten, gerüstet zu sein – sodass die Auftragsbücher bald 1130 georderte Vimy-Maschinen auswiesen.

Bis heute ist man sich noch nicht völlig darüber einig, wie dieser Bomber aus der Frühzeit nun wirklich genannt wurde. Nahe liegend ist, dass der erste Prototyp mit Motoren des Hispano-Suiza-Typs unter der Bezeichnung Vimy Mk I geführt wurde, der zweite Prototyp mit Sunbeam-Motoren Vimy Mk II hieß und demgemäß der dritte Prototyp mit Fiat-Motoren den Namen Vimy Mk III trug. Dass die Prototypen mit Sunbeam- bzw. Fiat-Motoren als Vimy Mk I bzw. II bezeichnet wurden und ein nicht fertig gestellter Prototyp mit BHP-Motor Vimy Mk III hieß, ist weniger wahrscheinlich.

Die Vimy Mk III wies gegenüber der Vimy Mk IV eine besonders offensive Konzeption auf: Sie konnte bis zu 2000 kg Bomben tragen, im Rumpf acht 113-kg-Bomben und vier 51-kg-Bomben, unter dem Rumpf zwei 236-kg-Bomben und unter den zentralen Abschnitten der unteren Tragflächen vier 104-kg-Bomben. Die Maße beider Prototypen waren gleich.

Nur drei Vimy-Bomber hatten die Westfront vor dem Ende des Ersten Weltkriegs erreicht und keiner wurde tatsächlich eingesetzt. Die Vimy gilt als eines der wenigen britischen Modelle, das den Krieg überlebte: In der Nachkriegszeit zählte sie als schwerer Bomber zu den Hauptstützen der Royal Air Force. Insgesamt wurden mindestens 224 Stück produziert, 143 von Vickers, 25 von Westland, 40 oder mehr von Morgan und mindestens 16 vom Royal Aircraft Establishment. Manche dieser Maschinen waren Vimy Mk III mit Fiat-A.12bis-Motoren, aber in der Mehrzahl entsprachen die Bomber der Vimy Mk IV, die wie ihr Prototyp, der im September 1918 präsentiert worden war, über zwei Rolls-Royce-Eagle-VIII-V-Motoren mit jeweils 360 PS (268 kW) verfügte, die einen vierblättrigen Holzpropeller antrieben, einen beträchtlich vergrößerten Treibstofftank und Seitenruder mit größeren Ausgleichsflächen aufwies. Bei den Maschinen der Serie wurde jedem Seitenruder eine kleine starre Seitenflosse hinzugefügt.

Im Juli 1919 kam die Vimy voll zum Einsatz und ersetzte die O/400-Bomber der 58. Staffel, die in Ägypten stationiert war. 1925 bis 1929 wurde sie im aktiven Dienst von der Vickers Virginia abgelöst.

Die Vimy ist von enormer historischer Bedeutung, ist sie doch das Modell, mit welchem im Juni 1919 der erste Nonstop-Transatlantikflug gelang. Captain John Alcock und Lieutenant Arthur Whitten-Brown flogen damals eine Vimy Mk IV aus Vickers-Besitz, die mit einer zusätzlichen Treibstoffreserve ausgestattet war die 3042 km lange Strecke von St. Johns in Neufundland nach Clifden in Irland. Ein weiterer viel versprechender Erfolg war der erste Flug von Großbritannien nach Australien durch die Brüder Captain Ross und Lieutenant Keith Smith im November und Dezember 1919 mit den Sergeants Bennett und Shiers als Mechanikern; gemeinsam legten sie mit der Vimy Mk IV in knapp 136 Stunden die Strecke von 17.910 km zurück.

DAS ENDE DER VIMY

Im Jahre 1920 meldete das britische Luftfahrtministerium Bedarf für einen Langstreckenbomber an – man wollte eine Alternative zur Vimy finden. Vickers traten daraufhin als Erste auf den Plan: Ihre Weiterentwicklung der Vimy (Typ 57) entsprach den Spezifikationen gemäß dieser DoR-Typ-4-Anforderung: die Spannweite war auf 26,21 m vergrößert worden, die Maschine erhielt ein Doppeldecker-Leitwerk sowie zwei Napier-Lion-W-Kolbenmotoren mit jeweils 450 PS (335,5 kW). Zunächst taufte man das Modell auf den Namen Vulcan, änderte den Namen jedoch auf Virginia, in Einklang mit dem damaligen Brauch der Royal Air Force, Schiffen, Flugzeugen, Flugbooten oder eben auch Bombern Ortsnamen zu verleihen.

Das Luftfahrtministerium orderte zunächst zwei Prototypen, die zunächst als Virginia I und Virginia II bezeichnet wurden, später aber die Namen Virginia Mk I und Virginia Mk II erhielten. Bereits bei ihrem ersten Flug am 24. November 1922 machten sich bei der Virginia Mk I Probleme mit der Steuerung bemerkbar. Daraufhin wurden die vertikalen Heckflächen und die Steuerung modifiziert, schließlich vergrößerte man die Seitenruder. Die Steuerung war

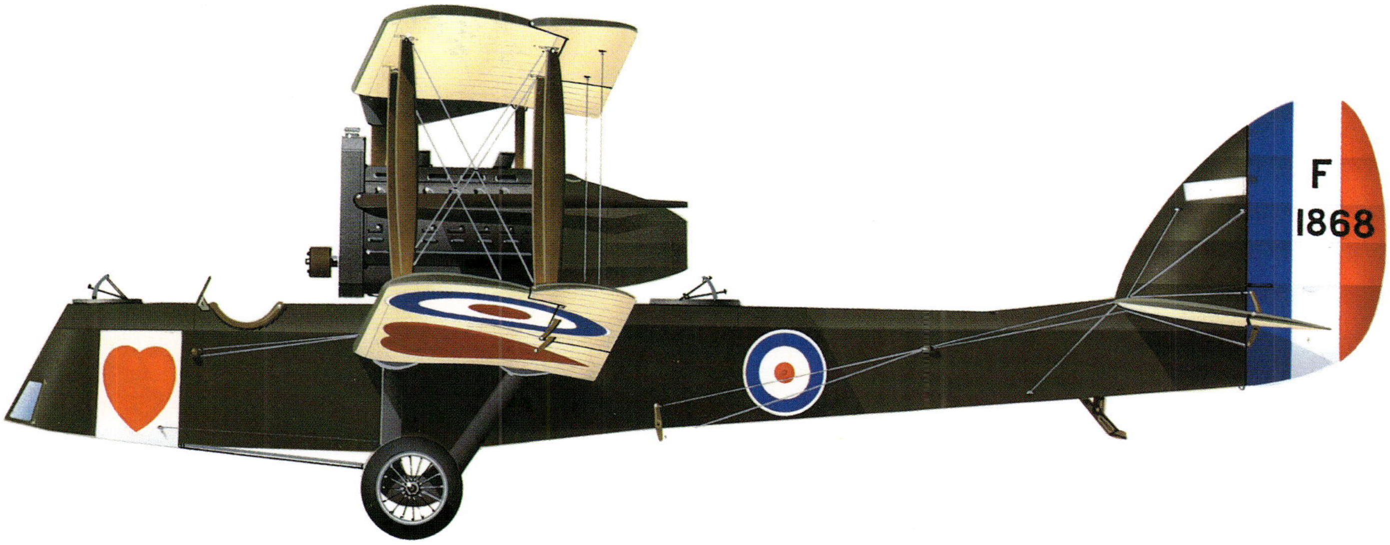

Airco (de Havilland) D.H.10 Amiens Mk III

Typ: dreisitziger Bomber
Herkunftsland: Großbritannien
Triebwerk: zwei 405-PS-(302-kW-) Packard-Liberty-12-V-Motoren
Leistung: Höchstgeschwindigkeit 199,5 km/h; Dienstgipfelhöhe 5335 m; Flugdauer 6 Stunden
Gewicht: leer 2533 kg; maximale Startmasse 4082 kg
Abmessungen: Spannweite 19,96 m; Länge 12,08 m; Höhe 4,42 m
Bewaffnung: bis zu vier 7,7-mm-Lewis-Maschinengewehre, bis zu 626 kg Bombenladung

daraufhin effektiv, jedoch für den Piloten schwer zu handhaben. In dieser Form absolvierte die Virginia Mk I ihre ersten Probeflüge. Auf ministerielle Eilorder stattete man sie danach mit hoch liegenden Gefechtsständen aus, lang gestreckten Gondeln unter den oberen Tragflächen knapp außerhalb der Drehbereiche der beiden Propeller, die je zwei hintereinander angeordnete Bordschützenkanzeln enthielten, jede mit einer Scarff-Ringlafette für ein drehbares 7,7-mm-Lewis-Maschinengewehr bestückt, was die Standardausrüstung mit je einem Maschinengewehr im Bug und auf dem Rücken des Rumpfs komplettierte. Die Bombenkammer fasste neun 51-kg-Bomben.

Ende 1924 wurde die Virginia Mk I mit zwei Rolls-Royce-Condor-III V-Motoren mit je 650 PS (485 kW) ausgestattet, gleichzeitig wurde die Querrudersteuerung modifiziert und in der Mitte ein drittes Seitenruder hinzugefügt. Als die Maschine im Oktober 1924 ihre ersten Probeflüge in dieser erneuerten Form absolvierte, traten Mängel bei der Kursstabilität und beträchtliche Querlastigkeit auf. Letztere ließ sich durch eine Modifikation des Spiels der Querrudersteuerung beheben, aber das erste Problem ließ sich durch Ballast im Bug nicht lösen; erst eine Verlagerung der Motoren um 64 cm nach vorn brachte den Erfolg. So besaß der Bomber weitaus günstigere Flugeigenschaften; später wurde zusätzlich eine starre Flosse vor dem Zentral-Seitenruder eingefügt. Nach Abschluss der Probeflüge in dieser Form wurde die Virginia Mk I zum Prototyp Virginia Mk VIII weiterentwickelt. Die Neuerungen bestanden in einer Verlängerung des Hecks um 1,83 m, einem neuen Bug und der Schrägstellung der äußeren Tragflächenabschnitte um 2,5°. Die oberen Gefechtsstände wurden verkleinert, indem man auf die vorderen Kanzeln verzichtete. Nach einer weiteren Serie von Tests wurde das Modell erneut verändert, in diesem Fall auf den typischen Virginia-Mk-VII-Standard, mit um 6° angewinkelten äußeren Flügelpaneelen. In dieser Form wurde der Bomber von der 7. und 10. Staffel geflogen, um die oberen Gefechtsstände strategisch zu testen. Ende 1928 wurde die Virginia Mk I durch letzte Verbesserungen zur Virginia Mk X, die der 7. Staffel zugeteilt wurde. Zu dieser Zeit war vom ursprünglichen Modell buchstäblich nichts mehr übrig, selbst der frühere hölzerne Rumpf wurde nun durch einen aus Metall ersetzt.

Das zweite Flugzeug wurde als Typ 76 mit der RAF-Bezeichnung Virginia Mk II fertig gestellt. Diese Maschine unterschied sich von der Virginia Mk I in mehreren Details wie den Lion-II-Motoren in Triebwerksgondeln mit verbesserter Stromlinienform, der Kühlung mit halbkreisförmigen Lamblin-Kühlern, die zwischen den V-Streben für das Hauptfahrwerk saßen, einer verlängerten Bugnase mit einer verbesserten Bombenschützenkanzel, einem Scharnier im hinteren Rumpf, das es ermöglichte, das Leitwerk während des Flugs zu neigen, und einer erhöhten Beinfreiheit für die Besatzung durch eine Verkleinerung des Bombenlagers von neun auf acht 51-kg-Bomben. Die Virginia Mk II absolvierte ihren ersten Flug im April 1924 und nach Beendigung der Testflüge wurde sie der 7. Staffel für Probeeinsätze zugeteilt.

DIE ERSTE PRODUKTION DER VIRGINIA

Der Typ 79 war das erste Modell der Virginia-Familie, das in Produktion ging, allerdings wurden insgesamt nur sechs Stück hergestellt, wobei die ersten beiden Prototypen gemäß der Spezifikation 1/21 waren. Sie basierte auf der Virginia Mk II mit Zweifachsteuerung, Vorrichtungen unter den Tragflächen für den Transport von zwei Bomben mit einem Gewicht von bis zu 249 kg (bei einer maximalen Bombenlast von 905 kg) sowie einer Vorrichtung für ein drehbares 7,7-mm-Lewis-Maschinengewehr unter dem Rumpf.

Typ 99 (Mk IV) glich Typ 79 (Mk III) in beinahe allen Details, mit Ausnahme des zusätzlichen elektrischen Fahrgestells, der erhöhten Bombenzahl und eines zusätzlichen zentralen Seitenruders.

Es wurden nur drei Virginia Mk IV-Maschinen erzeugt. Die Virginia Mk V war eine Weiterentwicklung der MK IV mit dem zentralen Seitenruder, darüber hinaus war sie als erster britischer Bomber der Zwischenkriegszeit durchgehend dunkelgrün anstelle der damals üblichen silbernen Farbe. Von ihr wurden insgesamt 22 Maschinen nach Spezifikation 12/24 geordert, und damit war die Mk V die erste Virginia, die in größerer Stückzahl in Serie ging.

Die Virginia Mk VI, in der offiziellen Firmenbezeichnung als Typ 108 benannt, war die Reaktion auf die Kritik an dem Faltsystem der äußeren Tragflächenabschnitte der Virginia Mk V, das Platz im Hangar sparen sollte. In der Folge verbesserte man das System und zugleich die Schrägstellung der Außenpaneele, sodass nun beide Tragflächen um 2,5° anstiegen, während zuvor nur die unteren um 4° geneigt waren. Die Bestellungen für neue Virginia-Mk-VI-Einheiten beliefen sich auf 25, und sechs Virginia Mk V wurden nach diesem Standard umgebaut.

Die Virginia wurde weiterhin kritisiert, sie sei zu schwer zu fliegen und daher als Bomber nicht einsatzfähig; tatsächlich

Vickers Vimy Mk IV

Typ: dreisitziger schwerer Bomber
Herkunftsland: Großbritannien
Triebwerk: zwei 360-PS-(268,5-kW-) Rolls-Royce-Eagle-VIII-V-Motoren
Leistung:
Höchstgeschwindigkeit 166 km/h;
Dienstgipfelhöhe 2135 m;
Reichweite 1448 km
Gewicht: leer 3221 kg; maximale Startmasse: 5670 kg
Abmessungen:
Spannweite 20,73 m;
Länge 13,27 m; Höhe 4,76 m
Bewaffnung: drei 7,7-mm-Lewis-Maschinengewehre sowie bis zu 2179 kg Zuladung

musste sich der Pilot voll auf das Fliegen des Flugzeugs konzentrieren statt auf den strategisch besten Kampfeinsatz. Die Virginia ließ sich noch immer schwer lenken, war unter allen Bedingungen in Längsrichtung und bei Turbulenzen in der Horizontalen instabil, zudem richtungsinstabil, sobald der Pilot den Horizont verlor. Es zeigte sich, dass dieses Problem mit den Zusatzausstattungen wie der Heckkanzel zusammenhing, die den Schwerpunkt zu weit nach hinten verlagert hatten. Zum Teil waren die Schwierigkeiten aber auch schon sehr alt – bereits die Virginia Mk I hatte solche Schwachpunkte gezeigt. Man verfolgte zwei Ansätze zur Lösung des Problems: eine leichte Pfeilstellung der Tragflächen, um das Zentrum des Auftriebs nach hinten zu verlagern, in die richtige Position im Verhältnis zum Schwerpunkt, was Kursstabilität und Steuerbarkeit verbessern sollte, und Frise-Querruder für eine bessere Seitensteuerung. Der vorgesehene Pfeilstellungswinkel betrug 2,5°, aber das Luftfahrtministerium bestand nun darauf, dass die Funkausrüstung in

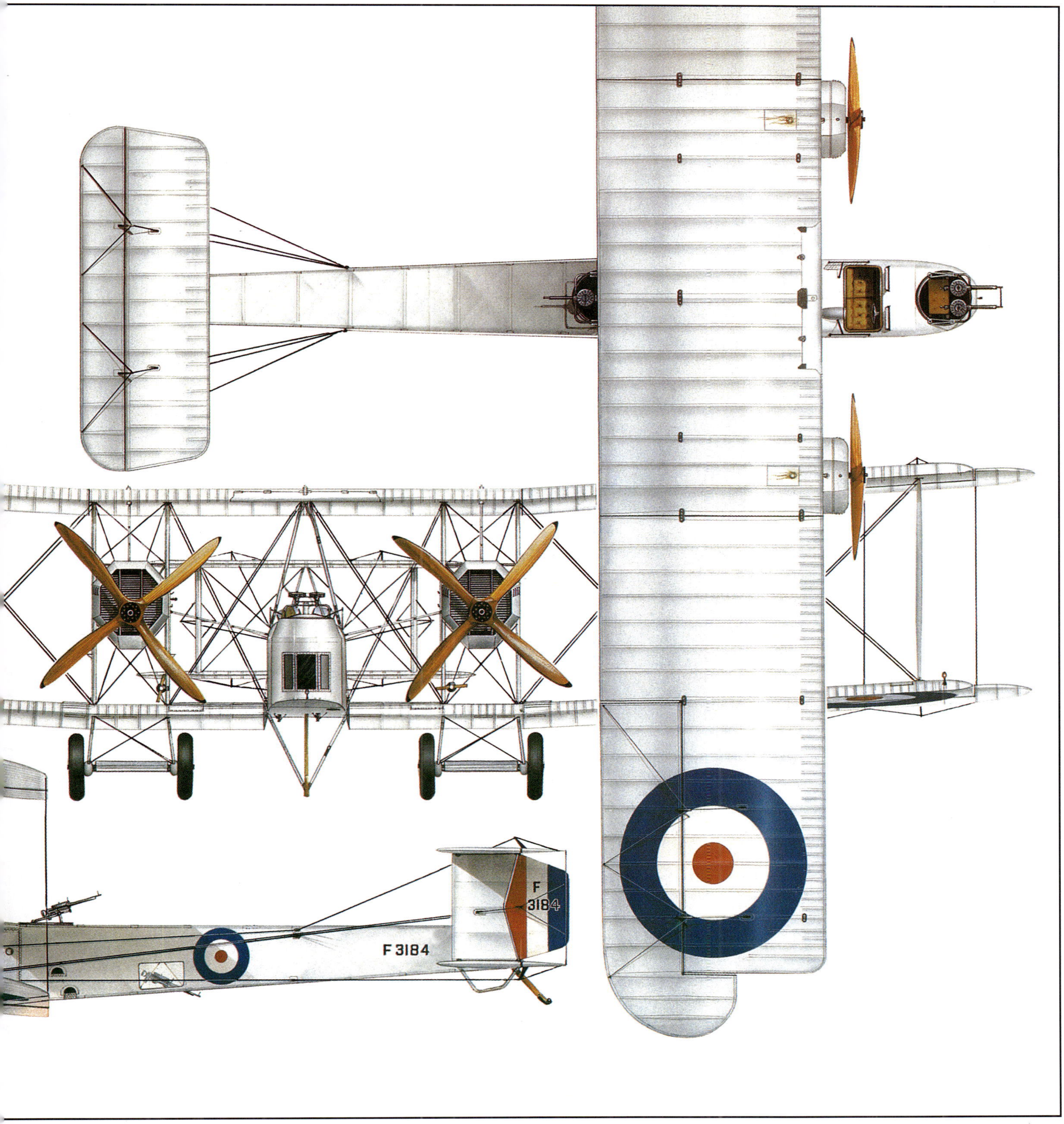

eine Kanzel hinter die hintere Holmsprosse versetzt werden sollte, was den Schwerpunkt so weit nach hinten verlagerte, dass eine Pfeilstellung von 7,5° nötig gewesen wäre. Dies hätte strukturelle Probleme bereitet, also wählte man für den Virginia-Mk-III-Prototyp einen Pfeilstellungswinkel von 6°. Daraus entstand Typ 112, der Virginia-Mk-VII-Prototyp.

Die Maschine in ihrer neuen Form absolvierte ihren ersten Flug im August 1925. Ihre Flugeigenschaften hatten sich in jeder Hinsicht verbessert. Man beschloss daher, 11 Flugzeuge des nun definitiven Typs 122 zu produzieren, der die Veränderungen vom Typ 112 übernahm und dessen Lion-II-Motoren durch Lion-V-Motoren mit je 570 PS (425 kW) ersetzte, und 38 ältere Bomber auf den neuen Standard umzurüsten.

Versuche mit einer Geschützkanzel im Heck einer umgerüsteten Virginia Mk VII erwiesen sich als derart erfolgreich, dass die erhöhten Gefechtsstände wieder verworfen wurden. Damit hatte Typ 128, die Virginia Mk IX, das Licht der Welt erblickt, von der acht Stück gebaut wurden; weitere 27 Bomber wurden diesem Standard angepasst. Die Flugzeuge dieser Serie dienten wie auch die Virginia Mk VII neben dem regulären Staffel-Einsatz auch oft zu Test- und Forschungszwecken.

Das Konzept der Metallflügel für Vimy-Bomber war bereits 1920 im Zusammenhang mit dem Entwurf des Vigilant-Flugboots einer Reihe von Tests unterzogen worden. Nun fragte das Luftfahrtministerium bei Vickers an, ob man nicht auch für den Virginia stoffbespannte Metallflügel entwickeln könne. Zu diesem Zeitpunkt arbeitete Vickers bereits an einem hinteren Rumpf aus Metall für die Virginia Mk VII, um 22 kg Leergewicht einzusparen. Die Entscheidung, für diesen Prototyp auch Metallflügel zu konzipieren, ließ eine Gewichtsersparnis von 499 kg erhoffen. Das neue Flugzeug wurde erstmals im Mai 1927 vorgestellt. Nach einigen Kinderkrankheiten erwies es sich als wirklich großer Wurf, sodass man einen Rumpf völlig aus Metall und ein völlig neues Leitwerk mit einem Paar aerodynamisch ausbalancierter Seitenruder ohne Seitenflossen konzipierte.

OBEN: Ein charakteristisches Beispiel für die Zahl der Fluginstrumente in einem Bomber unmittelbar nach dem Ersten Welkrieg: das Cockpit des Vickers F.B.27 Vimy.

Diese umgebaute Virginia Mk VII war so erfolgreich, dass sie für alle Zeiten den Standard der Virginia-Familie festlegte. Die Produktion dieses Types 139 belief sich auf 50 Virginia-Mk-X-Maschinen, außerdem wurden 53 Flugzeuge auf den neuen Standard umgerüstet.

FIAT IN DER LUFTFAHRT

1899 als in Turin ansässiger Automobilerzeuger gegründet, widmete sich die Fiat *(Fabbrica Italiana Automobili Torino)* ab 1908 auch der Luftfahrt. Zunächst stellte sie Flugzeugmotoren her, 1914 wurde sie auch in der Flugzeugerzeugung aktiv, als sie die Società Italiana Aviazione (SIA) gründete, die zunächst den Farman-VB-Doppeldecker in Lizenz produzierte. Bald konnte die SIA eigene Flugzeuge entwickeln, die Italien im Ersten Weltkrieg an vorderster Front einsetzte, so etwa die Maschinen der Savoia-Pomilio-Serie.

Mit dem Erwerb einer Tochtergesellschaft der Ansaldo-Schiffswerften, der Societa Anonima Aeronautica Ansaldo im Jahre 1926 erhielt der Flugzeugbau bei der Fiat einen bedeutenden Impuls. Ansaldos SVA-Bomber und Aufklärer waren im Ersten Weltkrieg berühmt. Ab 1926 arbeiteten die SIA und Ansaldo unter der Ägide der Societa Anonima Aeronautica d'Italia zusammen; die Flugzeuge sollten stets den Namen Fiat tragen, die Buchstaben hinter dem Namen sollten den Designer des jeweiligen Modells oder dessen Funktion bezeichnen.

Der talentierteste Designer bei Fiat war Celestino Rosatelli. Er begann 1918 bei der SIA zu arbeiten und sollte zunächst einen leistungsfähigen Bomber auf der Basis des SIA.9-Aufklärers entwickeln, auf den man große Hoffnung gesetzt hatte, der sich aber zu unausgegoren erwiesen hatte. Das Nachfolgemodell kam 1919 unter der Bezeichnung BR heraus (*Bombardamento Rosatelli*/ Rosatelli-Bomber). Von ihm kaufte in den frühen 20er Jahren die italienische Luftwaffe einige Exemplare. Im Vergleich zur SIA.9 besaß der BR klarere Linien und einen beträchtlich stärkeren Rumpf, doch er hatte von seinem Vorgänger die stoffbespannte Holzkonstruktion, den Fiat-A.14-V-Motor mit 700 PS (522 kW) und den starren zweiblättrigen Holzpropeller, die zweijochige Doppeldecker-Tragflächeneinheit, das Fahrgestell mit starrem Hecksporn und einer Haupteinheit mit durchgehender Achse sowie die Anordnung der zwei Sitze geerbt. Der Pilot saß im offenen Cockpit unter einer Öffnung in der Hinterkante der oberen Tragfläche, der Beobachter/Bordschütze direkt hinter ihm. Eine äußerlich auffällige Neuerung war hingegen die vertikale Heckoberfläche und die eigenwillige Kombination aus Seitenflossen und Seitenruder, deren Form für die Flugzeuge Rosatellis über ein Jahrzehnt typisch bleiben sollte.

1923 begann Rosatelli an einer verbesserten Version des BR zu arbeiten, die unter der Bezeichnung BR.1 ein Jahr später in den Dienst der italienischen Luftwaffe trat. Die beiden Modelle glichen sich weitgehend bis auf vier wichtige Punkte: das neue war insgesamt größer, für den A.14-Motor wurde ein Frontkühler mit geringerem Luftwiderstand gewählt, das Hauptfahrwerk wurde durch eines mit geteilter Achse ersetzt, und, was am augenfälligsten war, die Standardkombination von Verstrebungen und

Verspannungs- und Flugdrähten wurde durch w-förmige Warren-Streben ersetzt, die von nun an in sämtlichen Rosatelli-Doppeldeckern zu finden waren. Der BR.1 war leistungsfähiger und besaß eine höhere Ladekapazität als der BR, zudem bewährte er sich als Testflugzeug für den neuen rotierenden Bombenträger. Insgesamt wurden etwa 150 BR.1 erzeugt.

NEUE AMERIKANISCHE DESIGNS

Auf der anderen Seite des Atlantik ebnete der Martin MB-1, ein im Ersten Weltkrieg entwickelter zweimotoriger mittelschwerer Bomber, von dem nur 22 Stück hergestellt wurden, den Weg für den neuen MB-2-Entwurf. Dieser basierte auf dem MB-1 und war als Kurzstrecken-Nachtbomber konzipiert, wobei Wendigkeit und Geschwindigkeit einer beachtlich größeren Bombenladekapazität geopfert wurden. Im Grunde hatten MB-1 und MB-2 jedoch eine ähnliche Struktur. 1920 erhielt Martin einen ersten Auftrag über 120 Maschinen dieses Typs, von denen 100 jedoch wieder storniert wurden. Ursprünglich gingen sie mit der Herstellerbezeichnung MB-2 in Dienst, ab der sechsten Maschine wurde der Name aber in NBS-1 geändert (für *Night Bomber, Short-distance*, Kurzstrecken-Nachtbomber), was bis 1924 beibehalten wurde. Insgesamt wurden 110 MB-2/NBS-1-Flugzeuge gebaut.

Die Heldentat der NBS-1 war die Versenkung des aufgegebenen deutschen Schlachtschiffes *Ostfriesland* während der berüchtigten Probebombardements im Juli 1921, als Brigadier General William „Billy" Mitchell das US-Verteidigungsministerium von der Effektivität schwerer Nomber und ihrer Rolle bei der Küstenverteidigung überzeugen wollte.

AERO A.11

Der Aero A.11 hatte seinen Jungfernflug 1923 absolviert und war ein typisches Beispiel für das viel versprechende Potenzial der jungen Flugzeugindustrie in der Tschechoslowakei. Was den Aero A.11 betraf, so war er ein klassisches „Pilotenflugzeug": Einige nicht näher bestimmbare Faktoren kamen zusammen und ergaben eine Maschine mit erfreulichen Flugeigenschaften, die die technischen Grundlagen für ausgereiftere Modelle wie die A.21, die A.25, die A.29 und die A.125 lieferte. Die A.12 war ein einjochiger Doppeldecker mit ungleicher Spannweite und einem Fahrgestell mit starrem Hecksporn, insgesamt eher unauffällig in Konzeption und Struktur. Die Tschechoslowakische Armee orderte 93 solcher Maschinen und man setzte sie bis in die späteren 20er Jahre erfolgreich ein. Geschwindigkeit, Wendigkeit und hohe Zu-

UNTEN: Die Vickers Virginia war ein klassischer schwerer Bomber der 20er Jahre und machte eine Fülle von Entwicklungen bei neuen und bei älteren umgebauten Flugzeugen durch.

verlässigkeit waren die Schlüssel für den Erfolg der A.12 und ihrer Nachfolger.

FARMANS FF.60

Kurz vor Ende des Ersten Weltkriegs erschien der Farman FF.60-Bomber, dessen Buchstaben im Namen auf die Firmenbezeichnung (Farman Frères/Gebrüder Farman) verwiesen. Der FF.60 war in den 20er Jahren das zahlenmäßig bedeutendste große Flugzeug der Welt, und obwohl er zunächst für den militärischen Einsatz konzipiert war, begann man nach Kriegsende zwei Prototypen des FF.60 für zivile Zwecke umzurüsten. Die erste der beiden Maschinen wurde im Januar 1919 vorgestellt: Sie konnte in Kabinen im Bug und mittschiffs vier bzw. acht, also 12 Personen transportieren. Der FF.60 hieß auf dem zivilen Markt F.60 Goliath. Er besaß zwei Salmson-(Canton-Unné-) 9Z- und später wassergekühlte Salmson-(Canton-Unné-)9CM-Sternmotoren mit je 260 PS (194 kW).

Frankreich hatte entschieden, diesen leistungsstarken Bomber zum Herzstück der französischen Nachkriegsluftwaffe zu machen, und es entstand ein dritter Prototyp als Bomber. Konzeption und Struktur dieses Typs verweisen klar auf Farman und seine F.50. So war der FF.60 ein robuster dreijochiger Doppeldecker mit einem Fahrwerk mit starrem Spornrad und der üblichen stoffbespannten Holzkonstruktion. Die militärische Version des F.60 Goliath ging 1922 in Produktion und war ab 1924 im Einsatz. Von der Nachtversion mit drei Sitzen, die dennoch als F.60BN.2 (*Bombardement de Nuit deux-place*/zweisitziger Nachtbomber) geführt wurde, wurden genug Einheiten produziert, um sechs Fliegerstaffeln und einige Marinefliegerstützpunkte damit auszurüsten, bei denen 24 Stück als Torpedobomber F.60Torp dienten, ausgestattet mit einem Landegestell aus Zwillingsschwimmern, einer neuen Bugkanzel mit minimaler Verglasung und zwei Gnome-Rhône-(Bristol-)9A-Jupiter-Sternmotoren mit je 420 PS (313 kW). Der F.60BN.2 hatte zwei Salmson-(Canton-Unné-)9Az-Kolbenmotoren und konnte maximal 1040 kg Bomben unter Rumpf und Flügeln transportieren.

Der F.62-Typ war die Exportversion des F.60M: viersitzig, mit zwei Lorraine-Dietrich-Kolbenmotoren zu 450 PS (335,5 kW) und einer balkonartigen Bombenschützenkanzel im Bug. Die UdSSR rüstete mit diesem Modell zwei Staffeln aus, erkannte aber bald, dass der F.62 eigentlich bereits veraltet war. So benutzte man ihn ab 1926 als Trainingsflugzeug, um sowjetische Kampfpiloten mit der Technik von großen zweimotorigen Maschinen bei Nachtoperationen vertraut zu machen.

Der F.63, bei der französischen Luftwaffe als F.63BN.4 im Einsatz, basierte im Wesentlichen auf der Konstruktion des F.62, besaß jedoch zwei Gnome-Rhône-(Bristol-)9Aa-Jupiter-Sternmotoren mit je 450 PS (335,5 kW). Frankreich bestellte 42 Stück dieses Typs, allerdings wurden die Maschinen wegen Problemen mit dem Rahmen recht selten eingesetzt. Der französische Marineflugdienst erhielt ab 1925 etwa 100 F.65Torp, im Grunde nichts anderes als eine aufgebesserte Version des F.60Torp und des F.60M mit einer flachen Nase und einem gegen Schwimmer austauschbaren Fahrwerk.

Der F.140 mit dem Herstellernamen Super Goliath war der letzte Versuch, aus dem F.60-Basisdesign zusätzliche Leistung herauszuholen. Dafür wurde das Flugwerk vergrößert und ein Triebwerk aus vier Farman-12We-Kolbenmotoren mit je 500 PS (335,5 kW) in Tandem-Druck-Zug-Paaren auf der unteren Tragfläche montiert. Die produzierten sechs Bomber wurden zu Tests für das *Très-Gros-Porteur*-(Schwerlast-)Konzept herangezogen, der erste F.140 wurde im April 1924 präsentiert. Eine dieser Maschinen stürzte 1930 aufgrund eines Materialversagens ab; daraufhin zog die französische Luftwaffe alle noch vorhandenen F.60-, F.63- und F.140-Bomber aus dem Verkehr. Der französische Marineflugdienst behielt seine F.60Torp und F.65Torp noch ein wenig länger im Einsatz.

DAS NEUE CAPRONI-MODELL

Die Standardbomber der italienischen Luftwaffe in den frühen 20er Jahren waren Typen wie der Caproni Ca 36M, welcher zu Ende des Ersten Weltkriegs entwickelt wurde. Dieses Modell war reif zum Auswechseln. Aus diesem Grund sollte Rudolfo Verduzio, seit 1924 neuer Chefdesigner von Caproni, einen neuen

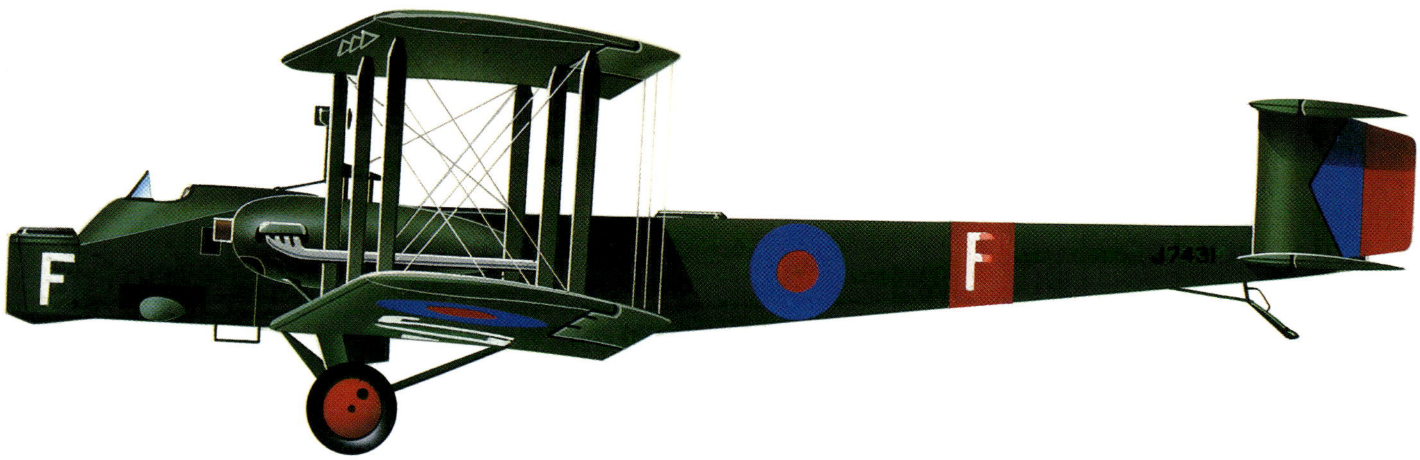

Vickers Virginia Mk X

Typ: schwerer Nachtbomber
Herkunftsland: Großbritannien
Triebwerk: zwei 570-PS-(425-kW-) Napier-Lion-VB-W-Kolbenmotoren
Leistung: Höchstgeschwindigkeit 174 km/h; Dienstgipfelhöhe 4735 m; Reichweite 1585 km
Gewicht: leer 4377 kg; maximale Startmasse 7983 kg
Abmessungen: Spannweite 26,72 m; Länge 18,97 m; Höhe 5,54 m
Bewaffnung: drei 7,7-mm-Lewis-Mk-III-Maschinengewehre sowie bis zu 1361 kg Zuladung.

■ OBEN: Der Fiat BR.1 war ein Entwurf von Celestino Rosatelli, dessen Name in der Typenbezeichnung BR für Bombardamento Rosatelli auftaucht. Etwa 150 Einheiten wurden gebaut.

Bomber entwickeln. Verduzio war klar, dass keine Zeit war für ein völlig neues Konzept, daher entschied er sich dafür, den viermotorigen Testbomber Ca 66 in einen leistungsfähigeren Typ umzuwandeln, der für zivile Transportzwecke und als Bomber einsetzbar sein sollte.

Das Ergebnis war der Ca 73; sein Rumpf mit rechteckigem Querschnitt und geschwungenem Boden wirkte schiffsartig, dazu kam eine nach hinten versetzte Anderthalbdecker-Tragflächeneinheit und ein Doppeldecker-Leitwerk. Das erste Ca-73-Modell ging 1925 mit zwei Lorraine-Dietrich-12-W-Kolbenmotoren mit je 410 PS (306 kW) in Dienst. 1926 folgte der Ca 73bis, ein leicht abgewandelter Ca 73, deren Triebwerk aus zwei Lorraine-Dietrich-12-Motoren mit 450 PS (335,5 kW) die Leistung des Flugzeuges ein wenig erhöhte. Der Ca 73ter war eine Weiterentwicklung des Ca 73 und 73bis mit einem größeren Treibstofftank sowie zwei Isotta-Fraschini-Asso-V-Motoren mit je 510 PS (380 kW). Später änderte man die Bezeichnung von Ca 73ter in Ca 82, nachdem die seitlichen Bombenträger durch neue unter den Flügeln ersetzt worden waren. Einige dieser Maschinen wurden für den Einsatz als Flugambulanz umgerüstet – sie trugen die Bezeichnung Ca 80S (S für *Sanitario*). Die Flugzeuge für den Kolonialtransport *(Coloniale)* erhielten den Namen Ca 82Co und boten in einem modifizierten Rumpf mit Innenkabine Platz für 10 Passagiere und zwei Crewmitglieder. Um der allgemeinen Namensverwirrung ein Ende zu bereiten, gab die italienische Luftwaffe später allen Varianten und Typen der Ca 73 die Bezeichnung Ca 74.

Der Ca 80 war eine Weiterentwicklung der Ca-73-Serie. Er verfügte nunmehr über zwei Bristol-Jupiter-Sternmotoren mit je 400 PS (298 kW), die auch bei den schwierigen Flugbedingungen in den italienischen Gebieten Nord- und Ostafrikas eine verlässliche und effektive Leistung bringen sollten. Die wichtigste Untervariante dieses Typs, der Ca 80S, diente als Ambulanzflugzeug.

Der Ca 88 war eine verbesserte Version des Ca 73ter (Ca 82) mit einem halb geschlossenen Cockpit, einem manuell zu bedienenden Gefechtsstand auf dem Rücken des Rumpfes für ein 7,7-mm-Maschinengewehr sowie einem einziehbaren Gefechtsstand im Bauch des Rumpfes, ebenfalls ausgestattet mit einem 7,7-mm-Maschinengewehr. Der zunächst als Ca 73quaterG bezeichnete Ca 89 war ein Nachfolger des Ca 88. Er besaß einen überarbeiteten Bug mit einem völlig geschlossenen und weitgehend verglasten Bombenschützenstand, erstmals ohne das drehbare Maschinengewehr aller früheren Versionen.

Trotz ihres eigenwilligen Aussehens waren die Ca 73 exzellente Flugzeuge mit guter Leistung, Wendigkeit und tadellosen Flugeigenschaften. Daher wurden sie auch überaus häufig bei den *Squadriglie da bombardamento notturno* (Nachtbomberstaffeln) eingesetzt, sie bewährten sich aber auch im Afrika-Einsatz und beim Transport von Fallschirmjägern.

DIE KEYSTONE-BOMBER

Zu Beginn der 20er Jahre war der Martin MB-2-Bomber und seine Derivate die Standardausrüstung der US Army Air Service (USAAS). Diese Serie galt 1923 als obsolet. Daher unterzeichnete die USAAS im selben Jahr mit Huff-Daland einen Vertrag über einen Prototypen seines Pegasus, der als XLB-1 die erste Maschine der neuen LB-(Light Bomber-) Kategorie bildete. Der XLB-1 war ein einjochiger dreisitziger Doppeldecker mit konventioneller, stoffbespannter Holzkonstruktion; als Neuerungen war er einmotorig, seine Flügelenden verjüngten sich und waren nicht mehr gleichmäßig stark und die Bombenzieleinrichtung lag im Bauch statt am Bug. Der XLB-1 war mit einem Packard-1A-2540-V-Motor mit 750 PS (559 kW) bestückt, der einen zweiblättrigen Holzpropeller antrieb, und bewaffnet mit zwei starren, vorwärts feuernden 7,62-mm-Waffen an der unteren Tragfläche, zwei drehbaren, rückwärts feuernden 7,62-mm-Waffen in der offenen Rückenkanzel und einer drehbaren rückwärts feuernden Waffe in der Bauchkanzel, die von einem Besatzungsmitglied bedient wurden; er konnte 907 kg Bomben transportieren. Der XLB-1 war damit befähigt, bei einer Höchstgeschwindigkeit von 183,5 km/h eine Bombenladung von 680 kg über eine Strecke von fast 1609 km zu transportieren.

Im November 1925 wurden 10 LB-1-Bomber geordert, diese waren jedoch in erster Linie zu Testzwecken gedacht. Die Maschinen unterschieden sich von den XLB-1 nur durch den Platz für ein viertes Crewmitglied und den stärkeren 2A-2540-Motor mit 787 PS (587 kW), der einen zweiblättrigen Holzpropeller antrieb und durch einen Kühlradiator in der Nase unter dem Motor gekühlt wurde.

Ab Juli 1927 wurde dieser Typ ausgeliefert. Seine wichtigsten technischen

Daten: Spannweite: 20,27 m, Tragflächen: 105,63 m², Länge: 14,07 m, Höhe: 4,55 m, Leergewicht: 2829 kg, maximale Startmasse: 5631 kg, Höchstgeschwindigkeit: 193 km/h in Seehöhe, Reisegeschwindigkeit: 169 km/h bei größter Flughöhe, Reichweite: 692 km, maximale Steiggeschwindigkeit: 162 m pro Minute in Seehöhe, Dienstgipfelhöhe: 3400 m.

Als die LB-1-Bomber an das US Army Air Corps (wie der USAAS seit 1926 offiziell hieß) ausgeliefert wurden, hatte man dort entschieden, dass künftige leichte Bomber zweimotorige Triebwerke haben sollten: dies sollte die Flugsicherheit erhöhen und die Möglichkeit eröffnen, im Bug einen Bordschützen zu positionieren. Der zweimotorige XBL-2 wurde aus der Atlantic-(Fokker-)C-2-Transportmaschine entwickelt; der nächste Huff-Daland-Bomber, der Pirat, wurde also als XBL-3-Prototyp geordert. Er entsprach im Grunde dem LB-1, war aber zweimotorig, im Bug hatte nun ein Bordschütze Platz und die beiden Packard-V-1410-1-V-Kolbenmotoren mit je 410 PS (306 kW) befanden sich auf der Oberseite der unteren Tragflächen in einer Triebwerksgondel, die die zusätzlichen Streben zur oberen Tragfläche stützte, die alle späteren Varianten zu zweijochigen Doppeldeckern machte. Der Motor war eine neuartige luftgekühlte Version des vielgepriesenen Liberty-12-Modells aus dem Ersten Weltkrieg, doch er erwies sich als unzweckmäßig, daher ersetzte man diese Maschine durch zwei Pratt&Whitney-R-1340-1-Sternmotoren mit 410 PS (306 kW). Damit war aus dem XBL-3 der XBL-3A-Bomber geworden, der Platz für eine fünfköpfige Besatzung bot. Zudem hatte man die Bombenzieleinrichtung nach vorne verlegt, direkt unter die offene Kanzel des Bordschützen. Der XBL-3A war einer der ersten Bomber, die von Huff-Daland, nunmehr Keystone, nach der Reorganisation des Unternehmens geliefert wurden. Davor hatte Huff-Daland die Bestellung für einen Prototypen und 10 Serienmaschinen nach einem verbesserten XBL-3A-Standard erhalten, und zwar mit zwei Packard-V-1650-3-Liberty-V-Motoren mit je 420 PS (313 kW). Die Bezeichnung LB-4 war bereits dem Prototypen eines vollmetallenen Martin-Bombers mit zwei Pratt&Whitney-R-1690-1-Sternmotoren mit je 525 PS (391 kW) verliehen worden, aber trotz der Stornierung dieser Maschine noch vor ihrer Auslieferung nannte man den neuen Keystone-Typ LB-5 – ihm war der XLB-5-Prototyp vorausgegangen.

Die Einführung des LB-6, der vom Hersteller als Panther bezeichnet wurde, brachte einige beträchtliche Neuerungen mit sich. Die ursrpünglich zulaufenden Flügelenden wurden durch längere, gleichmäßig starke und tiefe Tragflächen mit tieferen Querrudern ersetzt. Zwei Pratt&Whitney-R-1750-1-Sternmotoren mit je 536 PS (400 kW) wurden in Triebwerksgondeln über einer Mittelstrebe zwischen den Tragflächen anstatt auf der Oberseite der unteren Tragfläche untergebracht. Der XLB-6-Prototyp war eine Variante des letzten LB-5-Modells, und die 17 in der Folge gebauten LB-6-Flugzeuge unterschieden sich nur in Details davon, etwa in der eckigeren Form der beiden Ruder.

Was folgte, waren 18 LB-7-Bomber sowie drei weitere Ausführungen des LB-6-Modells. Keystone hatte am LB-6-Standard nicht allzu viel verändert, im Grunde waren nur die beiden Pratt&Whitney-R-1690-3-Sternmotoren neu. Nach späteren Veränderungen beim Antrieb und der Form der vertikalen Heckteile präsentierte man bei Keystone noch eine ganze Reihe unterschiedlich benannter Flugzeuge. Mit diesen neuen Modellen hatte man nun die Möglichkeit, mehrere verschiedenartige Motoren auf ihre Leistungsfähigkeit zu testen.

NEUE NAMEN

Ab 1930 gab das USAAC die Kategorisierung ser Flugzeuge in *Light Bomber* (LB) und *Heavy Bomber* (HB) auf, stattdessen einigte man sich auf eine einzige Bezeichnung, „B“ für Bomber. Dies betraf naturgemäß auch die Namen der 73 zu diesem Zeitpunkt georderten Keystone-Maschinen: Es handelte sich um 63 Stück der LB-10A, sieben Stück der LB-13 und drei Stück der LB-14. Die LB-10A, eine Produktionsversion des LB-10-Typs, wurde unter der nunmehr abgewandelten Bezeichnung B-3A geliefert. Die auffälligsten Veränderungen lagen im Leitwerk mit einfachem Seitenruder, der Reduzierung auf drei Defensivwaffen und einer erhöhten Bombenladekapazität (1134 kg). Von den sieben georderten LB-13-Bombern fertigte man die ersten fünf auf Basis des Y1B-4 Teststandards an, mit einem Leitwerk mit einfachem Seitenruder und zwei R-1860-7-Sternmotoren mit je 575 PS (429 kW), die einen dreiblättrigen Metallpropeller antrieben. Das USAAC bestellte danach 25 Stück des annähernd gleichartigen B-4A-Bombers, der sich zwar nicht in den Dimensionen, aber in einigen Details vom B-3A-Modell unterschied.

Die drei LB-14-Bomber, die als Y1B-5-Flugzeuge fertig gestellt wurden, gingen beim USAAC augenscheinlich nie in Dienst; es handelte sich jedoch um einen tadellosen Typ, denn ihnen folgten noch 27 beinahe identische B-5A-Bomber nach, ausgestattet mit zwei R-1750-3-Stern-

RECHTS: Der Ansaldo A.300 war ein robuster, zuverlässiger italienischer Bomber der Zwischenkriegszeit. Im Bild eine Maschine der A.300/4-Variante im Flug über Norditalien.

motoren mit je 525 PS (391 kW), die einen dreiblättrigen Metallpropeller antrieben. Die letzten zwei georderten LB-13-Maschinen wurden letztendlich nach Y1B-6-Teststandard gefertigt, erhielten zwei R-1820-1-Sternmotoren mit 575 PS (429 kW), die einen dreiblättrigen Metallpropeller antrieben und ihren Treibstoff aus dem Haupttank im oberen Tragflügelmittelstück sowie einem Hilfstank im unteren Bereich des Rumpfes bezogen. In der Folge wurden drei B-3A-Bomber ebenso ausgerüstet. Die nächsten 39 B-6A-Flugzeuge waren im Grunde identisch, boten jedoch Platz für eine Fünfercrew: Bordschütze/Bombenschütze in offener Bugkanzel, Pilot und Kopilot/Navigator Seite an Seite im offenen Cockpit, der Funkoffizier in einer Kabine im Rumpf und ein zusätzlicher Bordschütze in offener Rückenkanzel. Die Bewaffnung bestand aus drehbaren 7,62-mm-Browning-Maschinengewehren: eines oder zwei im Bug, zwei rückwärts feuernde in der Rückenkanzel und ein rückwärts feuerndes in der Bauchkanzel, welches ebenfalls vom hinteren Bordschützen bedient wurde. Dazu kamen bis zu 975 kg Bomben in einer Bombenkammer im unteren Rumpfteil.

Die Auslieferung der B-3A, B-4A, B-5A und B-6A endete 1932; die Flugzeuge dienten bei der 2. und 5. Bombergruppe als Nachfolgemodelle für deren Bomber der LB-Serie und bei den Staffeln der 7. und 19. Bombergruppe, die 1928 gebildet wurden. Bis zur Mitte der 30er Jahre waren die Keystone-Bomber das Herzstück des USAAC, danach wurden sie von Eindeckern abgelöst und dienten noch als Ausbildungsmaschinen.

■ **OBEN: Der Farman F.60 Goliath war ein Fixpunkt der französischen Luftfahrt in den 20er Jahren, als der Typ gebaut und als Bomber und als Luftlinien-Variante eingesetzt wurde.**

NEUE AERO-VERSIONEN

Nachdem die tschechoslowakische Luftwaffe Bedarf für zeitgemäße Bomber und Aufklärungsflugzeuge angemeldet hatte, begann Aero 1925 eine verbesserte Version des A.11 zu konzipieren, den A.11LD. Nach einigen Testreihen erwies sich der gewählte Lorraine-Dietrich-12-W-Kolbenmotor mit 450 PS (336 kW) im Verhältnis zum Flugwerk als zu stark, also arbeitete Aero ab 1926 an der Entwicklung eines größeren Flugwerkes. Das Ergebnis war die A.30, ein einjochiger Doppeldecker mit ungleicher Spannweite der Tragflächeneinheit und einem Fahrgestell mit starrem Hecksporn, keineswegs bemerkenswert, obgleich sie fast als Anderthalbdecker angelegt war, da die obere Tragfläche erheblich breiter und tiefer als die untere war. Der Prototyp der A.30 zeigte eine zufrieden stellende Leistung, er hatte jedoch auch Nachteile wie unerfreuliche Flugeigenschaften. Daher bedurfte es noch umfangreicher Entwicklungsarbeit, bis die tschechoslowakische Luftwaffe 1927 einen ersten Produktionsauftrag über 5 Maschinen erteilte, deren Triebwerk gegen einen Skoda-L-V-Kolbenmotor mit 500 PS (373 kW) getauscht wurde. Weitere Verträge über die Produktion von 17 Bombern folgten, doch macht die Gesamtstückzahl von nur 22 Maschinen dieses Typs deutlich, dass die A.30 nicht annähernd so erfolgreich war wie ihre Vorgänger.

1930 wurde die A.230 präsentiert, eine verbesserte Version der A.30 mit einem Avia-(Lorraine-Dietrich-)12-Motor mit 490 PS (365 kW), einer anders geformten unteren Tragfläche, einem geteilten Hauptfahrwerk und modifizierten Bombenhalterungen unter dem Rumpf und der unteren Tragfläche. Die A.330, das definitive Modell, wurde bis 1933 gebaut und löste die A.30 und ihre Nachfolger nach 79 insgesamt produzierten Maschinen (einschließlich der Prototypen) ab. Sie war, angetrieben von einem Praga-(vorm. Breitfeld Danek-)ESV-V-Motor mit 650 PS (485 kW), im Grunde nur eine Weiterentwicklung der A.230.

Die A.330 und ihre Vorgänger blieben bei der tschechoslowakischen Luftwaffe bis in die zweite Hälfte der 30er Jahre in Dienst, danach ersetzte man die verbleibenden Maschinen durch Bomber der Aero-A.100-Serie.

LIORÉ-ET-OLIVIER

Der Lioré-et-Olivier LeO 12, ein robuster Nachtbomber, absolvierte seinen Jungfernflug im Juni 1924. Das Flugzeug bestand aus einer stoffbespannten Duraluminium-Konstruktion und besaß eine nicht versetzte, dreijochige Doppeldecker-Tragflächeneinheit und ein Fahrgestell mit starrem Hecksporn mit breitspurigen Hauptfahrwerken in hosenartigen stromlinienförmigen Verkleidungen unter der Unterseite der unteren Tragflächen. Das zweisitzige Flugzeug war mit zwei 400-PS-(298 kW-)Lorraine-12-Db-V-Motoren bestückt, die zweiblättrige hölzerne Zugpropeller aus Holz antrieben und in Gehäusen auf den unteren Tragflächen direkt über den Fahrwerksverkleidungen saßen. Fünf Bomber dieser Art wurden hergestellt, sie wurden aber nur begrenzt eingesetzt.

Aus diesem Grund erschien Mitte 1925 der LeO-122.01-Prototyp, der im Endeffekt zum Basistyp für den LeO 20 werden sollte, welcher 1926 als Weiterentwicklung des LeO 122.01 das erste Mal vorgestellt wurde. Er besaß eine überarbeitete, verlängerte Nase, in der in einer Balkonkanzel der Bordschütze/Bombenschütze als drittes Crewmitglied Platz fand. Die Lorraine-Dietrich-Motoren hatte man überdies durch zwei in französischer Lizenz gefertigter Bristol-Jupiter-Sternmotoren ersetzt; sie saßen in ausgeklügelten Gehäusen, trieben jedoch noch immer den gleichen Propellertyp an.

Der LeO 20.01-Prototyp wurde 1926 fertig gestellt und war in der Folge jener Nachtbomber, der die Ausschreibung des französischen Luftfahrtministeriums gewann – nicht zuletzt deshalb, weil er zuvor mit dem Transport einer 2000-kg-Bombenlast über eine Strecke von 1820 Kilometern in nur 9,5 Stunden einen Weltrekord aufgestellt hatte.

Zunächst wurden 50 LeO-20BN.3-Maschinen bestellt und 1927 zum Dienst in der Kategorie *Bombardement de Nuit trois-place* (dreisitziger Nachtbomber) ausgeliefert; später kamen 261 Bomber dazu, die bis Dezember 1932 ausgeliefert wurden; insgesamt verfügte die französische Luftwaffe über 311 dieser Flugzeuge. Obwohl als Dreisitzer konzipiert, wurden die LeO-20-Bomber zumeist mit vier oder fünf Besatzungsmitgliedern geflogen, Pilot und Kopilot Seite an Seite im offenen Cockpit, der Bordschütze in seiner Balkonkanzel, ein Bordschütze in der offenen Kanzel auf dem Rücken des Rumpfes sowie ein Bordschütze im einziehbaren Gefechtsstand auf der Bauchseite des Rumpfes, der die einziehbare Vorrichtung bediente.

Anfang 1937 hatte die französische Luftwaffe immer noch 224 LeO-20-Bomber im Einsatz, aber mit einer Höchstgeschwindigkeit von nicht einmal 200 km/h waren die Maschinen völlig veraltet. Daher wurden sie im selben Jahr durch den Bloch-MB.200-Eindecker ersetzt. Am Vorabend des Zweiten Weltkriegs im September 1939 hatte die französische Luftwaffe immer noch 92 LeO-20-Bomber im Einsatz und weitere 23 Stück in Reserve – doch noch vor der Kapitulation Frankreichs im Juni 1940 wurden diese veralteten Modelle aus dem Verkehr gezogen.

DER ANSALDO A.120

Der Ansaldo A.120 war ein simpler Eindecker, genauer: ein Hochdecker, mit einem mit Stoff bespannten Metallrumpf, wie er Mitte der 20er Jahre typisch für europäische Flugzeugmodelle war. Der Rumpf hatte einen rechtwinkligen Querschnitt; im Bug saß der Motor mit seinem Kühler, dahinter Cockpits für Piloten und Beobachter/Bordschützen, das Leitwerk wies aerodynamisch ausbalancierte Seiten- und Höhenruder auf mit Drähten an den Hinterkanten, was ihnen ein muschelartiges Aussehen verlieh. Die Tragfläche besaß in der Mitte der Flügelhinterkanten eine weite Aussparung, um das Gesichtsfeld des Piloten nach oben zu erweitern, trug außenbords Querruder und wurde beiderseits von zwei Streben zu den unteren Holmen abgestützt. Der Rumpf wurde durch ein Fahrwerk mit festem Hecksporn und durchgehender Achse komplettiert.

Der A.120 Ady war aus dem A.115m und dem A.115bis entstanden und ihre ersten beiden Prototypen flogen erstmals 1925. Diese Maschinen verbanden die Hochdecker-Tragflächen mit einem Rumpf, der große Ähnlichkeit mit jenem der Dewoitine-D.1- und D.9-Jäger aufwies, die Ansaldo – seit 1926 dem Fiat-Konzern einverleibt – in Lizenz in Italien herstellte. Die beiden Prototypen waren Aufklärer: Die A.120 mit einem 400-PS-(298-kW-)Lorraine-12Db-W-Kolbenmotor und die A.120bis mit einem Fiat-A.20A-V-Motor, ebenfalls mit 400 PS (298 kW).

1926 erschien eine überarbeitete Version des A.120: Das neue Design von Celestino Rosatelli war an Rumpf, Leit- und Fahrwerk verbessert worden. Zu Beginn wurde die neue Version mit einem Lorraine-12Db-Motor geflogen, später testete man sie mit Fiat-A.20- und Fiat-A.22-Motoren. Der letztere wurde in der A.22T-Ausführung mit seinem auffälligen sattelartigen Kühlsystem für die Produktion des A.120 Ady ausgewählt.

Die italienische Luftwaffe erhielt insgesamt 57 Stück davon, Österreich kaufte zwei und Litauen 12 Bomber. Die litauische Armee behielt diesen Maschinentyp am längsten im Einsatz: bis ins Jahr 1940, also bis die UdSSR das Land annektierte und die sowjetische Luftwaffe die verbleibenden Bomber übernahm und ausmusterte.

Der A.120R war eine verbesserte Variante des A.120 Ady. Der A.22R-V-Motor wurde durch einen tunnelförmigen Radiator unter dem Bug gekühlt und das Cockpit für den Bordschützen war verändert, hatte eine größere Frontscheibe und abgerundete verglaste Seitenpaneele. Österreich erwarb sechs Bomber dieses Typs, die offenbar als Umbauten ehemaliger A.120-Ady-Maschinen der italienischen Luftwaffe entstanden.

NEUES DESIGN AUS DER TSCHECHOSLOWAKEI

Das Aufklärungsflugzeug, das von der tschechoslowakischen Luftwaffe Mitte der 20er Jahre standardmäßig eingesetzt wurde, war der zweisitzige Aero A.11. Als man sich einige Jahre später entschloss, leistungsfähigere Flugzeuge in Auftrag zu geben, rüstete Aero einen einzigen A.11-Bomber um: Man stattete ihn mit dem weitaus leistungsstärkeren Bristol-Jupiter-Sternmotor aus, der in der Tschechoslowakei von Walter in Lizenz gefertigt wurde. Der neue Motor wirkte sich sehr positiv auf die Leistung aus, was die Luftwaffe dazu veranlasste, das Modell unter der Bezeichnung A.11J zu ordern.

Im Zuge der Produktionsvorbereitung nahm Aero jedoch derart viele Veränderungen an dem Modell vor, dass die Maschine in der Folge als A.32 lief. Der neue Doppeldecker mit gleicher Spannweite besaß an der oberen Tragfläche Querruder, die statt mit einem Ausgleichshorn nun mit Massenausgleich arbeiteten, und auch bei den Höhenrudern hatte man auf ein Ausgleichshorn verzichtet.

Die A.32 wurde ab 1928 eingesetzt. Der Fünfjahresplan sah die Produktion von 116 Flugzeugen der A.32-Serie für den Export und für den Eigenbedarf vor. Die insgesamt 32 A.32 der tschechoslowakischen Luftwaffe bildeten deren Kern.

Die erste Offensiv-Variante dieses Typs war der A.32IF; davon wurde 1929 ein Stück an die finnische Luftwaffe geliefert, das mit einem 450-PS-(335,5 kW-) Isotta-Fraschini-Asso-Caccia-V-Motor ausgestattet war. Das definitive Modell für die finnische Luftwaffe, die davon 15 Stück erhielt, war der A.32GR mit einem Gnome-Rhône-(Bristol-)Jupiter-Sternmotor mit 450 PS (336 kW). Die Lieferung der 15 Maschinen war Ende 1930 abgeschlossen, aber ihr Einsatz als Kampfflugzeug sollte nur von kurzer Dauer sein. Danach und bis zum Ende des „Anschlusskriegs“ mit der UdSSR (1941–1944) dienten die A.32GR in erster Linie zu Trainigszwecken, allerdings wurden sie vereinzelt auch als Aufklärer und Kommunikationsflugzeug eingesetzt.

Der Ap.32 war die definitive Version des A.32 der tschechoslowakischen Luftwaffe, der eine Reihe von ausgefeilten Details aufwies wie beispielsweise ein geteiltes Hauptfahrwerk mit einer stromlinienförmigen Verkleidung über den Stoßdämpfern. Der Antrieb war unverändert geblieben, aber die Reduzierung des Luftwiderstandes hatte beachtliche Auswirkungen auf die Leistung: So erreichte die Maschine in 2500 m Höhe eine

■ UNTEN: Die Keystone-(ursprünglich Huff-Daland-)LB-Serie leichter Bomber diente dem US Army Air Corps zuverlässig und treu in den späten 20er und frühen 30er Jahren.

Höchstgeschwindigkeit von 235 km/h, eine Reisegeschwindigkeit von 200 km/h bei optimaler Höhe, eine Reichweite von 900 km und eine Dienstgipfelhöhe von 6700 m. Mit der Apb.32 kam eine Unterform dieses leistungsstarken Modells heraus; von beiden wurden insgesamt 68 Maschinen produziert.

OBEN: Der Tupolev TB-1 verwendete die gleiche Art von Wellblechhaut wie die Junkers-Maschinen, die nach dem Ersten Weltkrieg in einer geheimen Fabrik in der Sowjetunion gebaut wurden.

DIE FRANZÖSISCHEN BOMBER

Der Farman F.160 aus dem Jahr 1928 war ein typischer Vertreter der zielorientierten, aerodynamischen und strukturierten Denkweise jener Zeit, die sich erstmals bei der F.60-Serie gezeit hatte. Der F. 160 war demzufolge ein robuster dreijochiger Doppeldecker mit starrem Spornrad und der damals üblichen stoffbespannten Holzkonstruktion. Die Maschine ging 1929 unter der Bezeichnung F.160BN.4 erstmals in Dienst und konnte 1500 kg Bomben zuladen, allerdings stellte man in der Folge nur wenige Stücke her – unter anderem Einzelstücke zu Testzwecken für die italienische und die japanische Luftwaffe.

Der F.161, als Langstreckenbomber der BN.3-Kategorie konzipiert, folgte nach: Dreisitzig und mit reduzierter Bombenkapazität (1000 kg) ging er jedoch nie in Produktion. Dieses Schicksal ereilte auch die F.162-Flugboot-Version, ein Torp.4, also viersitziger Torpedobomber zum Flächen- und Torpedobombardement. Er war eine Weiterentwicklung des F.161 mit zwei starken 500-PS-(373 kW-)Salmson-Sternmotoren, dessen Fahrwerk ähnlich wie bei der Flugbootversion der F.160-Serie durch nebeneinander liegende Einzelschwimmer und ein Paar starre Stützschwimmer ersetzt werden konnte.

Das F.165-Flugboot, als F.165BN.2 im Einsatz, wurde nur in geringer Anzahl produziert und in erster Linie als Ausbildungsmaschine benutzt. Geliefert wurde es mit einem Paar Salmson-Sternmotoren mit 260 PS (194 kW), später ersetzte man sie jedoch durch zwei Gnome-Rhône-(Bristol-)9-Jupiter-Sternmotoren mit je 380 PS (283 kW).

In größerer Auflage gebaut als sein Vorgänger und von vornherein eher für den Kampfeinsatz als für das Training konzipiert, besaß der F.166Torp.4 neben seinem verstärkten Fahrwerk ein Paar Gnome-Rhône-9-Jupiter-Sternmotoren, ein Doppelcockpit für Piloten und Kopiloten/Navigator, drehbare, paarweise montierte Maschinengewehre auf Kreislafetten in Bug- und Rückenkanzeln, Vorrichtungen für Offensivwaffen (Bomben oder einen 800-Kilo-Torpedo) und der Möglichkeit, das Fahrwerk gegen zwei Schwimmer für die Wasserung zu tauschen. Der viersitzige Torpedobomber F.167Torp.4 war eine überarbeitete Fassung des F.166, mit Flügelpaneelen, die sich nach hinten klappen ließen, um die Breite der Maschine zu reduzieren und Platz im Hangar zu sparen.

Das definitive Modell dieser Serie war schlussendlich der F.168: Er war mit einem stärkeren Triebwerk bestückt und hatte einen veränderten Vorderrumpf mit einem abgerundeten, leicht angehobenen Oberdeck zwischen dem hinteren Ende der Bugkanzel und der Vorderkante der Rückenkanzel. Dieser erhöhte Bereich barg den Piloten und Kopiloten/Navigator in offenen separaten Cockpits mit einem doppelten Reglersatz und beträchtlich verbesserten Blickfeldern. Außerdem erhielt der F.168 ungekühlte Jupiter-Motoren in konischer geformten Gehäusen, die praktisch bis zu den Flügelhinterkanten reichten, und modernere Schwimmer, die an der Unterseite der Triebwerksgehäuse und des Rumpfes mit einfachen Streben fixiert waren. Insgesamt produzierte Farman etwa 100 Flugzeuge des Typs F.168Torp.4, davon gingen ungefähr 60 Maschinen an den französischen Marineflugdienst, die restlichen 40 Bomber wurden von der französischen Luftwaffe geflogen. Die Maschinen des Marineflugdienstes kamen bis 1936 bei den *Escadrilles* (Staffeln) 1B1, 3B2, 4B1 und 4B3 zum Einsatz, danach wurden sie von Lioré-et-Olivier-LeO-258-Bombern ersetzt und dienten auf den Basen St Raphael und Hourtin zu Ausbildungszwecken. Die Flugzeuge der Luftwaffe wurden im Jahre 1937 aus dem Verkehr gezogen.

DIE MODELLE DER SOWJETS

Es waren in erster Linie Länder wie Frankreich, Italien, Großbritannien und die USA, die bei der Entwicklung strategischer Kampfbomber die Nase vorn hatten. Doch in den späten 20er Jahren betrachtete man auch in der damaligen UdSSR die wachsende Luftmacht und die Industrie, auf der sie basierte, als Mittel zum Schutz des jungen kommunistischen Staates und – falls erforderlich – zur Verbreitung seiner Macht in der westlichen Welt. Als Leiter der AGOS, der Abteilung für Luftfahrt, Seefahrt und Konstruktionsentwicklung im damaligen Zentralen Institut für Luft- und Seeverkehr (ZAGI) war Andrej Nikolajewitsch Tupolew, einer der Gründerväter des sowjetischen Ganzmetall-Flugzeugs. Der ANT-3 war eines der beiden Projekte, die Tupolew im Juli 1924 erhielt; zu diesem Zeitpunkt hatte die sowjetische Luftwaffe beschlossen, Bomber von strategischer Bedeutung künftig nur noch aus Kolschug, der sowjetischen Kopie des von den Deutschen entwickelten Duraluminiums, herzustellen. Mit dem ANT-3(R-3)-Bomber verfolgte man keine sonderlich ehrgeizigen Ziele, er war das leichtere Modell der beiden; der ANT-4 hingegen war von Anfang an als schwerer Kampfbomber konzipiert.

Noch wusste man nicht, dass dieses Modell dereinst zu den Meilensteinen der sowjetischen Flugzeugindustrie und Militärluftfahrt zählen sollte, doch schon Ende der 20er Jahre galt der ANT-4 weltweit als eines der wichtigsten Flugzeuge seines Typs. Tupolew sollte ein Konzept für den ANT-4 vorlegen. Dabei ging ihm Wladimir Michailowitsch Petljakow zur Hand, und die zwei Männer ließen in ihre Entwürfe vor allem ihre Erfahrung mit Junkers-Produktionstechnik und -Design einfließen (Junkers zog gegen die UdSSR wegen Patentverletzung vor Gericht, verlor aber den Prozess). Tupolew und Petljakow planten den ANT-4 als den weltweit ersten großen zweimotorigen eindeckigen Tiefdecker als Ganzmetall-Konstruktion. Das Flugzeug wurde im August 1925 fertig gestellt, allerdings wurde es November, bis die Maschine ihren Jungfernflug absolvieren konnte: Es dauerte nämlich zwei Monate, bis die sieben wesentlichen Teile des Flugzeuges aus dem zweiten Stock, wo sie gebaut worden waren, in die Fertigungshalle transportiert und in die Maschine eingebaut waren.

OBEN: Mit Bombern wie dem Lioré-et-Olivier LeO 20 entwickelten die Franzosen jene kantige Hässlichkeit, die ihre meisten Bomber bis in die späten 30er Jahre prägen sollte.

Der Prototyp machte seinen ersten Flug mit Gleitkufen und zwei Napier-Lion-W-Kolbenmotoren mit jeweils 450 PS (336 kW), die zweiblättrige Propeller mit starrer Blattsteigung antrieben. Die Gleitkufen waren zu schwer und zu instabil und der zweite Flug musste bis Februar 1926 warten, bis neue gebaut und montiert waren. Nach der Schneeschmelze wurde ein Fahrwerk montiert. Die 25 Testflüge waren so erfolgreich, dass man beschloss, die Produktion des ANT-4 aufzunehmen. Er war für verschiedenste Zwecke vorgesehen, in erster Linie jedoch für den Bombereinsatz, und erhielt einen billigeren Motor. Favorit war der Lorraine-Dietrich-Motor, der bereits in großer Zahl für den R-3 aus Frankreich geordert worden war. Im April 1927 entschied man sich für den aus Deutschland importierten BMW-VI-Motor, obwohl dadurch der M-17-Motor, eine sowjetische Entwicklung, ebenfalls ersetzt wurde.

Die Produktion wurde der Fabrik in Fili anvertraut, wo Junkers seine geheime Flugzeugerzeugung allmählich einstellte und wo es genügend Arbeitskräfte gab, die mit Metallflugzeugen Erfahrung hatten. Der zweite Prototyp des ANT-4-Bombers wurde im Februar 1928 fertig gestellt und wies einige Veränderungen auf, so etwa zwei BMW-VI-Motoren und drei Gefechtskanzeln, jede mit einem drehbaren 7,7-mm-Lewis-Maschinengewehr. Die maximale Bombenzuladung betrug 730 kg. Der dritte Prototyp, der ANT-4bis, war das erste in Fili gefertigte Modell, ausgestattet mit dem standardisierten BMW-VI-Motor, voller Kampfausrüstung, sechs drehbaren 7,62-mm-DA-Maschinengewehren in drei Doppelhalterungen und Platz für 1000 kg Bomben.

Der ANT-4bis-Prototyp ebnete den Weg für den TB-1-Bomber, von dem zwischen 1929 und August 1932 nicht weniger als 152 Stück ausgeliefert wurden. Diese Flugzeuge wurden extensiv eingesetzt, galten aber ab Mitte der 30er Jahre als veraltet, rückten zunehmend in den Hintergrund und dienten unter anderem den sowjetischen Luftlandetruppen.

In Summe wurden 66 Flugzeuge der überarbeiteten TB-1P-Version gefertigt, die über eine Zwillingsschwimmer-Landevorrichtung verfügten. Die Entscheidung, dieses Modell weiterzuentwickeln, war bereits 1926 gefällt worden, doch erst 1928 traf ein Prototyp neuer Schwimmer von dem britischen Brüderpaar Short ein. In modifizierter Form ging er in der UdSSR in Produktion und wurde ab 1932 in über 100 Paaren ausgeliefert. – Die TB-1P mit ihrem Torpedo unter dem Rumpf wurde naturgemäß in erster Linie als Torpedobomber eingesetzt.

■ **OBEN: Der K 43 war eine Entwicklung des Zivilflugzeugs W 34 mit dem typischen Junkers-Design jener Zeit. Alle Junkers-Modelle besaßen eine Außenhaut aus gewelltem Blech.**

AMIOT UND DIE SECM

1916 gründete Felix Amiot die SECM *(Société d'Emboutissage et de Construction Mécaniques)*. Er konzentrierte sich anfangs auf die Wartung und Reparatur von Maschinen anderer Marken wie der Breguet Bre.14. Im Laufe der Zeit begann er sich jedoch auch mit Flugzeugbau und -design zu befassen: Erst kamen der Amiot-22- und -24-Reise-Doppeldecker, 1923 folgte der Amiot-26-Trainer. Nach diesen vergleichsweise kleinen Maschinen brachte er 1925 drei Stück eines größeren Doppeldeckers mit ungleichen Tragflächen, den Amiot 120, heraus. Die ersten beiden sollten neue Rekorde im Langstreckenflug aufstellen. Die erste Maschine ging im Juni 1925 bei einem missglückten Start verloren und auch die andere schaffte es nicht, für Frankreich den Weltrekord zu holen. Zwei verwandte Flugzeuge, die es zu Rekorden brachten, waren der Amiot 121, der allerdings im Juni 1927 einer Bruchlandung zum Opfer fiel, und der Amiot 122S, der, geflogen von Pelletier d'Oisy, das Mittelmeer und die Sahara umrundete. Die Maschinen wurden entweder von Renault-V- oder Lorraine-Dietrich-12-W-Motoren angetrieben, wobei sich letztere zumeist als verlässlicher erwiesen.

Gleichzeitig mit den Rekordversuchen stellte Amiot die dritte Maschine des Amiot 120 als Prototyp für den Amiot 122 fertig, ein dreisitziges Kampfflugzeug, konzipiert als Bomber und Begleitjäger. Er sollte die Flugeigenschaften eines leichten einmotorigen Doppeldeckers mit der Fähigkeit zweimotoriger Bomber verbinden, schwere Lasten zu transportieren. Der neue Prototyp wurde 1928 einer ganzen Reihe befreundeter Nationen sowie der französischen Luftwaffe vorgeführt. Das Modell hatte jedoch Schwächen und sein Auftrieb war kaum auf dem Stand der späten 20er Jahre. Die französische Luftwaffe nahm es in Dienst, jedoch in der modifizierten Version als dreisitziger Bomber und Begleitjäger Amiot 122BP.3 *(Bombardement de Protection trois-place)* mit Tragflächen von vergrößerter Spannweite und Gesamtfläche.

Der Amiot 122 hatte einen Leichtmetallrahmen und war mit Ausnahme des Motors und des vorderen Rumpfbereiches mit Stoff bespannt. Die französische Luftwaffe orderte zunächst 50 Maschinen des Amiot 122BP.3 und teilte sie ab 1930 dem 11. Regiment in Metz zu. 1931 erwarb Brasilien fünf Bomber und die französische Luftwaffe erhielt ihre letzte Lieferung von 30 Stück dieses Typs im Jahre 1934. Polen hatte erwogen, einige zweisitzige Amiot 123 zu bestellen, jedoch dankend abgewunken, nachdem der Prototyp beim Versuch, die erste polnische Atlantiküberquerung zu absolvieren, über den Azoren abgestürzt war.

1932 rüstete man drei Amiot-122-Bomber zu Testflugzeugen um. Das Ziel war, verschiedene Motoren auf ihre Leistungsfähigkeit zu untersuchen. Der Amiot 124 erhielt einen Hispano-Suiza-18Sb-W-Kolbenmotor mit 1000 PS (746 kW), der Amiot 125 flog mit einem Renault-18Jbr-Motor mit 900 PS (671 kW), und für den Amiot 126 wählte man den Lorraine-Dietrich-18Gad-Orion-W-Kolbenmotor mit 900 PS (671 kW) aus. Jeder dieser Motoren führte zu einer Leistungsverbesserung, dennoch verwarf man im Endeffekt sämtliche Produktionsvorhaben, war doch der Amiot 122, obwohl er mit seinen effektiven Offensiv- und Defensivwaffen noch immer als robuster Bomber gelten konnte, mittlerweile überholt.

DER JUNKERS K 43

Der Junkers K 43 war ein typisches Beispiel der neuen deutschen Bombergeneration. Der dreisitzige Aufklärer, 1927 als Nachfolger des W-34-Transporters von der schwedischen Junkers-Tochter, der A. B. Flygindustri, für den Export gebaut, besaß unterschiedliche Antriebsvarianten und Fahrwerke (Vorrichtungen für die Land-, Wasser- und Winterlandung). Er konnte 300 kg an Bomben zuladen und verfügte über eine Defensivbewaffnung von drei Maschinengewehren, zwei davon drehbar in offenen Kanzeln. Die Produktion erfolgte sowohl in Deutschland wie auch in Schweden, zu den Käufern zählten Argentinien, Bolivien, Finnland oder Portugal, wobei die beiden letzteren Schwimmer bevorzugten, Finnland auch Gleitkufen für winterliche Einsätze.

Der K 43 war ein eindeckiger Tiefdecker mit frei tragender Tragfläche in Ganzmetallkonstruktion, der mit gewelltem Leichtmetall überzogen war. Der Prototyp, ein Zweisitzer mit einem Gnome-Rhône-(Bristol-)Jupiter-VI-Sternmotor mit 480 PS (358 kW), absolvierte 1926 seinen Jungfernflug. Die Defensivbewaffnung des Bombers bestand aus zwei 7,62-mm-Maschinengewehren, einem nach vorn feuernden starren, das der Pilot bediente, und einem drehbaren rückwärts feuernden, das der Bordschütze bediente. Die Flugzeuge, die in Deutschland wie auch in Schweden in Serie gingen, verfügten darüber hinaus über eine zusätzliche Rückenkanzel nach backbord, nachdem die andere Rückenkanzel steuerbord lag. Sie bot Platz für ein drittes Besatzungsmitglied, das als Funkoffizier, Bombenschütze und weiterer Bordschütze diente. In der Folge erfuhren die Maschinen eine Überarbeitung, um die Transportkapazität gegenüber dem Prototyp (1600 kg) beträchtlich zu steigern, neue Motoren erreichten nun bis zu 750 PS (559 kW).

Der neue Typ wurde in zwei Varianten produziert, als K 43L (Landmodell) und K 43W (Wassermodell). Das Flugboot erhielt anstelle des Räderfahrwerks ein Einzelschwimmerpaar, was seine Länge auf 11,20 m und seine Höhe auf 3,90 m erhöhte. Die K 43 war dank Gleitkufen selbst bei winterlichen Bedingungen reibungslos einsatzfähig.

DIE LIORÉ-ET-OLIVIER-200-SERIE

Bei Lioré-et-Olivier konzentrierte man sich nicht nur auf die Belieferung der französischen Luftwaffe mit LeO-20-Bombern, man arbeitete auch an der Entwicklung eines neuen Modells mit verstärktem Triebwerk, das die Bombenzuladung erhöhen oder die Leistung steigern sollte. Der erste Schritt in diese Richtung war der LeO 202, im Grunde ein LeO 20 mit zwei Salmson-9Abc-Sternmotoren.

Die Testflüge mit dem LeO 202 verliefen viel versprechend und überzeugten die Verantwortlichen bei Lioré-et-Olivier, dass sie auf dem richtigen Weg waren. Das nächste Ziel bestand darin, bei großteils unverändertem Rumpf zu einer noch besseren Leistung zu gelangen. Die Designer dachten an ein viermotoriges Triebwerk aus zwei Motorenpaaren, die je einen Zug- und einen Druckpropeller antreiben sollten, die vor bzw. hinter den Längskanten der unteren Tragflächen saßen. Das erste Ergebnis dieser Entwicklungen war der LeO-203.01-Prototyp, der im Mai 1930 seinen Jungfernflug absolvierte und über vier Gnome-Rhône-7Kb-Titan-Sternmotoren mit jeweils 350 PS (261 kW) verfügte. Die modifizierten äußeren Flügelteile hatten einen Pfeilstellungswinkel von 4,5°.

Der LeO H-204, ausgestattet mit einer Schwimmer-Landevorrichtung, bildete die wassertaugliche Version des LeO 203 und wurde 1931 präsentiert. Aus demselben Jahr stammt auch der LeO 205, der mit vier Renault-9Ca-Sternmotoren flog. Weder er noch der LeO H-204 ging je in die Produktion, aber 1932 orderte die französische Luftwaffe 40 Stück des LeO 203. Allerdings wurde der Auftrag fast sofort zugungsten des LeO 206 modifiziert, der im Juni desselben Jahres fertig gestellt worden war. Er hatte eine veränderte Balkonnase und eine lange Bauchgondel, in deren Vorder- und Mittelteil die Bombenkammer untergebracht war, während sie hinten einen defensiven Gefechtsstand beherbergte.

Etwa 37 Maschinen dieses Typs wurden ausgeliefert, sie waren aufgrund ihrer erfreulichen Flugeigenschaften und wegen ihrer Fähigkeit, auch mit drei oder auch nur zwei Motoren ihre Flughöhe zu halten, sehr beliebt.

JAPANISCHE KAMPFFLUGZEUGE

Im Zuge der Entwicklung ihrer Technik in den 20er Jahren begann die Kaiserliche Japanische Luftwaffe darüber nachzudenken, wozu die neue Luftwaffe offensiv eingesetzt werden könnte: eines der Ziele, welches man für eine mögliche Territorialexpansion auserkoren hatte, waren die Philippinen, damals US-Protektorat. Ihre in einer Bucht gelegene Hauptstadt Manila war seeseitig durch die äußerst gut befestigte Insel Corregidor vor der Südspitze der Bataan-Halbinsel geschützt. Daher benötigte die japanische Luftwaffe einen schweren Bomber, um die amerikanische Abwehr auf Corregidor von der auf Formosa gelegenen Basis Pingtung aus zu neutralisieren. Der Entwurf einer solchen Maschine überstieg jedoch die damaligen Grenzen der japanischen Flugzeugindustrie und so vereinbarte Mitsubishi im September 1928 in einer geheimen Absprache mit Junkers die Überlassung von Plänen, Arbeitszeichnungen, Herstellungstechnik und Produktionsrechten für den K-51-Bomber, eine geheime Entwicklung aus dem G-38-Transportflugzeug, den Deutschland aufgrund des Versailler Vertrages nicht bauen durfte. Im Rahmen der geheimen Vereinbarung mit der japanischen Luftwaffe sagte Junkers auch die Installationspläne der Bewaffnung und Innenausstattung der Bomber zu.

Der G 38 besaß tatsächlich ein äußerst bemerkenswertes Design. Es basierte auf dem von Junkers entwickelten Nurflügel-Konzept, und sowohl Besatzung, wie auch Bomben, Motoren und Treibstoff waren im riesigen Flügel und im kleinen, gedrungenen Vorderrumpf untergebracht, der kümmerliche hintere Rumpf diente in erster Linie zur Unterstützung des Leitwerks, welches für Stabilität bei Steigflug und Gierung sorgte. Die Arbeit an diesem Modell begann 1928 und der G-38a-Prototyp mit zwei Junkers L-88-Innenbord-Kolbenmotoren mit 800 PS (596,5 kW) sowie zwei Junkers L-8-Außenbord-Kolbenmotoren mit 400 PS (298 kW) absolvierte im November 1929 seinen ersten Flug. Jeder dieser Motoren trieb einen vierblättrigen Propeller mit starrer Blattsteigung an. Die Struktur der Maschine war typisch für Junkers, sie bestand zur Gänze aus Metall mit stark gewellter Oberfläche. Grundsätzlich

Aero A.100

Typ: leichter Bomber und Langstreckenaufklärungsflugzeug
Herkunftsland: Tschechoslowakei
Triebwerk: ein 725-PS-(541-kW-) Avia-Vr-36-V-Motor
Leistung: Höchstgeschwindigkeit 270 km/h; Dienstgipfelhöhe 6500 m; Reichweite 917 km
Gewicht: leer 2040 kg; maximale Startmasse 3220 kg
Abmessungen: Spannweite 14,70 m; Länge 10,60 m; Höhe 3,50 m
Bewaffnung: vier 7,92-mm-vz.30-Maschinengewehre sowie bis zu 600 kg Zuladung

Farman F.222.2BN.5

Typ: fünfsitziger schwerer Nachtbomber
Herkunftsland: Frankreich
Triebwerk: vier 950-PS-(708-kW-) Gnome-Rhône-14N-11/15-Sternmotoren
Leistung: Höchstgeschwindigkeit 320 km/h; Dienstgipfelhöhe 8000 m; Reichweite 2000 km
Gewicht: leer 10.500 kg; maximale Startmasse 18.700 kg
Abmessungen: Spannweite 36.00 m; Länge 21,45 m; Höhe 5,19 m
Bewaffnung: drei 7,5 mm-MAC-1934-Maschinengewehre sowie bis zu 4200 kg Zuladung

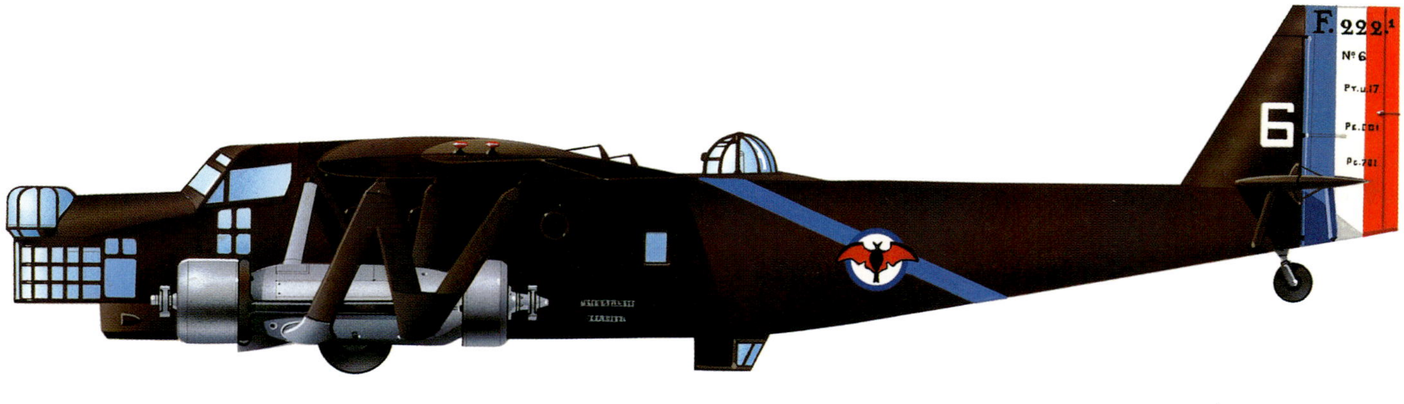

waren sich der K 51 und der G 38 in Struktur und Konzeption sehr ähnlich und die ersten beiden Maschinen, die in Japan hergestellt wurden, bestanden zur Gänze aus Bau- und Ersatzteilen, die Junkers geliefert hatte. Der Hauptunterschied zwischen dem Transporter und dem Bomber bestand in der Bewaffnung, über die letzterer verfügte: Sie bestand aus einem Offensivelement (zwischen 2000 und 5000 kg außen angebrachten Bomben) und einem Defensivelement aus Kanonen sowie Maschinengewehren an sechs Stellen.

Der erste Typ-92-Bomber, dem man später die Kurzbezeichnung Ki-20 gab, wurde 1931 fertig gestellt und flog zuerst mit vier Junkers L-88-V-Kolbenmotoren mit je 800 PS (596,5 kW) und einem vierblättrigen Holzpropeller mit starrer Blattsteigung. Dieses Triebwerk erhielten nur die ersten vier Maschinen, die fünfte und sechste erhielt vier Junkers-Jumo-204-Dieselmotoren mit je 750 PS (559 kW). Sie verbrauchten weniger Treibstoff, was sich in einer größeren Reichweite niederschlug. Gelegentlich wurde eine kombinierte Antriebseinheit aus zwei L-88-Innenbord- und zwei Jumo 204-Außenbordmotoren eingesetzt. Eine Reihe von Maschinen wurde zudem probeweise mit dem Kawasaki Ha-9 geflogen, denn man wollte immer längere Strecken bewältigen. Nach Abschluss der Testphase beschloss die japanische Luftwaffe jedoch, dass die Produktion auf sechs Stück beschränkt blieb, da der Typ bereits wieder überholt war.

Die sechs Maschinen wurden in der Folge vor allem zur Forschung benutzt, die man immer noch unter größter Geheimhaltung vorantrieb, und der erste Ki-20 wurde erst im Januar 1940 der Öffentlichkeit vorgestellt – kurz ehe der Typ endgültig aus dem Dienst verschwand.

FORTSCHRITTE DER SOWJETS

Bei seiner Einführung in den frühen 30er Jahren galt der Tupolew TB-3 als der modernste viermotorige Kampfbomber der Welt; zudem war er das größte Landflugzeug, das je gebaut worden war. Mit vielen Detailverbesserungen bildete seine Konfiguration die Basis für faktisch alle schweren Bomber und großen Flugzeuge damaliger Herstellung, im Grunde bis zum Ende der Ära des Kolbenmotors. In technischer Hinsicht war er ein erheblicher Fortschritt: es handelte sich um einen Eindecker mit frei tragenden Flügeln, einem Metallgerüst mit gewellter Duraluminium-Verkleidung und einem Fahrwerk mit fixiertem Hecksporn und Tandemrädern. Was ihn aber am meisten auszeichnete, war nicht seine Größe, sondern die Tatsache, dass der ANT-6 im Gegensatz zu Zeitgenossen wie dem Beardmore (Rohrbach) Inflexible oder der Dornier Do X sehr sorgfältig konzipiert war und mit ausgeklügelter Struktur und Aerodynamik aufwarten konnte. Man war daher in der Lage, seine Größe auch nutzbringend einzusetzen. Die Meinung des Westens über den ANT-6 wurde im Endeffekt dadurch gefärbt, dass das Modell weit länger im Einsatz war, als ihm gut tat – waren doch die glühendsten Befürworter eines strategischen Bomberkonzepts unter Stalin „liquidiert" worden. So verblasste das einst ehrgeizige russische Kampfbomber-Programm in den späteren 30er Jahren beinahe völlig, mit der Konsequenz, dass es keinen Nachfolger für den ANT-6 gab, selbst als dieser bereits technisch veraltet war. Man setzte ihn in der damaligen UdSSR noch in Zeiten ein, als schon weitaus modernere Flugzeuge wie der Avro Lancaster oder die Boeing B-17 Flying Fortress auf dem Markt waren. Man sollte ihn jedoch mit seinen Zeitgenossen wie dem Handley Page Heyford und dem Curtiss B-2 vergleichen und nicht mit jüngeren Bombern.

Die Wurzeln des ANT-25 reichen bis ins Jahr 1925 zurück, als man über einen Nachfolger des ANT-4-Bombers, der als TB-1 im Einsatz war, nachdachte. Der nächste logische Schritt in der sowjetischen Entwicklung schwerer Bomber sollte der Bau eines großen Eindeckers sein, der über ein Triebwerk von 2000 PS (1491 kW) verfügen und auf Rädern, Gleitkufen wie auch Schwimmern eingesetzt werden konnte. Das Grundkonzept des neuen ANT-6 entwickelte Andrej Nikolajewitsch Tupolew, Details wurden einem Team von Spezialisten unter Leitung von Wladimir Michailowitsch Petljakow überantwortet. Den Abschluss der Arbeiten verzögerten ständig neue Ausstattungswünsche der sowjetischen Luftwaffe und mangelnde Produktionskapazitäten. Das bedeutete auch, dass man den TB-1 erst später als erwartet einsetzen konnte, während die Luftwaffe auf Erfahrungswerte mit dieser Maschine wartete, die in ihren Nachfolger einfließen sollten.

Die Verzögerung gestattete es Tupolew, die Entwicklung der ANT-14 Transportmaschine voranzutreiben: Sie hatte mit dem ANT-6 einiges gemeinsam, benötigte aber fünf Gnome-Rhône-9Akx-Sternmotoren mit je 480 PS (358 kW), um bei einem niedrigeren Gewicht, als für den ANT-6 vorgesehen war, zufrieden stellende Leistungen zu erbringen. Der Bomber würde noch mehr Kraft benötigen, und da der Einbau eines fünfmotorigen Triebwerks nicht möglich erschien, entschied man sich für vier Curtiss-V-1570-Conqueror-V-Motoren mit jeweils 600 PS (447 kW).

Im Dezember 1929 begannen die Windkanaltest und nach erfolgreichen Tests mit einem 1:1-Modell im März 1930 wurde im Oktober 1930 der erste von drei ANT-6-Prototypen fertig gestellt und absolvierte seinen Jungfernflug im Dezember 1930. Er war eine vergrößerte Version des ANT-4 mit exakt derselben Konfiguration. Dieser erste Flug hätte beinahe in einer Katastrophe geendet, denn der Pilot benötigte für die schwere Steuerung beide Hände und die Drosselklappenventile schlossen sich. Erst im letzten Moment bekam sie ein Mechaniker zu fassen und konnte sie öffnen. Das Gewicht der Steuerung wurde verringert, indem man die Steuerflächen modifizierte. Bevor der erste Prototyp in der überarbeiteten Form in die Luft gehen konnte, kam im Februar 1931 die Produktionsorder für den ANT-6 mit vier M-17-V-Motoren und zweiblättrigen Holzpropellern mit starrer Blattsteigung. Die Produktion begann Ende 1931.

Die Tests des überarbeiteten ersten Prototyps im Januar 1931 zeigten sehr zufrieden stellende Flugeigenschaften. Die Umrüstung hatte auch den Einbau von Bewaffnung beinhaltet, Bombenträger in Balkenform befanden sich unter Rumpf und inneren Flügelabschnitten, die maximale Bombenzuladung betrug 2000 kg. Der Transport der Bomben erfolgte in Der-9-, Der-13-, Der-15- und Der-16-Containern und insgesamt verfügte die Maschine über 6300 Schuss Munition in 100 Trommeln für acht drehbare 7,62-mm-DA-Maschinengewehre. Davon saß ein Paar in einer Tur-6-Ringlafette am Bug, je ein Paar in zwei Tur-5-Ringlafetten in den einander diagonal gegenüberliegenden Ecken des geräumigen Bordschützencockpits hinter dem Flügel und je eines in den beiden einziehbaren B-6-Lafetten unter den Flügeln neben den Außenbordmotoren. Der neue Prototyp wurde bis Ende 1931 getestet und einer ganzen Reihe von Modifikationen unterzogen, um die Einsatzfähigkeit zu verbessern und das ständig steigende Gewicht unter. Kontrolle zu bringen – die Entscheidung, von nun an sowjetischen anstelle von importiertem Stahl zu benutzen, war für die Flugleistung nicht gerade förderlich. Das Test- und Entwicklungsprogramm ging mit den Prototypen Nummer zwei und drei weiter, die mit vier 730-PS-(544-kW-)BMW-VI-V-Motoren

UNTEN: Der Martin Modell 139 (B-10 und B-12) war der erste „moderne" Bomber der Welt als frei tragende Ganzmetallkonstruktion mit einziehbarem Fahrgestell.

bestückt waren. Der BMW-VI war jener deutsche Motor, von welchem der sowjetische M-17 abstammte. Der Erfolg dieses Flugzeuges ebnete den Weg für das erste TB-3/M-17-Produktionsmodell, von dem bis Ende 1933 etwa 400 Stück ausgeliefert wurden. Der Antrieb der Maschine bestand aus vier M-17F-V-Motoren mit jeweils 715 PS (533 kW) und einer Kombination von Offensiv- und Defensivwaffen, die exakt jener des ersten überarbeiteten Prototyps entsprach.

Ab 1931 zeigte sich, dass der leistungsstärkere Mikulin-M-34-V-Motor (seit 1940 als AM-34 bezeichnet), der vom BMW-VI abstammte, in den nächsten Jahren serienreif sein würde. So entschied man, eine Version des TB-3 zu entwickeln, deren Antrieb aus vier dieser Motoren mit 830 PS (619 kW) bestehen sollte. Im Februar 1933 flog der erste so bestückte Prototyp, ab Oktober wurden zwei ähnliche Flugzeuge getestet. Der Erfolg der Probeflüge beschleunigte den Wechsel zum verbesserten Modell, das Ende 1933 in die Produktion ging: Es verfügte über eine verbessertes Kühlung mit Wasser- und Ölelementen weiter hinten unter dem Motor und eine Bombenschützengondel unter der Nase. Fast 100 Stück des TB-3/M-34 wurden ausgeliefert.

Die TB-3/M-34R-Version war mit verbesserten M-34R-Motoren bestückt. Sie waren gleich stark wie der M-34, zeigten jedoch eine bessere Höhenleistung. Dazu kamen Verfeinerungen am Rumpf, ein Fahrwerk mit Hinterradbremsen, Öldruck- statt Gummistoßdämpfern und einem nachlaufenden Spornrad anstelle des starren Sporns sowie einer sauberen stromlinienförmigen Heckkanzel für den Bordschützen mit zwei drehbaren, rückwärts feuernden 7,62-mm-DA-Maschinengewehren anstelle der offenen Kanzel unter einem Ausschnitt im Seitenruder; sie hatte Zugang zum Rumpf und war mit den anderen Crewmitgliedern durch eine Bordverständigungsanlage verbunden. 1935 wurde das TB-3/M-34R-Modell weiter verbessert und Tragflügelansätze, Leitwerk, Triebwerksgehäuse und das Hauptfahrwerk stromlinienförmig verkleidet, um den Luftwiderstand zu verringern. Die beiden windgetriebenen Generatoren zur Stromerzeugung waren nun einziehbar.

Der TB-3/M-34RN, der Ende 1935 präsentiert wurde, war mit vier M-34RN-V-Motoren mit je 970 PS (723 kW) für eine verbesserte Höhenleistung bestückt. Diese innenbords montierten Motoren trieben vierblättrige starre Holzpropeller an; die modifizierten Bordschützenkanzeln – an Bug und Heck sowie im Rücken und erstmals auch im Bauch des Rumpfes – verfügten über Tur-8-Lafetten mit je einem 7,62-mm-ShKAS-Maschinengewehr. Der Transport der 2000-kg-Bombenlast erfolgte in Der-19-, Der-20- oder KD-2-Containern.

Etwa 90 Maschinen wurden vom TB-3/M-34FRN produziert; er war mit vier M-34FRN-Motoren mit je 900 PS (671 kW) ausgestattet, die dreiblättrige Metallpropeller antrieben. Ihre Verkleidung war glatt anstatt gewellt, sie besaßen zusätzliche Treibstofftanks in den äußeren Flügelabschnitten, ein verkleinertes, effektiveres Kühlsystem, eine bessere Verkleidung am Tragflügelansatz zur Verringerung des Luftwiderstandes und ein modifiziertes Hauptfahrwerk mit großen Rädern. Das Schwestermodell, die TB-3/M-34FRNV, oben bereits in der Serienstückzahl berücksichtigt, hatte vier M-34-FRNV-Motoren mit jeweils 1200 PS (895 kW) und besaß ebenfalls im Rücken einen geschlossenen Gefechtsstand.

Der TB-3-Bomber wurde 1938 und 1939 bei Grenzgefechten gegen die Japaner eingesetzt, doch war er damals schon veraltet. Die Produktion war seit 1937 eingestellt, nachdem 818 Maschinen und drei Prototypen ausgeliefert worden waren. Der Typ blieb bis zu Beginn des Zweiten Weltkriegs im Einsatz, dann diente er Ausbildungs- und Testzwecken.

AERO A.100 UND A.101

Das Designerteam bei Aero entwickelte den A.430-Prototyp mit stärkerem Motor und einer ganzen Reihe von aerodynamischen Raffinessen. Das Ergebnis der Testreihen zeigte eine generell größere Leistung des Bombers, doch man war sich im Klaren darüber, dass das Potenzial für weitere Verbesserung bei weitem noch nicht ausgeschöpft war. Dies führte zum A.100-Modell, das 1933 dem tschechoslowakischen Verteidigungsministerium im Rahmen einer Ausschreibung für einen zweisitzigen leichten Bomber und Aufklärer vorgelegt wurde. Es gewann die Ausschreibung und in den folgenden zwei

Martin B-10B

Typ: viersitziger mittelschwerer Bomber
Herkunftsland: USA
Triebwerk: zwei 775-PS-(578-kW-) Wright-R-1820-33-Sternmotoren
Leistung: Höchstgeschwindigkeit 343 km/h; Dienstgipfelhöhe 7375 m; maximale Reichweite 1995 km
Gewicht: leer 4390 kg; maximales Startgewicht 7462 kg
Abmessungen: Spannweite 21,60 m; Länge 13,63 m; Höhe mit gesenktem Schwanz 3,48 m
Bewaffnung: drei 7,62-mm-Browning-Maschinengewehre sowie bis zu 1025 kg Zuladung

Jahren gingen etwa 44 A.100 an die tschechoslowakische Luftwaffe.

Der A.100 war ein Doppeldecker mit ungleicher Spannweite, unspektakulär, jedoch solide. Rumpf und Leitwerk waren aus verschweißten Stahlrohren konstruiert, die Flügel aus Holz. Das ganze Flugzeug mit Ausnahme des Vorderrumpfes war stoffbespannt, die Motorhaube bestand aus einer Leichtmetall-Legierung.

Die meisten dieser Maschinen waren noch im Einsatz, als Deutschland im März 1939 die Tschechoslowakei besetzte.

1934 produzierte Aero den A.101 als Weiterentwicklung des A.100 mit größerer Spannweite und Gesamttragfläche, einem größeren Seitenruder, geräumigerem Cockpit und einem verstärkten Triebwerk aus Isotta-Fraschini-Asso-1000-W-Kolbenmotoren mit einer Maximalleistung von 1000 PS (746 kW) und einer Normalleistung von 800 PS (596 kW), den CKD-Praga in Lizenz fertigte. Der A.101 war demnach beträchtlich stärker motorisiert als der A.100, allerdings war der Asso-1000 280 kg schwerer als der Vr-36.

Insgesamt stellte Aero 29 Maschinen dieses Typs her, doch im Endeffekt war ihre Leistung aufgrund des schwereren Motors schwächer als die des A.100. Die tschechoslowakische Luftwaffe war daher nicht unglücklich, als sie die Maschinen 1936 bei Ausbruch des Spanischen Bürgerkriegs an die republikanische Regierung verkaufen konnte.

Nicht alle Maschinen erreichten jedoch ihr Ziel. So fing im April 1937 ein Schiff der Nationalisten den panamesischen Frachter, der 22 Flugzeuge für die Gegenseite geladen hatte, ab. Die Bomber wurden auf Seite der Nationalisten eingesetzt. Die restlichen Maschinen erreichten jedoch die republikanische Luftwaffe und kamen dort intensiv zum Einsatz; sechs Bomber fielen nach Beendigung der Kämpfe an die siegreichen Nationalisten.

DIE SCHWEREN KAMPFBOMBER

Der Farman F.211 war im Jahre 1932 das Ergebnis der Ausschreibung, in welcher das Französische Luftfahrtministerium einen *Bombardier Très Gros Porteur* (= schweren Kampfbomber) der damaligen Mittel- und Langstreckenkategorie suchte. Seine grundlegende Konfiguration sollte für alle Nachfolger der Serie, ob ziviler oder militärischer Natur, beispielhaft bleiben. Dazu gehörte der eckige Rumpf mit der großen Hochdecker-Tragfläche, deren Verstrebungen von tief gelagerten Stummelflügeln gestützt wurden, die ihrerseits das Hauptfahrwerk und das

OBEN: Der japanische Typ 93, ein einmotoriger leichter Bomber, kurz Ki-3, ging 1935 in Dienst, doch Triebwerkprobleme führten dazu, dass er nicht lange eingesetzt wurde.

Triebwerk trugen, das aus vier Kolbenmotoren in zwei Tandempaaren bestand die je einen Zug- und Druckpropeller antrieben. Das Ganze war optisch unattraktiv und erzeugte darüber hinaus erheblichen Luftwiderstand, war jedoch extrem stabil, einfach in ihrer Herstellung und Wartung und konnte große Bombenlasten befördern.

Eigentlich sollte der F.211 den Prototyp eines fünfsitzigen Nachtbombers bilden, er war jedoch mit seinen vier Gnome-Rhône-Titan-Sternmotoren mit je 300 PS (224 kW) untermotorisiert. Deshalb stattete man seinen Nachfolger, den F.212-Bomber, mit einigen ausgeklügelten Details und vier Gnome-Rhône-7Kds-Sternmotoren mit jeweils 350 PS (261 kW) aus. Farman sah ein, dass der F.211 und F.212 nicht nur untermotorisiert, sondern für die Rolle als Nachtbomber auch zu klein waren. So begann er mit der Entwicklung eines größeren Typs, der allerdings dieselbe Konfiguration und auch Details wie das geschlossene Cockpit, die Balkon-Position für den Bombenschützen und das breitspurige Fahrwerk mit fixem Spornrad beibehalten sollte.

Dieser größere Typ, der F.220.01-Prototyp, absolvierte seinen ersten Flug im Mai 1932 mit einem Triebwerk aus vier Hispano-Suiza-12Lbr-V-Motoren mit je 600 PS (447 kW). Später diente er als Langstrecken-Postflugzeug auf Südatlantikflügen zwischen Dakar in Französisch-Westafrika und Natal in Brasilien. Der F.220.01 hatte die Möglichkeiten des größeren Flugwerks gezeigt und im Mai folgte ihm der F.221.01-Prototyp in die Luft, der sich von ihm vor allem durch das neu gestaltete Seitenruder, die voll ummantelte Nase und die Schützenkanzel im Bauch unterschied, einen halbeinziehbaren „Mülleimer" anstelle der früheren Bodenluke für den Heckschützen, und durch das wesentlich verstärkte Triebwerk aus vier Gnome-Rhône-14Kbrs-Mistral-Major-Sternmotoren mit je 800 PS (596,5 kW) Startleistung in zwei länglichen Triebwerkgondeln, die nur die Zugmotoren verkleideten.

12 Stück gingen als F.221BN.5 bei der *Escadre de Bombardement* II/15 in Dienst. Sie unterschieden sich vom F.221.01 vor allem durch die Einführung einer manuell bedienbaren Schützenkanzel im Rücken, einer überarbeiteten Nase, die ebenfalls eine manuell bedienbare Kanzel enthielt, eine neuartige Verglasung für die Bombenschützenkanzel darunter sowie die durchgehende Triebwerkverkleidung. Ab August 1935 wurde der F.221.01 zum F.222.01-Prototyp umgestaltet. Sein Fahrgestell wurde nach vorn in die Unterseite der Triebwerkgondeln eingezogen, was eine geringe, doch wertvolle Verringerung des Luftwiderstandes zur Folge hatte. Der F.222.01 flog erstmals im Winter 1935/36 und 12 Stück wurden als F.222BN.5 (später umbenannt als F.222.1BN.5) in Nachfolge des F.221BN.5 ab April 1936 bei Farman produziert.

Als diese Flugzeuge noch in der Frühphase der Produktion steckten, beendete Farman die Arbeit an einer verbesserten Version. Bei diesem F.222.2BN.5 waren die äußeren Teile der Tragflächen für eine verbesserte Seitenlage angewinkelt, die Stufe in der Rumpfunterseite hinter der Bordschützenkanzel war entfallen, und die Oberseite der Nase war gesenkt und verlängert worden, um das Gesichtsfeld der Piloten zu verbessern. Dieser

Fairey Fox Mk I

Typ: zweisitziger leichter Tagbomber
Herkunftsland: Großbritannien
Triebwerk: ein 480-PS-(358-kW-) Curtiss-D-12-V-Motor
Leistung: Höchstgeschwindigkeit 251 km/h; Dienstgipfelhöhe 5180 m; maximale Reichweite 805 km
Gewicht: leer 1183 kg; maximale Startmasse 1892 kg
Abmessungen: Spannweite 11,48 m; Länge 8,61 m; Höhe 3,25 m
Bewaffnung: zwei 7,7-mm-Vickers-Maschinengewehre sowie bis zu 227 kg Zuladung

Standard blieb bei den folgenden acht Bombern unverändert.

Im April stieg die 15. *Escadre de Bombardement* auf den F.222.1 um, und inzwischen hatte die Verstaatlichung der zersplitterten französischen Flugzeugindustrie zum Zusammenschluss von Farman mit Hanriot zur Société Nationale de Constructions Aéronautiques du Centre geführt, die Aufträge für weitere 16 Exemplare des F.222.2 erhielt, allerdings mit vier Gnome-Rhône-14N-11/15-Sternmotoren anstelle der Gnome-Rhône-14Kirs-Mistral-Major-Motoren der früheren Bomber. Der letzte F.222.2 abseits der Fertigung machte seinen ersten Flug im März 1938.

DIE MITSUBISHI KI-1-I

Im Februar 1931 importierte eine japanische Organisation von Patrioten ein einzelnes Exemplar des leichten Bombers Junkers K 37, der von der schwedischen Niederlassung des deutschen Herstellers gebaut worden war, und schenkte ihn der Kaiserlichen Japanischen Luftwaffe. Sie setzte diese Maschine mit bemerkenswertem Erfolg bei der Eroberung der Mandschurei 1931/32 ein und war von seinen Fähigkeiten so beeindruckt, dass sie im April 1932 die Anforderung für einen Bomber wie den K 37 ausschrieb, der den überholten schweren Bomber Kawasaki Typ87 ablösen sollte. Da sie schlechte Erfahrungen mit den Folgen ungenauer Spezifikationen bei einigen früheren Kampfflugzeugen gemacht hatte, begleitete die japanische Luftwaffe ihre Anforderung mit sehr genauen Spezifikationen, die die Lieferung zweier Prototypen eines modernen Eindeckers mit zwei Motoren der 800-PS-(596.5-kW-)Klasse bis März 1933 verlangte.

Auf der Basis ihrer Erfahrungen mit dem Ki-20 (Armee-Typ92 Schwerer Bomber), also der japanischen Version des viermotorigen Junkers K 51, der wiederum die Bomberversion des G-38-Transportflugzeugs bildete, beschloss Mitsubishi, dass die Anforderung mit einer vergrößerten Fassung der K 37 beantwortet werden könne. Wesentlich für dieses Modell war die dichte Gruppierung der Crew, um die taktische Kommunikation zu erleichtern – auch eine Gosport-Rohrverbindung zwischen dem Piloten und dem Bombenschützen gehörte dazu –, die Verteilung des Treibstoffs in so viele Tanks wie möglich, so dass ein Treffer nicht das ganze System leeren konnte, und leichte Zusammenbaubarkeit, damit sich die Maschinen mühelos auf Flachwaggons der Eisenbahn transportieren ließen. Mitsubishi baute im August 1932 ein 1:1-Modell und der erste Prototyp wurde zeitgerecht im März des folgenden Jahres fertig. Er war ein frei tragender Tiefdecker in Ganzmetallbauweise, mit der für Junkers typischen Wellblechverkleidung. In Ermangelung der vorgesehenen Mitsubishi-Type-93-V-Motoren mit je 700 PS (522 kW) wurde der Prototyp mit zwei Rolls-Royce-Buzzard-V-Motoren mit je 800 PS (596,5 kW) bestückt, die zweiblättrige Holzpropeller mit starrer Blattsteigung antrieben und in Triebwerksgondeln über den Außenbordseiten der inneren Tragflächenabschnitte montiert waren. Selbst mit diesem aufgebesserten Triebwerk war der neue Typ rund 20 km/h langsamer als gefordert, doch die japanische Luftwaffe beschloss dennoch, ihn ohne viele Veränderungen als schweren Bomber Armee-Typ 93-1 in Dienst zu stellen. Er trug auch die Kurzbezeichnung Ki-1-I. Die Auslieferung begann im Herbst 1933 und das Flugzeug ersetzte bald die veralteten Ki-20.

Das Triebwerk des Ki-1-I, zwei Mitsubishi-Typ-93-(Ha-2-II-)V-Motoren mit je 940 PS (701 kW), machte weiterhin Probleme und kontrollierter Geradeausflug mit nur einem Motor war buchstäblich unmöglich; also nahm man das 71. Flugzeug und führte daran die Veränderungen durch, die zur Lösung dieser Probleme entworfen worden waren. Die Triebwerkgondeln wurden gesenkt, da ein verändertes Fahrwerk mit längeren Beinen und den Luftwiderstand verringernden Verkleidungen benötigt wurde, eine stabile Kabinenhaube wurde über die Cockpits der Piloten gesetzt und später bis über die Bordschützenkanzel verlängert, eine glatte Verkleidung ersetzte einen Teil der

Wellblechverkleidung auf den äußeren Flügelabschnitten, und die Front der Verkleidungen, die den Luftwiderstand der außen getragenen Bomben verringerten, erhielt Landelichter. Diese Veränderungen verbesserten den K-1-I hinreichend, und die letzten 47 Flugzeuge wurden nach diesem Ki-1-II-Standard fertig gestellt, der die volle Dienstbezeichnung Armee-Typ 93-2 Schwerer Bomber trug.

Wie der Ki-1-I war auch der Ki-1-II bei den Mannschaften nicht beliebt, blieb jedoch bis April 1936 in der Produktion, als der Mitsubishi Ki-21 als sein Nachfolger geplant wurde. Bis zu dessen Auslieferung kaufte die japanische Luftwaffe fast 100 Exemplare des Fiat-BR.20-Cicogna-Bombers, der als Typ I Schwerer Bomber bezeichnet wurde. Der Ki-1 wurde mit begrenztem Erfolg bei der japanischen Eroberung der Mandschurei 1931/21 eingesetzt und auch gegen den kaum nennenswerten Widerstand der chinesischen Jäger zu Beginn des Zweiten Japanisch-Chinesischen Kriegs (1937–1945), diente jedoch bei Ausbruch des Zweiten Weltkriegs nur noch als Trainingsbomber.

DER KI-2-I

Obgleich ihre schweren Bomber nach den Maßstäben anderer Länder kaum mehr als mittlere Bomber waren, sah die japanische Luftwaffe ihren Bedarf an mittleren und leichten Bombern zur taktischen Unterstützung ihrer Bodentruppen und zur Zerstörung von Zielen knapp hinter der Grenze. Als daher im Februar 1931 eine japanische Organisation von Patrioten ein einzelnes Exemplar des leichten Bombers Junkers K 37, der von der schwedischen Niederlassung des deutschen Herstellers gebaut worden war, importierte und ihn der Kaiserlichen Japanischen Luftwaffe schenkte, setzte diese die Maschine begeistert und mit bemerkenswertem Erfolg bei der Eroberung der Mandschurei 1931/32 ein. Beeindruckt von seinen Fähigkeiten, besonders beim Angriff auf Bodenziele, forderte sie im September 1932 Mitsubishi auf, eine japanische Version des K 37 zu entwickeln, der die leichten Bomber Mitsubishi Typ 87 und Kawasaki Typ 88 ablösen sollte. Er sollte den schweren Bomber Typ 93 ergänzen, an dem Mitsubishi bereits arbeitete und der den inzwischen überholten schweren Bomber Kawasaki Typ 87 ablösen sollte.

Das Designerteam beschloss, das Grundkonzept und die Struktur des K 37 beizubehalten, stimmte jedoch für eine völlig neue Gestaltung des Flugzeugs, das nur die Tragflächen des K 37 in überarbeiteter Form mit veränderten Querrudern beibehielt. Das Triebwerk, für das das Team den Mitsubishi-A4-Sternmotor verwenden wollte, der eine Höchstgeschwindigkeit von 270 km/h bringen sollte, sollte in Gehäusen mit kurzen Townend-Ringverkleidungen an den Tragflächen montiert werden. Weitere Veränderungen waren die völlig geschlossene Bugschützenkanzel, eine wohl durchdachte Kanzel im Rücken, die dem Bordschützen ein stark erweitertes Schussfeld nach unten bot, und Öldruck- anstelle von Gummistoßdämpfern.

Die japanische Luftwaffe prüfte die Entwürfe im November 1932 und gab sie grundsätzlich frei; das Triebwerk sollte jedoch das vorgeschriebene Paar Kotobuki-Motoren erhalten, die Bugschützenkanzel sollte durch eine halb geschlossene ersetzt werden, die Kanzel im Rücken sollte für ein noch größeres seitliches Schussfeld ausgelegt werden, das Cockpit der Piloten sollte so adaptiert werden, dass ein Dach möglich war, und die Fronten der Triebwerkinstallation sollten verblendet werden, um den Betrieb bei Kälte zu verbessern. Mitsubishi erhielt die Freigabe für die Umarbeitung seiner Pläne und der erste Prototyp war zwei Monate vor dem geforderten Termin im Mai 1933 fertig. Es war ein frei tragender Tiefdecker in Ganzmetallkonstruktion mit Wellblechhaut.

Der erste Prototyp zeigte ansprechende Leistungen und gute Flugeigenschaften, stürzte jedoch ab, da sein Rumpfende zu schmal und zu schwach ausgelegt war. Der zweite Prototyp erhielt daher einen breiteren und stärkeren Rumpf und diese Form wurde zur Produktion akzeptiert und unter der vollen Bezeichnung Zweimotoriger leichter Bomber Armee-Typ 93-1 und unter dem Kurznamen Ki-2-I in Dienst gestellt.

Insgesamt baute Mitsubishi bis 1936 113 dieser Flugzeuge und Kawasaki stellte zwischen November 1934 und August 1935 weitere 13 Stück fertig.

1936 wechselte die Produktion auf den zweimotorigen leichten Bomber Armee-Typ 93-2 oder Ki-2-II mit Veränderungen wie einem Triebwerk aus zwei Nakajima-Typ-94-(Ha-8-)Sternmotoren mit je 750 PS (559 kW), die in Verkleidungen von großer Tiefe installiert wurden. Er hatte auch ein neues Fahrwerk mit Einzelrädern, die vor- und aufwärts in die Triebwerksgondeln eingezogen wurden, ein geschlossenes Pilotencockpit mit rückwärts gleitendem Ein- und Ausstieg, nicht mehr gewellt, sondern glatt verkleidete äußere Tragflächenabschnitte, und Maschinen, die bei großer Kälte operieren sollten, erhielten eine halbkugelförmige Abdeckung der Bugschützenkanzel, die auf diese Weise sehr effektiv zu einer geschlossenen Kanzel wurde.

Von April 1937 bis 1938 baute Mitsubishi 61 Stück des Ki-2-II und lieferte sie aus. Sie wurden zu Beginn des Zweiten Japanisch-Chinesischen Kriegs (1937 bis 1945) eingesetzt, vor allem am nördlichen Kriegsschauplatz, und waren sehr beliebt, da sie eine weit bessere Leistung als die Ki-1- und Ki-3-Bomber brachten.

Zu Beginn der 40er Jahre wurden die meisten Flugzeuge für zweitrangige Dienste zurückgestuft und etwa als Trainingsmaschinen eingesetzt. In dieser Funktion wurden sie noch bis zur Mitte des Zweiten Weltkriegs geflogen.

UNTEN: Obgleich er als Bomber entworfen und eingesetzt wurde, war der Boulton & Paul Sidestrand ein wunderschön harmonisches Flugzeug mit großer Beweglichkeit in der Luft.

DER MARTIN B-10

Die Serie der Martin-B-10-Bomber wurde von den Luftwaffen von sechs Ländern geflogen und ein Martin B-10 war der erste in Amerika entworfene Bomber, der einen Kampfeinsatz erlebte, wenn auch nicht in amerikanischen Diensten. Bei Ausbruch des Zweiten Weltkriegs war die Serie zwar überholt, doch zu seiner Zeit war er äußerst fortschrittlich, der erste amerikanische Ganzmetallbomber, der in die Massenproduktion ging, das erste amerikanische Kampfflugzeug mit Defensivbewaffnung in Kanzeln, und der erste frei tragende Tiefdecker des US Army Air Corps (USAAC).

Martin war kein Neuling auf dem Gebiet des Bomberdesigns und -baus, als man daranging, einen überragenden Bomber zu konstruieren. Das Team arbeitete ohne offiziellen Auftrag, hatte also freie Hand. Der Entwurf, der die bestmögliche Leistung erbringen sollte, verband einen Ganzmetallrumpf, frei tragende Tragflächen und ein einziehbares Fahrgestell mit einem zweimotorigen Triebwerk und dem Maschinengewehr im Bug in einer manuell betriebenen Kanzel, die den Schützen vor dem Luftschraubenstrahl schützen sollte, der bei hohen Geschwindigkeiten Probleme machen konnte.

Der neue Typ war das Modell 123 und Martin baute auf eigenes Risiko einen einzigen Prototyp mit einem Triebwerk aus zwei Wright-SR-1820-E-Sternmotoren mit je 600 PS (447 kW). Diese Maschine wurde im März 1932 als XB-907 an das USAAC zur Begutachtung geliefert. Sie besaß hintereinander drei Cockpits auf der Oberseite des Rumpfes für den Piloten, Funker und Heckschützen und ihr merkwürdiges Aussehen ging vor allem auf den tiefen Bauch zurück, der die Bombenlast aufnahm, und die stumpfe Nase mit der Bombenschützenkanzel.

Die offiziellen Tests, die im Juli 1932 einsetzten, zeigten, dass der XB-907 eine Bombenlast von 998 kg über 1046 Kilometer tragen konnte, und das bei einer Höchstgeschwindigkeit von 317 km/h in 1830 m Höhe. Die Leistung des XB-907 war besser als die der beiden Boeing-Prototypen, doch Martin merkte, dass Verbesserungen ohne allzu große Veränderungen der Rumpfsubstanz möglich waren. Im Spätsommer 1932 kam der Prototyp daher zurück, damit er zum XB-907-A mit motorgetriebener Bugschützenkanzel umgebaut werden konnte. Die Spannweite der Tragflächen wurde von 18,95 m auf 21,71 m erhöht, da der Luftwiderstand bei höherem Flächen-Strecken-Verhältnis sank, und das Triebwerk gegen zwei R-1820-19-Sternmotoren mit je 675 PS (503 kW) beim Start getauscht, die in tiefen NACA-Verkleidungen installiert wurden. Bei Tests im Oktober 1932 zeigte sich, dass der XB-907A etwas an Reichweite und Steiggeschwindigkeit verloren hatte, doch kam er in 1830 m Höhe auf 333 km/h, womit er die aktuellen Jäger des USAAC, die Boeing P-12 und den Curtiss P-6, aus dem Feld schlug.

Dieser Erfolg wurde durch eine Bestellung des USAAC von 48 Exemplaren der Produktionsversion des Modells 139 honoriert. Zugleich kaufte die Luftwaffe den XB-907A für weitere Tests unter dem Namen XB-10. Das Modell 139 unterschied sich vom Modell 123 (XB-907 und XB-907A) in einer Reihe von Details.

■ OBEN: Der Overstrand war eine modernisierte Weiterentwicklung des Sidestrand, mit Elementen wie einer Schützenkanzel zur Verteidigung im Bug und geschlossenen Cockpits.

Dazu gehören die völlig abgeschlossenen Mannschaftsplätze – der Pilot saß in einem vorn ansteigenden Cockpit, der Funker/obere Bordschütze und der untere Bordschütze in einem längeren rückwärtigen Cockpit –, eine Defensivbewaffnung aus drei drehbaren 7,62-mm-Browning-Maschinengewehren in der Bugkanzel und den Heckkanzeln in Rücken und Bauch des Rumpfes, ferner ein Tankvolumen von 851,7 Litern, das verdoppelt werden konnte, indem man einen Hilfstank in der Bombenkammer verwendete, eine Spannweite von 21,49 m bei einer Länge von 13,79 m und einer Höhe von 3,35 m. Der ursprüngliche Auftrag über 48 Flugzeuge von 1933 wurde in fünf verschiedenen Konfigurationen ausgeliefert. Die ersten 14 wurden nach dem YB-Standard für Diensterprobungen mit einem Triebwerk aus zwei R-1820-25-Sternmotoren mit je 675 PS (503 kW) geliefert. Dann folgten sieben Exemplare des YB-12-Diensterprobungsmodells mit einem Triebwerk aus zwei Pratt&Whitney-R-1690-11-Sternmotoren mit je 775 PS (578 kW), die eine Höchstgeschwindigkeit von 341 km/h in optimaler Höhe schafften. Das gleiche Triebwerk wurde für die 25 Exemplare der B-12A-Variante verwendet, die wie der YB-12 ausgestattet war, jedoch in einem Hilfstank in der Bombenkammer 1381,7 Liter Treibstoff aufnehmen konnte. Die vierte Konfiguration war die YB-10A-Variante, die von zwei R-1820-31-Turbolader-Sternmotoren mit je 675 PS (503 kW) Startleistung angetrieben wurde und mit der hohen Geschwindigkeit von 380 km/h in 7620 m Höhe punkten konnte. Das letzte Flugzeug der ursprünglichen 48 wurde in einer fünften Konfiguration fertig gestellt, als YB-14 mit einem Triebwerk aus zwei Pratt&Whitney-R-1830-9-Sternmotoren mit je 950 PS (708 kW) Startleistung. Weitere 10 Maschinen der YB-13-Variante wurden mit Pratt&Whitney-R-1860-17-Sternmotoren bestellt, jedoch vor ihrer Fertigstellung wieder storniert.

Das USAAC und die US Army Air Forces, die das USAAC im Juni 1941 ablösten, betrieben drei weitere Flugzeuge mit der Bezeichnung B-10. Zwei davon wurden direkt vom USAAC mit Staatsanleihen des Jahres 1936 gekauft, wohl als Ersatz für Verschleiß, und das dritte traf im Juli 1942 ein, ein Modell 139WH-3A aus Niederländisch-Ostindien, das beschlagnahmt worden war, nachdem es zu Ende der japanischen Eroberungen in Niederländisch-Ostindien nach Australien gelangt war.

Die ursprünglichen 48 Maschinen ließen eine gründliche Beurteilung des Modells 139 mit verschiedenen Triebwerken zu und bereiteten den Weg für die erste echte Produktionsfassung, den B-10B. Von ihm wurden 103 mit einem Triebwerk aus zwei R-1820-33-Sternmotoren mit je 775 PS (578 kW) Startleistung fertig gestellt. Der B-10B-Bomber ging 1935 in Dienst und wurde vor allem bei den Staffeln der 2., 7., 9. und 19. *Bombardment Groups* in den USA selbst eingesetzt, während die B-12A-Maschinen zwischen 1936 und 1939 bei der 6. *Composite Group* in der Panamakanalzone und bei der 5. *Composite Group* in Hawaii flogen.

Die Maschinen dieser letzteren Einheit wurden 1942 von der *15. Pursuit Group* (Jäger) zu Noteinsätzen gezwungen, als die Einheiten auf Hawaii verzweifelten Mangel an allen Arten von Flugzeugen litten. In den wenigen Jahren, in denen sie in erster Reihe eingesetzt wurden, erwarben sich die B-10B- und B-12A-Bomber (ergänzt durch einige YB-10- und YB-12-Maschinen, die auf B-10B- und B-12A-Niveau gebracht worden waren) einen guten Ruf wegen ihrer Zuverlässigkeit. Was wichtiger war, sie versorgten das USAAC mit Crews, die Erfahrungen im Umgang mit Eindecker-Bombern besaßen. Erwähnenswert ist auch, dass einige B-10B-Bomber bei der Küstenwache dienten, nachdem sie mit Doppelschwimmer-Landevorrichtungen ausgestattet worden waren, und als sie als Bomber veraltet waren, wurden sie für Zielschleppflüge eingesetzt und zu diesem Zweck als B-10BM und B-12AM bezeichnet.

Boulton Paul Overstrand Mk I

Typ: fünfsitziger mittelschwerer Bomber
Herkunftsland: Großbritannien
Triebwerk: zwei 580-PS-(433-kW-) Bristol-Pegasus-IIM3-Kolbenmotoren
Leistung: Höchstgeschwindigkeit 246 km/h; Dienstgipfelhöhe 6860 m; Reichweite 877 km
Gewicht: leer 3600 kg; maximale Startmasse 5443 kg
Abmessungen: Spannweite 21,95 m; Länge 14,02 m; Höhe 4,72 m
Bewaffnung: drei 7,7-mm-Lewis-Maschinengewehre sowie bis zu 726 kg Zuladung

Handley Page Hyderabad Mk I

Typ: viersitziger schwerer Bomber
Herkunftsland: Großbritannien
Triebwerk: zwei 454-PS-(338,5-kW-) Napier-Lion-IIB- oder Lion-V-W-Kolbenmotoren
Leistung: Höchstgeschwindigkeit 175 km/h); Dienstgipfelhöhe 4265 m; maximale Reichweite 805 km
Gewicht: leer 4042 kg; maximale Startmasse 6164 kg
Abmessungen: Spannweite: 22,86 m; Länge 15,90 m; Höhe 5,11 m
Bewaffnung: zwei 7,7 mm-Lewis-Maschinengewehre sowie bis zu 658 kg Bomben

Im Juli 1936 wurde der Martin-Bomber zum Export freigegeben. Der erste Kunde war China, das sechs Stück des Modells 139WC-1 und drei des Modells 139WC-2 kaufte. Eine größere Menge erwarb Niederländisch-Ostindien 1936 und 1937, und zwar 117 Stück des Modell-139W-Bombers. Die Maschinen wurden zur Ausstattung der *1e, 2e* und *3e Vliegtuiggroep* in Andir, Malang und Madioen eingesetzt, die über zwei, eine bzw. drei Staffeln verfügten. Jede dieser Staffeln erhielt neun Flugzeuge, der Rest der Modell-139WH-Truppe war fürs Training und als Ersatz für Verschleiß bestimmt. Bei Ausbruch des Pazifikkriegs im Rahmen des Zweiten Weltkriegs im Dezember 1941 hatte Niederländisch-Ostindien noch mehr als 100 Flugzeuge, die volle Stärke der gleichen Staffeln, die nun in Andir, Singosari und Tjililitan stationiert waren, sowie zwei kleinere Abteilungen in Kali Djati. Während dreier Monate intensiver Einsätze ab Mitte Dezember 1941 gingen bis auf eines alle Flugzeuge verloren, die meisten bei japanischen Luftangriffen, die restlichen in der Luft, wo die schwerfälligen und nur unzureichend geschützten Bomber für die flinken japanischen Jäger kein Problem darstellten.

DEUTSCHE WIEDERBEWAFFNUNG

Die Probleme, die der Dornier Do 11, der erste relativ moderne Bomber, der bei der geheimen deutschen Luftwaffe nach dem Ende des Ersten Weltkriegs in Dienst ging, besonders mit seiner einziehbaren Hauptfahrgestelleinheit hatte, führten vor Ende des Jahres 1932 zu Dorniers Entscheidung, eine vereinfachte Version mit starrem Fahrgestell zu entwickeln, die doppelte Flügelklappen nach Junkers-Vorbild erhalten sollte, welche an den Rückseiten der Tragflügel über deren Breite hinausragten und gleichzeitig als Klappen zur Veränderung der Profilwölbung und, besonders an ihren Außenenden, als geschlitzte Querruder zu dienen.

Dieses Modell, der Do-13-Prototyp, flog erstmals im Februar 1933. Er besaß verkleidete Hauptfahrgestelleinheiten, erwies sich jedoch als sehr instabil und zeigte die gleiche Art von Tragflächenvibrationen wie die Do-11-Serie. Es folgten verbesserte Prototypen, der Do 13b und Do 13c, von denen der letztere die reduzierte Tragflächenspannweite der Do 11D und ein abgewandeltes Triebwerk aus zwei BMW-VI-V-Motoren mit jeweils 750 PS (559 kW) Startleistung und 500 PS (373 kW) Dauerleistung erhielt. Diese Version erwies sich als der bessere der beiden Prototypen. Die Produktion dieser Maschinen wurde jedoch durch Probleme bei der Motorkühlung stark verzögert, die schließlich durch die Hinzufügung von versenkten Radiatoren auf der Unterseite der Getriebegondeln anstelle der zusätzlichen Radiatioren unter den Tragflächen gelöst, die ursprünglich vorgesehen waren, jedoch zu großen Luftwiderstand erzeugten. Die Do 13 C ging endlich im Herbst 1934 in Dienst, wurde jedoch fast sofort durch Ausfälle infolge von grundsätzlichen Fehlern dezimiert. Nach der Auslieferung von 12 Maschinen wurde die Produktion daher eingestellt.

Als Folge der Probleme mit der Do 13 konzipierte Dornier die Struktur, besonders den Rumpf, völlig neu und fügte auch eine Reihe von Neuerungen bei den Tragflächen ein, deren Spannweite von 28,0 m auf 25,60 m reduziert wurden. Das unmittelbare Ergebnis dieser Bemühungen war der Do-13e-Prototyp, der im September 1934 seinen Jungfernflug absolvierte und trotz seiner höheren Leermasse von 445 kg und der verringerten Gesamttragfläche vom deutschen Luftfahrtministerium endlich als akzeptabel eingestuft wurde. Das Ministerium ordnete an, dass noch nicht ausgelieferte Bestellungen des Do 11 und Do 13 auf den Do 23 übertragen werden sollten; die Benennung wollte dem Stigma entgehen, dass den Do-13-Maschinen mittlerweile anhaftete. Der Do-23-Bomber war wie der Do 11 und der Do 13 ein halb frei tragender Eindecker, als Schulterdecker gebaut, mit einem Duraluminium-Rumpf mit rechteckigem Querschnitt und Leichtmetallüberzug, jedoch mit stoffbespannten Duraluminium-Tragflächen. Das Fahrwerk behielt den Grundentwurf des Do 11 bei, war jedoch wie beim Do 13 starr und nicht einziehbar.

Die erste Version, die in die Produktion ging, war der Do-23F-Prototyp mit einem Triebwerk aus zwei BMW-VIU-V-Motoren mit Wasserkühlung. Nur wenige Do-23-F-Bomber wurden fertig gestellt, ehe die Produktion auf den Do 23G umgestellt wurde, der sich von diesem nur durch die

Verwendung von Äthylenglykol statt Wasser als Kühlmittel unterschied.

Insgesamt wurden von dem Do 23F und dem Do 23G etwa 210 Einheiten gebaut, und alle Do-23-Serien gingen im Sommer 1935 in Dienst. Zuerst wurden sie an Bomberschulen ausgeliefert und dann aktiven Einheiten der Gruppen Fassberg, Finsterwalde, Giebelstadt, Gotha und Merseburg zugeteilt und bald als Gruppen der Kampfgeschwader 153, 155, 253 und 254 benannt. Im Dienst erwies sich der Do 23 als Enttäuschung, und die Herstellung des beschränkten, aber unproblematischen Junkers-Ju-52/3m-ge-Interimbombers, der durch die Do 11, Do 13 und Do 23 hätte ersetzt werden sollen, wurde fortgesetzt. So enttäuschend war der Do 23, dass er ab Sommer 1936 aus dem Dienst in vorderster Front genommen wurde, wenngleich einige Maschinen bis zum Ausbruch des Zweiten Weltkriegs für sonstige Aufgaben eingesetzt wurden. Bei Kriegsausbruch wurden einige Do-23-Flugzeuge zur Suche nach Luftminen verwendet, bis hierfür besser geeignete Flugzeuge auf den Plan traten.

NEUE JAPANISCHE MODELLE

In den frühen 30er Jahren befand die japanische Luftwaffe, ihr bisheriges System der Ausschreibungen für größere Kampfflugzeuge sei eine Verschwendung von kostbaren finanziellen und Entwurfskapazitäten, und als sie im September 1932 die Anforderung eines neuen leichten Bombers erließ, gab sie sie nur an Kawasaki heraus.

Der neue Typ sollte zur taktischen Unterstützung der Bodentruppen dienen, musste daher unglaublich zuverlässig sein, überaus stabil und eine ausgefeilte Mischung aus Flugeigenschaften und Beweglichkeit besitzen. Kawasaki beauftragte seinen deutschen Chefdesigner, Dr. Richard Vogt, und Takeo Doi mit dem Entwurf des neuen Modells. Sie verwendeten als Ausgangsbasis das A-6-Hochgeschwindigkeits-Verkehrsflugzeug, das aus dem KDA-6-Versuchs-Aufklärungsflugzeug entwickelt worden war. Das Ergebnis war daher ein schmucker Doppeldecker mit stoffbespanntem Metallkern, nur der vordere Teil des Rumpfes war mit Leichtmetallabdeckungen verkleidet. Er hatte ein Fahrwerk mit Spornrad und geteiltem Hauptfahrwerk, ein einfaches Leitwerk mit drahtverspanntem Höhenruder und eine leicht versetzte einjochige Tragflächeneinheit mit einer flachen oberen und einer leicht konisch zulaufenden unteren Tragfläche, I-förmigen Stützen zwischen den Tragflächen und verspannte Querruder an den äußeren Hinterkanten sowohl der oberen als auch der unteren Tragflächen.

Der erste Prototyp flog im April 1933 mit einem Triebwerk aus einem BMW-IX-V-Motor, der einen zweiblättrigen Propeller mit starrer Blattsteigung antrieb, und im September 1933 ließ Kawasaki für die Serienversion des neuen Bombers seinen eigenen Motor in Produktion gehen. In seiner ursprünglichen Form besaß der Prototyp ein hufeisenförmiges Kühlaggregat mit steuerbaren Zugklappen vor dem Motor, doch dieses wurde bald an eine etwas konventionellere Position unter dem Bug verlegt. Es folgten zwei weitere Prototypen, und im August 1933 ließ die japanische Luftwaffe den Typ als Ki-3 in Produktion gehen – die vollständige Bezeichnung lautete einmotoriger leichter Bomber Armee-Typ 93.

Die Produktion setzte im Januar 1934 ein und der Ki-3 wurde 1935 als Nachfolgemodell für den leichten Bomber Kawasaki Typ 88 in Dienst gestellt. Er wurde beim 6. gemischten Luftregiment in Korea eingesetzt sowie bei drei neuen Luftregimentern (dem 9., 10. und 16.), die in der Mandschurei, in Zentralchina und in Nordchina stationiert waren. Der Ki-3 war bei taktischer Unterstützung, bei Aufklärungsflügen und als leichter Transporter mittelmäßig erfolgreich, hatte aber ständig Motorprobleme, vor allem mit dem Kompressor. Da Kawasaki diese Probleme nicht in den Griff bekam, wurde die Produktion des Ki-3 im März eingestellt, nachdem ohne die Prototypen 240 Maschinen dieses Typs ausgeliefert worden waren, von denen Tachikawa 40 Stück hergestellt hatte. Die Maschinen blieben daher nur kurz im Dienst, die letzten bis Anfang der 40er Jahre.

FAIREY-FLUGZEUGE

Angespornt durch den Erfolg des Curtiss-R-3-Doppelschwimmer-Rennflugboots mit einem Triebwerk aus einem Curtiss-D-12-V-Motor mit 450 PS (335,5 kW) beim Schneider-Trophy-Rennen von 1923 erwarb Fairey 1924 die Lizenz zum Bau des D-12-Motors in Großbritannien als Fairey Felix und ebenso die Lizenzen für den Bau des Curtiss-Reed-Metallpropellers, des Curtiss-Tragflächenoberflächenkühlers und der Curtiss-Hochgeschwindigkeitstragflügel. Die steigende Verfügbarkeit dieses wichtigen Motors, der eine flache Vorderseite mit einem hohen Masse-Leistungs-Verhältnis verband, brachte Fairey dazu, ein intensives Entwicklungsprogramm für Kampfflugzeuge mit dem neuen Motor zu beginnen, obgleich der D-12 tatsächlich niemals als Felix in britische Produktion ging und Fairey daher auf einem Konvolut aus 20 importierten Motoren aufbaute.

Das erste Ergebnis dieses Prozesses war der Fox-Tagbomber, der dem britischen Luftfahrt-Establishment einiges zu denken aufgab, als er eine Flugleistung an den Tag legte, die erheblich besser war als die der aktuellen Jäger-Generation der RAF, und als er bei gleicher Bombenladung auch um 80 km/h schneller war als der Fairey-Fawn-Tagbomber. Die Entwurfsarbeiten für dieses Flugzeug begannen im April 1924. Das Design-Team machte es sich zur Aufgabe, ein möglichst kleines Flugwerk, besonders im Bugbereich, zu konstruieren, und besonderes Gewicht lag auf klaren Linien, einem geringen Gewicht, der Vermeidung aller Auswüchse, die Luftwiderstand erzeugen

■ UNTEN: Mit seinen klaren Formen und seiner Jäger-artigen Wendigkeit war der zweisitzige Hawker-Hart-Tagbomber ein Vergnügen zu fliegen und ein erster Höhepunkt der britischen Bomber.

konnten, und einer generellen Vereinfachung der Systeme. Das Ergebnis war ein außergewöhnliches Flugzeug, das seinen Jungfernflug im Januar 1925 als schmucker einjochiger Doppeldecker absolvierte. Flugtests zeigten sofort, dass diese Oberflächenkühler nicht ausreichten, und Fairey fügte daher einen einziehbaren, verbundenen Wabenkühler knapp vor dem Fahrwerk ein. Erneute Tests zeigten, dass die Kühlung nun ausreichte und dass Leistung und Flugeigenschaften ausgezeichnet waren. Dennoch gab es erheblichen Widerstand von offizieller Seite gegen eine Maschine mit einem amerikanischen Motor und einem Tank im Rumpfinnern, der damals als erhebliches Sicherheitsrisiko für Piloten galt. Im Juli wiederum beschloss Air Chief Marshal Sir Hugh Trenchard, genügend Flugzeuge zu bestellen, um damit eine ganze Staffel auszurüsten – die Staffel Nr. 12 in Andover in Hampshire, die damals mit Fawn-Bombern flog. Die 18 Maschinen dieser Bestellung, zu denen in späteren Verträgen weitere neun hinzukamen, wurden nach einem ganz leicht modifizierten Standard fertig gestellt, indem die Spannweite von 10,21 m um 1,27 m verlängert wurde. Offiziell stieß der Fox weiterhin auf Ablehnung, man wollte die Tagbomberstaffeln der RAF mit Flugzeugen ausstatten, die britische Motoren hatten. Daher kam es zu keiner weiteren Bestellung.

Der erste Fox Mk I flog im Dezember 1925 und die Staffel Nr. 12 wurde bald von allen anderen Tagbombereinheiten beneidet und brachte Jägerstaffeln zur Verzweiflung, die diese neuen schnellen Bomber nicht realistisch abfangen konnten. Die Staffel Nr. 12 flog den Fairey Fox

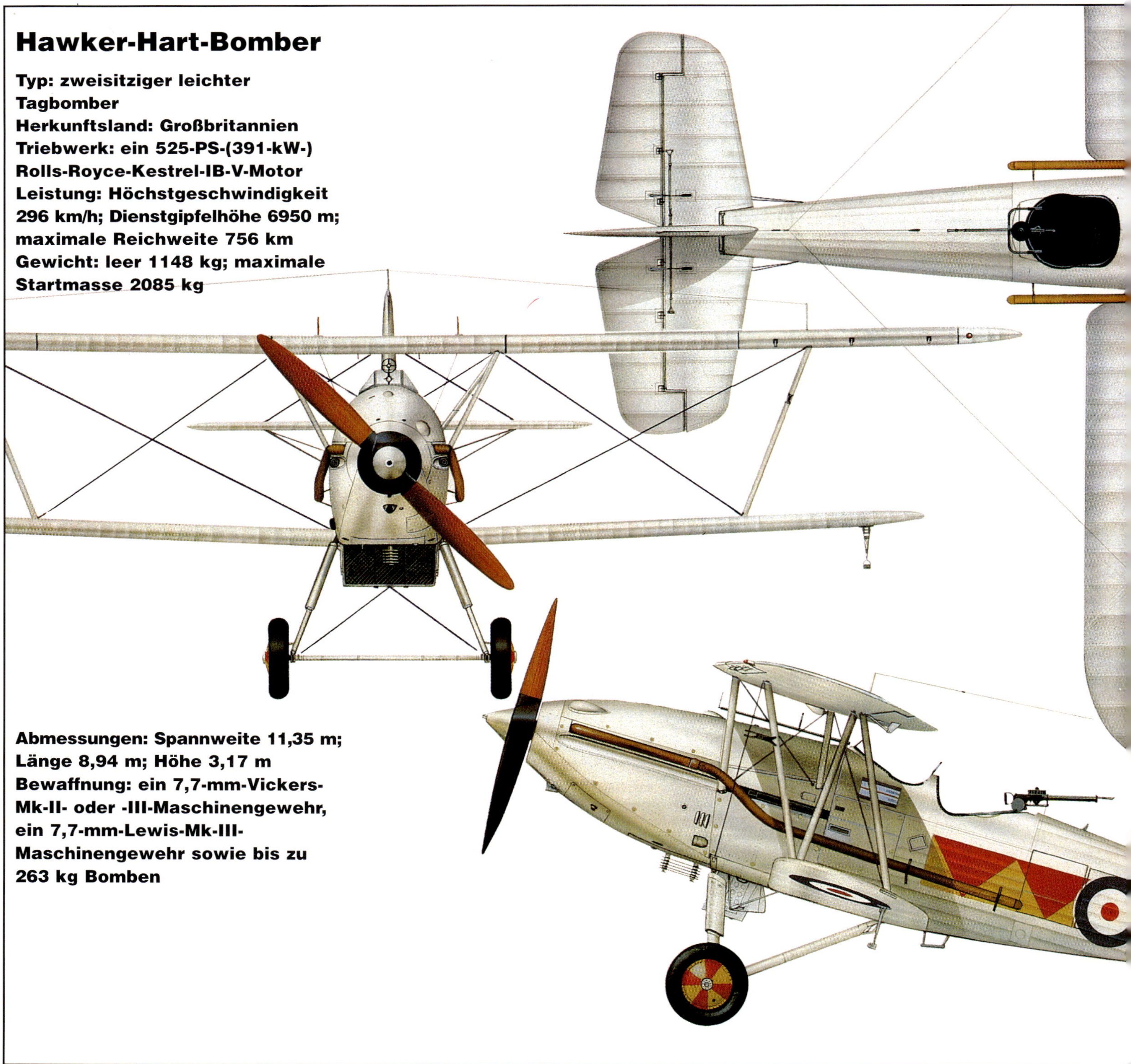

Hawker-Hart-Bomber

Typ: zweisitziger leichter Tagbomber
Herkunftsland: Großbritannien
Triebwerk: ein 525-PS-(391-kW-) Rolls-Royce-Kestrel-IB-V-Motor
Leistung: Höchstgeschwindigkeit 296 km/h; Dienstgipfelhöhe 6950 m; maximale Reichweite 756 km
Gewicht: leer 1148 kg; maximale Startmasse 2085 kg
Abmessungen: Spannweite 11,35 m; Länge 8,94 m; Höhe 3,17 m
Bewaffnung: ein 7,7-mm-Vickers-Mk-II- oder -III-Maschinengewehr, ein 7,7-mm-Lewis-Mk-III-Maschinengewehr sowie bis zu 263 kg Bomben

bis 1931, als sie stattdessen Hawker-Hart-Bomber erhielt.

Einschließlich der letzten vier neu gebauten Flugzeuge und Umbauten der meisten vorhandenen Maschinen war der Fox Mk IA eine spätere Entwicklung des Fox Mk I. Er besaß ein überarbeitetes Triebwerk aus einem Rolls-Royce-Mk-XIIA-(später Kestrel-IIA-)V-Motor, der eine maximale Startmasse von 2105 kg und eine Höchstgeschwindigkeit von 257 km/h in Meereshöhe schaffte. Der erste Fox Mk IA flog im Dezember 1928 und ging im Januar 1929 in Dienst.

BOULTON-AND-PAUL-BOMBER

Der erste mittlere Tagbomber der britischen Royal Air Force (RAF) und auch der erste zweimotorige Bomber, der nach der „Pensionierung" des de Havilland D.H.10 Amiens, der seit dem Ende des Ersten Weltkriegs im Einsatz war, in Dienst gestellt wurde, war der Boulton and Paul P.29 Sidestrand. Er ging aus der Erfahrung des Herstellers mit dem P.7 Bourges und dem P.25 Bugle hervor, die jeweils 1918 und 1924 vorgestellt worden waren, schaffte es aber nicht, zu Produktionsaufträgen zu kommen.

Der P.29 war zunächst für ein Triebwerk aus zwei Napier-Lion-W-Kolbenmotoren ausgelegt, die durch ein Paar Bristol-Jupiter-VI-Sternmotoren mit je 425 PS (317 kW) ersetzt wurden, ehe der erste von zwei Sidestrand-Mk-I-Prototypen etwa im März 1926 seinen Jungfernflug absolvierte. Für eine zweimotorige Maschine entpuppte sich der Sidestrand Mk I als bemerkenswert beweglich, er konnte ohne Schwierigkeiten rollen, kreisen und loopen. Seinen Kern bildete eine stoffbezogene Metallkonstruktion. Zunächst bestellte das Luftfahrtministerium sechs Sidestrand-Mk-II-Bomber mit einem Triebwerk aus zwei getriebelosen Jupiter-VI-Motoren und einer flachen Bombenschützenkanzel in der Nase. Diese sechs Maschinen, zu denen später drei weitere kamen, gingen im April 1928 bei der Staffel Nr. 101 in Bircham Newton in Norfolk in Dienst und bald zeigte sich, dass sie wegen ihrer Zuverlässigkeit und genauen Treffsicherheit ausgezeichnete Maschinen waren.

Es blieb bei diesen neun Maschinen und die Staffel Nr. 101 war auch die einzige Einheit mit dem Sidestrand. Später erhielt sie auch fünf Sidestrand Mk III, ganz ähnlich ausgestattete Maschinen, die im Unterschied zu ihrem Vorgänger ein neues Triebwerk aus zwei Jupiter-VIIIF-Sternmotoren (mit Getriebe) mit je 460 PS (343 kW), einige kleinere Verbesserungen und eine Bombenschützenkanzel zum Sitzen besaß. Eine davon wurde später zu einem Sidestrand-Mk-IV-Experimentierstandard umgebaut, mit einem Antrieb aus zwei Jupiter XF mit Kompressor in kurzen Townend-Ringgehäusen. Der Sidestrand wurde 1934 außer Dienst genommen, als ihn der Boulton Paul Overstrand ersetzte.

Seit Beginn der 30er Jahre war jedoch bereits klar, dass der Sidestrand überholt war, und Boulton and Paul modernisierten den Typ daher zum P.75 mit einem stärkeren Triebwerk in einem verstärkten Flugwerk, um die Leistung und Bombenladekapazität zu erhöhen. Zusätzliche Verbesserungen sollten die taktischen Einsatzqualitäten des Typs steigern. Dazu gehörte ein geschlossenes Cockpit für den Piloten, der unter einer gerahmten Kuppel mit einem zum Einsteigen rückwärts gleitenden Teil saß, eine motorgetriebene Bugkanzel (die erste, die auf einem RAF-Kampfflugzeug installiert wurde; sie sorgte für eine fünffache Treffergenauigkeit bei Luft-zu-Luft-Gefechten), eine Windschutzscheibe für den Bordschützen im Heck, ein aerodynamisch verbesserter Schutz für den Schützen in der Kanzel unter dem Rumpf, eine elektrische Heizung für die Besatzung, Townend-Ringverkleidungen und Abgaskollektoren für die Motoren und ein Autopilot zur Erleichterung der Arbeit des Piloten. Dieser Sidestrand Mk V genannte Prototyp war eine Abänderung des achten Sidestrand; er absolvierte seinen Jungfernflug im August 1933. Er zeigte Fähigkeiten, die jenen des ersten Sidestrand haushoch überlegen waren. Im März 1934 wurde der Sidestrand Mk V offiziell zum Overstrand umbenannt und sollte in der Fabrik in Norwich in Produktion gehen, die die umbenannte Boulton Paul Aircraft Ltd schließen wollte, da ihre neue Produktionsstätte in Wolverhampton fast fertig gestellt war.

Die RAF bestellte 24 Maschinen, um den Sidestrand bei der Staffel Nr. 101 in Bircham Newton in Norfolk zu ersetzen, und vor diesen Maschinen gingen der Prototyp und drei andere Sidestrand-Mk-III-Umbauten in Dienst, die im Januar und Februar 1935 mit einem Triebwerk aus zwei Bristol-Pegasus-IM3-Sternmotoren mit je 555 PS (414 kW) als Übergangslösung und vierblättrigen Propellern mit starrer Blattsteigung ausgeliefert wurden. Das fünfte Flugzeug war der erste Overstrand Mk I aus der Produktionsreihe und führte das Triebwerk aus zwei Pegasus-IIM3-Sternmotoren mit je 580 PS (433 kW) ein.

Das letzte Flugzeug wurde Ende 1936 ausgeliefert und die einzige Einheit, die damit voll ausgerüstet war, war die Staffel Nr. 101, wenngleich vier dieser Maschinen bei der umgebildeten Staffel Nr. 144 flogen. Die Staffel 101 ersetzte ihre Overstrand-Mk-I-Doppeldecker-Bomber im Laufe des Jahres 1937 durch die erheblich moderneren Bristol-Blenheim-Mk-I-Eindecker und übertrug ihnen zweitrangige Aufgaben wie das Training von Luft-zu-Luft-Gefechten. Die letzte dieser Maschinen flog bis 1941.

Boulton Paul schlug noch eine Superstrand-Entwicklung mit einem bereinigten Flugwerk und einziehbaren Fahrwerk vor, doch daraus wurde nichts, da Doppeldecker zu Recht als überholt galten.

HANDLEY-PAGE-FLUGZEUGE

Als das Luftfahrtministerium im Oktober 1920 die Anforderung für einen Langstreckenbomber, einen Torpedobomber zur Küstenverteidigung und einen Truppentransporter veröffentlichte, antwortete Handley Page mit drei Typen auf der Basis seines W.8-Ziviltransportflugzeugs. Dieses war 1919 als die Pionierleistung W/400 entstanden, eine aerodynamisch verbesserte Entwicklung des O/400-Bombers mit verändertem Rumpf, dessen Mangel an inneren Verstrebungen den Einbau einer großen Passagierkabine zuließ. Der Typ erhielt später eine Tragflächeneinheit von gleicher Spannweite und ging als W.8-Serie mit verschiedenen Triebwerken in Produktion und Dienst.

Die W.8-Ableitungen, die Handley Page auf die Anfrage von 1920 anbot, basierten auf Triebwerken aus zwei Napier-Lion-W-Kolbenmotoren mit Zugpropellern. Doch erst 1922 fanden sie offizielles Interesse. Damals war der W.8b-Transporter mit Lion-Triebwerk erfolgreich in Dienst gegangen und das Luftfahrtministerium gab seine Spezifikation 31/212 für einen zweimotorigen Nachtbomber als Ersatz für den Airco (de Havilland) D.H.10 Amiens und den Vickers F.B.27 Vimy bekannt. Das Vickers-57-Design war bereits für die Virginia in dieser Rolle umgewandelt worden und in Dienst gegangen, doch das Luftfahrtministerium wollte noch einen etwas leichteren Typ in kleinerer Auflage, der den einmotorigen Avro Typ 549 ergänzen sollte, der bei der Staffel Nr. 99 in Aldershot diente. In Beantwortung dieser revidierten Anfrage entwarf Handley Page den W.8d in Ableitung des W.8b für eine vierköpfige Besatzung mit Halterungen für Offensivwaffen wie zwei 500-Pfund-Bomben und eine Defensivbewaffnung aus drei drehbaren 7,7-mm-Lewis-Maschinengewehren in einer offenen Bug-, einer Rücken- und einer Bauchkanzel. Der W.8d erbte vom W.8b die Grundstruktur und war daher ein konventioneller Doppeldecker mit einer stoffbespannten Holzkonstruktion.

Im Januar 1923 bestellte das Luftfahrtministerium einen Prototyp des W.8d, der 1924 die Firmenbezeichnung H.P.24 erhielt; er absolvierte noch im Oktober desselben Jahres seinen Jungfernflug. Tests zeigten, dass der W.8d bei gleicher Last eine erheblich bessere Leistung erbrachte als der Virginia Mk III, und daraufhin wurde eine Anfangsmenge von 15 Maschinen mit Lion-IIB-Motoren bestellt, die bei der Staffel Nr. 99 in Bircham Newton in Norfolk unter der Dienstbezeichnung Hyderabad Mk I eingesetzt wurden. Die Produktion des neuen Bombers erfolgte nur langsam und man schrieb das Jahr 1927, ehe zwei weitere Aufträge über acht bzw. elf Maschinen mit Lion-V-Motoren für die Staffeln Nr. 99 und 10 eintrafen, welche in Upper Heyford in Oxfordshire stationiert waren.

Eine letzte Gruppe von elf Hyderabad-Bombern wurde 1928 bestellt, doch die letzten sechs von ihnen sollten bereits nach dem neuen Hinaidi-Standard mit einem Triebwerk aus zwei Bristol-Jupiter-Sternmotoren fertig gestellt werden. Es gab jedoch Nachschubschwierigkeiten bei diesem Motor und die Maschinen wurden als Hyderabad-Mk-I-Bomber vollendet, ehe sie 1928/29 in den Hinaidi-Standard umgewandelt wurden. 1930 wurde der Hyderabad aus der ersten Einsatzreihe genommen, doch die übrigen Flugzeuge dienten bis 1933 noch bei den Staffeln Nr. 502 und 503 der Reserve, die in Aldergrove in Nordirland und in Waddington in Lincolnshire stationiert waren. 1934 wurde der Hyderabad schließlich für überholt erklärt. Ihm gebührt der Ruhm, das einzige Flugzeug der Royal Air Force gewesen zu sein, das während seiner ganzen Laufbahn keinen einzigen tödlichen Verlust hinnehmen musste.

■ UNTEN: Viele Bomben, die die Briten bis in die 30er Jahre einsetzten, waren Reste aus dem Ersten Weltkrieg, zumindest von der Konstruktion her, doch schlankere Modelle waren in Sicht.

■ **OBEN: Der Hawker Hart wurde in großer Zahl von der Royal Air Force für ihre Tagbombereinheiten gekauft, aber auch in größerer Menge exportiert. Sein Nachfolger war der Hind.**

DER HAWKER-HART-BOMBER

Der Hart-(„Hirsch"-)Bomber war ein Klassiker, der Ende der 20er Jahre aufkam und eine größere Auflage des Grundmodells und seiner Varianten erlebte als jedes andere britische Flugzeug seiner Zeit. Er ging auf die Spezifikation 12/26 zurück, in der das Luftfahrtministerium einen schnellen Tagbomber anforderte, der in fünf oder sechs Jahren in Dienst gehen und den Airco (de Havilland) D.H.9A und den Fairey Fawn ablösen sollte. Seine Höchstgeschwindigkeit sollte mehr als 257 km/h betragen.

Grundlage für den Hawker Hart waren zwei experimentelle Jäger-Entwürfe aus der Mitte der 20er Jahre, der F.20/27-Jäger mit einem Bristol-Mercury-Sternmotor und der Hornet-Abfangjäger mit einem Rolls-Royce-F.XIS-V-Motor. Heraus kam ein Vollblut-Kampfflugzeug mit stoffbespannter Metallkonstruktion.

Der Prototyp brachte einige Veränderungen gegenüber dem Originalentwurf, vor allem die Umstellung des Fahrwerks auf den Typ mit durchgehender Achse und Öldruck-Stoßdämpfern in den vorderen der beiden drahtverspannten V-Stützen, die die Achse hielten; dazu kamen leichtere und stärkere N-förmige Streben zwischen den Tragflächen anstelle der geplanten I-förmigen, die Benzinversorgung mit Pumpe statt der Schwerkraft und der Austausch des ursprünglich vorgesehenen Triebwerks durch den Rolls-Royce-F.XIB-V-Motor. Er war eine Weiterentwicklung des Falcon (Falke) mit einem durchgängig gegossenen Aluminium-Zylinderblock anstelle der einzeln gegossenen Zylinder des Falcon, was nicht nur 27 kg Gewicht sparte, sondern auch mehr Stärke brachte, wodurch der neue Motor bald zu größerer Leistung entwickelt werden konnte. Der F.XI-Motor wurde im Frühling 1927 mit 490 PS (365 kW) bei 2350 U/min typengetestet und erhielt 1930 den Namen Kestrel (Turmfalke).

Der Prototyp absolvierte im Juni 1928 seinen Jungfernflug und als Ergebnis seiner klaren Form und seines starken Motors legte er sogleich eine ausgezeichnete Verbindung von großartigen Leistungen (besonders der Reisegeschwindigkeit und der Aufstiegsrate), Beweglichkeit und tadellosen Flugeigenschaften an den Tag. Der Hart wurde gegen den Avro Antelope und den Fairey Fox II getestet und erheblich besser als der erste und ein wenig besser als der zweite beurteilt. Die erste Produktionseinheit von 15 Hart-Bombern erhielt die Staffel Nr. 33 ab Januar 1930 für volle Belastungstests und dann ging der Hart-Bomber für die RAF in die (für damalige Verhältnisse) Massenproduktion mit insgesamt 450 Maschinen einschließlich der Hart-(India-) und Hart-(Special-)Varianten.

Die ersten 15 Maschinen gemäß der Spezifikation 9/29 wurden mit einem Triebwerk in Form eines Kestrel-IB- oder Kestrel-IS-Motors fertig gestellt und die späteren Bestellungen für die Tagbomberversion, die bis 1935 eine Gesamtzahl von 311 Maschinen erreichte, waren folgende: 32 Maschinen baute Hawker gemäß dem Hart-Bomber-(Improved-)Standard mit dem Kestrel-IB-Motor und einer verbesserten Bombenschützenkanzel am Boden für den Bordschützen auf dem Rücksitz; 50 Maschinen baute Hawker gemäß dem Hart-Bomber-(Updated-)Standard mit dem Kestrel-V-, Kestrel-VDR- oder Kestrel-X-Motor; 65 Maschinen baute Vickers mit dem Kestrel-IB- oder Kestrel-V-Motor bis auf eine Maschine, die mit einem Bristol-Pegasus-Sternmotor und einer Vorrichtung für Gleitkufen nach Kanada geliefert wurde; je zwei weitere Vickers-Maschinen gelangten nach Südrhodesien und Südafrika; 24 Maschinen baute Armstrong Whitworth mit dem Kestrel-IB-Motor; und 125 Exemplare des Hart einmotorigen Tagbombers baute Armstrong Whitworth zwischen 1933 und 1935, von denen zwei bzw. drei nach Südafrika bzw. Südrhodesien gingen.

Der Hart wurde von sieben Staffeln der aktiven Air Force in Großbritannien geflogen (Nr. 12, 15, 18, 21, 33, 57 und 142) und vier von Einheiten in Übersee (Staffel Nr. 6 in Ägypten und Palästina und Staffeln Nr. 11, 39 und 60 in Indien); dazu kamen acht Reserveeinheiten in Großbritannien (Nr. 600, 601, 602, 603, 605, 609, 610 und 611). Die letzten Maschinen wurden zwischen 1936 und 1938 aus dem britischen aktiven Dienst genommen, als sie durch den Hawker Hind (Hirschkuh) ersetzt wurden; in Indien wurden sie 1939 durch den Bristol Blenheim ersetzt. Ab 1936 wurden einige Harts, die die Briten nicht benötigten, an Südafrika weitergereicht und die südafrikanische Luftwaffe setzte einige dieser Flugzeuge bis 1943 als Nutz- und Verbindungsflugzeuge an den Schauplätzen des Zweiten Weltkriegs in Nordafrika und später in Italien ein. Etwa 507 Hart-Trainer-Flugzeuge wurden gebaut sowie eine gewisse Anzahl von Maschinen für den Export mit verschiedenen Motoren.

BRITISCHE AUFRÜSTUNG

Nach den ersten Ankündigungen der deutschen Wiederbewaffnung nach der Machtergreifung der Nazis Anfang 1933 begann Großbritannien 1934 mit einem groß angelegten Programm der Militärexpansion und Wiederbewaffnung. Dem Luftfahrtministerium war bewusst, dass es dringend einen Typ benötigte, um neue Tagbombermannschaften auszubilden, und gab seine Anforderung G.7/34 für einen leichten Bomber heraus, der den Hawker-Hart-Bomber übertreffen sollte. Das Ministerium argumentierte, dies werde nur ein Zwischentyp sein, auf dem neue Mannschaften so weit trainiert werden sollten, bis sie leicht auf modernere Eindecker wie den Bristol Blenheim und den Fairey Battle umsteigen könnten, die dann in größerer Zahl verfügbar sein würden. Hawkers Antwort auf diese

OBEN: Die Boeing YB-9, ein Vorbote künftiger Bomber, war ein Pionier des frei tragenden Tiefdeckers in Ganzmetallkonstruktion, stabil und mit niedrigem Luftwiderstand.

Anforderung war der Hind (Hirschkuh), kaum mehr als eine überarbeitete Version des Hart-Bombers mit einem voll verdichteten Rolls-Royce-Kestrel-V-V-Motor, der einen zweiblättrigen Holzpropeller mit starrer Blattsteigung antrieb. Er hatte einen größeren Tank, ein auf Basis des zweisitzigen Hart-Jägers (später Demon) überarbeitetes Cockpit für den Bomben-/Bordschützen mit einer verbesserten Bombenschützenkanzel am Boden und einer Ringlafette für das Lewis-Maschinengewehr mit einem verbesserten Schussfeld und verringerter Störung durch den Luftschraubenstrahl, ein Spornrad anstelle eines Hecksporns und einige andere kleine Verbesserungen einschließlich kleiner Widderhorn-förmiger Abgasrohrkrümmer.

Der Prototyp des Hind flog erstmals am 12. September 1934 nach einer sehr kurzen Konstruktionszeit, denn Hawker hatte diese Verbesserungen schon vor der Anforderung G.7/34 vorgesehen, und der erste Hind-Mk-I-Produktionstyp ging nur gut ein Jahr später erstmals in die Luft. 527 Flugzeuge wurden ausgeliefert und dienten bei 30 Einsatz- und 13 Reservestaffeln, die alle in Großbritannien stationiert waren. Das letzte Flugzeug wurde im September 1938 ausgeliefert. 1939 wurde der Hind wieder aus den ersten Dienstreihen entfernt. Die RAF setzte die Maschinen noch zum Training, als Verkehrsflugzeuge und später bis zur Mitte des Zweiten Weltkriegs zum Starten von Segelflugzeugen ein und gab einige überzählige Maschinen an andere Luftwaffen ab. Etliche Hawker Hind wurden auch mit verschiedensten Motoren exportiert.

BOEING-BOMBER

Mit dem Modell-200-Monomail-Postflugzeug, das erstmals im Mai 1930 mit einem Triebwerk aus einem Pratt&Whitney-Hornet-B-Sternmotor mit 575 PS (429 kW) flog, leitete Boeing eine Entwicklung ein, die zu den modernen Flugzeugen der Mitte der 30er Jahre führte. Das Monomail-Flugzeug besaß eine geradezu prophetische Verbindung von Elementen wie einem ringverkleideten Sternmotor, Hauptfahrgestelleinheiten, die halb eingezogen wurden und nur den unteren Teil der Räder frei ließen. Der Tiefdecker mit frei tragenden Tragflächen war eine Ganzmetallkonstruktion mit glatter Metallverkleidung und einem Rumpf in Halbschalenbauweise. Die Bedeutung dieser Kombination aus aerodynamischen und strukturellen Faktoren spiegelte sich darin, dass das Modell-40B-Postflugzeug, ein Doppeldecker mit fast dem gleichen Motor und gleicher Nutzlast, eine Höchstgeschwindigkeit von 220,5 km/h besaß, das Modell 200 hingegen eine Höchstgeschwindigkeit von 254 km/h.

Boeings Überlegungen gingen ganz richtig dahin, dass das, was für ein relativ leichtes Postflugzeug galt, auch auf Bomber übertragbar sein müsse, die nur eine andere Art von Transportflugzeug waren, die bis dahin zumindest in Amerika vom Doppeldecker beherrscht wurde. Boeing beschloss daher, auf eigene Kosten einige grundsätzlich ähnliche Prototypen zu entwickeln, die sich vor allem durch ihre Triebwerke unterschieden. Dies waren das Modell 214 und Modell 215 mit einem Triebwerk aus zwei Curtiss-GIV-1570-Conqueror-V-Motoren mit je 600 PS (447 kW) und zwei Pratt&Whitney-R-1860-13-Hornet-Sternmotoren mit 575 PS (429 kW), die jeweils zweiblättrige Metallpropeller antrieben.

In aerodynamischer Hinsicht war der Entwurf der beiden Bomber-Prototypen im Wesentlichen eine vergrößerte Version des Modells 200, dessen Einzelmotor im Bug durch zwei Motoren an den Tragflächen ersetzt wurde. Auch die Modelle 214 und 215 waren Ganzmetall-Tiefdecker mit frei tragenden Tragflächen.

Das Modell 215 hatte bereits erste Tests erfolgreich absolviert, die das US Army Air Corps so überzeugten, dass es beide Flugzeuge kaufen wollte, als das Modell 214 erschien. Es wurde gemäß den Anforderungen des Militärs vollendet und flog erstmals im November 1931 mit einem Triebwerk aus zwei Curtiss-GIV-1510C-V-Motoren mit je 600 PS (447 kW). Sie wurden später durch Curtiss-GIV-1570-29-Motoren der gleichen Leistung ersetzt und nach der Auslieferung an das USAAC mit der Bezeichnung Y1B-9 wurden sie später auf genau den gleichen Standard wie der YB-9 gebracht.

Das Modell 215 flog zwar vor dem Modell 214, war aber dennoch nicht der erste Eindecker-Bomber, den das USAAC testete; diese Ehre gebührte der Douglas-B-7-Serie und dem General-Aviation-(Fokker-)XB-8. Beide waren Eindecker mit einziehbarem Fahrwerk und doch in aerodynamischer und struktureller Hinsicht weniger fortschrittlich als die Modelle 214 und 215. Das Modell 215 absolvierte seinen ersten Flug im April 1931 mit einem Triebwerk aus zwei Pratt &Whitney-R-1860-Hornet-Sternmotoren mit je 575 PS (429 kW) und in anderer Hinsicht waren seine Daten denen des Modells 214 sehr ähnlich. Das USAAC war beeindruckt von seiner Leistung und machte sich an eine Beurteilung des Typs unter der vorläufigen Prototyp-Bezeichnung XB-901. Seine eigenen Resultate mit dem Modell 215 beeindruckten das USAAC so sehr, dass es die Maschine kaufte und unter der Bezeichnung YB-9 auf Herz und Nieren durchtestete. Die originalen R-1860-13-Motoren wurden später durch R-1860-11-Motoren mit Verdichtern ersetzt, was die Höchstgeschwindigkeit auf 302,5 km/h erhöhte. Boeing glaubte, dass ein größerer Auftrag folgen werde, doch die Schwierigkeiten des Ersten auf Neuland wurden offenbar, als Martin rasch nachzog und mit seinem Modell 123 einen etwas weiter entwickelten Typ präsentierte, der als XB-907-Prototyp evaluiert wurde und dann als B-10- und B-12-Serien in Produktion ging.

Als das USAAC die Modelle 214 und 215 kaufte, bestellte es auch fünf Maschinen des Y1B-9A, der Testvariante des Modells 215, der beim Hersteller unter Modell 246 lief. Äußerlich glich er dem Modell 215 mit Ausnahme des Seitenruders, das die ablaufenden Hilfs-Trimmruder des Modells 214 hatte und nicht die eingesetzten des Modell 215; auch hatte das Modell 246 metallverkleidete Steuerflächen und drei- statt zweiblättrige Propeller. Einige Änderungen der Struktur und Ausstattung kamen dazu, und später wurde ein stoffbespanntes Seitenruder (mit eingesetzten Hilfs-Trimmrudern und einer stärker geschwungenen Rückseite) wie für den Modell-247-Transporter eingebaut. Boeing entwarf Glaskuppeln für seine Cockpits, doch sie wurden nie eingesetzt, und das Modell 246 flog stets mit den gleichen offenen Mannschaftsplätzen wie die Modell-214- und Modell-215-Bomber. Das erste Modell 246 flog erstmals im Juli 1932 mit einem Triebwerk aus zwei Pratt&Whitney-Y1G1SR-1860B-Hornet-Sternmotoren mit je 600 PS (447 kW), einer Defensivbewaffnung aus zwei drehbaren 7,62-mm-Browning-Maschinengewehren (je eines in der Bug- und der Rückenkanzel), einer Bombenlast von 1089 kg in Form von vier 600-Pfund-Bomben, einer Spannweite von 23,42 m mit einer Flügelstreckung von 6,19 und einer Tragfläche von 88,63 m², einer Länge von 15,77 m, einer Höhe von 3,66 m, einem Leergewicht von 4056 kg, einer maximalen Startmasse von 6496 kg, einer Höchstgeschwindigkeit von 302,5 km/h in 1830 m, einer Reisegeschwindigkeit von 265,5 km/h in Optilmalhöhe, einer Reichweite von 869 km, einer maximalen Steigrate von 274 m pro Minute in Seehöhe und einer Dienstgipfelhöhe von 6325 m.

Das letzte dieser Flugzeuge wurde im März 1933 ausgeliefert und die Maschinen lieferten wichtige Vorarbeit bei der Entwicklung moderner Bomberkonzepte und -strategien des USAAC.

DER MB.200

Der MB.200 war eine Ganzmetallkonstruktion, eines jener typischen kantenreichen französischen Kampfflugzeuge der späten 20er und frühen 30er Jahre. Der MB.200.01-Prototyp machte seinen Jungfernflug im Juni 1933 mit einem Triebwerk aus zwei Gnome-Rhône-14Krsd-Mistral-Major-Sternmotoren mit je 760 PS (567 kW), die dreiblättrige Propeller antrieben. Bei offiziellen Tests im selben Jahr zeigte er angemessene bis gute Leistungen, nur die Höchstgeschwindigkeit lag 18 Prozent unter den ersten Schätzungen und im Dezember 1933 bestellte das französische Luftfahrtministerium 30 Exemplare des MB.200B.4-Produktionsmodells mit dem verstärkten Triebwerk aus zwei Gnome-Rhône-14Kirs/Kjrs-Sternmotoren mit einer Leistung von je 870 PS (649 kW) in 3200 m und 900 PS (671 kW) in 4200 m Höhe. Vier Stück wurden von Bloch gebaut, die anderen 26 von Henry Potez; die erste Maschine ging 1934 in die Luft und 20 Flugzeuge waren bis Jahresende ausgeliefert. Im September 1934 bzw. im Mai 1935 gingen bei Potez bzw. Hanriot Nachbestellungen über je 45 Flugzeuge ein. Der MB.200 ging gegen Ende 1934 in Dienst und bis Mai 1935 waren 38 Maschinen bei den *Groupes de Bombardement* (Bombergruppen) I/12 und II/12 in Reims und bei der Bombergruppe II/22 in Chartres im Dienst. Bis zum Ende des folgenden Monats hatte das französische Luftfahrtministerium die Gesamtzahl der MB.200-Bomber, die in Dienst oder bestellt waren, durch weitere Bestellungen von 40 Maschinen bei Potez, 19 bei Breguet, 19 bei Loire und 10 bei Sud-Ouest auf 208 erhöht. Im Laufe des Jahres 1935 wurden 136 Maschinen ausgeliefert und die letzten 52 wurden zwischen Januar und Juli 1936 an die französische Luftwaffe übergeben.

Der MB.200 war selbst nach den Maßstäben der frühen 30er Jahre langsam und schon überholt, als er in Dienst ging. Dennoch waren noch 169 Maschinen beim Ausbruch des Zweiten Weltkriegs (1939–45) im September 1939 in Dienst: 77 dienten sekundären Aufgaben, doch 69 waren bei sieben Einsatzgruppen noch in vorderster Front im Einsatz (bei der GR I/31 und II/31 in Tours, GR I/32 und II/32 in Châteauroux, GR I/25 in Tunis-El-Aouina in Französisch-Nordafrika, der GR II/61 in Blida in Französisch-Nordafrika, und bei der GR I/39 in Rayak in Französisch-Syrien). Die vier Gruppen im französischen Mutterland unternahmen eine Reihe von Tageinsätzen in den ersten Kriegswochen mit dem MB.200, doch ihre Verluste überzeugten sie rasch, dass die Bomber nicht für die moderne Kriegsführung geeignet waren, und die Maschinen wurden rasch aus den vordersten Reihen zurückgezogen.

1935 sah sich die tschechoslowakische Luftwaffe einer wachsenden Bedrohung durch deutsche Angriffe gegenüber und begann eilig, ihre Luftverteidigung auszubauen. Im Rahmen dieses Programms erwarb sie die Lizenz, den MB.200 in der Tschechoslowakei nachzubauen. Der Auftrag ging an Aero, die von der Bestellung über 124 Bomber 70 an Avia als Subauftragnehmer weitergaben. Die Maschinen waren ihren in Frankreich gebauten Pendants sehr ähnlich bis auf das Triebwerk aus zwei Walter-(Gnome-Rhône-)14-K-

UNTEN: Mit seiner Fülle an Auswüchsen wie Gefechtskanzeln, Gondeln und starrem Fahrwerk führte der Bloch MB.200 das Konzept der Aerodynamik buchstäblich ad absurdum.

Sternmotoren mit je 850 PS (634 kW) und einer Höchstgeschwindigkeit von 245 km/h. Die Maschinen wurden von 1936 bis 1938 erzeugt und an die 81., 82., 83. und 84. Bomberstaffel des 5. Bomberregiments sowie die 85. und 86. Schwere-Bomber-Staffel des 6. Bomberregiments ausgeliefert. Als Deutschland die Tschechoslowakei im März 1939 besetzt und annektiert hatte, beschlagnahmte die Luftwaffe die restlichen Maschinen für ihre eigenen vielfältig bestückten Trainingseinrichtungen, doch später erhielt die rumänische Luftwaffe 25 Maschinen und kleinere Kontingente wurden an die Bulgaren und Kroaten geliefert.

BLOCHS NEUER ENTWURF

Schon während der Arbeit am MB.200-Bomber war dem Bloch-Team klar, dass der Typ einige nicht mehr zeitgemäße wenn nicht bereits veraltete Elemente enthielt, vor allem die Hochdecker-Tragfläche, das starre Fahrwerk und die Schützenkanzeln, die hohen Luftwiderstand erzeugten. Es lag daher nahe, sich als nächstes einer wesentlich modernisierten Version des MB.200 mit verbesserten Details zuzuwenden. Dazu gehörte die Tiefdeckertragfläche, das Fahrwerk mit Spornrad und nach vorn in die Unterseite der Triebwerksgondeln einziehbaren Rädern. Vielleicht wollte das Designerteam die französische Luftwaffe auf die finanziellen Vorteile des Ankaufs eines Typs hinweisen, der eng mit einem verwandt war, den sie bereits bestellt hatte, jedenfalls beschloss es, keine großen aerodynamischen Veränderungen am Grundkonzept in Richtungen vorzunehmen, wie sie Modelle wie das Boeing-Modell 247 und die Passagierflugzeuge der Douglas-DC-Serie vorgaben, die die Zeit der modernen Flugzeuge eingeläutet hatten.

Das Resultat war der MB.210, der daher als Übergangsmodell gelten kann, das die Lücke zwischen den besonders hässlichen französischen Hochdecker-Bombern der späten 20er Jahre und den besonders eleganten Tiefdecker-Bombern der Mitte der 30er Jahre schließen wollte. Bloch produzierte den MB.210 auf eigene Kosten und legte ihn für die doppelte Rolle als Flächen- und als Torpedobomber aus. Der erste von zwei Prototypen absolvierte seinen Jungfernflug im November 1934 mit starrem Fahrwerk und einem Triebwerk aus zwei Gnome-Rhône-14Kdrs/Kgrs-Mistral-Major-Sternmotoren mit je 800 PS (596,5 kW) in 3850 m Flughöhe. Gleichzeitig wurde der zweite Prototyp, der MB.211 Verdun, gebaut, doch ging er erst im August 1935 in die Luft. Er hatte einziehbare Hauptfahrgestelle und ein Triebwerk aus zwei Hispano-Suiza-12Y-V-Motoren mit je 860 PS (641 kW), die in Gehäusen installiert waren, die frontale Radiatoren für die Wasserkühlung des Motors besaßen. Tests bestätigten die Überlegenheit des Triebwerks des MB.210 und des Fahrwerks des MB.211, zeigten den Bedarf an einem größeren Höhenruder auf und legten nahe, die rückwärtige Gefechtskanzel weiter nach vorn zu verlegen. Das überarbeitete Modell wurde im Januar 1935 präsentiert. Es erhielt äußere Flügelabschnitte mit stärkerer Neigung, ehe es im Februar für offizielle Tests freigegeben wurde.

Bis zum Sommer des Jahres 1935 hatte die französische Luftwaffe die Überzeugung gewonnen, dass der MB.210 gegenüber ihren aktuellen mittleren Bombern erhebliche strategische Vorteile besaß, und im September und Oktober 1935 bestellte sie 80 MB.210BN.4-Bomber (je 30 von Bloch und Potez-CAMS, und 20 von Hanriot) in der BN.4-Kategorie (viersitziger Nachtbomber). Der erste davon wurde von Bloch selbst im Dezember 1935 geflogen und unterschied sich vom Prototyp durch sein einziehbares Fahrwerk und ein Triebwerk aus zwei Gnome-Rhône-14Kirs/Kjrs-Sternmotoren mit einer Leistung von je 870 PS (649 kW) in 3200 m Höhe und 900 PS (671 kW) in 4200 m Flughöhe.

Das zweite Flugzeug besaß eine stärkere V-Stellung der äußeren Tragflächenabschnitte zugunsten einer stabileren Seitenlage und diese wurde zum Standard für alle folgenden Flugzeuge. Im Laufe des Jahres 1936 wurden weitere Flugzeuge bei verschiedenen Herstellern bestellt (16 bei Breguet, 20 bei Hanriot, 20 bei ANF Les Mureaux, 10 bei Potez-

Bloch MB.200B.4

Typ: mittelschwerer Bomber
Herkunftsland: Frankreich
Triebwerk: zwei 870-PS-(649-kW-) Gnome-Rhône-14Kirs/Kjrs-Mistral-Major-Sternmotoren
Leistung: Höchstgeschwindigkeit 283 km/h; Dienstgipfelhöhe 8000 m; Reichweite 1000 km
Gewicht: leer 4300 kg; maximale Startmasse 7480 kg
Abmessungen: Spannweite 22,45 m; Länge 15,80 m; Höhe 3,92 m
Bewaffnung: drei 7,5-mm-MAC-1934-Maschinengewehre sowie bis zu 1200 kg Zuladung

Handley Page Heyford Mk IA

Typ: viersitziger schwerer Bomber
Herkunftsland: Großbritannien
Triebwerk: zwei 575-PS-(429-kW-) Rolls-Royce-Kestrel-IIIS5-V-Motoren
Leistung: Höchstgeschwindigkeit 228,5 km/h; Dienstgipfelhöhe 6400 m; maximale Reichweite 644 km
Gewicht: leer 4749 kg; maximale Startmasse 7666 kg
Abmessungen: Spannweite 22,86 m; Länge 17,68 m; Höhe 6,25 m mit gesenktem Heck
Bewaffnung: drei 7,7-mm-Lewis-Maschinengewehre sowie 1588 kg Zuladung

CAMS und 35 bei Renault), bis insgesamt 181 Maschinen geordert waren. Ab dem 51. Flugzeug wurden sie gemäß dem MB.210BN.5-Standard für fünf statt vier Besatzungsmitglieder ausgelegt.

Weitere Bestellungen erfolgten während und nach der kompletten Verstaatlichung der französischen Flugzeugindustrie im November 1936, und die Produktion der Sociétés Nationales de Constructions Aéronautiques du Centre, de l'Ouest und du Sud-Est ließ die Gesamtzahl des MB.210-Bombers auf 257 Stück steigen. Davon wurden 233 an die französische Luftwaffe ausgeliefert und 24 Flugzeuge erhielt die rumänische Luftwaffe; sie trafen zwischen Juni 1937 und Mitte 1938 in Rumänien ein.

In der Praxis erwies sich der MB.210 als beliebt und erfolgreich. Sein einziges Problem bestand in einem zu schwachen Triebwerk, was bedeutete, dass der Motor zum Starten mit maximaler Bombenlast auf Vollgas laufen musste und Gefahr lief zu überhitzen und sich festzufressen, was in einem Unfall endete. Daher wurde das Triebwerk gegen zwei Gnome-Rhône-14N-10/11-Sternmotoren mit je 910 PS (679 kW) Startleistung und 950 PS (708 kW) Leistung in 3700 m Höhe getauscht.

Bei Ausbruch des Zweiten Weltkriegs im September 1939 hatte die französische Luftwaffe bereits begonnen, den Typ aus dem Dienst zu nehmen; rund 35 überzählige Maschinen wurden in der Endphase des spanischen Bürgerkriegs an die Luftwaffe der spanischen Republikanischen Regierung weitergegeben, doch die *12., 19., 21., 23.* und *51. Escadres de Bombardement* (Bomberstaffeln) operierten noch mit dem MB.210; jede bestand aus zwei *groupes de bombardement* und hatte zwischen 13 und 16 Bombern. Obgleich viele dieser Maschinen erst kurz zuvor geliefert worden waren und sie zahlenmäßig zu den wichtigsten französischen Bombern gehörten, galten die MB.210 als überaltert und wurden nur noch selten in Dienst genommen. Operative Einheiten erhielten so schnell wie möglich fortschrittlichere Flugzeuge, und ihre MB.210 übernahmen Aufgaben in zweiter Reihe wie die Pilotenausbildung. Dennoch kamen MB.210-Bomber nach dem Beginn der deutschen Invasion in Frankreich im Mai 1940 bei einigen nächtlichen Angriffen auf Ziele im Rheinland, in Belgien und Frankreich zum Einsatz. Im Juni wurden die beiden letzten operativen Einheiten, die Bombergruppen GB I/21 und GB II/21, nach Nordafrika evakuiert, wo sie 1940 aufgelöst wurden. Die Flugzeuge wurden größtenteils verschrottet, doch einige wurden gelagert und zum Teil 1942 für die Navigatorenausbildung wieder eingesetzt. Den Deutschen fielen 37 MB.210-Bomber in die Hände, als sie im November 1942 Vichy-Frankreich besetzten, und es heißt, sechs dieser Maschinen wurden an die bulgarische Luftwaffe weitergereicht, doch fehlen dafür bislang die Belege.

DER HEYFORD

Der Handley Page H.P.50 Heyford war der letzte Doppeldecker, der als schwerer Bomber bei Staffeln der Royal Air Force in Dienst ging. Er ging aus der Anforderung B.19/27 des Luftfahrtministeriums hervor, die auch zum Fairey Hendon führte, der der erste frei tragende Tiefdecker in Ganzmetallkonstruktion sein sollte, der bei der RAF in Dienst ging. Anders als der Hendon, der mit Verzögerungen und nur bei einer einzigen Staffel zum Einsatz kam, war der Heyford ein letzter Aufschwung des Doppeldeckers, durchlief rasch die Entwicklung und diente bis zum Ende des Zweiten Weltkriegs bei nicht weniger als 11 Staffeln. Die Anforderung B.19/27 suchte nach einem Nachfolger für die Handley-Page-Hinaidi- und Vickers-Virginia-Doppeldecker-Bomber, und der H.P.38-Entwurf, der unter der Leitung von George Volkert entwickelt wurde, achtete sehr sorgfältig auf so wenig Luftwiderstand wie möglich und möglichst breite Einsatzmöglichkeiten. Dafür sorgte die Befestigung des Rumpfs an der Unterseite der oberen Tragfläche, die der Besatzung ein bestmögliches Sicht- und Schussfeld gab, und die Verwendung des verstärkten Mittelteils der unteren Tragflächen als Haupt-Bombenschacht. Der H.P.38-Prototyp, eine stoffbespannte Metallkonstruktion, absolvierte seinen ersten Flug im Juni 1930 mit einem Triebwerk aus zwei Rolls-Royce-Kestrel-II-V-Motoren mit jeweils 550 PS

(410 kW), die zweiblättrige Holzpropeller mit starrer Blattsteigung antrieben. Tests ergaben adäquate Leistungen und gute Flugeigenschaften, wenngleich die Stärke der Hauptfahrwerkseinheiten Anlass zu Zweifeln gab, besonders nachdem der Prototyp beschädigt wurde, als sein Fahrwerk bei einer Landung im Juni 1932 zusammenbrach. Bis dahin war der H.P.38 jedoch in überarbeiteter Form als H.P.50 bereits zur Produktion gemäß der Anforderung B.23/32 angenommen, und dieser besaß generell verstärkte Hauptfahrwerkeinheiten mit tieferen Radverkleidungen, die nur den unteren Teil jedes Hauptrads sehen ließen, und ein überarbeitetes Triebwerk aus zwei Kestrel-IIIS- oder Kestrel-IIIS5-Motoren mit kürzerem Auspuff, die in glatteren Gondeln saßen, die einen Radiator in einer Hängetunnelinstallation enthielten.

Der erste Heyford Mk I außer der Produktionsreihe ging im Juni 1933 in die Luft und die Auslieferung an Einsatzeinheiten erfolgte im November desselben Jahres. Für die Staffel Nr. 99 in Upper Heyford in Oxfordshire wurden 15 Heyford-Mk-I-Bomber mit einem Triebwerk aus zwei Kestrel-IIIS-V-Motoren geliefert, die jeder einen vierblättrigen Holzpropeller mit starrer Blattsteigung antrieben. Dieses Ausgangsmodell hatte eine maximale Startmasse von 7598 kg und eine Höchstgeschwindigkeit von 222 km/h in optimaler Höhe. Weitere 23 Flugzeuge wurden nach dem Heyford-Mk-IA-Standard fertig gestellt, der sich vom Grundmodell nur durch den Kestrel-IIIS5-Motor mit motorgetriebenem Generator unterschied, der den luftstrahlgetriebenen Generator des Heyford Mk I ersetzte.

Die 16 Heyford-Mk-II-Flugzeuge hatten Triebwerke aus zwei Kestrel-VI-V-Motoren, die von ihrer Nominalleistung von 640 PS (477 kW) herabgesenkt waren und in 0,46 m höheren Gehäusen mit geringerem Durchmesser untergebracht waren. Diese Veränderungen reduzierten Gewicht, Luftwiderstand und Treibstoffverbrauch und verbesserten die Leistung auf eine Höchstgeschwindigkeit von 248 km/h in optimaler Flughöhe, und das trotz einer auf 7711 kg erhöhten maximalen Startmasse. Es folgten 70 Exemplare des Heyford Mk III, von denen die letzten im Juli 1936 ausgeliefert wurden. Sie unterschieden sich vom Heyford Mk II nur durch die ungedrosselten Kestrel-VI-V-Motoren. Die Heyford-Bomberserie war bei den Staffeln Nr. 7, 9, 10, 38, 78, 97, 99, 102, 148, 149 und 166 im Einsatz und wurden ab 1937 allmählich durch den

RECHTS: Zwar war er moderner als die Bomber, die er ablöste, doch war der Handley Page Heyford immer noch ein plumper Doppeldecker mit offenen defensiven Gefechtsständen.

Armstrong-Whitworth-Whitley- und den Vickers-Wellesley-Bomber ersetzt. Der letzte wurde 1939 durch den Vickers Wellington im Fronteinsatz abgelöst. Bei Ausbruch des Zweiten Weltkriegs im September 1939 setzte die RAF noch rund 40 Maschinen für sekundäre Aufgaben ein, die meisten zur Ausbildung von Bomben- und Bordschützen, und diese Maschinen blieben bis Mitte 1941 in Dienst, als die letzte von ihnen verschrottet wurde.

DER FAIREY HENDON

Vom Fairey Hendon wurden zwar nur so wenige Einheiten gebaut, dass es für eine einzige Staffel reichte, doch war er der erste Ganzmetall-Tiefdecker mit frei tragenden Tragflächen, der als schwerer Bomber in britischen Dienst ging. Er wurde auf die Anforderung B.19/27 des Luftfahrtministeriums nach einem schweren Nachtbomber entwickelt. Wie modern das Fairey-Modell war, zeigt sich darin, dass sein wichtigster Konkurrent der Handley-Page-H.P.50-Doppeldecker war, der Heyford, der in Stückzahlen bestellt wurde, die ausreichten, um acht Staffeln damit auszustatten. Die Anforderung B.19/27 verlangte einen Bomber, der 680 kg Bombenlast über eine Strecke von 1480 km bei einer Geschwindigkeit von 185 km/h in einer Höhe von 3050 m nach dreißig Minuten Flug in Meereshöhe bei Vollgas transportieren konnte. Fairey präsentierte 1928 zwei Varianten des gleichen Grundentwurfs und im Oktober 1929 erteilte das Luftfahrtministerium den Auftrag für einen Prototyp mit einem Triebwerk aus zwei Bristol-Mercury-V-(später Pegasus-)Sternmotoren anstelle der Alternative mit einem Triebwerk aus zwei Rolls-Royce-F.XIS-V-Motoren. Damals waren britische Bomber Metallkonstruktionen mit Stahlkern, Aluminium gab es nur auf der Außenhaut; der Night Bomber (Nachtbomber), wie der Typ bis Oktober 1934 hieß, als der Name Hendon aufkam, war keine Ausnahme; er besaß ein stoffbespanntes Stahlgerüst, von dem nur die Bugspitze und das Leitwerk mit Leichtmetallplatten verkleidet waren.

Der Prototyp des Night Bomber absolvierte seinen Jungfernflug im November 1930 mit einem Triebwerk aus zwei Bristol-Jupiter-XF-Sternmotoren mit je 525 PS (391 kW) in einer kurzen Townend-Ringverkleidung, die einen zweiblättrigen Holzpropeller mit starrer Blattsteigung antrieben. Der Night Bomber hatte einige Kinderkrankheiten wie schwergängige Seiten- und Querruder, mangelnde Kursstabilität, Höhenruderschwingungen, und das leicht beladene Flugzeug neigte dazu, bei der Landung

zu schwimmen, da ihm Landeklappen fehlten. Nachdem der Prototyp im März 1931 bei einer Landung verunglückt war, wurden viele dieser Probleme bei seinem Neubau angegangen und beseitigt. Weitere Veränderungen waren die Verwendung eines Triebwerks aus zwei Kestrel-IIIS-V-Motoren mit je 480 PS (358 kW), um die Probleme zu bewältigen, die auf Luftströmungen rund um die ursprünglichen Sternmotoren zurückführbar waren; die Bedienungsdrähte für das Leitwerk wurden durch Stangen ersetzt, um das Problem der Schwingungen zu beseitigen, die Abdeckung über dem Pilotencockpit wurde entfernt und ein zweites Cockpit für den Navigator/Funker wurde hinzugefügt.

In dieser überarbeiteten Form nahm der Night Bomber im November 1941 seine Probeflüge wieder auf und ab Mai 1932 wurde er für Bewaffnungstests eingesetzt. Anschließend wurde er von der Staffel Nr. 10 in Boscombe Down in

Wiltshire Vergleichstets gegen die Prototypen des Heyford und Vickers Vannox unterzogen. Die Piloten bevorzugten den Heyford, vor allem wegen seiner vertrauteren Handhabung, und dieser Typ wurde in der Folge bestellt. Der Night Bomber wurde nun mit verschiedenen Frise-Querrudern und mit Trimmrudern auf den Leitwerksteuerflächen überarbeitet. Die Erleichterung und bessere Balance der Steuerung in allen drei Ebenen führte zu einer günstigeren Beurteilung, als der Night Bomber 1933 erneut getestet wurde. Inzwischen war das Konzept des Heyford erkennbar überholt und so wurden 14 Night Bomber bestellt; sie sollten vor allem die RAF-Piloten im Umgang mit mehrmotorigen Eindeckern schulen, während man auf die Auslieferung der ersten „modernen“ Bomber wartete, des Armstrong Whitworth Whitley und des Vickers Wellington. Mitte 1934 ging eine Bestellung über vier und im Juli 1935 über 58 Maschinen ein, doch diese wurde bald storniert.

So weit das möglich war, entsprach das Hendon-Mk-II-Produktionsmodell – die Bezeichnung Hendon Mk I hatte rückwirkend der Night-Bomber-Prototyp erhalten – dem B.20/34-Standard, der den stornierten Flugzeugen zugrunde gelegt wur-de. Dazu gehörte ein Triebwerk aus zwei Kestrel-VI-Motoren mit je 695 PS (518 kW) mit dreiblättrigen Fairey-Reed-Metallpropellern mit starrer Blattsteigung, eine Haube über den Cockpits des Piloten und des Navigators/Funkers, eine geschlossene statt der zuvor offenen Bugkanzel und Ablenkbleche für den Luftschraubenstrahl für die Schützenkanzeln im Rücken und Bauch. Der Hendon Mk II wurde an die Staffel Nr. 38 ausgeliefert, die in Mildenhall in Suffolk stationiert war. Sie war ab November 1936 die einzige komplette Staffel mit dem Typ. Das Flugzeug blieb bis Januar 1939 in Dienst, als die Staffel Nr. 12 Wellington-Bomber erhielt.

AMIOTS NEUES FLUGZEUG

Amiot war eine von vier französischen Firmen, die auf eine Anfrage der technischen Abteilung des Luftfahrtministeriums von 1928 nach einem *multiplace de combat* (mehrsitzigen Kampfflugzeug) reagierte, das als Tag- und Nachtbomber, Langstreckenaufklärungsflugzeug und Geleitflugzeug geeignet sein sollte. Keiner der anderen eingereichten Entwürfe – Blériot 137, Breguet Bre.410 und SPCA 30 – kann als elegantes Flugzeug gelten, doch der Amiot 140 war regelrecht hässlich. Die ersten beiden Prototypen des Amiot 140 flogen im April 1931 mit Triebwerken aus zwei Lorraine-12Fas-W-Kolbenmotoren mit je 650 PS (485 kW). Nach ausgedehnten Tests und einer vergleichenden Beurteilung erging im November 1933 ein erste Produktionsauftrag über 40 Maschinen. Amiot hatte inzwischen einige abgewandelte Modelle entwickelt: den Amiot 141 mit einem Triebwerk aus zwei Lorraine-18-Orion-W-Kolbenmotoren mit je 700 PS (522 kW), den Amiot 142 mit einem Triebwerk aus zwei Hispano-Suiza-12Ybrs-V-Motoren mit je 860 PS (641 kW), und den Amiot 143 mit einem Triebwerk aus zwei Gnome-Rhône-14K-Mistral-Major-Sternmotoren mit je 870 PS (649 kW).

OBEN: Der Fairey Hendon hat den Weg zu einem modernen Entwurf zu drei Vierteln geschafft, doch er hatte noch immer ein starres Fahrgestell, Tuchbespannung und offene Cockpits.

Anfang 1934 wandelte das französische Luftfahrtministerium seine Bestellung des Amiot 140 in eine des Amiot 143 um, dessen stärkere Gnome-Rhône-Motoren je einen dreiblättrigen Gnome-Rhône-Propeller antrieben, dessen Blattsteigung am Boden verstellt werden konnte. Eine weitere Veränderung des Amiot 143 war der Austausch des ursprünglich offenen Cockpits durch ein vollständig geschlossenes Cockpit.

Die ersten dieser Maschinen gingen im August 1934 mit einem Triebwerk aus zwei Gnome-Rhône-14Kdrs/Kgrs-Mistral-Major-Sternmotoren mit einer Leistung von je 800 PS (595,5 kW) beim Start und

770 PS (574 kW) in 4400 m Flughöhe in die Luft und nach ersten Tests wurde die vertikale Leitwerksfläche vergrößert, die Motorgehäuse wurden verlängert, und die ursprünglich offenen Schützenpositionen im Bug und Rücken wurden durch manuell bediente geschlossene Kanzeln ersetzt. Die Bugkanzel enthielt ein 7,7-mm-Lewis-Maschinengewehr mit acht Magazinen zu 97 Schuss, und die Rückenkanzel enthielt zwei dieser Waffen mit 12 Magazinen zu 97 Schuss. Die weitere Defensivbewaffnung umfasste zwei weitere Lewis-Gewehre im Heck der Bauchgondel, ebenso mit Magazinen zu 97 Schuss. Mit Gnome-Rhône-14Kirs/Kjrs-Motoren bestückt, war dies die Ausstattung des Amiot-143-Produktionsmodells, das seinerseits ab dem 31. Flugzeug eine längere Nase erhielt und damit eine Gesamtlänge von 18,26 m anstatt zuvor 17,95 m; ab dem 41. Flugzeug wurden Tank und Bewaffnung anders verteilt. Diese umfasste nun einzelne 7,5-mm-MAC-1934-Maschinengewehre in den beiden Kanzeln, der rückwärtigen Position in der Bauchgondel und einer neuen Position im Boden des vorderen Abschnitts der Bauchgondel.

Die ersten Amiot-143-Bomber gingen 1935 bei der *22. Escadre de Bombardement* in Dienst, und insgesamt wurden von diesem wenig attraktiven Flugzeug 138 Stück gebaut. Die ersten wurden in der Amiot-143M.4-Konfiguration gebaut, doch als das *multiplace de combat*-Konzept aus der Mode kam, erhielt das Flugzeug die neue Bezeichnung Amiot 143BN.4. Ein paar späte Flugzeuge wurden in der Amiot-143B.5-Tagbomber-Konfiguration mit einem zusätzlichen Schützen ausgeliefert, der die Verteidigungskraft des Bombers steigern sollte.

Der Amiot 143 war als Bomber vollständig überholt, als im September 1939 der Zweite Weltkrieg ausbrach, doch die französische Luftwaffe hatte zu diesem Zeitpunkt noch 91 Maschinen dieses Typs in Dienst. Davon waren 6 im Depot, 29 waren bei Trainingseinheiten in Verwendung und 56 standen bei fünf aktiven Bombergruppen in Dienst (GB I und II/34, GB II/35, und GB I und II/38). Sie flogen in den ersten Kriegsmonaten nächtliche Flugblattabwurf-Einsätze über Deutschland, und nachdem die GB-II/35-Staffel auf die Breguet-Bomber Bre.691 und Bre.693 umgestiegen waren, gingen ihre Amiot 143 an die GB I und II/38. Beim Einmarsch der Deutschen in Frankreich im Mai 1940 waren also noch immer vier Einheiten mit den Amiot 143 ausgestattet; viele dieser Maschinen gingen bei fruchtlosen Versuchen verloren, die Brücken zu zerstören, auf denen die Deutschen die Meuse überquerten, als sie versuchten, die alliierten Truppen zu spalten. Nachtangriffe forderten weit weniger Opfer und bei der Kapitiulation Frankreichs Ende Juni 1940 waren noch immer einige Maschinen im Einsatz. Die Staffeln GB I und II/38 flogen den Amiot 143 in der Luftwaffe der Vichy-Regierung bis Mai 1941, als die Maschinen zur *Groupe de Transport* (Transportgruppe) I/15 verlegt wurden. Die letzten Amiot 143 wurden erst im Februar 1944 aus dem Dienst genommen.

ITALIENISCHES DESIGN

Die Entwicklung der Jäger in den frühen 30er Jahren aus stoffbespannten Doppeldeckern mit offenem Cockpit und starrem Fahrwerk in den Ganzmetall-Eindecker mit frei tragenden Tragflächen, geschlossenem Cockpit und einziehbarem Fahrgestell war längst nicht so verblüffend wie die Verwandlung der Bomber in der gleichen Zeit. Denn während sich die Entwicklung des „modernen" Jägers in mehreren Schritten vollzog, erfolgte die Umwandlung der Bomber in einem einzigen Schritt. Der stoffbespannte Doppeldecker-Bomber mit starrem Fahrwerk, offenen Schützenständen und außen getragenen Bomben wurde fast direkt durch den Tiefdecker mit frei tragenden Tragflächen, einziehbarem Fahrgestell, geschlossenen Plätzen für die Besatzung und innen getragenen Bomben abgelöst.

Der erste italienische Bomber des neuen Typs war der Fiat BR.20 Cicogna (Storch), der erstmals im Februar 1936 flog. Der Storch war bei weitem nicht der erste der modernen Bomber, doch war er so gut entworfen, dass die Umsetzung vom Zeichenbrett zum einsatzfähigen Modell in bemerkenswert kurzer Zeit und völlig problemlos erfolgte. Celestino Rosatelli begann mit seinen Entwürfen im Herbst 1935; sechs Monate später waren sie fertig und der Prototyp bereits gebaut, und kaum sechs Monate danach erfolgte der erste Diensteinsatz des neuen Typs. Diese rasche Entwicklung war nur möglich durch die Verbindung einer modernen Gestalt mit wohl erprobten Strukturelementen.

Amiot 143B.5

Typ: Aufklärer/Nachtbomber
Herkunftsland: Frankreich
Triebwerk: zwei 870-PS-(640-kW-) Gnome-Rhône-14Kirs/Kjrs-Mistral-Major-Sternmotoren
Leistung: Höchstgeschwindigkeit: 310 km/h; Dienstgipfelhöhe 7900 m; maximale Reichweite 2000 km
Gewicht: leer 6100 kg; maximale Startmasse 9700 kg
Abmessungen: Spannweite 24,53 m; Länge 18,26 m; Höhe 5,68 m
Bewaffnung: vier 7,5-mm-MAC-1934-Maschinengewehre sowie bis zu 1600 kg Zuladung

Ab Herbst 1936 wurde der BR.20 ausgeliefert, zunächst an den 7. und 13. *Stormo Bombardamento Terrestre* (landgestützte Bomberstaffel). Die Mannschaften lernten die beachtliche Stabilität des BR.20-Bombers bald ebenso zu schätzen wie seine ausgezeichneten Flugeigenschaften, hatten allerdings Schwierigkeiten mit den Vibrationen des A.80-Motors bei gewissen Drehzahlen; die Vibration ermüdete sowohl die Mannschaften als auch das Material des Flugwerks, das trotz neuer Motorhalterungen mehrere Versager in der Sekundärstruktur der Tragfläche erlitt. Ein verstärkter Tragflächenkern konnte das Problem zwar lindern, jedoch nie ganz beheben.

Weitere Probleme traten auf, als drei BR.20-Bomber zu Tests nach Libyen geschickt wurden. Die A.80 gingen bei hohen Temperaturen rasch in die Knie und waren durch Staubansaugung stark verschleißgefährdet. Weitere sechs BR.20-Bomber wurden im Rahmen der *Aviazione Legionaria*, der Luftwaffe jener Truppen, mit denen Italien die Sache der Nationalistischen Aufständischen im spanischen Bürgerkrieg (1936-39) unterstützte, zu Einsatztests nach Spanien gesandt. Die Störche waren schneller als die Polikarpov-I-15-Jäger, die die Republikanische Regierung ins Feld warf, und konnten sich mühelos verteidigen, wenn sie abgefangen wurden. Das einzige Flugzeug, das in den ersten sechs Kriegsmonaten in Spanien verloren ging, musste nach einer Kollision auf dem Flugfeld abgeschrieben werden. Mit dem Fortgang dieser Testeinsätze beschleunigte sich die Produktion in Italien. Die ersten 20 Flugzeuge waren bis Februar 1937 ausgeliefert worden, die zweite Produktionseinheit von 29 Maschinen wurde zwischen Februar und Juli fertig gestellt und im Mai begann die Lieferung einer dritten Einheit aus einer zweiten Fabrikation.

JAPANISCHES INTERESSE

Die Leistung des BR.20 hatte auch die Aufmerksamkeit der japanischen Luftwaffe geweckt, die für Operationen über China einen modernen Bomber benötigte, bis ihre eigenen Mitsubishi-Ki-21-Bomber vorlagen. Die Japaner testeten den Caproni Ca 135 neben dem BR.20, entschieden sich jedoch für den letzteren und orderten im Herbst 1937 72 Flugzeuge. Anfang des folgenden Jahres wurde der Auftrag um weitere 10 Maschinen des gleichen Typs aufgestockt. Der BR.20 lief bei den Japanern unter schwerer Bomber Armee-Typ 1 Modell 100. Im Februar 1938 begann die Lieferung: Die Flugzeuge trafen per Schiff in Talien in der besetzten Mandschurei und wurden vor Ort zusammengesetzt und dann an Einheiten überstellt, die gegen die Chinesen operierten, wo sie deren überholte Mitsubishi-Ki-1-Bomber ablösten. Die Bomber vom Armee-Typ 1 wurden zu Langstreckenmissionen bis zur Grenze ihrer taktischen Reichweite eingesetzt, und da sie ohne Jägereskorte operierten und die Chinesen Nachschub von Polikarpov-I-152-Jägern erhalten hatten, erlitten sie große Verluste. Die übrigen Maschinen wurden in Manchukuo (der besetzten Mandschurei) stationiert und gingen schließlich 1940 außer Dienst, nachdem sie bereits zwischen Mai und September schwere Verluste bei Kämpfen zwischen Japan und der UdSSR an der Grenze zwischen Manchukuo und der Mongolei erlitten hatten.

Die Erfüllung des wertvollen Exportauftrags nach Japan hatte die Auslieferung der BR-20 an die italienische Luftwaffe erheblich gebremst, doch schien der Einsatz von sechs weiteren Maschinen in Spanien, wo bis zum Ende des Bürger-

LINKS: Der Fiat BR.20 Cicogna war der erste moderne Bomber Italiens mit einer vernünftigen Stückzahl. Für seine Zeit war er eine bemerkenswert fortschrittliche Entwicklung.

Fiat BR.20 Cicogna

Typ: fünfsitziger mittelschwerer Bomber
Herkunftsland: Italien
Triebwerk: zwei 1030-PS-(768-kW-) Fiat-A.80-RC.41-Kolbenmotoren
Leistung: Höchstgeschwindigkeit 430 km/h in 4000 m Höhe; Dienstgipfelhöhe 7200 m; Reichweite 1240 km
Gewicht: leer 6740 kg; maximale Startmasse 10340 kg
Abmessungen: Spannweite 21,56 m; Länge 16,17 m; Höhe 4,30 m
Bewaffnung: fünf 7,7-mm-Breda-SAFAT-Maschinengewehre sowie bis zu 1600 kg Zuladung

kriegs nur eine einzige Maschine verloren ging, die grundsätzlichen Eigenschaften des Typs zu bestätigen. Im November 1939 wurde der letzte von 320 BR.20-Bombern ausgeliefert. Die meisten hatte die italienische Luftwaffe erhalten, nur 82 „Störche“ waren nach Japan und einer nach Venezuela geliefert worden.

Ab Februar 1940 kam eine verbesserte Version, der BR.20M (M für *modificato,* verbessert) zur Auslieferung. Die Einsatzerfahrungen in Spanien hatten ein Verbesserungsprogramm wünschenswert erscheinen lassen, mit einem verstärkten Rumpf, besseren Verteidigungswaffen für die Mannschaft, einem windschnittigen Spornrad, einigen aerodynamischen Verbesserungen und der Verlängerung des Bugs um 0.70 m; später in der Produktion wurde die M.1-Kanzel durch die aerodynamisch überlegene Caproni-Lanciani-Kanzel ersetzt, die das gleiche 12,7-mm-Breda-SAFAT-Maschinengewehr trug. Diese Veränderungen erhöhten das Leergewicht des BR.20M auf 6850 kg und seine maximale Startmasse auf 10450 kg, doch dank der aerodynamischen Verbesserungen war die Leistung unverändert.

Als Italien im Juni 1940 in den Zweiten Weltkrieg eintrat, waren der 7. und 13. *Stormo* auf das verbesserte Modell umgestiegen, das auch beim 25. und 43. *Stormo* in Dienst stand. Etliche Einsätze wurden gegen Ziele in Südfrankreich geflogen und dann wies die italienische Luftwaffe dem Typ eine größere Rolle im *Corpo Aereo Italiano* (italienischen Flugcorps) zu, das an der Seite der Luftwaffe im Spätsommer 1940 Bombeneinsätze gegen England fliegen sollte. Die BR.20M-Bomber flogen ihren ersten Einsatz gegen ein britisches Ziel, ohne auf Widerstand zu stoßen. Beim nächsten Einsatz fielen jedoch fünf von zehn Bombern britischen Jägern zum Opfer, woraufhin weitere BR.20M-Tageinsätze zugunsten von Nachteinsätzen gestrichen wurden, die gänzlich unwirksam blieben. Das CAI wurde schließlich im Januar 1941 zurückgezogen, nachdem es keinen wertvollen Beitrag im Luftkampf der Achsenmächte um England geleistet hatte.

Der BR.20M war gegen die Briten in Malta und Nordafrika sowie gegen die Sowjets im Süden der UdSSR nur wenig erfolgreicher, doch nun zeigte sich bereits das Alter des Grundentwurfs und im April 1942 wurde die Produktion des BR.20M nach 264 Flugzeugen eingestellt. Zur Zeit des italienischen Waffenstillstands mit den Alliierten im September 1943 waren nur noch 67 Flugzeuge in aktivem Einsatz; fast alle wurden im besetzten Albanien, Griechenland und Jugoslawien zur Bekämpfung von Partisanen eingesetzt. Einige Maschinen überlebten bis Kriegsende und wurden dann verschrottet.

Gegen die drohende Überalterung des BR.20 und BR.20M wurde ein neues Konzept für eine Verbesserung der Effizienz des Flugzeugs entwickelt. Der BR.20C erhielt einen überarbeiteten Bug mit einer 37-mm-Kanone, kam jedoch nicht in die Produktion; daher konzentrierten sich die Anstrengungen auf den BR.20bis, um den Typ mit verbesserter Leistung, schwererer Bewaffnung und Panzerung zu neuem Leben zu erwecken. Im September 1942 ging der BR.20bis erstmals mit einem Triebwerk aus zwei Fiat-A.82-Sternmotoren mit je 1250 PS (932 kW) in engen Gehäusen an den Start, die den Luftwiderstand senken sollten, ebenso wie der nun verglaste Vorderteil des Rumpfes. Der Rumpf wurde auf 17,45 m verlängert, seine neue Spannweite betrug 21,85 m mit einer Flügelstreckung von 6,37 und einer Tragfläche von 75,0 m². Seine Defensivbewaffnung wurde effizienter, als die 7,7-mm-Waffen der Bug- und Rückenkanzel durch 12,7-mm-Maschinengewehre ersetzt wurden, und die Caproni-Lanciani-Kanzel im Rücken wurde durch eine kraftbetriebene Breda-V-Kanzel ersetzt, die neben den 12,7-mm-Waffen zwei rückwärts feuernde drehbare 7,7-mm-Breda-SAFAT-Maschinengewehre in Kuppeln auf der Rumpfseite in Höhe der Tragflächenhinterkante erhielt. Diese Veränderungen erhöhten die Leistung und Verteidigungsfähigkeit des Bombers ganz erheblich, doch die italienische Luftwaffe hatte inzwischen beschlossen, ihre Bestellungen auf den CANT Z.1018 zu konzentrieren und gab daher nur 49 Exemplare des BR.20bis in Auftrag, von denen nur zehn nach dem Waffenstillstand Italiens mit den Alliierten im September 1943 fertig gestellt wurden.

Es gibt keinen Hinweis darauf, dass diese Flugzeuge je bei der Luftwaffe des faschistischen italienischen Staates eingesetzt wurden, der im deutsch besetzten Teil Italiens gegründet wurde.

Der BR.20bis besaß ferner ein Leergewicht von 7500 kg, eine maximale Startmasse von 11.500 kg, eine Höchstgeschwindigkeit von 460 km/h in 5000 m Höhe, eine Reisegeschwindigkeit von 370 km/h in optimaler Höhe, eine Reichweite von 2000 km und stieg in 4000 m Höhe in 10 Minuten und 10 Sekunden.

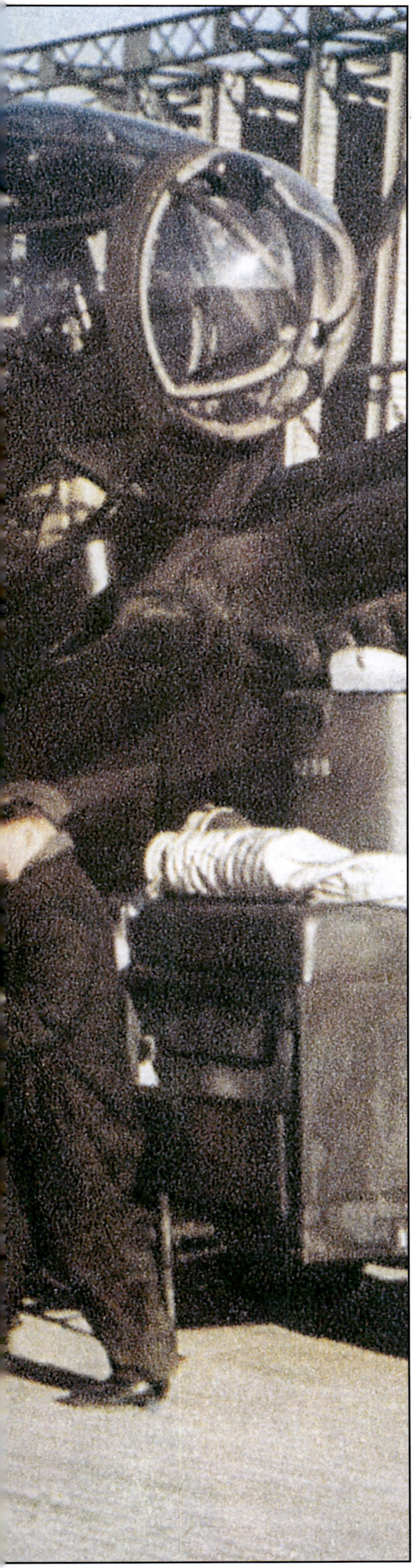

KAPITEL 3

BOMBER DES ZWEITEN WELTKRIEGS

Der Zweite Weltkrieg gab weltweit dem Bau von Bombenflugzeugen neue Impulse und jedes Jahr erschienen neue und bessere Flugzeuge; die Entwicklung mündete im ersten eingesetzten Düsenbomber der Welt.

Als Deutschland im September 1939 den Zweiten Weltkrieg begann, hatte es die bestausgerüstete Luftwaffe der Welt. Zwar wurde sie in den 20er und frühen 30er Jahren nur heimlich aufgebaut und unterhalten und konnte offiziell erst 1935 vorgestellt werden, aber bereits 1933 begann eine beträchtliche Aufrüstung und Erweiterung. Neue Flugzeuge und Taktiken wurden laufend modifiziert und in den Einsätzen im spanischen Bürgerkrieg erprobt. Die Überlegenheit der deutschen Taktik zeigte sich im Erfolg der Blitzkriege gegen Polen im September 1939 und dann gegen Dänemark, Norwegen, die Niederlande, Belgien und Frankreich zwischen April und Juni 1940.

Einer der Schlüssel zu den deutschen Anfangserfolgen war der mittelschwere Bomber Heinkel He 111. 1934 vergab das deutsche Luftfahrtministerium an Heinkel und Junkers den Auftrag für ein Flugzeug, das mit nur geringen Modifikationen zwei Rollen erfüllen sollte: die einer Passagiermaschine mit 10 Plätzen für die Deutsche Lufthansa und die eines mittelschweren Bombers für die immer noch geheime Luftwaffe. Das Resultat waren die He 111 und die Ju 86.

Die He 111 war eine vergrößerte und verbesserte Version der He 70 Blitz. Der erste Prototyp der He 111a (später He 111 V1) machte Februar 1935 seinen Jungfernflug mit zwei BMW-VI-6,0-Z-V-Motoren. Es folgte der zivile Prototyp, die He 111d (He 111 V4) mit Tragflächen von halbelliptischer Form und geringerer Spannweite, aber von größerer Fläche;

■ LINKS: Eine Heinkel He 111 wird zum Start vorbereitet: Der Motor wird mit warmer Luft vorgewärmt. Die Heinkel spielte zu Kriegsbeginn für die Luftwaffe eine überaus wichtige Rolle.

dann die He 111c (He 111 V3) und die He 111d (He 111 V4), die militärischen Prototypen, die für eine Bewaffnung mit drei Maschinengewehren vorgesehen waren und für eine Zuladung von maximal 1000 kg Bomben im Unterteil des Rumpfes. Die He 111 V3 wurde dem Publikum als zivile Transportmaschine präsentiert und die Bombenkammer als „Raucherabteil" für vier Personen. Die He 111 machte sich gut in der Luft und ihr klarer Entwurf bedingte, dass sie den meisten damaligen Jägern davonflog.

PRODUKTION UND AUFTRÄGE

Eine Überprüfung der HE 111 V3 und der He 111 V4 bestätigte ihr Potential als Bomber und Ende 1935 bestellte das deutsche Luftfahrtministerium eine Vorserie von zehn He-111A-0-Bombern mit jeweils zwei BMW-VI-6,0-Z-Motoren, die einen dreiblättrigen Verstellpropeller antrieben. Das erste Flugzeug wurde 1936 für die Erprobungen ausgeliefert und war zunächst eine herbe Enttäuschung, da die militärische Ausrüstung zusätzliches Gewicht und Luftwiderstand ergab. Die Bedienung war immer noch gut, aber die Flugleistung ziemlich träge, was sich auch an der Höchstgeschwindigkeit von nur 310 km/h ablesen ließ, selbst wenn die untere „Mülleimer"-Maschinengewehrkanzel eingezogen war.

Der He 111A fehlte es an Leistung, weil es die deutsche Flugzeugindustrie versäumt hatte, einen modernen V-Motor zu entwickeln, der die altehrwürdigen BMW-VI-6,0- und -7,3-Serien ablösen konnte. 1935 kam jedoch der bessere Daimler-Benz-DB-600-V-Motor heraus, der nicht nur als solcher wichtig war, sondern auch als Basis für eine Reihe von immer stärkeren Motoren. Mit 1000 PS (746 kW) war er die Antwort auf die mäßigen Flugeigenschaften der He 111.

Zwei Motoren wurden in der He 111 V5 montiert, dem Prototyp der He-111B-Bomberserie. Das Luftfahrtministerium hatte ein Kontingent davon bestellt, noch bevor die He 111A zurückgewiesen wurde, und das erste Flugzeug wurde im Herbst 1936 ausgeliefert. Die ersten Produktionen wurden im spanischen Bürgerkrieg im Einsatz erprobt und erwiesen sich als ausgezeichnet; ihre unbedeutende Defensivbewaffnung wurde kaum benötigt, da sie schneller als die meisten gegnerischen Jäger waren. Die Produktion der He 111B erreichte etwa 300 Stück.

Die He 111C und die He 111G waren zivile Modelle, und die He 111D schaffte es nur bis zum Prototyp mit zwei DB-600Ga-Motoren. Die Produktion des DB 600 hielt allerdings nicht mit der Nachfrage Schritt, denn Jagdflugzeuge hatten eine vorrangige Option auf diesen Motor; einige wenige He 111D-1 wurden fertig gestellt, aber nur für Erprobungsflüge benutzt.

Das Vorserienmodell der He 111E-0, das im Januar 1918 folgte, war eine einfache Weiterentwicklung der He 111D mit Jumo-211A-1-Motoren. Etwa 45 Maschinen wurden nach Spanien als Unterstützung für die Nationalisten überstellt und erwarben sich einen ähnlich guten Ruf wie die He 111B. Die Produktion umfasste insgesamt etwa 190 Maschinen.

Der Entwurf der He 111E wies einige Änderungen auf, unter anderem verfügte sie nicht mehr über die elliptische Form der Flügel. Das Vorproduktionsmodell hatte zunächst zwei Jumo-211A-3-Motoren mit je 1100 PS (820 kW). Die Produktion beschränkte sich jedoch auf 24 He-111F-1-Bomber für die türkische und 40 111F-4-Bomber für die deutsche Luftwaffe.

Im Sommer 1938 war die Produktion des DB-600-Motors erst richtig in Gang gekommen und Heinkel wurde angewiesen, eine Version der He 111F-4 mit diesem Motor zu entwerfen, die He 111J, die als Torpedobomber mit zwei außen angebrachten Torpedos eingesetzt werden sollte. Sie war also ohne inneren Bombenstauraum konzipiert. Aber die Luftwaffe überlegte es sich plötzlich anders und verlangte einen konventionellen Bomber. Dies war dann das He 111J-1-Serienmodell, von dem im Sommer 1939 90 Einheiten parallel zum He 111F-4-Bomber ausgeliefert wurden. Im Sommer 1939 wurden die meisten aus dem Dienst an der vordersten Front herausgenommen, auch wenn einige als Bomber noch während des Polenfeldzuges im September 1939 und während des Norwegenfeldzugs im April 1940 eingesetzt wurden.

Die He 111H war ein naher Verwandter der He-111P-Serie; sie hatten die gleiche Zelle (ein überarbeitetes, voll verglastes Cockpit und eine Bodenwanne an der Rumpfunterseite), aber unterschiedliche Motoren: die He 111P war für den Daimler-Benz-DB-601-V-Motor entworfen, während die He 111H für den Junkers-Jumo-211-V-Motor gedacht war. Die Luftwaffe legte großen Wert auf dieses verbesserte Bombermodell, was aus der Tatsache geschlossen werden kann, dass Heinkel und seine Lizenznehmer etwa 400 Einheiten des Typs in den vier Monaten vor dem Ausbruch des Zweiten Weltkriegs lieferten; die He 111H bildete daher die Hälfte des He-111-Kontingents der Luftwaffe beim Ausbruch der Feindseligkeiten.

DER KRIEGSAUSBRUCH

Die He 111H-2 wurde gerade bei Kriegsausbruch im September 1939 als verbesserte Version der He-111H-1 mit zwei Jumo-211A-3-Motoren mit einer Leistung von je 1100 PS (820 kW) eingeführt; bald nach Produktionsbeginn wurde die Defensivbewaffnung von drei auf sechs drehbare 7,92-mm-Maschinengewehre verdoppelt. Im November 1939 wurde die He 111H-3 eingeführt, eine Weiterentwicklung der He 111H-2 als Bomber und für den Einsatz gegen Schiffe mit zwei Jumo-Motoren mit jeweils 1200 PS (895 kW). Ihre Bewaffnung wurde noch durch eine vorwärts feuernde drehbare 20-mm-MG-FF-Kanone in der Bodenwanne verstärkt. Sie trug eine Bombenlast von 2000 kg, aber in der Bombenkammer konnte auch ein zusätzlicher Benzintank untergebracht werden. Die Auslieferung erfolgte über das gesamte Jahr 1940 und dann kam noch eine Weiterentwicklung, die He 111H-4 dazu, anfangs mit dem gleichen Antrieb, später jedoch mit zwei Jumo-211F-1-Motoren und einer größeren Bombenzuladung. Die He 111H-5 war eine Variante der He 111H-4 mit zwei Jumo-211D-1-Motoren und der Möglichkeit, in der Bombenkammer zusätzliche Benzintanks anzubringen, wodurch die Bombenzuladung auf 2500 kg reduziert wurde, die außen an zwei Vorrichtungen aufgehängt werden mussten; die Maschine erreichte so eine maximale Startmasse von 14.055 kg.

Die He 111H-6, die seit Ende 1941 produziert wurde, hatte zwei Jumo-211F-1-Motoren, als Bewaffnung eine 20-mm-Kanone und sechs 7,92-mm-MG 15-Maschinengewehre, in manchen Flugzeugen war auch ein ferngesteuertes 7,92-mm-MG 17 im Heck angebracht. Sie konnte auch zwei luftgestützte 765-kg-LT-F5b-Torpedos unter dem Rumpf tragen. Die He 111H-6 wurde sehr schnell zur meistbenutzten Version der H-Serie, denn sie war selbst bei maximaler Startmasse sehr gut zu bedienen, lag stabil in der Luft und war dennoch manövrierfähig, besaß gute Flugeigenschaften und eine ausreichende Defensivbewaffnung und war extrem vielseitig. 1942 dachte man daran, sie zugunsten des schweren Heinkel-He-177A-Greif-Bombers und der mittelschweren Junkers Ju 288 aus der Produktion zu nehmen, aber anfängliche Misserfolge dieser beiden Typen bewirk-

■ UNTEN: Der mittlere Bomber, der den ganzen Zweiten Weltkrieg lang im Einsatz war, war die Heinkel He 111, hier als He 111H-4 irgendwo über dem Mittelmeer.

Heinkel He 111H-16

Typ: fünfsitziger mittelschwerer Bomber
Herkunftsland: Deutschland
Triebwerk: zwei 1350-PS-(1007-kW-) Junkers-Jumo-211F-2-V-Motoren
Leistung: Höchstgeschwindigkeit 405 km/h; Dienstgipfelhöhe 8500 m; maximale Reichweite 2800 km
Gewicht: leer 8680 kg; maximale Startmasse 14.000 kg
Abmessungen: Spannweite 22,60 m; Länge 16,40 m; Höhe 3,40 m
Bewaffnung: eine 20-mm-MG-FF-Kanone, bis zu sechs 7,92-mm-MG-15-, MG-131- oder MG-81-Maschinengewehre sowie bis zu 2500 kg Zuladung

ten, dass sie weiter hergestellt wurde. Die He 111H-7 war eine Variante der H-6 mit kleinen Veränderungen an der Ausrüstung und die 30 He 111H-8 waren eine Entwicklung der H-6, die mit einem Schutzkabel ausgestattet war, das von einem Punkt vor der Nase zu den beiden Flügelspitzen gespannt war und zum Kappen von Sperrballon-Drahtseilen diente.

Die He 111H-9 war eine weitere Variante der H-6 mit geringfügigeren Änderungen der Ausstattung. Die He 111H-10 war mit einem Antrieb von zwei Jumo-211F-2-Motoren ausgestattet und einem Kabelschneider für Ballonsperren an der Vorderkante der Flügel; die Positionen der 20-mm-Kanone und des 7,92-mm-Maschinengewehrs waren vertauscht, sodass die Kanone jetzt im Bug saß und das Maschinengewehr in der Bodenwanne.

Die weitere Entwicklung brachte die He 111H-11 hervor, eine neue Version der He 111H-10 mit Verbesserungen beim Schutz der Besatzung und der Defensivbewaffnung. Der Gefechtstand auf der Oberseite war völlig von Panzerglasscheiben eingeschlossen und hatte ein drehbares 13-mm-MG-131-Maschinengewehr anstelle des 7,92-mm-MG 15; die Bewaffnung der Bodenwanne war verstärkt worden durch den Ersatz des einfachen 7,92-mm-MG 15 durch eine Zwillingsanordnung des 7,92-mm-MG 81. An besonders empfindlichen Stellen wurden abwerfbare Panzerplatten angebracht. Die Offensivkraft sollte durch die Entwicklung einer Trägerplatte für fünf 250-kg-SC-250 Bomben, die unter der Kabine angebracht wurde, ebenfalls verbessert werden.

WACHSENDE RÜCKSTÄNDIGKEIT

Der He 111H-11 erwies sich trotz der Grenzen, die seine zunehmend veraltete Zelle setzte, als erfolgreich; der zunehmenden Verwundbarkeit durch die neuen Jäger wurde mit einer eine Reihe von Gegenmaßnahmen begegnet; dazu gehörte der Ersatz der beiden MG 15 in der He 111H-11/R1 mit dem R1-Rüstsatz durch zweiläufige MG 81z. Die He 111H-11/R2 war ein anderer Umbau für den Fronteinsatz; sie besaß eine Schleppvorrichtung für Segler.

Anfang 1943 kam die He 111H-12 heraus, die über keine Bodenwanne verfügte, sondern speziell für den Transport und den Abschuss von zwei Henschel-Hs-293A-Luft-Boden-Raketen gebaut worden war. Die H-14 war eine versuchsweise Entwicklung der He 111H-10 als Zielbeleuchter mit einer speziellen Funkanlage für den Einsatz im Kampfgeschwader 40 bei der Bekämpfung von Schiffen im Ostatlantik. Aber 20 dieser Maschinen wurden vor ihrer Auslieferung an die Ostfront als He 111H-14/R2 modifiziert: die spezielle Funkanlage wurde entfernt, dafür wurde die Schleppvorrichtung für Segler hinzugefügt.

Wenn die He 111H-3 und die He 111H-6 als das erste und das zweite definitive Modell der H-Serie galten, so war die He 111H-16 das dritte Modell, auch wenn sie in der Tat einige klare Vorläufer hatte. Die H-16 war eine Weiterentwicklung der H-6 mit zwei Jumo-211F-2-Motoren und einer Menge kleinerer, aber in Summe bedeutender Änderungen, die nach und nach bereits bei früheren Typen eingeführt worden waren. Ihre Defensivbewaffnung und Panzerung war dieselbe wie bei der He 111H-11, aber es wurde Vorsorge für eine Reihe von unterschiedlichen Arten der Bewaffnung getroffen. Auch die Anbringung dreier Rüstsätze war vorgesehen: Bei der He 111H-16/R1 konnte ein elektrisch bewegter Gefechtsstand auf dem Rücken mit einem 13-mm-MG 131-Maschinengewehr eingebaut werden, bei der H-16/R2 war es eine Schleppvorrichtung für Segler und bei der H-16/R3 eine zusätzliche Panzerung, damit sie bei reduzierter Bombenlast zur Zielbeleuchtung eingesetzt werden konnte.

Die He 111H-18, die auf der He 111H-16/R3 basierte, sollte als nächtlicher Zielbeleuchter operieren, war aber mit der speziellen Funkanlage der H-14 ausgestattet. Obwohl die He 111H als Bomber geplant war, wurden doch viele Flugzeuge an der Ostfront in der ersten Hälfte 1942 für verschiedenste Zwecken benutzt, wie für Transportflüge oder zum Schleppen von Seglern. Dem trug noch im selben Jahr die He 111H-20 Rechnung, eine Entwicklung der He 111H-16, die für die Anpassung an vier verschiedene Einsatzzwecke optimiert wurde. Die He 111H-21 führte ein stärkeres Triebwerk aus zwei Junkers-Jumo-213E-1-V-Motoren ein, jeder mit einer Leistung von 1750 PS (1305 kW). Das fertige Modell ging im Spätsommer 1944 in Dienst, aber dann

Tupolew SB-2

Typ: dreisitziger leichter Bomber
Herkunftsland: UdSSR
Triebwerk: zwei 860-PS-(641-kW-) Klimov-M-100A-V-Motoren
Leistung: Höchstgeschwindigkeit 423 km/h; Dienstgipfelhöhe 9000 m; maximale Reichweite 1250 km
Gewicht: leer 4060 kg; maximale Startmasse 5628 kg
Abmessungen: Spannweite 20,33 m; Länge 12,57 m; Höhe 3,25 m
Bewaffnung: vier 7,62-mm-ShKAS-Maschinengewehre, bis zu 600 kg Zuladung

waren die Tage der He 111 als Bomber gezählt und die meisten dieser Flugzeuge wurden jetzt für den Abschuss der unbemannten Fieseler-Fi-103-Flugbombe benutzt, besser unter der Nazi-Bezeichnung V-1 bekannt.

SOWJETISCHE ERFOLGE

Der Tupolew-SB-2-Bomber war mit ziemlicher Sicherheit der beste Bomber der Welt, der in der Mitte der 30er Jahre in Dienst war. Auch unter nummerischen Gesichtspunkten war er der wichtigste Bomber der späten 30er Jahre und zugleich das erste „moderne" Flugzeug mit selbst tragender Rumpfkonstruktion, das in der UdSSR in die Produktion ging.

Was die Geschichte dieses wichtigen Kriegsflugzeuges betrifft, so gibt es eine erstaunliche Fülle von Diskrepanzen in den Angaben, sei es zum Erstflug, der Tankkapazität und der Gesamtlänge, und hier ist höchstens eine Annäherung und ein Kompromiss aus den verschiedenen Informationsquellen möglich.

In den späten 20er und den frühen 30er Jahren unternahm die AGOS (Abteilung für Luftfahrt, Flugbootfahrt und experimentelle Konstruktion), als die Tupolews Entwurfsabteilung innerhalb des ZAGI (Zentrales Luft- und Seefahrtsinstitut) bekannt war, entscheidende Schritte zur Entwicklung eines Ganzmetallflugzeugs in Eindecker-Bauweise mit frei tragender Fläche mit zunehmend klareren Linien. Der SB-2 entwickelte sich aus dem ANT-40 (der offiziell als SB bezeichnet wurde), der erstmals im April 1934 flog. Ein verbesserter ANT-401 führte zum ANT-402, auch bekannt als SB-2IS (*Izmenenija Samoljet,* verändertes Flugzeug), mit dem der Klimov-M-100-(seit 1940 VK-100-)V-Motor eingeführt wurde, eine Lizenzversion des Hispano-Suiza 12Y mit 750 PS (559 kW). Das SB-2-Modell erhielt in der Serienproduktion jedoch eine vergrößerte Tragfläche, um bei einer Vergrößerung des Gewichts die Beibehaltung der Flugleistung zu gewährleisten, einen längeren Rumpf, ein verstärktes Hauptfahrwerk, einen Aufbau, der die Serienproduktion erleichterte und eine Vorrichtung, die es erlaubte, die Räder durch Gleitkufen für winterliche Einsätze zu ersetzen. Er trat 1935 in Dienst. Der Produktionsstandard wurde bald nach den ersten Auslieferungen 1936 durch die M-100A-Maschine mit 860 PS (641 kW) verändert, die einen VISh-2-Verstellpropeller mit zur Verbesserung der Steigflugeigenschaften und der Dienstgipfelhöhe verstellbarer Blattsteigung antrieb. Er unterschied sich von der ursprünglichen Variante durch seine stärker abgerundete Motorhaube und den Frontkühler mit Lamellenabdeckung.

Von Oktober 1936 bis Januar 1941, als die Produktion der SB-2-Serie nach 6656 Flugzeugen eingestellt wurde, war der SB-2bis der definitive Schnellbomber mit einem verstärkten Triebwerk aus zwei Klimov-M-103-V-Motoren mit je 960 PS (716 kW), die einen starren dreiblättrigen Propeller mit einer verbesserten Luftschraubenhaube antrieben. Diese Motoren waren in überarbeiteten Gehäusen und die Kühler in einem unten liegenden Tunnel angebracht. Weitere Veränderungen waren die vergrößerte Tankkapazität, eine verbesserte Elektrik, eine verstärkte Zelle für höhere Zuladung, die Der-19-Bombenbehälter unter den Flügeln, die 82-mm-RS-82- oder 132-mm-RS-132-Luft-Boden-Raketen, die 280-Liter-Tanks für Langstreckenflüge und seit 1938 eine verglaste Bauchkanzel.

DER WHITLEY

Juli 1934 gab das Luftfahrtministerium seine Anforderung B.3/34 für einen schweren Bomber als einen der Eckpfeiler der britischen Wiederaufrüstung heraus, die in diesem Jahr begann. Er sollte ein Eindecker mit selbsttragender Fläche in Ganzmetallkonstruktion sein mit fortschrittlichen Merkmalen wie einem geschlossenen Flugdeck, einziehbarem Hauptfahrwerk, Landeklappen am inneren Teil der Tragflächen, einem hochgezüchteten zweimotorigen Triebwerk mit Verstellpropellern und eine Bewaffnung mit innen liegenden Bombenkammern und Gefechtstürmen zur Defensive. Der daraus resultierende Entwurf des Armstrong Whitworth A.W.38 wurde im Juni 1935 „vom Reißbrett weg" gekauft mit einer Bestellung über anfangs 80 Einheiten im August. Der Prototyp flog erstmals am 17 Mai 1936 mit zwei Armstrong-Siddeley-Tiger IX-Sternmotoren mit je 795 PS (593 kW), die dreiblättrige, in zwei Stufen verstellbare Metallpropeller antrieben. Im Februar 1937 folgte ein zweiter Prototyp mit zwei verstärkten Tiger-IX-Sternmotoren, aber zu dieser Zeit hatte die erste Maschine ihre offiziellen Tests schon hinter sich und die ersten 34 Whitley-Mk-I-Bomber gingen ihrer Fertigstellung entgegen.

Die Merkmale dieses ersten Modells im Einsatz waren bis auf die Länge von 21,10 m identisch mit dem später definitiven Whitley Mk V; es konnte in zwei Kammern im unteren Teil des Rumpfes 3360 kg Bomben zuladen und war mit je einem drehbaren Vickers-7,7-mm-MG in der motorgetrieben Nash-and-Thompson-(Frazer-Nash-)Frontgefechtskanzel und in der Armstrong-Whitley-A.W.38-Heckgefechtskanzel ausgerüstet.

Ab der 35. Einheit änderte sich der Produktionsstandard zum verbesserten Whitley Mk II, von dem ab Januar 1938 46 Einheiten ausgeliefert wurden, um die bestellte Stückzahl von 80 Flugzeugen voll zu machen. Hier wurde der Tiger-VIII-Sternmotor mit 845 PS (630 kW) montiert, der mit einem zweistufigen Kompressor ausgerüstet war, der erste auf einem RAF-Flugzeug. Der Whitley Mk III, von dem von August 1938 weitere 80 Einheiten gebaut wurden, war im Wesentlichen eine Weiterentwicklung des Mk II mit verbesserter Offensiv- und Defensivbewaffnung.

Als der Whitley Mk III entwickelt wurde, war bereits klar, dass mehr Leistung erforderlich war, um das wachsende Gewicht der Flugzeuge bei gleichzeitig verbesserter Flugleistung zu bewältigen. Der Tiger-Motor hatte sein Entwicklungspotenzial ausgeschöpft, und so beschloss man, den Whitley mit Triebwerken aus zwei Rolls-Royce-V-Motoren auszustatten.

Es folgten drei Umbauten des Whitley Mk I mit jeweils zwei Merlin-II-Motoren mit je 1030 PS (768 kW) in 4875 m Höhe, die starre dreiblättrige Rotol-Propeller antrieben. Das Serienmodell war der Whitley Mk IV mit zwei Merlin-IV-Motoren mit jeweils 1030 PS (768 kW) Startleistung; von diesem Modell wurden 33 Stück gebaut und das erste flog erstmals im April und wurde im Mai 1939 ausgeliefert. Weitere größere Veränderungen waren die Verbesserung der Verteidigungsbewaffnung durch den Austausch des einzelnen 7,7-mm-Maschinengewehrs in der handgesteuerten Heckkanzel durch vier Browning-7,7-mm-Maschinengewehre in einer motorgesteuerten Frazer-Nash-Kanzel und eine Verbesserung der Angriffsleistungen durch eine verbesserte Bombenschützenkanzel im Bug, die ein ebenes Bombenzielfeld enthielt.

Mit 146 gebauten Maschinen, die die Anzahl aller anderen Varianten bei weitem überschritt, war der Whitley-Mk-V-Bomber im Grunde ein verbesserter Whitley Mk IVA; die beiden vertikalen Schwanzflossen wurden überarbeitet mit eher geraden als gebogenen Konturen, die Kabine wurde nach hinten um 0,8 m verlängert, um dem Heckschützen eine besseres Schussfeld zu eröffnen. Die Tragflächen wurden mit aufblasbaren Leisten gegen Vereisung ausgestattet und die Tankkapazität vergrößert. Ausgeliefert wurden sie ab August 1940, aber bereits im Mai, als Deutschland in den Niederlanden und Frankreich einmarschierte, erhielt sie im Zuge der Bemühungen, die offensive und defensive britische Luftstreitmacht zu vergrößern, zusammen mit dem Bristol-Blenheim- und dem Vickers-Wellington-Bomber sowie dem Hawker-Hurricane- und dem Supermarine-Spitfire-Jäger die absolute Priorität in der Produktion. Der letzte Whitley Mk V wurde im Juni 1943 ausgeliefert. Bei Kriegsausbruch im September 1939 sorgte die relativ niedrige Geschwindigkeit des Whitley dafür, dass er zu Nachteinsätzen benutzt wurde.

Der Whitley war als Nachtbomber niemals besonders erfolgreich, aber er wurde für verschiedene Ersteinsätze benutzt: Er war der erste Bomber, der seine Bomben über deutschem Boden ausklinkte, der erste britische Bomber, der zum Abwurf von Flugblättern über Berlin auftauchte und der erste Bomber,

■ UNTEN: Zu Beginn des Zweiten Weltkriegs war der wichtigste Nachtbomber der Royal Air Force der zweimotorige Armstrong Whitworth Whitley.

die Italien nach seinem Kriegseintritt im Juni 1940 angriffen. Der Whitley Mk V wurde im April aus dem Fronteinsatz zurückgezogen, obwohl einige Exemplare für den ersten „1000-Bomber-Angriff" auf Köln im Mai 1942 wieder zurückbeordert wurden.

DIE GEBURT DER B-17

Im Frühsommer 1934 schrieb das Luftwaffenkommando der US Army (USAAC) einen mehrmotorigen mittelschweren Bomber aus, der in erster Linie zur Küstenverteidigung gedacht war. Er sollte 900 kg Bomben über eine Reichweite von mindestens 1640 km, aber noch besser über 3500 km tragen können, und das bei einer Geschwindigkeit von 322 km/h, noch besser aber 402 km/h. Boeing hatte bereits seine eng miteinander verwandten Eindecker, die Modelle 214, 215 und 246, als zweimotorige Versuchs- und Einsatztestbomber der Serie B-9 entwickelt, und aufgrund der damit gewonnenen Erfahrungen war klar, dass die Bauweise dieser Flugzeuge als Eindecker angesichts der geringen Leistung der damals verfügbaren oder in Entwicklung befindlichen Sternmotoren nur wenig Aussichten auf Verbesserungen in ihrer zweimotorigen Form eröffnete. Die Konstrukteure legten also die USAAC-Anforderung eines mehrmotorigen Typs nicht wie die anderen Mitbewerber als zweimotorig aus. Da ein dreimotoriger Antrieb mit einer Maschine im Bug unpraktisch war, beschlossen sie, sie als viermotorige Maschine zu konzipieren.

Das Konstruktionsteam begann im Juni 1934 mit der Arbeit am Modell 299; mit dem Bau des Prototyps begann im August desselben Jahres ein Programm, das eines der wichtigsten Kampfflugzeuge aller Zeiten hervorbringen sollte. Als das Modell 299 entworfen wurde, war Boeing auch gerade dabei, den Prototyp des bedeutend größeren Modell-294-(XBLR-1-, später XB-15-)Bombers zu bauen, und das Modell 299 kann als Kreuzung aus der Aerodynamik und der Konstruktion des Transportflugzeugs Modell 247 mit dem Bomber Modell 294 gelten. Von ersterem wurde die Bauart übernommen, von letzterem die Anordnung des viermotorigen Triebwerks, der runde Querschnitt des Rumpfes und die Verteilung der Mannschaft, der Offensiv- und Defensivbewaffnung und der restlichen militärischen Ausrüstung im Rumpf. In der Größe stand das Modell 299 zwischen dem Modell 247 und dem Modell 294, und seine Spannweite war nur 2,50 m länger als die seines größten Rivalen, der Militärversion des zweimotorigen Transporters DC 3, der als DB-1 entworfen worden war und dann zum B-18-Bolo-Bomber weiterentwickelt wurde.

Der Prototyp des Modells 299 gehörte der Firma und flog erstmals im Juli mit einem Triebwerk aus vier Pratt&Whitney-R-1690-S1EG-Hornet-Sternmotoren mit jeweils 750 PS (559 kW), mit einer achtköpfigen Besatzung (zwei Piloten, Bombenschütze, Navigator/Funker und vier Bordschützen), einer Bombenlast von 2177 kg aus acht 272-Kilo-Bomben im Inneren und einer Defensivbewaffnung von fünf drehbaren Browning-7,62-mm-Maschinengewehren in einer kleinen Gefechtskanzel am Bug und vier kugelförmig verkleideten Kanzeln im Rücken, auf der Unterseite und an den Seiten.

Zu dieser Zeit verfügte das USAAC nur über geringe Mittel und konnte das Modell 299 nicht in großem Stil ordern, sondern bestellte nur kleine Kontingente, von denen jedes aber bedeutende Verbesserungen gegenüber seinen Vorgängern aufwies. Den 13 Y1B-17-Testflugzeugen folgten daher ein Exemplar der Y1B-17A, 39 Exemplare der B-17B, 38 Stück der B-17C und 42 Stück der B-17D. Die Erfahrungen der ersten Lufteinsätze über Europa bei den ersten Kampagnen im Krieg flossen dann jedoch in das erste Großserienmodell ein, die B-17E.

Dieser überarbeitete Typ hatte die Firmenbezeichnung Modell 299O. Die wichtigsten Veränderungen gegenüber dem Modell 299H (B-17C und B-17D) waren ein völlig überarbeitetes Heck mit größerem Leitwerk, eine verbesserte Panzerung, eine Anzahl interner Verstärkungen und eine überarbeitete Bewaffnung. Diese war besonders wichtig: die seitlichen Positionen wurden vereinfacht, die Rücken- und Bauchkanzel erhielten motorgesteuerte Sperry-Gefechtstürme mit je zwei 12,7-mm-Maschinengewehren und der handgesteuerte Heckstand erhielt ein weiteres Paar von 12,7-mm-Maschinengewehren. Die erste B-17E flog im September 1941 und die ersten 112 Flugzeuge aus dieser Produktionslinie besaßen einen Gefechtsturm an der Unterseite, der über ein Periskop von einer weiter hinten liegenden Plexiglaskanzel aus ferngesteuert wurde. Von dem 113. Flugzeug an wurde sie durch einen runden, mit einem Schützen besetzten Sperry-Gefechtsturm ersetzt. Andere Neuerungen waren das Triebwerk aus vier R-1820-65-Sternmotoren mit einer Leistung von jeweils 1200 PS (895 kW).

DIE ERSTEN B-17E

Die ersten B-17E-Bomber wurden an die 7. Bombergruppe geliefert, die ab Dezember 1941 zur 19. Bombergruppe auf dem

Armstrong Whitworth Whitley Mk V

Typ: fünfsitziger Langstrecken-Nachtbomber
Herkunftsland: Großbritannien
Triebwerk: zwei 1145-PS-(854-kW-) Rolls-Royce-Merlin-X-Kolbenmotoren
Leistung: Höchstgeschwindigkeit 370 km/h; Dienstgipfelhöhe 7925 m; Reichweite 2655 km
Gewicht: leer 8777 kg; maximale Startmasse 15.195 kg
Abmessungen: Spannweite 25,39 m; Länge 21,49 m; Höhe 4,57 m
Bewaffnung: fünf 7,7-mm-Browning-Maschinengewehre und bis zu 3175 kg Zuladung

■ OBEN: Den Kern der amerikanischen Tagesbombereinheiten bildete die Boeing B-17 Flying Fortress, die 1942 bis 1945 bei der Luftwaffe der 8. Armee in England eingesetzt wurde.

pazifischen Kriegsschauplatz gehörte; weitere 512 Flugzeuge wurde an die Einheiten überstellt, die seit Mai 1942 den Kern der Luftwaffe der 8. Armee in Großbritannien bildeten. Die erste in Großbritannien stationierte Einheit, die die B-17E einsetzte, war die 97. Bombergruppe, die August 1942 ihre ersten Einsätze in Europa flog. Weitere Mittelstreckenziele, vorwiegend im besetzten Frankreich, folgten in der ersten Hälfte des Jahres 1943.

Doch ein Großteil der in Europa stationierten B-17E-Kräfte wurde ab Oktober 1942 zur Einsatztruppe der 12. Armee verlegt, die die angloamerikanische Landung in Nordafrika im November 1942 und den anschließenden Feldzug bis zur endgültigen Vertreibung der Achsenmächte aus Afrika im Mai 1943 unterstützen sollte. Rund 45 B-17E-Bomber wurden Ende 1942 der RAF überstellt und dienten im Küstenkommando unter der Bezeichnung Fortress Mk IIA (mit Fortress Mk I waren 20 B-17C-Maschinen bezeichnet worden). Zusammen mit der neueren B-17F, die noch vor der B-17E an die RAF ausgeliefert wurde und daher die Bezeichnung Fortress Mk II erhalten hatte, wurden sie bei insgesamt acht Staffeln für Erkundungsflüge über dem Meer und für den meteorologischen Aufklärungsdienst eingesetzt.

Die B-17F ging aus der direkten Erfahrung der Amerikaner aus Kampfeinsätzen mit der B-17D gegen die Japaner hervor. Die B-17F unterschied sich von der B-17E dadurch, dass ihre Plexiglaskuppel am Bug in einem Stück gegossen und nicht wie jene aus vielen Segmenten zusammengesetzt war. Doch in Summe machten mehr als 400 kleine, aber sehr wichtige Änderungen die B-17F zu einem ausgezeichnetes Kriegsflugzeug. Sie wurde von vier R-1820-97-Sternmotoren mit je 1200 PS (895 kW) angetrieben. Die Änderungen wurden nach und nach im Zuge der Produktion der B-17F eingeführt, wie zum Beispiel eine verbesserte Panzerung, Aufhängevorrichtungen für Bomben unter den Tragflächen, die die maximale Zuladung für Kurzstreckeneinsätze auf 9435 kg erhöhten, zusätzliche Kugelzapfenhalterungen im Bug und in der Funkabteilung für drei weitere drehbare 12,7-mm-Maschinengewehre, eine elektronische Verbindung zwischen dem Norden-Bombenzielgerät und dem Autopiloten, geänderte Steuerungseinheiten, bessere Photoapparate, ein überarbeitetes Sauerstoffsystem und ein besseres Hauptfahrwerk, das erlaubte, das Startgewicht auf 29.484 kg und schließlich sogar 32.659 kg zu erhöhen, ein Zweikreis-Bremssystem, schusssichere Brennstofftanks, ein eigener Elektrogenerator, Staubfilter für die Vergasereinlässe, eine Vorrichtung für 4133 Liter zusätzliche Tanklast in „Tokio-Tanks“ in den Tragflächen sowie schaufelblättrige Propeller für die R-1820-97-Sternmotoren, die in überarbeiteten Gehäusen untergebracht waren, damit die Wirkung der tieferen Propellerblätter auch zur Geltung kam.

Die erste B-17F flog im Mai 1942 nur zwei Tage nach der Auslieferung der letzten B-17E und sie war die erste „Flying Fortress“, die nach dem Modulsystem hergestellt wurde, das die amerikanische Luftwaffe (USAAF) 1942 eingeführt hatte, um kleinere Verbesserungen des Standards in der Produktion zu bezeichnen, ohne das grundsätzliche Buchstabensystem zu ändern. Die Produktion erreichte eine Stückzahl von 3405 Flugzeugen von Boeing in 28 Blöcken, 605 von Douglas in 18 Blöcken und 500 von der Lockheed-Tochter Vega in elf Blöcken. Die B-17F wurde anfänglich an die Luftwaffe der 8. Armee in Europa ausgeliefert und flog den ersten amerikanischen Bombeneinsatz gegen deutsche Ziele im Januar 1943. Danach wurde die B-17F die Hauptwaffe der ständig zunehmenden Tagesangriffe, doch Mitte 1943 zeigte sich, dass die deutschen Jäger langsam vertraut wurden mit den amerikanischen Taktiken und den defensiven Schwächen der B-17F. Zur Krise in der Laufbahn dieses Modells kam es im August und Oktober, als zwei größere Bomberkampagnen mit hohen amerikanischen Verluste endeten. Die erste war ein Angriff von 376 Flugzeugen gegen Fabriken in Schweinfurt, Wiener Neustadt und Regensburg, der zweite ein Flug von 291 Flugzeugen nach Schweinfurt. In beiden Fällen gingen um die 60 Maschinen verloren, weil die Deutschen warteten, bis die Geleitschutzjäger umgekehrt waren und dann die zerstreuten Bomberstaffeln in mehreren Wellen von vorne an ihrer verwundbarsten Stelle angriffen.

Die B-17G verarbeitete diese Erfahrungen der Bomberbesatzungen, dass eine Verteidigung gegen Frontalangriffe von Jägern fehlte. Die erste Neuerung bestand in einem motorgesteuerten Bendix-Gefechtsturm unter dem Bug der Maschine mit zwei 12,7-mm-Maschinengewehren, die von der Kanzel aus fernbedient wurde. Hier entfielen die beiden handbedienten 12,7-mm-Maschinengewehre, die wegen ihres eingeschränkten Schussfeldes ohnehin zu ineffektiv waren und die Bewegung in der Kanzel zusätzlich erschwerten. Andere nach und nach realisierte Veränderungen waren eine verbesserte Position des Navigators, eine verfeinerte Bomben-Zieleinrichtung, verbesserte Turbolader mit elektrischer anstelle von hydraulischer Steuerung, eine verbesserte Ölung für die verstellbaren Propellerblätter, eine verbesserte Instrumentenanbringung im Cockpit, eine primitive elektrische Lenkhilfe für den Steuerknüppel, um den Piloten bei Formationsflügen mit schwerer Ladung zu entlasten, und eine weitere Aufrüstung der Defensivbewaffnung in Seiten- und Heckkanzeln. Erstere wurden mit festen Fenstern versehen, die den eisigen Zug abhielten, der den Schützen zu schaffen machte, und sie wurden zueinander versetzt angeordnet, sodass die Schützen sich bewegen konnten, ohne einander zu behindern. Die neue Hecklösung wurde als „Cheyenne"-Gefechtskanzel bekannt; eine Reduktion der Gesamtlänge um 0,127 m erweiterte das Schussfeld ganz erheblich und statt des Perlkorn-und-Ringvisiers wurde ein Teleskopvisier eingeführt. Das einzelne Maschinengewehr in der Position des Navigators, dessen Luke nur unzureichende Sicht und ein eingeschränktes Schussfeld bot, wurde später entfernt.

Die erste B-17G wurde September 1943 ausgeliefert; die Produktion lief bis April 1945, als die 8680. und letzte B-17G die Fabrik verließ und die Produktion der Flying Fortress nach insgesamt 12.731 Flugzeugen eingestellt wurde. Die B-17G war die erfolgreichste Variante aller Flying Fortress. Jeder der drei Hersteller produzierten 23 Kontingente des Typs und die Lieferungen von Boeing, Douglas und Vega umfassten jeweils 4035, 2395 und 2250 Flugzeuge.

DER FLIEGENDE BLEISTIFT

Deutschland hatte zwar die meisten seiner Kampfflugzeuge in den frühen 30er Jahren unter der Tarnung als zivile Flugzeuge entwickelt, aber die Do 17 war das einzige, das tatsächlich als ziviles Transportflugzeug entworfen und erst später zu einem Mehrzweckkampfflugzeug weiterentwickelt wurde.

Die erste wirkliche Militärversion, die Do 17 V4, wurde im Sommer 1935 fertiggestellt und unterschied sich von ihren zivilen Vorgängern durch das Fehlen der Kabinenfenster und die Ersetzung einer einzelnen vertikalen Flosse durch ein Zwillingsleitwerk, um größere Stabilität beim Geradeausflug zu gewährleisten. Im Inneren befanden sich anstelle der Passagierkabine der Platz des Funkers und die Bombenkammer, die im unteren Teil des Rumpfes direkt hinter dem vorderen Flügelholm begann.

Zwei weitere Prototypen, die Do 17 V5 und die Do 17 V6, wurden im Herbst 1935 in das militärische Erprobungsprogramm aufgenommen; die letztere war praktisch identisch mit der Do 17 V4, doch die Do 17 V5 hatte als Antrieb zwei Hispano-Suiza-12-Ybrs-V-Motoren, die jeweils eine Leistung von 775 PS (578 kW) in Meereshöhe und 860 PS (641 kW) in 4000 m Höhe erbrachten. In den ersten Modellen war eine defensive Bewaffnung nicht vorgesehen, weil die deutschen Taktiker dieser Zeit davon ausgingen, dass der Do-17-Bomber zu schnell sei, um abgefangen zu werden. Später überwogen realistischere Überlegungen und bei der Do 17 V7 wurde ein Maschinengewehr in einer Kanzel über der Kabine eingebaut, das vom Funker bedient wurde. Dieser Prototyp hatte auch eine echte Bombenschützenkanzel in einer halbkugeligen verglasten Kuppel im Bug und verglaste Aussichtsfelder unter dem Bug.

Boeing B-17F Flying Fortre

Typ: zehnsitziger schwerer Bomber
Herkunftsland: USA
Triebwerk: vier 1200-PS-(895-kW-) Wright-R-1820-97-Sternmotoren
Leistung: Höchstgeschwindigkeit 486 km/h; Dienstgipfelhöhe 10.850 m; maximale Reichweite 5472 km
Gewicht: leer 20.212 kg; maximale Startmasse 32.659 kg
Abmessungen: Spannweite 31,63 m; Länge 22,78 m oder 22,66 m mit der „Cheyenne"-Heckkanzel; Höhe 5,82 m
Bewaffnung: 13 12,7-mm-Browning-M2-Maschinengewehre sowie bis zu 7983 kg Zuladung

Als an den Prototypen letzte Hand angelegt wurde, hatte Dornier in seinen Werken in Allmanweiler, Löwenthal und Manzell bereits Produktionsbänder für die großen Bestellungen der beiden ersten Modelle eingerichtet, den Do-17E-Bomber und den Do-17F-1-Aufklärer, die parallel zueinander hergestellt werden sollten. Der Do 17E-1 hatte dieselbe Bewaffnung wie der Do 17F-1, je ein einzelnes rückwärts feuerndes drehbares 7,92-mm-MG 15-Maschinengewehr in Lukenkanzeln im Rücken und Bauch und er war vollständig für die Bomberrolle ausgerüstet mit einem Visier im verglasten Bug sowie Bombenkammern im unteren Teil des Rumpfes, die vom Heck bis hinter die Kabine reichten und 500 kg Bomben aufnehmen konnten. Dornier hatte sich bemüht, die Herstellung des Typs zu rationalisieren, indem man die Zelle in

mehrere Einheiten zerlegte, sodass sich die Produktion an mehrere Subunternehmer delegieren ließ.

Die ersten Do-17E-1-Bomber waren Anfang 1937 verfügbar und als erste Einheiten wurden die Gruppen I der Kampfgeschwader 153 und 155 damit ausgerüstet, gefolgt im selben Jahr von den Gruppen II und III/KG 153 und II und III/KG 155; letztere wurde später zum KG 158. Die Luftwaffe betrachtete die Do 17 als sehr wichtige Waffe und entschied 1937, einige Exemplare zur Gefechtserprobung in den spanischen Bürgerkrieg zu senden.

VERBESSERUNGEN BEI DORNIER

Noch ehe die ersten Exemplare des Do-17E-1-Bombers und des Do 17F-1-Aufklärers die Fabrik verlassen hatten, hatte Dornier ein Programm für langfristige Verbesserungen des Grundentwurfs begonnen. Den ersten Schritt in diese Richtung bildete die Do 17 V8, auch Do 17M V1 genannt, mit ihrem deutlich verstärkten Triebwerk aus zwei Daimler-Benz-DB-600A-V-Motoren mit jeweils 1000 PS (746 kW), die je einen dreiblättrigen verstellbaren VDM-Metallpropeller antrieben und eine Höchstgeschwindigkeit von 425 km/h ermöglichten. 1937 nahm sie am Militärflugzeugwettbewerb in Zürich teil und belegte den ersten Platz im Alpenwettflug, wobei sie auch eine Reihe von Jägern anderer Länder schlug. Die deutsche Propaganda verbreitete, dass dies ein perfekter Standardbomber aus der Serienproduktion sei, was bei den anderen europäischen Nationen Besorgnis über die deutschen militärischen Ambitionen hervorrief. Die Do 17M V1 hatte jedoch keine Chance, der Prototyp eines Standardmodells zu werden, denn der Nachschub an DB-600-Motoren war für die Bestückung der Jagdflugzeuge vorgemerkt. Sie zeigte jedoch, wie weit die Flugleistung gesteigert werden konnte, und ein verbessertes Triebwerk mit zwei Bramo-(seit 1939 BMW-Bramo-) 323A-1-Fafnir-Sternmotoren mit je 900 PS (671 kW) Startleistung wurde jetzt montiert, die mit Hilfe eines Zweistufenkompressors auf 1000 PS (746 kW) in 3100 m Höhe gebracht werden konnten. Der Wechsel von einem V- zu einem Sternmotor ergab keine technischen Probleme außer der Notwendigkeit eines relativ simplen Umbaus der Motorgehäuse und später im Jahr 1937 stellte Dornier seine Produktionsbänder von der Do 17E und Do 17F auf den Do-17M-Bomber und den Do-17P-Aufklärer um.

Man hatte gehofft, dass die Do 17M und die Do 17P genaue Parallelen zur

Do 17E und zur Do 17F seien, aber die Produktion des Fafnir-Sternmotors reichte weder für den Bomber noch für den Aufklärer und man entschied, dass letzterer ein anderes Triebwerk bekommen sollte, mit BMW-132N-Sternmotoren mit 865 PS (645 kW) Startleistung. Zwei Prototypen mit Fafnir-Motoren wurden als Do 17 V13 (oder Do 17M V1) und Do 17 V14 (oder Do 17M V2) mit einer etwas verbesserten Defensivbewaffnung und Verstärkungen wegen der zusätzlichen Leistung gebaut. Die Erfahrung in der ersten Phase des Zweiten Weltkriegs zeigte jedoch, dass die Do 17 auch mit der verstärkten Motorleistung den modernen Eindecker-Jagdflugzeugen der Franzosen und Engländer nicht entkommen konnte, und die Instandsetzungseinheiten der Luftwaffe erhöhten die Devensivkraft der übrigen Maschinen oft mit einem zusätzlichen Paar von MG-15-Maschinengewehren.

Die neue Bombervariante, die 1938 als Do 17M-1 in Dienst gestellt wurde, war in ihren Abmessungen identisch mit der Do 17E-1 außer in ihrer Höhe von 4,55 m, unterschied sich aber in einigen Details. Wie bei der Do 17F-1 können keine exakten Produktionsziffern mehr ermittelt werden außer einer Gesamtzahl von 565 Do 17E, Do 17M und Do 17P.

Die Do 17M-1 blieb nicht lange im aktiven Dienst, sondern wurde bereits 1939 durch die überlegene Do 17Z ersetzt.

Während der Einsatzerprobung der Do-17-Serie im spanischen Bürgerkrieg stellte die Luftwaffe fest, dass ihre ersten Erwartungen etwas zu optimistisch waren. Dem Leistungsabfall versuchte man mit bescheidenem Erfolg durch die höhere Motorisierung des Do-17M-Bombers und des Do-17P-Aufklärers abzuhelfen, aber die unzureichende Defensivbewaffnung erforderte drastischere Maßnahmen. Anfang 1938 begann Dornier daher an einer neuen Viermannkabine zu arbeiten, die eher für Effizienz im Einsatz als für optimale Aerodynamik konzipiert war.

PLATZPROBLEME

Der Raum in den Do-17E/F- und M/P-Serien war bemerkenswert beengt und so erhielt der neue Vorderrumpf ein höheres Kabinendeck, das für eine bessere Sicht komplett verglast war. Auch der Platz des Bombenschützen war vollständig mit kleinen Scheiben verglast und wurde bis zur Vorderkante der Tragflächen vergrößert. Dies ergab einen Vorsprung an der Unterseite, wo ein Maschinengewehr mit besserem Schussfeld als in den früheren Varianten installiert werden konnte. Diese neue vordere Rumpfsektion erhielt zuerst der Hochgeschwindigkeitsaufklärer Do 17S, von dem nur drei Testmaschinen mit zwei DB-600G-Motoren gebaut wurden, dann die Do-17U, von der nur 15 Stück gebaut wurden, und schließlich die Do 17Z, die im Herbst 1938 der Do 17U in der Produktion folgte. Diese Version ähnelte im Grunde der Do 17S und der Do 17U außer in der Motorisierung mit zwei Sternmotoren, weil der Nachschub an DB-600-V-Motoren nicht ausreichte, der für die Jagdflugzeuge reserviert war. Stattdessen wählte man den Bramo-323A-1-Fafnir-Sternmotor, der in das Do 17Z-0-Vorserienmodell eingebaut wurde, das eine vierköpfige Besatzung hatte sowie eine Defensivbewaffnung von drei drehbaren 7,92-mm-MG 15 in der Frontscheibe, hinten im Cockpit und im Heck. Ein viertes MG desselben Typs wurde am Bug des Do17Z-1-Serienmodells hinzugefügt, das Anfang 1939 bei den Kampfeinheiten eintraf. Trotz des zusätzlichen Luftwiderstandes, der durch den neuen Bug bedingt war, ähnelten die Leistungen der Do 17Z-1 denen der Do 17M-1, allerdings nur, wenn sie nicht voll beladen war. Das zusätzliche Gewicht der neuen Bugsektion, des zusätzlichen Besatzungsmitglieds und der Maschinengewehre schränkte sowohl die Geschwindigkeit als auch die Reichweite derartig ein, dass man beschloss, die maximale Bombenlast auf 500 kg zu beschränken. Die volle Bombenlast wurde erst wieder von der Do 17Z-2 mit zwei Bramo-323P-Fafnir-Sternmotoren erreicht, aber dadurch war dann die Tankkapazität so eingeschränkt, dass sie in voll beladenem Zustand nur eine taktische Reichweite von 330 km erreichte. Die Do 17Z-3 war als Bomber/Aufklärer eine Ableitung der Do 17Z-2 mit zwei automatischen Rb-20/30-Kameras und einer maximalen Bombenlast von 500 kg. Die letzte Serienversion des Do-17Z-Bombers war die Do 17Z-3, aber die Instandhaltungseinheiten der Luftwaffe brachten noch

Boeing B-17G Flying Fortress

Typ: zehnsitziger schwerer Bomber
Herkunftsland: USA
Triebwerk: vier 1200-PS-(895-kW-) Wright-R-1820-97-Sternmotoren
Leistung: Höchstgeschwindigkeit 486 km/h; Dienstgipfelhöhe 10.850 m; maximale Reichweite 5472 km
Gewicht: leer 20.212 kg; maximale Startmasse 32.659 kg
Abmessungen: Spannweite 31,63 m; Länge 22,78 m; Höhe 5,82 m
Bewaffnung: 14 12,7-mm-Browning-M2-Maschinengewehre sowie bis zu 7983 kg Zuladung

Möwe-Club Wilhelmshaven, S. Wolter, Bahnweg 13, 26419 Schortens

Deutsche Post PC STAMPIT A0010ED2DF 0,55 EUR 02.11.11 MUSTER

Kesting, Georg
Friedrich-Ebert-Str. 54

61118 Bad Vilbel

Zu guter Letzt

Impressum: Die Clubinfo ist ein Mitteilungsblatt des Möwe-Clubs für seine Mitglieder
Redaktion: Siegfried. Wolter, Bahnweg 13 26419 Schortens, Tel: 0442143666, FAX 0442143911. Druck: Möwe-Verlag Wilhelmshaven.
Postbank Hannover Möwe-Club Siegfried Wolter, Kto.Nr. 428176309, BLZ 250 100 30 Namentlich gekennzeichnete Beiträge geben ausschließlich die Meinung des Verfassers wider. Für unverlangt eingesandte Manuskripte besteht kein Anspruch auf Abdruck, Einzelvertriebsstück: EUR 6,00.

Weitere Modellfotos von Wolfram Hackenberg, Elsa-Brändström-Str. 72,46045 Oberhausen, 0208 24777

Bernd Seeliger, Baumhofstr. 49, 37520 Osterode, 05522/72394

Bei diesem neuen Modell der Eigenkonstruktion handelt es sich um den russischen Lenkwaffenkreuzer ADMIRAL GOLOUKO derKynda-Klasse.
142 m lang, 4400 ts, 2 Dampfturbinen 70 000 PS, 2 Schrauben, Baujahr 1963, ausser Dienst: 2006. Ich habe das Modell selbst gezeichnet und gebaut, aus grau-grünem und weißem Wilhelmshavener Karton. Die einzigen Fertigteile sind die Ankerketten mit Anker, Reling und Rettungsflöße.

für diesen Zeitraum nicht im Fahrplan vorgesehen war.
Die Hurtigruten gehören zum nationalen Selbstverständnis der Norweger: Deren Schiffe fahren entlang der Küste des gebirgigen Landes von Bergen in der Landesmitte bis zum Nordkap und transportieren Post, Waren und Reisende. Die **"Nordlys"** ist 122 Meter lang und lief 1994 in Stralsund vom Stapel.

Der Bastler hat das Wort

Otto Knizacek, Strassgangerstr. 51, A-8020 Graz, email: knizacek_otto@tele2.at
Einige Bilder von Wilhelmshavener Modellen. San Francisco und Admiral Scheer, mit leichten Verbesserungen. Mein erstes Modell war der Leichte Kreuzer Königsberg 1957.
Grüße aus Graz

Drama auf NORDLYS

Am Donnerstag, 15. September 2011 13.03 Uhr, brach auf der "Nordlys", einem Schiff der norwegischen Hurtigruten-Line, Feuer aus, 2 Menschen starben.

Insgesamt befanden sich 207 Gäste verschiedener Nationalitäten, darunter 42 Deutsche, an Bord. Alle 207 Gäste konnten sicher vom Schiff evakuiert werden. Zwei der insgesamt 55 Besatzungsmitglieder kamen bei dem Unglück ums Leben, zwei weitere befinden sich mit Verletzungen im Krankenhaus. Der Brand ist wahrscheinlich durch eine Explosion im Maschinenraum ausgelöst worden. Alle 207 Passagiere seien "sicher an Land gekommen", teilte die Reederei Hurtigruten mit. Gut die Hälfte der Passagiere wurde zunächst auf Boote gebracht. Das brennende und stark rauchende Schiff konnte zum Kai bugsiert und festgemacht werden. Nach dem Anlegen stand für die anderen Reisenden der direkte Weg an Land offen.

Wegen der gewaltigen Rauchentwicklung ließen die norwegischen Behörden das Zentrum der Kleinstadt Alesund vorübergehend evakuieren. Ein massives Aufgebot der Feuerwehr war im Einsatz, um den Brand nach dem Anlegen zu löschen. Spezialisten durchsuchten das Schiffsinnere nach möglicherweise zurückgebliebenen Passagieren. Am frühen Nachmittag war der Brand unter Kontrolle. Im Hafen von Alesund drohte das Schiff dann zu kentern. Der "kritische Punkt" von 20 Grad Schlagseite wurde zeitweise überschritten. Durch das Abpumpen von Wasser aus dem Rumpf und mit einem Kran konnte das Schiff stabilisiert werden.

Passagiere berichteten Reportern der norwegischen Nachrichtenagentur NTB, dass die Evakuierung des Schiffes nach dem Brandalarm ohne Panik abgelaufen sei. "Das lief gut ab", sagte die Dänin Benedicte Skovested nach den NTB-Angaben. Man habe die Rauchentwicklung an Deck bemerkt. "Es gab keine Panik. Die Besatzung hat das sehr professionell bewältigt Sie sind beim Frühstück gesessen und haben absolut nichts gehört und keinerlei Erschütterungen gespürt. Plötzlich kam via Durchsage der Alarm, dass sofort alle an Deck müssen. Dort haben sie dann den Rauch gesehen." So beschrieb ein Niederösterreicher, der mit seiner Lebensgefährtin bereits eine Woche mit der "Hurtigruten" unterwegs gewesen war, die Augenblicke nach Ausbruch des Brandes.

"Sie konnten nur das mitnehmen, was sie beim Frühstück dabei hatten." Und das waren im Fall des österreichischen Paares immerhin die Geldbörse der Frau sowie beide Reisepässe. "Sie haben großes Glück gehabt", berichtete er, weil nämlich zuvor schwerer Seegang war. Wenn das Unglück auf dem offenen Meer passiert wäre, dann hätte es schon zu einer Panik kommen können." Die Evakuierung mit Rettungsbooten sei jedenfalls "ruhig" abgelaufen.

Die "Nordlys" ist nun in der Fiskerstrand Werft zur Reparatur – Schlepper zogen das Postschiff ins Trockendock. Die kompletten Bergungskosten werden von Medien in Norwegen auf bis zu 50 Millionen Kronen geschätzt, die MS Nordlys selbst soll einen Marktwert von 400-500 Millionen Kronen haben.

Die Schäden an der MS Nordlys seien aber weit geringer als befürchtet. Die Hoffnung der Reederei sei es, das Schiff bis Mitte Januar wieder betriebsbereit zu bekommen. Angedachte Planänderungen der MS Finnmarken bzw. der MS Fram wurden verworfen, beide Schiffe werden nicht als Ersatz für MS Nordlys fahren. Die MS Finnmarken ist als Hotelschiff in Australien abgestellt und die MS Fram fährt Antarktis-Kreuzfahrten. Sollte die Reparatur nicht möglich sein oder zu kostspielig werden, wird über die Option eines neuen Schiffes verhandelt, das vermelden norwegische Medien.

Alle geplanten Abfahrten der MS Nordlys sind bis Mitte Oktober abgesagt. Den Winterfahrplan vom 1. November bis 31. Dezember 2011 wird der Ausfall von MS Nordlys nicht beeinträchtigen, da das Schiff

10,5-cm UTOF-Geschütz (Technische Angaben nach „Gröner".)
Unter der Best.-Nr. 1296 gibt es alle Boote der Raubvogelklasse im üblichen Grau. Allerdings lassen sich die Boote mit unterschiedlicher Bewaffnung bauen, von 1927 bis 1944, dem Jahr, in dem die letzten Boote dieser Klasse verlorengingen.

Von der Möwe aufgepickt

Entmagnetisierungsschleife

Im Großen Hafen von Wilhelmshaven fahren die Schiffe der Deutschen Marine immer wieder ihre Runden vor der Messstelle auf der Wiesbadenbrücke. Beim Süd-Nord-Kurs kam der vordere Schlepper dem Bontekai recht nah. Doch meist sind im Großen Hafen deutlich größere Fregatten beim „Schleife fahren" zu sehen - und solche Einheiten fahren dort aus Platzgründen nur auf Ost-West-Kurs.
Wie die meisten modernen Seestreitkräfte so besitzt auch die Bundesmarine eine Anlage für die Entmagnetisierung ihrer schwimmenden Einheiten. Diese Anlage ist hier in Wilhelmshaven, im Großen Hafen, östlich der Wiesbadenbrücke schon vor vielen Jahren installiert worden.
Kriegschiffe mit elektrischem Magnet – Eigenschutz (MES) müssen in dieser Entmagnetisierungsanlage in regelmäßigen Zeitintervallen „Schleife fahren". Dabei wird das durch die MES-Anlage an Bord künstlich aufgebaute Magnetfeld so geregelt, dass es den Eigenmagnetismus des Schiffes aufhebt.
Das Schiff wird während der Entmagnetisierung über eine im Wasser verlegte elektrische Kabel-Schleife bugsiert, wobei des Magnetfeld der Überwassereinheit neu ausgerichtet und mit dem künstlich erzeugten MES-Feld an Bord abgeglichen wird.
Ein Schiff, das die „Antimagnet - Behandlung" an der Entmagnetisierungsschleife beendet hat, ist bei eingeschalteter MES-Anlage praktisch magnetfrei und somit geschützt gegen die Zündeinrichtung von Magnetminen.
Da sich das Eigenmagnetfeld im Laufe der Zeit neu ausrichtet und verändert, muss das Kriegsschiff besonders nach Umbauten oder nach dem Einbau metallischer und elektrischer Geräte, neu entmagnetisiert werden.
Die Anlage im Großen Hafen wird auch von anderen Natoflotten mit benutzt. Besonders die niederländische Marine ist mit ihren Schiffen aus diesem Grund in regelmäßigen Abständen zum Arbeitsbesuch in der Jadestadt.

DIN A3 Druck. Nur wenige Teile (Bordwand etc.) mußten wegen ihrer ursprünglichen Länge geschnitten werden, können ab er stumpf aneinander geklebt problemlos montiert werden. Ebenso ist die neue (alte) BREMEN jetzt auch im Maßstab 1:500 erhältlich ***(Art.Nr. 1000-500, EURO 19,90).*** *Das ist ein Maßstab, der sich besonders dafür eignet, die Detailvielfalt und die Genauigkeit der 250er Modelle widerzu spiegeln, aber zu Hause ggf. Platz zu sparen. Den 500 Maßstab gibt es inzwischen auch für alle anderen 250er Bausätze. Als weitere Neuheit ist das Torpedoboot SEESTERN - „flaschen-grün“* ***(Art.Nr. 1269A, EURO 9,90)*** *ab sofort lieferbar. Näheres dazu weiter unten.*
Besonders betroffen gemacht hat mich das Feuer auf der NORDLYS, nicht nur weil wir dieses Schiff der norwegischen Hurtigruten als Bausatz bei uns führen (Art.Nr. 1083), sonder auch weil ich die Jungfernfahrt dieses Schiffes mitgemacht habe. Infos zu diesem Unglück finden Sie in der nächsten Rubrik.
Das Wilhelmshavener Modellbau - Magazin (letzte Ausgabe 2009) wird als 2012-Ausgabe zur Zeit gedruckt und ist ebenfalls ab Mitte November zum neuen Club-Preis von EURO 19,90 (normaler Preis EURO 26,90) lieferbar.
Zum Schluß noch ein Aufruf an unsere Flugzeugbauer: ich möchte die „unendliche Geschichte“ der CONVAIR 340 zu Ende bringen und suche Kontrollbauer, die dieses wenig aufwendig konstruierte und bisher nicht erschienene Flugzeug aus den Anfängen des Lehrmittelinstituts möglichst bald zu Probe bauen, um festzustellen, ob noch konstruktive oder farbliche Mängel vorhanden sind. Es sollte Ihr Schaden nicht sein!
Wie wir alle wissen, ist der Kartonmodellbau auch besonders als Therapie zum Üben der Feinmotorik in den Händen, Fingern und Kopf geeignet. (Leider ist diese Therapie bisher nicht krankenkassenfähig ☺.) Da ich aber verschiedentlich gehört habe, daß in früheren Clubmitteilungen die Schrift schwierig zu lesen war, drucken wir ab sofort etwas größer.
Und nun wünsche ich Ihnen noch viel Spaß beim weiteren Lesen dieser Möwe.

Ihr Siegfried Wolter.

Torpedoboot "SEEADLER" - flaschengrün

(vom Konstrukteur Jürgen Rathert)

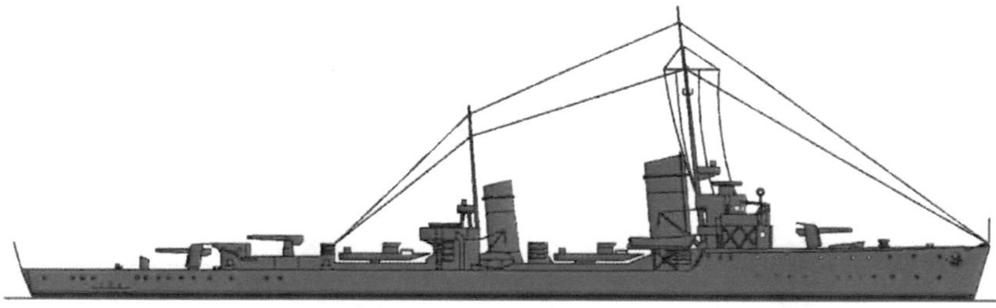

Die insgesamt sechs Torpedoboote der Raubvogel klasse, nämlich Möwe, Albatros, Falke, Kondor, Seeadler und Greif wurden in den Jahren 1925/1928 auf der Reichsmarinewerft Wilhelmshaven für die Deutsche Reichsmarine erbaut. Es waren die ersten größeren Schiffsneubauten nach dem Ersten Welt krieg und lehnten sich sehr an die letzten Entwick lungen der Torpedoboote der Kaiserlichen Marine an (Typ H 143). Die Neubauten unterlagen den Bestimmungen des Versailler Vertrages, die u. a. die Maximalwerte für Tonnage und Geschwindigkeit festlegten. Die ca. 89 m langen und 8,30 m breiten Boote konnten mit einer maximalen Maschinen leistung von ca. 25000 PS eine Geschwindigkeit bis zu 33 Knoten erreichen. Die offizielle Verdrängung betrug 800 ts standard Deplacement.
Das Seeverhalten war nicht besonders gut, was unter anderem dazu führte, daß die Tanks im Vorschiff nur mit einem geringeren Treibstoffvorrat gefahren wurden.
Seeadler ging, wie die Iltis (Torpedoboot der Raubtierklasse), am 13. Mai 1942 durch britische MTB-Torpedos bei der Geleitsicherung für den Hilfskreuzer Stier im Kanal verloren.
Im Jahre 1927 erhielt die Seeadler zur Erprobung eine Bemalung in flaschengrün.
Insofern ist das Modell in etwa in dem Bauzustand des Jahres 1927 und die Bewaffnung entsprechend gering, nämlich sechs 53,3-cm-Torpedorohre in zwei Drillingssätzen, zwei 10,5-cm-Geschütze und ein

Neues aus dem Verlag

Liebe Freunde,

kaum ist die Frankfurter Buchmesse (11. – 15. Oktober), die für uns ein großer Erfolg war vorbei, beginnt in den ersten Geschäften bereits die Weihnachtsdekoration. Unsere Zeit wird immer schneller. Da ist es gut, ein Hobby zu wissen, das unser Leben etwas **entschleunigen** kann.

Doch noch einmal kurz zurück zur Buchmesse. Hier eine kurze Zusammenfassung von Pressestimmen: Die Geschichte der Frankfurter Buchmesse reicht zurück bis ins 15. Jahrhundert. Damals erfand Johannes Gutenberg nur wenige Kilometer von Frankfurt entfernt den Buchdruck. Bis ins 17. Jahrhundert blieb die Bedeutung Frankfurts als zentrale Buchmesse-Stadt Europas unbestritten. Im Zuge politischer und kultureller Umwälzungen ging diese Rolle im 18. Jahrhundert jedoch auf Leipzig über. Erst 1949 lebte die neuzeitliche Tradition der Buchmesse in Frankfurt wieder auf. 205 deutsche Aussteller kamen vom 18. bis 23. September in der Frankfurter Paulskirche zur ersten Buchmesse der Nachkriegszeit zusammen. Heute im Jahr 2011, mehr als 60 Messejahre später ist die Frankfurter Buchmesse die größte Buchmesse der Welt und ein Markenzeichen und Vorbild für internationale Kulturevents mit rund 7.400 Ausstellern aus 106 Ländern und 280.194 Besucher und rund 10.000 Journalisten in 2011.

Als absolutes Besucherhighlight erwies sich diesmal das Gastland Island mit seiner spektakulären Präsentation. Mit überbordender Lust am Erzählen, einer gekonnten Mischung aus klassischen Sagas und moderner, temporeicher Literatur sowie großer Gastfreundschaft rissen die Isländer das Publikum der Frankfurter Buchmesse regelrecht mit.

Als eher seltsamer Prominenter und undurchsichtiges Zwitterwesen präsentierte sich dagegen das E-Book. Allgegenwärtig in den Diskussionen über die digitale Zukunft, das Urheberrecht und die elektronische Piraterie, als reale Erscheinung eher abwartend am Rande stehend. Aber im Buchhandel rumort das E-Book schon heftig: Der Chef der Buchhandelskette Thalia prognostizierte, bis 2017 würden 30 bis 40 Prozent der Umsätze aus dem stationären Handel verschwinden. Das Gesicht der Buchmesse verändert sich zunehmend: neue Ideen und neue Branchenteilnehmer tauchen auf. Viele junge Disziplinen - vom digitalen Publishing bis hin zu Computerspiel-Produzenten - waren auf der Messe über alle Hallen, Sachgebiete und Regionen verteilt zu finden Jenseits der elektronischen Lesegeräte erlebten die Besucher auf der Buchmesse ein lebhaftes Experimentieren mit neuen Ideen, mit neuen Formen des Geschichtenerzählens und multimedialen Formaten.

Ähnlich lebendig und kreativ präsentierte sich auch die nationale und internationale Autoren- und Literaturszene dem deutschen Lesepublikum. Bei über 2.200 gut besuchten Veranstaltungen für das Publikum wurde deutlich, dass eine gute Geschichte für Menschen immer wieder große Anziehungskraft ausübt. Für unsere Produkte gab es neben dem großen Interesse der einheimischen Buchhändler eine große Nachfrage nach Lizenzen und den Aufbau neuer Vertriebskanäle.

Soviel als kleinen Rückblick auf diese Messe.

Und jetzt wieder zu uns selbst:seit vielen Jahren konnte ich die Preise stabil und unverändert halten, werde aber nicht mehr umhin kommen, sie ab Januar der allgemeinen Kostensteigerung im Druckzubehörbereich und beim Papiereinkauf anzupassen und ein wenig zu erhöhen. Die neue Preisliste wird dann als Anlage zu der nächstem Möwe beigefügt werden. Als Kompensation und als Dank für Ihre Treue wird der Rabatt für den Möwe-Club dafür ab sofort auf 25% angehoben, die Clubmitgliedschaft dagegen bleibt mit EURO 30,- unverändert.

Inzwischen ist der Bausatz des Fahrgastschiffes TS BREMEN (bisher noch als DIN A2) vergriffen. Dieses Schiff gibt es aber wieder als DIN A3 Druck. Nur wenige Teile (Bordwand etc.) mußten wegen ihrer ursprünglichen Länge geschnitten werden, können ab er stumpf aneinander geklebt problemlos montiert werden. Ebenso

Möwe

Möwe-Club Wilhelmshaven

Möwe-Club
Bahnweg 13
26419 Schortens

www.papermod.com

Tel. 0442143666
info@papermod.com
Fax: 0442143911

Nr. 88
Oktober
2011

Vierteljährlich erscheinendes Mitteilungsblatt

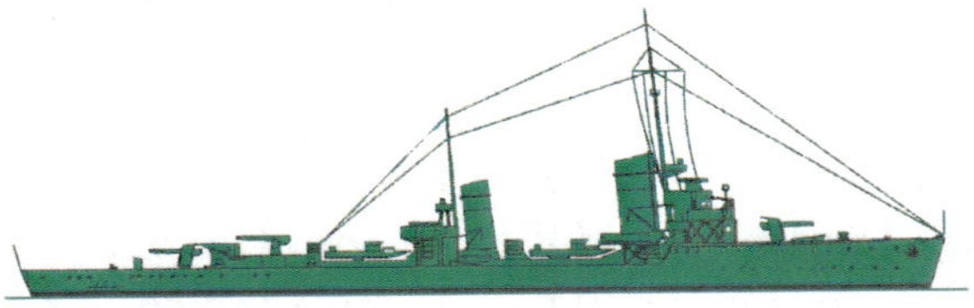

Torpedoboot Seeadler (flaschengrün)

Entmagnetisiert

WILHELMSHAVENER Freundeskreis MODELL

Brand auf NORDLYS

Neue Bilder der Indianapolis

Letzte Meldungen: *Mitgliedbeitrag unverändert, aber Clubrabatt wird höher!*

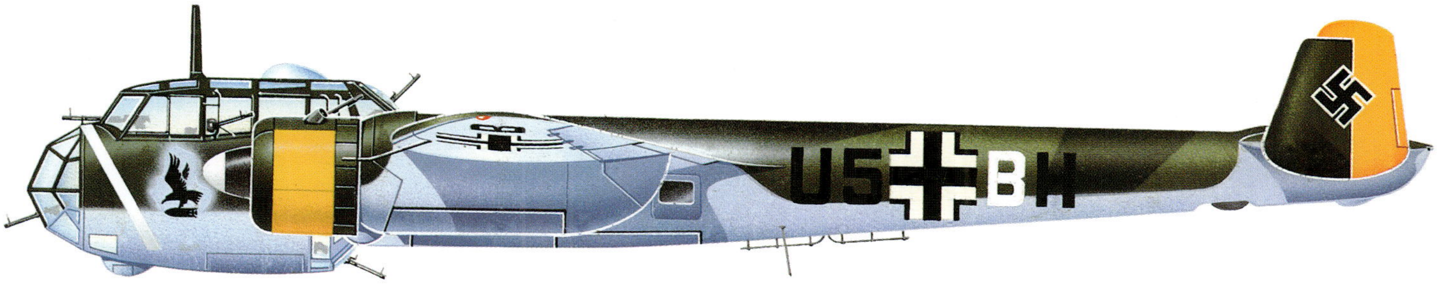

Dornier Do 17Z-2

Typ: viersitziger mittelschwerer Bomber
Herkunftsland: Deutschland
Triebwerk: zwei 1000-PS-(746-kW-) BMW-Bramo-323P-Fafnir-Sternmotoren
Leistung: Höchstgeschwindigkeit 410 km/h; Dienstgipfelhöhe 8200 m; maximale Reichweite 1500 km
Gewicht: leer 5715 kg; maximale Startmasse 8837 kg
Abmessungen: Spannweite 18,00 m; Länge 15,80 m; Höhe 4,55 m
Bewaffnung: bis zu acht (7,92-mm-MG-15-Maschinengewehre, sowie bis zu 1000 kg Zuladung

zwei weitere Varianten hervor, die Do 17Z-4, ein Trainingsflugzeug mit doppelter Steuerung, und die Do 17Z-5, die aufblasbare Schwimmsäcke und ein Landegestell für Notlandungen auf dem Wasser besaß.

STALIN WIRD TÄTIG

Russlands Iljuschin ZKB-26 war der Prototyp eines mittelschweren Langstreckenbombers, der zum ersten Mal im Februar 1936 flog. Er wurde angetrieben von einem Paar Gnome-Rhône-14K-Mistral-Major-Sternmotoren mit jeweils 800 PS (597 kW); ihm folgte ein zweiter Prototyp mit geschlossenem Cockpit, einem Heck, das jetzt in Leichtmetall-Halbschalenbauweise und nicht in Holz ausgeführt war und einem Triebwerk aus zwei Tumanskij-M-85-Sternmotoren mit jeweils 800 PS (597 kW), die von dem Mistral-Major abgeleitet waren. Auf ausdrücklichen Befehl des sowjetischen Diktators Josef Stalin wurde von der sowjetischen Luftwaffe anstelle der im Allgemeinen überlegenen Tupolew ANT-37, die bereits als DB-2 für die Produktion vorbereitet worden war, die DB3B-Serienversion der ZKB-30 bestellt. Die Serienfertigung begann im Februar 1937 und erreichte bis 1940 schließlich eine Gesamtzahl von 1528 Flugzeugen. Hierin eingeschlossen sind auch die ursprüngliche DB-3B-Serie mit einem Triebwerk aus zwei M-85-Sternmotoren (sie wurden später durch zwei verbesserte M-86-Einheiten mit derselben Leistung ersetzt und schließlich durch die M-87-Motoren mit 950 PS/708 kW), ferner die modernisierte DB-3M, die 1938 mit einem vereinfachten und leichter herzustellenden Aufbau herauskam, und die DB-3T-Torpedobomberversion mit einer Vorrichtung für einen 450-mm-45-12-AN-Torpedo, der unter dem Rumpf transportiert wurde.

Als die Produktion der DB-3M 1939 in Schwung kam, überarbeitete Iljuschin den Aufbau völlig neu zur DB-3f-(*forsirovannji,* oder intensiv-)Variante, die wesentlich leichter herzustellen und im Feld zu warten war. Der Antrieb wurde auf zwei Tumanskij-Sternmotoren umgestellt mit jeweils 950 PS (708 kW), die einen dreiblättrigen verstellbaren VISch-23 Metallpropeller antrieben und in verbesserten Motorgehäusen untergebracht waren. Er machte im Januar 1940 seinen ersten Flug und ging im selben Jahr mit einem Antrieb von zwei Tumanskij-M-88-Sternmotoren mit jeweils 1000 PS (746 kW) in Serie. Gegen Ende des Jahres wurde die Bezeichnung in Il-4 geändert. Die Produktion wurde 1944 nach 5256 Flugzeugen eingestellt. Im Laufe der Jahre wurden einzelne Änderungen an Motoren und Bewaffnung vorgenommen.

DIE JAPANISCHE NELL

Obwohl sie bereits 1941 nicht mehr zeitgemäß war, strafte die Mitsubishi G3M (die die Alliierten später „Nell“ tauften) ihre technischen Grenzen durch eine Reihe von Aufsehen erregenden Erfolgen am Beginn der japanischen Offensive Lügen; am bekanntesten davon ist die Versenkung der HMS *Prince of Wales* und der HMS *Repulse,* die so die ersten großen Schiffe waren, die allein von Flugzeugen versenkt wurden. Da es keinen hinreichenden Ersatz für den Typ gab, wurde er trotz seiner Rückständigkeit weiterhin eingesetzt und erlitt schwere Verluste durch die alliierten Jäger. Während der 30er Jahre baute die japanische Marine eine landgestützte Bomberflotte auf, die kleine Bombenlasten über große Strecken transportieren sollte, und das Oberkommando gab Mitsubishi eine Anforderung für einen solchen Bomber, der von einem Team unter der Leitung von Sueo Honjo, Tomio Kubo und Nobuhiko Kusabake entworfen wurde. Ihr Entwurf, die Ka-9, flog zuerst im April 1934 mit einem Antrieb aus zwei Hiro-Typ-91-V-Motoren mit je 500 PS (373 kW). Die Ka-9 zeigte sehr gute Bedienungseigenschaften und einen hohen Grad von Wendigkeit für ein Flugzeug dieser Größe und Form wie auch eine bemerkenswerte Reichweite. Die japanische Marineluftwaffe war von den Fähigkeiten dieses Konzepts beeindruckt und gab 1934 die endgültige Produktbeschreibung für einen landgestützten Bomber heraus, der eine Bombenlast von 800 kg und eine Defensivbewaffnung von drei drehbaren 7,7-mm-Maschinengewehren tragen sollte. Das Ergebnis war die Ka-15.

21 Ka-15-Flugzeuge wurden als Prototypen gebaut, um Entwicklungen daran zu erproben; im Juni 1936 wurde der Typ in Serienproduktion mit einem Antrieb von zwei Kinsei-3-Sternmotoren mit je 910 PS (679 kW) hergestellt. Diese Variante wurde unter der vollen Bezeichnung Marine-Typ-96-Angriffsbomber Modell 11 und der Kurzbezeichnung G3M1 in Dienst gestellt und es wurden 34 Stück gebaut.

Insgesamt wurden 343 von Mitsubishi gebaute Flugzeuge mit der vollen Bezeichnung Marine-Typ-99-Angriffsbomber

Modell 21 in Dienst gestellt. Diese G3M2-Variante unterschied sich von der G3M1 in kleineren Details im Inneren wie auch durch ihr Getriebe aus zwei Kinsei-41- oder Kinsei-42-Sternmotoren mit je 1075 PS (802 kW) Startleistung und 990 PS (738 kW) in 4180 m Höhe, die von einem etwas vergrößerten Tank versorgt wurden. Spätere Flugzeuge in Form der 238 von Mitsubishi ausgelieferten und einer unbekannten Anzahl von Nakajima gefertigten bei einer Produktion von insgesamt 412 G3M2 und G3M3-Typen unterschieden sich von den früheren Varianten und wurden als Marine-Typ-99-Angriffsbomber Modell 22 mit dem etwas verbesserten Kinsei-45-Motor sowie mit einer veränderten Defensivbewaffnung ausgestattet: Die einziehbaren Gefechtstürme auf der Ober- und Unterseite entfielen; der erstere wurde von einer schildkrötenförmigen Kanzel mit einer drehbaren 20-mm-Typ-99-Modell-1-Kanone ersetzt und es wurden Vorrichtungen für drei weitere drehbare 7,7-mm-Typ-92-Maschinengewehre an den Seiten und im Cockpit angebracht.

DER ITALIENISCHE SPERBER

Trotz seiner technischen Rückständigkeit war der italienische Savoia-Marchetti-SM-79 Sparviero (Sperber) der beste Torpedobomber des Zweiten Weltkriegs. Er war ein Tiefdecker mit frei tragenden Tragflächen in Mischbauweise mit einem Heckrad und Hauptträdern, die nach hinten in die Motorgehäuse unter den Tragflächen eingezogen werden konnten. Er absolvierte seinen ersten Flug 1934 als ziviles Passagierflugzeug mit acht Plätzen und einem Antrieb von drei Alfa-Romeo-126-RC.34-Sternmotoren mit je 780 PS (582 kW), aber seine Fähigkeiten beeindruckten auch die italienische Marine so sehr, dass sie ihn als Aufklärer/Bomber übernahm.

Das erste Modell war der SM-79-I-Aufklärer/Bomber. Er wurde erfolgreich von den italienischen Expeditionsstreitkräften benutzt, die die Nationalisten gegen die republikanische Regierung im spanischen Bürgerkrieg unterstützten.

Der SM-79-II war die Torpedobomber-Version des SM-79-I mit einer Vorrichtung für zwei 450-mm-Torpedos in Form entweder des Silurificio Whitehead mit einem 170-kg-Sprengkopf oder des Silurificio Italiano mit einem 160-kg-Sprengkopf. Der SM-79-II hatte generell ein Triebwerk aus drei Piaggio-P.XI-RC.40-Sternmotoren mit jeweils 1000 PS (746 kW) oder, bei einer kleineren Anzahl von Maschinen, drei Fiat-A.80-RC.41-Sternmotoren mit je 1030 PS (768 kW) oder drei Alfa-Romeo-135-RC.32-Sternmotoren mit jeweils 1350 PS (1007 kW).

Der SM-79-III Sparviero war eine verbesserte Version des SM-79-II ohne die Schützenkanzel im Boden und mit einer überarbeiteten Bewaffnung; das fest installierte vorwärts feuernde 12,7-mm-Maschinengewehr wurde durch eine 20-mm-Kanone ersetzt, bessere Propeller wurden montiert, die Auspuffrohre verlängert und eine modernere Funkeinrichtung installiert.

DIE HANDLEY PAGE HAMPDEN

Als das britische Luftfahrtministerium seine Anforderung B.9/32 für einen modernen zweimotorigen mittelschweren Bomber ausschrieb, kamen Entwurfsvorschläge von Vickers und Handley Page zurück, die schließlich zur Handley Page Hampden und zur Vickers Wellington heranreiften.

Der H.P.52-Entwurf von Handley Page sah einen Mitteldecker mit frei tragender Fläche in Ganzmetallkonstruktion vor, der auf dem Prinzip der Doppelrumpfmaschine beruhte und eine zentrale Zelle von extremer Schlankheit aufwies. Die Breite der Zelle von maximal 0,91 m reduzierte den Luftwiderstand auf ein Minimum und ermöglichte daher eine hohe Geschwindigkeit, hatte jedoch zwei prinzipielle Schwächen: die Defensivbewaffnung war auf handbediente Maschinengewehre beschränkt – im Gegensatz zu den Gefechtstürmen der Wellington –, und die Besatzung konnte während des Fluges ihre Position nicht wechseln; so konnte ein toter oder schwer verwundeter Pilot nicht von seinem Platz weggezogen und durch ein anderes Besatzungsmitglied ersetzt werden.

Das Luftfahrtministerium bestellte einen Prototyp, der seinen Jungfernflug am 21. Juni 1936 absolvierte. Eine Bestellung über 180 Hampden Mk-I-Serienexemplare wurde im August 1936 erlassen. Das erste dieser Flugzeuge flog im Mai 1938 und die Auslieferung an die Staffel Nr. 49 begann im September.

Die Produktion erreichte 1432 Flugzeuge durch die Muttergesellschaft (502 Maschinen) und English Electric (770 Maschinen) in Großbritannien sowie weitere 160 Maschinen aus kanadischer Produktion von der Canadian Associated Aircraft Ltd. Mit der Hampden Mk I wurde die gesamte Gruppe Nr. 5 des Bomberkommandos der Royal Air Force ausgerüstet, die beim Ausbruch des Zweiten Weltkriegs über zehn Hampden-Staffeln verfügte, acht davon im Fronteinsatz und zwei in Reserve. Am Ende setzten 15 Staffeln die Hampden und ihre Halbschwester, die Hereford ein. Die Hampden wurde anfänglich für Aufklärungszwecke, aber bald auch für Tageslichtbombenflüge eingesetzt. Letztere offenbarten aber sehr bald ihre große Verwundbarkeit durch Jägerangriffe und sie wurde dann mehr für Nachteinsätze und zum Minenlegen benutzt. Sie blieb bis September 1942 im Dienst des Bomberkommandos, aber seit April wurden die meisten übrig gebliebenen Flugzeuge

RECHTS: Der definitive zweisitzige Dornier-Bomber aus der Do-17-Serie war die Do 17Z; hier eine Do 17Z-2 des Kampfgeschwaders 2 über dem Ionischen Meer vor der griechischen Küste.

nach und nach dem RAF-Küstenkommando überstellt, wo 157 von ihnen zu Torpedobombern mit der Bezeichnung Hampden TB.Mk I umgebaut wurden. Ende 1943 wurden sie ausgemustert.

Die Hereford H.P.53 wurde erstmals am 1. Juli 1937 mit zwei Napier-Dagger-VIII-Boxermotoren mit jeweils 955 PS (712 kW) geflogen und war mit der Hampden bis auf die Maschine identisch. Die erste Hereford Mk I flog im Mai 1939 und wurde dann mit verstärkten Dagger-VIII-Motoren mit 1000 PS (746 kW) in Dienst gestellt. In der Praxis erwies sie sich jedoch als unzuverlässig, und ihr Auslass produzierte ein merkwürdiges Geräusch das für die Besatzung äußerst lästig war; so wurde der Typ nach einer kurzen Karriere an der Seite der Hampden im Fronteinsatz hauptsächlich für die Ausbildung eingesetzt.

Die Vickers Wellington war eines der wichtigsten Kriegsflugzeuge im britischen Arsenal am Anfang des Zweiten Weltkriegs. Sie trug die Hauptlast der britischen Bombereinsätze, bevor viermotorige schwere Bomber in größerer Anzahl zur Verfügung standen. Auch dann noch verschwand sie nicht von der Bildfläche, sondern machte bis über das Kriegsende hinaus eine zweite Karriere in der Seeaufklärung, als Transport- oder Ausbildungsmaschine. Die Gesamtzahl der Produktion belief sich auf 11.461 Flugzeuge aus drei Fabriken und die letzten Maschinen wurden erst im September 1945 ausgeliefert – sie war der meistproduzierte britische Bomber überhaupt.

Die Ursprünge der Wellington können bis zur Ausschreibung B.9/32 des Luftfahrtministeriums für einen zweimotorigen Bomber zurückverfolgt werden. Vickers entschied, dass die geodätische Leichtmetallbauweise, die von Dr. Barnes Wallis für das R.100-Luftschiff entworfen und in seinem Wellesley-Allzweckbomber ausprobiert worden war, ideal auch für eine starre Bauweise wäre, die auch einiges an Beschädigungen im Luftkampf aushalten könne. Das Luftfahrtministerium schloss einen Vertrag über einen einzigen Prototyp des Typ 127 ab, der jedoch ein Gewicht von 5200 kg aufwies anstelle der spezifizierten 2858 kg. Das hohe Gewicht erlaubte jedoch die Schaffung einer unglaublich robusten Zelle, die mit zwei Maschinen mit ausreichender Leistung für eine erforderliche Geschwindigkeit ausgestattet war.

Ab 1933 korrigierte das Ministerium das maximale Startgewicht und die Zuladung des Typs 271 nach oben und im November war man so weit, dass man die

Iljuschin Il-4

Typ: viersitziger mittelschwerer Bomber
Herkunftsland: UdSSR
Triebwerk: zwei 1100-PS-(820-kW-) Tumanskij-M-88B-Kolbenmotoren
Leistung: Höchstgeschwindigkeit 420 km/h; Dienstgipfelhöhe 9400 m; maximale Reichweite 3800 km
Gewicht: leer 5800 kg; maximale Startmasse 10.300 kg
Abmessungen: Spannweite 21,44 m; Länge 14,80 m; Höhe 4,10 m
Bewaffnung: zwei 7,62-mm-SchKAS- und ein 12,7-mm-Beresin-UBT-Maschinengewehr sowie bis zu 2700 kg Bomben

Entwicklung des Typs mit einem Startgewicht von 13.835 kg ins Auge fasste. Dieses Gewicht konnte nur erreicht werden, weil Vickers schon früh die Genehmigung für seine schwerere und dafür robustere Bauweise eingeholt hatte. Im August 1936 erging vom Luftfahrtministerium eine erste Bestellung an Vickers über 180 Wellington Mk I mittelschwere Bomber und im folgenden Jahr schloss es mit Gloster einen Vertrag über weitere 200 Flugzeuge ab (jeweils 100 Stück der Wellington Mk I und II mit zwei Bristol-Pegasus-Sternmotoren beziehungsweise zwei Rolls-Royce-Merlin-V-Motoren) sowie einen weiteren mit Armstrong Whitworth über 64 Flugzeuge.

DIE ENTWICKLUNG DER WELLINGTON

Der Typ 271 wurde ursprünglich mit einem Triebwerk von zwei luftgekühlten Sternmotoren oder wassergekühlten V-Motoren angeboten. Die Entscheidung fiel im ersteren Fall auf den British Mercury anstelle des Armstrong Siddeley Tiger, im letzteren auf den Rolls-Royce Goshawk, der im Wesentlichen eine Weiterentwicklung des Kestrel mit Verdampfungskühlung war. Das Luftfahrtministerium bevorzugte am Anfang den Goshawk I und zu diesem Zeitpunkt wurden die Anforderungen auch bereits modifiziert: die Maschinengewehr-Positionen im Bug, im Heck und auf der Rumpfoberseite sollten nun gegen den Wind geschützt sein und obendrein mit einer Motorunterstützung für schnelle Schwenks versehen sein, um Jäger, die mit hoher Geschwindigkeit von der Seite angriffen, verfolgen zu können. Vickers hatte in der Zwischenzeit sein ursprüngliches Konzept revidiert und sah statt eines Hocheinen Mitteldecker vor, um die Sicht des Piloten beim Formationsflug zu verbessern, und führte eine Reihe von aerodynamischen Verbesserungen ein, um die Bedienung zu vereinfachen. Mitte 1934 kamen Vickers Bedenken, dass die Explosion des Leergewichts als Folge dieser Verbesserungen und der neuen Vorgaben des Luftfahrtministeriums die durch den Goshawk-Motor gewonnene zusätzliche Leistung neutralisieren würde, dessen Entwicklung selbst Probleme aufwarf. Im August 1934 schlug man dem Luftfahrtministerium vor, den Goshawk durch einen der beiden Bristol-Sternmotoren zu ersetzen, den Perseus oder den Pegasus; man versprach sich ein besseres Verhältnis zwischen Gewicht und Leistung, bessere Steigleistung und Flugeigenschaften beim Flug mit nur einem Motor, höhere Geschwindigkeit und Dienstgipfelhöhe. Das Luftfahrtministerium war einverstanden und ordnete an, dass der Prototyp zwei Pegasus-Sternmotoren erhalten solle, die jeweils einen dreiblättrigen Verstellpropeller antrieben, vergrößerte Tankkapazitäten für eine Reichweite von 3414 km bei 343 km/h in 4570 m Höhe und schließlich Gefechtsstände im Bug und Heck erhielten.

Der Prototyp absolvierte seinen ersten Flug am 15. Juni 1936 mit zwei Bristol-Pegasus-X-Sternmotoren mit je 915 PS (682 kW). Ursprünglich sollte der neue Bomber Crecy heißen, aber im September entschied man sich für Wellington, möglicherweise, weil das Luftfahrtministerium Bomber nach britischen Städten zu benennen pflegte, wahrscheinlicher jedoch wegen der Verbindung zu den Vorfahren der Familie Vickers, den Wellesley, die den Familiennamen der Herzöge von Wellington trugen. Der Prototyp ging April 1937 bei einem tragischen Unfall verloren, aber sein Erfolg bis dahin überzeugte die Firma und das Luftfahrtministerium, dass der neue Typ das Potenzial zu einem hervorragenden Bomber hatte. So wurden die bereits ergangenen Bestellungen bestätigt und die endgültige Ausstattung für die Serienproduktion mit dem Luftfahrtministerium diskutiert.

Das Ergebnis dieser Diskussion waren zwei Pegasus-XVIII-Sternmotoren mit einer Vorrichtung für die Montage von zwei Pegasus-XX-Sternmotoren für den Fall, dass Engpässe bei der Fertigstellung des Pegasus auftreten sollten. Die Defensivbewaffnung bestand aus sechs Browning-7,7-mm-Maschinengewehren in motorgesteuerten Gefechtstürmen an Bug, Heck und Unterseite, letzterer war einziehbar. Dieser neue Standard wurde in die Spezifikation B.29/36 übernommen, die Februar 1937 für die Serienproduktion der Wellington Mk I herauskam.

Die Wellington Mk I war in vieler Hinsicht neu. Vorausgegangen war ihr der Vorserien-Prototyp 285, der zuerst am 23. Dezember 1937 flog, während das erste Serienmodell der Typ 290 war, von dem 183 Einheiten für den aktiven Dienst als Wellington Mk I gebaut wurden, mit zwei Pegasus-XVIII-Sternmotoren mit je 1050 PS (783 kW) und einer Defensivbewaffnung von einem (später zwei) 7,7-mm-Maschinengewehren in den „Mülleimer“-Türmen am Bug und an der Unterseite und zwei 7,7-mm-Maschinengewehren im Heckturm.

DIE WELLINGTON IM DIENST

Die Wellington wurde im Oktober 1938 bei der Staffel Nr. 9 in Dienst gestellt und bei Ausbruch des Zweiten Weltkriegs im September 1939 war sie bei weiteren neun Staffeln eingetroffen und bildete damit die Hauptmacht des Bomberkommandos an mittelschweren Bombern. Das Vertrauen, das in ihre Robustheit, Geschwindigkeit und defensive Feuerkraft gesetzt wurde, äußerte sich darin, dass man Tagesangriffe mit ihr für machbar hielt. Dass diese Hoffnung trügerisch war, enthüllte sich im Dezember 1939, als 24 Wellington-Bomber über der Helgoländer Bucht von einmotorigen Messerschmitt-Bf-109- und zweimotorigen Bf-100-Jägern abgefangen wurden, die zwölf Bomber abschossen und weitere drei schwer beschädigten. Die Wellington erhielt ab sofort die Rolle eines Nachtbombers, in der ihre Verwundbarkeit durch Angriffe von der Seite bedeutend geringer war.

Bereits vorher war entschieden worden, dass die ersten beiden Varianten der Wellington, die in bedeutenden Stückzahlen gebaut werden sollten, die Wellington Mk II und die Wellington Mk III, zwei Rolls-Royce-Merlin-X-V-Motoren resp. zwei Bristol-Hercules-III-Sternmotoren erhalten würden. Allerdings kam es zu Verzögerungen, ehe diese beiden Modelle in Serie gehen konnten, und inzwischen entwickelte man verbesserte Versionen der Wellington Mk I. Die Wellington Mk IA, von der 187 Einheiten ausgeliefert wurden, basierte in Wirklichkeit auf der Wellington Mk II mit ihrem Trio von Frazer-Nash-Gefechtstürmen mit jeweils zwei drehbaren Browning-7,7-mm-Maschinengewehren. Die Wellington Mk IA wurde beim Ausbruch des Zweiten Weltkriegs September 1939 in Dienst gestellt

Die Wellington Mk IC war die bedeutendste Bomberversion, die in der Frühphase des Kriegs verfügbar war, und bewies, dass man die Lektionen mit der Wellington Mk I und Mk IA in den ersten Monaten der Kämpfe gelernt hatte. Gebaut in einer Stückzahl von 2685 Flugzeugen, hatte sie die Zelle und die Verbesserungen, die bei der Wellington Mk IA eingeführt waren, unterschied sich von ihr jedoch dadurch, dass der „Mülleimer“-Gefechtsturm an der Unterseite durch zwei Vickers-„K“-7,7-mm-Maschinengewehre mittschiffs oder zwei Browning-7,7-mm-Maschinengewehre etwas weiter heckwärts ersetzt worden war.

Die 400 Wellington Mk II waren im Wesentlichen der oben beschriebenen Wellington Mk IA ähnlich, zumal die Wellington Mk IA aus der Entwicklung der Wellington Mk II hervorging, bis auf ihr Triebwerk aus zwei Rolls-Royce-Merlin-V-Motoren mit jeweils 1145 PS (854 kW). Das erste Exemplar machte im März 1940 seinen Jungfernflug als Typ-298-Prototyp. Die Wellington Mk II unterschied sich von der Wellington Mk IC in Einzelheiten wie einer Bombenzuladung von 1814 kg, die oft nur aus einer einzigen 4000-Pfund-„Blockbuster“-Bombe (Luftmine) bestand, die zum ersten Mal von diesem Flugzeug transportiert wurde. Parallel zur Mk II entworfen und in einer Stückzahl von 1517 Flugzeugen gebaut, ähnelte die Wellington Mk III im Wesentlichen der Wellington Mk IA außer in der Motorisierung. Sie hatte zwei Bristol-Hercules-XI-Sternmotoren mit je 1425 PS (1062,5 kW) und den Frazer-Nash-F.N.20A-Heckturm mit vier drehbaren Browning-7,7-mm-Maschinengewehren. Der Prototyp machte seinen Jungfernflug im Mai 1939 mit zwei Hercules-HEISM-Sternmotoren mit einem zweistufigen Kompressor, der einen dreiblättrigen automatischen Verstellpropeller antrieb, aber der Antrieb entsprach nicht den Erwartungen. Dies war ein schwerer Schlag für das Bomberkommando, das eine schnelle Lieferung der Wellington Mk III als Hauptbomber wünschte, bis viermotorige Bomber wie der Short Sterling kamen. Auf Wunsch des Luftfahrtministeriums baute Vickers einen zweiten Prototyp mit zwei Hercules-III-Sternmotoren, die einen dreiblättrigen automatischen Rotol-Verstellpropeller antrieben. Der Hercules III war zu der Zeit der stärkste Motor aus der Hercules-Familie und als „Kraftei“ wurde die Maschine zum Standard für die Wellington Mk III, deren verzögerter Produktionsbeginn außerdem noch positive Folgen wie eine bessere Panzerung, selbstabdichtende Benzintanks, Kabelschneider für Ballonsperren an den Tragflächenenden, Vorrichtungen für zusätzliche Benzintanks und Staubfilter über den Vergasereinlässen für den Einsatz

Mitsubishi G3M2

Typ: siebensitziger mittelschwerer Bomber
Herkunftsland: Japan
Triebwerk: zwei 1075-PS-(801,5-kW-) Mitsubishi Kinsei-43-Sternmotoren
Leistung: Höchstgeschwindigkeit 373 km/h; Dienstgipfelhöhe 9130 m; maximale Reichweite 4380 km
Gewicht: leer 4965 kg; maximale Startmasse 8000 kg
Abmessungen: Spannweite 25,00 m; Länge 16,45 m; Höhe 3,685 m
Bewaffnung: eine 20-mm-Typ-99-Model-1-Kanone, bis zu drei 7,7-mm-Typ-92-Maschinengewehre sowie bis zu 800 kg Nutzlast

bei den Bomberstaffeln in Nordafrika und dem Mittleren Osten hatte. Die ersten Einsätze hatten die unzureichenden Verteidigungsmöglichkeiten der Wellington Mk I gegen Angriffe von der Seite oder vom Heck offenbart. Dem ersten Problem hatte man bereits durch den Ersatz des übergewichtigen und taktisch beschränkten Frazer-Nash-Gefechtsturms an der Unterseite durch die beiden mittschiffs angebrachten Maschinengewehre abgeholfen. Dem zweiten Problem begegnete man mit einem Heckturm mit einer 20-mm-Kanone oder vier 7,7-mm-Maschinengewehren. Diese wurden dann für den Frazer-Nash F.N.20A Gefechtsturm übernommen, aber weil die Lieferung nicht nachkam, wurden die ersten Wellington MK III mit dem Frazer-Nash-F.N.4-Turm mit zwei Maschinengewehren ausgeliefert. Das hieß, dass die Wellington Mk III schließlich mit einem Leergewicht von 9598 kg und einem maximalen Startgewicht von 15.649 kg in Dienst gestellt wurde. Das Startgewicht war nach und nach auf 13.608 kg und 14.969 kg aufgestockt worden. Die Wellington B.Mk III traf 1942 in den Einsatzverbänden an und war der wichtigste Bomber im Arsenal des Bomberkommandos, bis er 1943 von den neuen viermotorigen Maschinen verdrängt wurde.

Die in einer Stückzahl von 3802 Einheiten gebaute Wellington B.Mk X war die letzte größere Bombervariante, die in Serie ging und gleichzeitig diejenige, von der die meisten Flugzeuge hergestellt wurden. Sie ähnelte im Grunde der Wellington B.Mk III mit Ausnahme des Triebwerks, das hier ein Paar Hercules-VI- oder -XVI-Sternmotoren mit jeweils 1675 PS (1249 kW) umfasste, und der Bauweise, die aus Leichtmetall anstelle von schweißbarem Stahl bestand und größere Stabilität (und damit Geschwindigkeit) ohne größeres Gewicht garantieren sollte. Die erste Wellington B.Mk X wurde im Juli 1942 geflogen und ab Anfang 1943 bei 20 Einsatzstaffeln sowie bei 25 Reserveeinheiten in Dienst gestellt. Die Wellington B.Mk X erfüllte exakt die gleichen Aufgaben wie die Wellington B.Mk III mit einer erhöhten Lebensdauer, die den verbesserten Flugleistungen verdankt wurde. Obwohl sie ab Mitte 1943 in Nordeuropa aus der Nachtbomberrolle verdrängt wurde, wurde sie bei den Feldzügen im Mittleren Osten, im Mittelmeerraum und in Burma weiter als Bomber eingesetzt.

DIE ENTWÜRFE VON CANT

Die Cantieri Navali de Monfalcone waren eine Schiffswerft in der nordostitalienischen Hafenstadt Triest, die 1923 beschloss, ihre Aktivitäten auf den Bereich der Luftfahrtproduktion auszudehnen; zu diesem Zweck gründeten sie den CANT (Cantiere Navale Triestino) für den Entwurf und Bau von wassergestützten Flugzeugen für militärischen und zivilen Gebrauch. 1931 wurde der CANT als Cantieri Riuniti dell'Adriatico neu organisiert und deswegen wurden die nach diesem Zeitpunkt hergestellten Flugzeuge auch als CRDA-(CANT-)Entwürfe bekannt.

Der erste bedeutende Entwurf für ein Landflugzeug, der Produktionsreife erlangte, war der mittelschwere Bomber Z.1007, der zusammen mit der Savoia-Marchetti SM-79 Sparviero der wichtigste italienische Bomber des Zweiten Weltkriegs werden sollte. Der erste Prototyp machte März 1937 seinen Jungfernflug mit einem Triebwerk aus drei Isotta-

■ OBEN: Der erfolgreichste italienische Bomber des Zweiten Weltkriegs war die Savoia-Marchetti SM.79 Sparviero, die als Flächenbomber und vor allem als Torpedobomber operierte.

Fraschini-Asso-XI-R2C.40-V-Motoren mit je 825 PS (615 kW) in 4000 m Höhe, die je einen zweiblättrigen starren Holzpropeller antrieben. Sie wurden später gegen dreiblättrige automatische Verstellpropeller aus Metall getauscht. Die Kühlblöcke an der Unterseite wurden überarbeitet, um die Kühlung zu verbessern und den Luftwiderstand zu senken. Die erfolgreiche Erprobung des überarbeiteten Prototyps führte zu einer Bestellung von 34 Vorserienmodellen mit Asso-XI-Motoren mit Ringkühlern. Diese Z.1007 wurden 1939 an den 221. *Gruppo* ausgeliefert und nur für die weitere Entwicklung des Einsatzkonzepts des Bombers benutzt. Die italienische Luftwaffe war überzeugt, dass die Z.1007 zwar angemessen war, aber größerer Dimensionen und höherer Leistung bedurfte, um einen effektiven Bomber abzugeben. Daher arbeitete man an einem größeren und leistungsfähigeren Modell, das als erstes den Namen „Alcione" (Eisvogel) erhielt.

Die ersten Vorserienmodelle flogen 1938 mit einem Antrieb aus drei Piaggio-P.XI-RC.40-Sternmotoren mit jeweils 1000 PS (746 kW) in 4000 m Höhe und der Erfolg dieses Flugzeuges führte zu größeren Bestellungen, die von CANT und auch von IMAM (Meridionali) gebaut werden sollten. Sie wurden in neun Serien hergestellt, und während die ersten drei (von der Z.1007bis-Serie I Alcione bis zur Z.1007bis-Serie III Alcione) die originale Heckeinheit mit einer einzelnen vertikalen Flosse behielten, bekamen die späteren sechs Serien (von der Z.1007bis-Serie IV Alcione bis zur Z.1007bis-Serie IX Alcione) eine überarbeitete Heckeinheit: sie sollte den nach hinten operierenden Schützen ein besseres Schussfeld eröffnen. Sie bestand aus einem scharf angewinkelten Höhenruder mit eiförmigen vertikalen Flossen. Die überarbeitete Heckeinheit beeinträchtigte weder Leistung noch Bedienung und Flugzeuge des ein- oder zweiteiligen Typs wurden oft in den gleichen Einheiten eingesetzt. 87 Flugzeuge waren bei Italiens Kriegseintritt im Juni 1940 bereits ausgeliefert und taten Dienst bei den 16. und 47. *Stormi da Bombardamento Terrestre.* Später tat der Alcione Dienst bei den inziwschen aufgestellten fünf *Stormi da Bombardamento Terrestre*, den sieben *Gruppi da Bombardamento Terrestre* und zwei *Squadriglie da Bombardamento Terrestre,* die vorwiegend von Basen auf dem italienischen Festland in Sizilien, Sardinien und Griechenland operierten; kleinere Abordnungen wurden für Einsätze gegen die Briten und Sowjets in die südliche UdSSR und an die südliche Kanalküste verlegt.

Die Z.1007ter war die letzte Entwicklung des Z.1007-Konzepts. Ihre Produktion begann Ende 1942. Sie war eine Ableitung der Z.1007bis mit einem stärkeren Triebwerk aus drei Piaggio-P.XIX-RC.45-Sternmotoren mit jeweils 1175 PS (876 kW) in 5000 m Höhe. Die Gesamtproduktion der Z.1007bis und der Z.1007ter erreichte 526 Flugzeuge; die letzten 25 wurden nach dem Waffenstillstand vom September 1943 ausgeliefert, bei dem Italien auf die Seite der Alliierten wechselte, aber durch die deutsche Besetzung und ihre faschistischen Helfer in zwei Teile geschnitten wurde. Beide Seiten setzten die Z.1007-Serie bis zum Ende des Zweiten Weltkriegs ein. Ein paar Flugzeuge blieben für Nebenaufgaben bis 1948 im Dienst.

DIE JUNKERS JU 88

Die Ju 88 war neben der de Havilland Mosquito das vielseitigste Flugzeug des Zweiten Weltkriegs. Sie war zweifellos das wichtigste deutsche Kriegsflugzeug ihrer Zeit und wurde für eine ganze Reihe von Aufgaben eingesetzt, beginnend vom Flächenbomdardement bis zu Angriffen mit Torpedos, als Sturzbomber, zu Nachtjägereinsätzen und zur Aufklärung. Dieses Potenzial war jedoch nicht einmal ein kühner Wunschtraum, als das deutsche Luftfahrtministerium 1935 seine Anforderung für einen dreisitzigen Bomber herausgab, der bis zu 800 kg Bomben bei einer Höchstgeschwindigkeit von 500 km/h tragen sollte. Die Ausschreibung ging an Focke-Wulf, Henschel, Junkers und Messerschmitt. Focke-Wulf war nicht interessiert, Henschel und Junkers begannen mit neuen Entwürfen und Messerschmitt bereitete die Bf-162-Ableitung seines Bf-110-Entwurfs eines schweren Jägers vor. Junkers witterte große Aufträge und verwandte große Mühe auf einen weitsichtigen Entwurf, in den das gesamte Spektrum fortschrittlicher Merkmale eingehen sollte, die in den letzten Jahren entwickelt worden waren. Der Firma fehlte die Erfahrung zum Entwurf eines modern Eindeckers in Schalenbauweise. Sie stellte zwei amerikanische Ingenieure an, W. H. Evers und A. Gassner, die über genügend Erfahrung mit dieser Bauweise verfügten. Die Arbeit begann Januar 1936 und konzentrierte sich am Anfang auf zwei eng verwandte Typen, die Ju 85 und die Ju 88 mit doppeltem bzw. einzelnem Seitenleitwerk. Das deutsche Luftfahrtministerium entschied, dass der zweite Typ vielversprechender sei, und ließ die Arbeit an der Ju 85 einstellen. Der Bau von drei Ju-88-Prototypen begann im Mai 1936, und der erst Ju-88-V-1-Prototyp absolvierte im Dezember 1936 seinen Jungfernflug mit zwei Daimler-Benz-600Aa-Maschinen mit jeweils 1000 PS (746 kW).

Der zweite Ju-88-V-2-Prototyp war dem ersten sehr ähnlich, aber der dritte Ju-88-V-3-Prototyp erhielt ein anderes Triebwerk in Form zweier Junkers-Jumo-211-A-V-Motoren mit je 1000 PS (746 kW) und hatte bereits die volle Kriegsausstattung sowie ein Cockpit mit erhöhtem Dach. Das Potenzial der Ju 88 wurde nun erkannt, und noch vor einer vergleichenden Auswertung mit den anderen Modellen im Wettbewerb, der Henschel Hs 127 und der Messerschmitt Bf 162, wurde ihre Serienproduktion angeordnet. Das deutsche Luftfahrtministerium entschied, dass die Ju 88 eine vierköpfige Besatzung und eine verbesserte Defensivbewaffnung erhalten sowie als Sturzbomber operieren solle. Dies führte zum vierten Ju-88-V-4-Prototyp mit Sturzflugbremsen unter den äußeren Hälften der Tragflächen, der massive Bug wurde gegen eine halbkugelförmige Konstruktion aus Glasfenstern ausgetauscht und eine kleine Bodenwanne unter dem Bug hinzugefügt mit

Savoia-Marchetti SM-79-I Sparviero

Typ: fünfsitziger mittelschwerer Bomber
Herkunftsland: Italien
Triebwerk: drei 780-PS-(582-kW-) Alfa-Romeo-126 RC.34-Sternmotoren
Leistung: Höchstgeschwindigkeit 430 km/h; Dienstgipfelhöhe 6500 m; maximale Reichweite 3300 km
Gewicht: leer 6800 kg; maximale Startmasse 10.480 kg
Abmessungen: Spannweite 21,20 m; Länge 15,62 m; Höhe 4,40 m
Bewaffnung: fünf 12,7-mm-Breda-SAFAT-Maschinengewehre sowie bis zu 1250 kg Zuladung

einer Vorrichtung für ein einzelnes, drehbares 7,92-mm-MG 15.

Es folgten weitere sechs Prototypen für Rekord- und Testflüge und dann zehn Ju-88A-0-Vorserienmodelle. Das erste wurde im März 1939 an das eigens gebildete „Erprobungskommando 88“ ausgeliefert, das die Möglichkeiten des neuen Bombers erproben und geeignete Einsatztechniken entwickeln sollte. Diese Einheit bildete den Kern des I/Kampfgeschwaders 25, das bald in I/KG 30 umbenannt wurde und als erste Gruppe im September 1939 kurz vor Kriegsausbruch die neuen Ju 88A-1 erhielt. Die Ju 88A-1 flog ihren ersten Einsatz Ende September 1939 und erwies sich von nun an als das herausragende deutsche Kriegsflugzeug des Zweiten Weltkriegs. Die Ju 88A-1 wurde von zwei Junkers-Jumo-211B-1/G-1-Motoren mit jeweils 1200 PS (895 kW) angetrieben. Die Bombenzuladung betrug 1400 kg in Form von 28 50-Kilo-Bomben des Typs SC-50; außer dem Platz für die Bomben in der Kammer verfügte die Maschine über die Aufhängevorrichtungen für vier Bomben zu je 500 kg unter den Tragflächen zwischen den Motoren. Die Defensivbewaffnung bestand zunächst aus drei 7,92-mm-MG 15, aber bald erwies sich ihre Anbringung als unzureichend, und sie wurden durch ein zusätzliches MG 15 im rückwärtigen Teil des Cockpits sowie durch zwei seitwärts feuernde Maschinengewehre in der Haube des Cockpits ergänzt.

DIE JU 88 MIT RAKETEN

Die Ju 88A-2 war eine Ableitung der Ju 88A-1 mit Anbringungsvorrichtungen für RATO-Einheiten, die nach Gebrauch mit Fallschirmen abgeworfen werden sollten. Die Ju 88A-3 war die Ausbildungsversion der Ju 88A-1 mit doppelter Istrumenten- und Steuerungseinrichtung. Die Ju 88A-4 war das erste definitive Modell und eine Weiterentwicklung des Ju 88A-1, deren Tragflächen in Spannweite und Fläche leicht vergrößert waren mit in die Fläche eingesetzten anstelle von angesetzten Querrudern, die mit Metall anstelle von Stoff bezogen waren, einem verstärkten Hauptfahrwerk und verstärkter Motorisierung in Form zweier Jumo-211J-1/2-V-Motoren mit je 1340 PS (999 kW) – obwohl die früheren Flugzeuge aus dieser Serie mit zwei Jumo-211F-1-Maschinen mit derselben Leistung bestückt waren. Sie hatten auch dieselbe Bewaffnung wie die verbesserte Ju 88A-1 mit fünf 7,92-mm-MG 15, aber die endgültige Version der Ju 88A-4 erhielt dann die überlegenen 7,92-mm-MG 81, später 13-mm-MG 131; ihre Zahlencodes sagen allerdings nichts darüber aus, wann sie gebaut wurden.

Da es Verzögerungen bei der endgültigen Entwicklung des Jumo-211J-Motors für die Ju 88A-4 gab, wurde die überarbeitete Tragfläche mit der Zelle der Ju 88A-1 kombiniert und so entstand das Interim-Modell, die Ju 88A-5, die ebenso ein verstärktes Hauptfahrwerk hatte und zwei Bombenaufhängungen für jeweils 250 kg unter den äußeren Tragflächenabschnitten. Diese Variante kam im Sommer 1940 heraus und erwies sich als der brauchbarste deutsche Bomber, der in der Luftschlacht um Großbritannien eingesetzt wurde.

Die Ju 88A-6 war eine Weiterentwicklung der Ju 88A-5 mit einer Vorrichtung zum Zerschneiden der Kabel der Ballonsperren, um den anderen Bombern den Weg frei zu machen. Dies wurde durch die Montage einer langen „Stoßstange“ erreicht, die am Ende jeder Tragfläche in einem Kabelschneider endete.

Die Ju 88A-7 war eine Variante der Ju 88A-5 für die Ausbildung mit zwei Steuerkonsolen. Die Ju 88A-8 war eine Weiterentwicklung der Ju 88A-4 mit den Ballonkabelschneidern an den Tragflächenenden und einer nur dreiköpfigen Besatzung.

Die Ju 88A-9, A-10 und A-11 waren speziell für den Einsatz in den Tropen ausgestattete Versionen der Ju 88A-1, A-4 und A-5, mit Sandfiltern, einem Wüsten-Survival-Kit und Sonnenblenden im Cockpit. Andere Ju-88A-4-Flugzeuge wurden von den Instandsetzungseinheiten im Feld auf diesen Standard gebracht und als Ju 88A-4/Trop bezeichnet.

Die Ju 88A-12 war die Ju 88 A-4, die in eine Trainerversion mit doppelter Steuerkonsole umgebaut wurde und bei der die Sturzflugbremsen, die Bodenwanne unter dem Bug und die Bewaffnung abmontiert wurden.

Die Bezeichnung Ju 88A-13 erhielten ebenfalls eine Anzahl von Ju-88A-4-Bombern, die für Angriffe aus geringer Höhe umgebaut und deren Sturzflugbremsen und Bombenvisier daher entfernt wurden; dafür wurde zusätzliche Panzerung in die Zelle zum Schutz der Besatzung, der Maschinen und der Tanks eingebaut sowie Vorrichtungen für eine Zuladung von 500 kg Splitterbomben und bis zu 16 fixe 7,92-mm-MG-17-Maschinengewehre unter den Flügeln.

Die Ju 88A-14 war eine verbesserte Version der Ju 88A-4 mit einer vergrößerten Panzerung, Ballonkabelschneidern an den Tragflächenenden, und einige Flugzeuge erhielten eine vorwärts feuernde 20-mm-Kanone in der Bodenwanne unter dem Bug für eine erhöhte Feuerkraft bei der Schiffsbekämpfung.

Die Ju 88A-15 war eine Weiterentwicklung der Ju 88A-4 mit vergrößerter Bombenkammer in Holzbauweise, die 3000 kg Bomben tragen konnte und deren Besatzung auf drei Mann und deren Bewaffnung auf zwei 7,92-mm-MG 15 reduziert war.

Die Ju 88A-16 war die Trainerversion des Ju 88A-14 mit doppelter Steuerkonsole und ohne Bodenwanne und Bewaffnung.

Die Ju 88A-17 war eine Weiterentwicklung der Ju 88A-4 als Torpedobomber, deren vier ETC-Bombenaufhängun-

■ UNTEN: Die Martin Baltimore ging aus dem Konzept hervor, das zuerst in der Martin Maryland verwirklicht wurde, und dieses amerikanische Flugzeug wurde auch von den Briten benutzt.

gen unter den Flügeln durch zwei PVC-Halterungen ersetzt waren, die jeweils einen LT-F5b-765-kg-Torpedo tragen konnten. Ihre Rumpfvorderseite wurde für eine große, gebauchte Verkleidung auf der Steuerbordseite überarbeitet, die die Instrumente aufnahm, um die Torpedos vor dem Abschuss zu justieren. Die Besatzung war auf drei Mann reduziert und bei vielen dieser Flugzeuge wurde auch die Bodenwanne unter dem Bug entfernt. Der Produktion dieses Modells gingen einige Flugzeuge voran, die im Feld entsprechend umgerüstet worden waren und deren Bezeichnung zu Ju 88A-4/Torp verändert wurde.

Die Ju 88A war über die ganze Dauer des Kriegs im Dienst der Luftwaffe, ebenso seit Beginn des Jahres 1943 bei einigen deutschen Verbündeten, und die französische Luftwaffe benutzte erbeutete Maschinen von 1944 bis in die Nachkriegszeit. Die Gesamtzahl der gebauten Flugzeuge ist nicht mehr bekannt, sie überstieg aber sicher 7000 Stück.

GUTER FRANZÖSISCHER BOMBER

Der beste Bomber, den die französische Luftfahrtindustrie in der Zeit vor dem Zweiten Weltkrieg entwickelte, der Lioré-et-Olivier LeO 451, war auch in ästhetischer Hinsicht ein Meisterwerk. Er ging aus einer Ausschreibung des französischen Luftfahrtministeriums im November 1934 für einen fortschrittlichen viersitzigen Tageslichtbomber hervor, der 1200 kg Bomben über einen Radius von 700 km befördern konnte, und zwar mit einer Geschwindigkeit, die ihn der feindlichen Abwehr entziehen, und einer Defensivbewaffnung, die einem feindlichen Angriff standhalten sollte, sollte er dennoch unter Beschuss genommen werden. Die vier eingereichten Entwürfe waren der Amiot 341, der Latécoère Laté 570, der Lioré-et-Olivier LeO 45 und der Romano R-120. Der fortschrittlichste in aerodynamischer Hinsicht war ohne Zweifel der in klaren Linien als Eindecker mit selbsttragender Fläche in einer Ganzmetallkonstruktion mit stoffbespannten Leitwerken entworfene LeO 45.

Der erste der beiden Prototypen, der LeO 45.01, absolvierte seinen Jungfernflug im Januar 1937. Kurz danach wurde die Lioré-et-Olivier im Zuge der 1936 beschlossenen Verstaatlichung der gesamten französischen Luftfahrtindustrie ein Teil der Societé Nationale de Constructions Aéronautiques du Sud-Est. Die Erprobungen ergaben gute Flugleistungen und gutmütige Bedienungseigenschaften,

OBEN: Der Vickers Wellington war bis 1942 ein effektiver mittelschwerer Bomber und diente danach bis zum Ende des Zweiten Weltkriegs als Küstenaufklärungsbomber.

die verbessert wurden durch Veränderungen des Seitenleitwerks und die Einführung breiterer Ruder, aber sie bestätigten auch die Unzuverlässigkeit des Antriebs, zweier Hispano-Suiza-14AA-8/9-Sternmotoren mit je 1078 PS (804 kW). Trotzdem wurden diese im ersten Serienmodell, dem LeO 45B.4 montiert, von dem im Januar 1938 20 Einheiten für die Kategorie *Bombardement quattre-place* (viersitzige Bomber) bestellt wurden.

Im Spätsommer 1938 wurde der LeO 45.01 modifiziert zum LeO 451.01 mit zwei Gnome-Rhône-14N-20/21-Sternmotoren mit jeweils 1030 PS (768 kW). Der überarbeitete Prototyp machte seinen erneuten Jungfernflug im Oktober 1938 und zeigte eine deutlich größere Zuverlässigkeit. Die ursprüngliche Bestellung von 20 Flugzeugen war inzwischen auf 40 Stück verdoppelt worden und sollte nun mit dem LeO 451B.4 als Serienmodell abgedeckt werden, von dem weitere 100 Stück alsbald bestellt wurden.

LEO 451 IM KRIEG

Das erste dieser Flugzeuge flog im März 1939 und die französische Luftwaffe erprobte bald weitere LeO 451 im Flug. Zwischen Anfang 1939 und dem Ausbruch des Zweiten Weltkriegs im September 1939 schloss die französische Regierung Verträge über weitere 60 LeO-451-Bomber ab. Bald nach Kriegsbeginn folgten noch einmal Bestellungen über insgesamt 1255 verschiedene Einheiten: das Grundmodell LeO 451 mit zwei Gnome-Rhône-14N-48/49-Sternmotoren mit jeweils 1140 PS (850 kW) Startleistung und 1035 PS (772 kW) in 4000 m Höhe, die einen dreiblättrigen verstellbaren Ratier-Metallpropeller antrieben, den LeO 454 mit zwei SIGMA-(Bristol)-Hercules-II-Sternmotoren, den LeO 455 mit zwei Gnome-Rhône-14R-0/1-Sternmotoren mit je 1375 PS (1025 kW) in 2600 m Höhe und 1230 PS (917 kW) in 5000 m Höhe, die LeO-456-Version des LeO 451 für das französische Marinefliegerkorps mit einer unterschiedlichen Ausrüstung und Darne-7,5-mm-anstelle von MAC-1934-Maschinengewehren, und den LeO 458 mit zwei Wright-GR-2600-A5B-Cyclone-14-Sternmotoren mit je 1600 PS (1193 kW) beim Start und 1400 PS (1044 kW) in 3000 m Höhe. Anfang 1940 ergingen weitere Bestellungen über 528 Flugzeuge des LeO 451, des LeO 451M (ehemals der LeO 456) und des LeO 458.

Zum Zeitpunkt der französischen Niederlage im Juni 1940 waren jedoch nur 452 Flugzeuge fertig gestellt, bis auf einen Standardbomber alle vom Typ LeO 451, und viele von ihnen waren von der deutschen Luftwaffe am Boden zerstört worden, noch bevor sie an die französische Luftwaffe ausgeliefert werden konnten. Deutschland erlaubte, dass die Vichy-Regierung des unbesetzten Teils von Frankreich weitere 225 Flugzeuge des Grundmodells LeO 451 für ihre Luftwaffe bestellte, und die ersten machten ihren Jungfernflug im April 1942. Die bereits im Dienst befindlichen Flugzeuge wurden nach und nach mit dem SAMM-AB-74-Gefechtsstand auf der Oberseite nachgerüstet, der zu der 20-mm-Kanone zwei MAC-1934-7,5-mm-Maschinengewehre mit 750-Schuss-Magazinen hinzufügte. Etwa 130 Flugzeuge aus dieser Bestellung waren ausgeliefert worden, als die Deutschen Vichy-Frankreich in Folge der alliierten Landung in Französisch-Nordwestafrika besetzten. Dabei beschlagnahmten sie eine große Anzahl der LeO-451-Bomber und stellten 50 davon als LeO-451-Transporter in den eigenen Dienst, andere wurden der italienischen Luftwaffe überstellt. Viele der Flugzeuge Vichy-Frankreichs waren in den überseeischen Territorien stationiert und erlitten dort schwere Verluste am Boden durch alliierte Luftangriffe. Die übrig gebliebenen wurden den Streitkräften des freien Frankreich eingegliedert als Bomber, Hochgeschwindigkeitsnachrichtenflugzeuge und im Falle von 12 Maschinen als Schleppflugzeuge für Lastensegler.

DIE MITSUBISHI KI-21

Der beste Bomber, über den die Japaner im Zweiten Weltkrieg auf dem pazifischen Kriegsschauplatz in ausreichender Anzahl verfügten, war die Mitsubishi Ki-21. Sie war ein weiteres Beispiel für das Scheitern der japanischen Bemühungen, hohe Geschwindigkeit und große Reichweite durch den Verzicht auf Panzerung, defensive Feuerkraft und Bombenzuladung zu erreichen. Der Typ ging aus einer Ausschreibung des Jahres 1936 für einen modernen Bomber hervor, der sowohl die Mitsubishi Ki-20 (Armee-Typ 92 schwerer Bomber) als auch die Mitsubishi Ki-1 (Armee-Typ 93 schwerer Bomber) ersetzen sollte. Der erste von acht Prototypen und Erprobungsflugzeugen wurde bemerkenswert rasch fertig gestellt und machte seinen Jungfernflug im Dezember 1936 mit zwei Mitsubishi-Ha-6-Sternmotoren mit je 825 PS (615 kW), die einen dreiblättrigen Metall-Verstellpropeller antrieben. Er ging seit Sommer 1938 in die Serienproduktion mit der Kurzbezeichnung Ki-21-Ia und der vollständigen Bezeichnung Armee-Typ 97 schwerer Bomber 1A mit einem Antrieb von zwei Nakajima-Ha-5-Kai-Sternmotoren mit je 950 PS (708 kW) beim Start und 1080 PS (805 kW) in 4000 m Höhe, deren Treibstoff von einem internen Tank mit 2636 l Fassungsvermögen geliefert wurde. Die Bewaffnung bestand aus drei Typ 89 7,7-mm-Maschinengewehren im Bug, an der Ober- und der Unterseite und einer Bombenlast bis zu 1000 kg, die in der Praxis generell jedoch außer bei Kurzstreckenmissionen auf 750 kg beschränkt blieb.

Die Ki-21-Ia war in ihren Abmessungen identisch mit der späteren Ki-21-IIb-Variante. Die Produktion erreichte 143

Vickers Wellington Mk IC

Typ: sechssitziger mittelschwerer Bomber
Herkunftsland: Großbritannien
Triebwerk: zwei 1000-PS-(746-kW-) Bristol-Pegasus-XVIII-Kolbenmotoren
Leistung: Höchstgeschwindigkeit 378 km/h; Dienstgipfelhöhe 5485 m; maximale Reichweite 4104 km
Gewicht: leer 8417 kg; maximale Startmasse 12.928 kg
Abmessungen: Spannweite 26,26 m; Länge 19,68 m; Höhe 5,31 m
Bewaffnung: vier 7,7-mm-Browning- und ein 7,7-mm-Vickers-„K"-Maschinengewehre sowie bis zu 2041 kg Zuladung

CANT Z.1007bis Alcione

Typ: fünfsitziger mittelschwerer Bomber
Herkunftsland: Italien
Triebwerk: drei 1000-PS-(746-kW-) Piaggio-P.XI-R2C.40-Kolbenmotoren
Leistung: Höchstgeschwindigkeit 466 km/h; Dienstgipfelhöhe 8200 m; Reichweite 1750 km
Gewicht: leer 9396 kg; maximale Startmasse 13.621 kg
Abmessungen: Spannweite 24,80 m; Länge 18,35 m; Höhe 5,22 m
Bewaffnung: ein 12,7-mm-Scotti, vier Breda-SAFAT-Maschinengewehre sowie bis zu 1200 kg Zuladung

Einheiten zwischen März 1938 und 1939, ehe sie auf 120 Stück der Ki-21-Ib (Armee-Typ schwerer Bomber Modell 1B) mit größerer Bombenkammer und einer auf fünf Maschinengewehre erweiterten Defensivbewaffnung umgestellt wurde, die bis 1940 geliefert wurden.

Die Ki-21-Ic (Armee-Typ 97 schwerer Bomber Modell 1C), von der 1940 160 Exemplare geliefert wurden, unterschied sich von ihrem Vorgänger durch ihre erhöhte Tankkapazität und zwei weitere, seitwärts feuernde Maschinengewehre.

Zwischen August 1938 und Februar 1941 lieferte Nakajima insgesamt 351 Ki-21-Ia-, Ki-21-Ib- und Ki-21-Ic-Bomber zur Ergänzung der Lieferung ihrer Muttergesellschaft von 423 Flugzeugen, die sich auf insgesamt 774 Ki-21-I-Maschinen summierten.

Die Ki-21-II hatte ein stärkeres Triebwerk und die Produktion von Mitsubishi erreichte zwischen Dezember 1940 und September 1944 1258 Maschinen. Die ersten 590 davon wurden als Ki-21-IIa (Armee-Typ 97 schwerer Bomber Modell 2A) mit derselben Bewaffnung wie das vorhergehende Modell 1C geliefert, während die letzten 668 Flugzeuge als verbesserter Ki-21-IIb (Armee-Typ 97 schwerer Bomber Modell 2B) vervollständigt wurden. Dazu gehörten Verfeinerungen wie ein Gefechtsturm auf der Oberseite mit einem beweglichen Typ-1-12,7-mm-MG und einer vergrößerten Tankkapazität.

Die Ki-21 hatte bei den Alliierten im Zweiten Weltkrieg den Spitznamen „Sally", ihre Ki-21-IIb-Variante hieß dagegen „Gwen".

DER NEUE ENTWURF VON AMIOT

Nach dem außerordentlich hässlichen Amiot 143 der späteren 20er Jahre zeigte das Amiot-Kontrukteursbüro in den frühen 30er Jahren ein ebenso außerordentliches Gespür für graziöse Entwürfe und entwickelte das schöne Amiot-341-Langstrecken-Postflugzeug. Es war in Ganzmetallbauweise konstruiert und hatte einen Rumpf von rundem Querschnitt, in den die selbsttragende Tragfläche sehr sorgfältig für einen minimalen Luftwiderstand eingesetzt war. Von Beginn an war klar, dass er auch zu martialischeren Zwecken als dem Befördern von Briefen entwickelt werden sollte, und so erhielt der Prototyp hydraulisch verschließbare Bombenklappen.

Der Amiot 341 wurde 1936 zum ersten Mal auf dem Salon de l'Aéronautique in Paris vorgestellt und im Dezember 1937 machte der Bomberprototyp Amiot 340.01 seinen Jungfernflug mit zwei Gnome-Rhône-14N-0/1-Sternmotoren mit jeweils 920 PS (686 kW) in 3700 m Höhe, die in eng anliegenden NACA-Ringkühlern untergebracht waren, um den Luftwiderstand zu reduzieren. Das Flugzeug hatte einen starken verglasten Bug für den Bombenschützen, ein erhöhtes Cockpit mit einem verstärkten Kabinendach, das dem Piloten ein gutes Gesichtsfeld gewährte, ein glattes Heck mit einer einzelnen vertikalen Flosse, ein Heckrad und ein Hauptfahrwerk unter den Flügeln, dessen Einzelräder nach hinten in die beiden in die Tragfläche integrierten Motorengehäuse einzogen wurden. Die anfänglichen Erprobungen waren sehr ermutigend, aber das französische Luftfahrtministerium ließ den Typ für eine vier- anstatt dreiköpfige Besatzung überarbeiten und durch verschiedene Details seine Einsatzbereitschaft verbessern.

Als Erstes wurde er mit einem neuen Antrieb aus zwei Gnome-Rhône-14N-20/21-Sternmotoren mit jeweils 1020 PS (761 kW) versehen und das Innere wurde für ein viertes Besatzungsmitglied überarbeitet, das ein drehbares, rückwärts feuerndes MAC-1934-7,5-mm-Maschinengewehr bediente, das an einer Luke in der Unterseite direkt hinter der Bombenkammer angebracht war. Eine weitere Überarbeitung betraf das angewinkelte Höhenleitwerk mit ovalen doppelten Seitenleitwerken und mündete in dem neuen Prototyp Amiot 351.01; in dieser Form flog er erstmals im Januar 1939.

Das Amiot-Konstruktionsteam arbeitete weiter an dem Grundkonzept, um einen einzigen Typ zu schaffen, der mit verschiedenen Maschinen fliegen konnte, so als Amiot 350 mit zwei Hispano-Suiza-12Y-28/29-V-Motoren, als Amiot 351 mit zwei Gnome-Rhône-14N-38/39-Sternmotoren, als Amiot 352 mit zwei Hispano-Suiza-12Y-50/51-V-Motoren, als Amiot 353 mit zwei Rolls-Royce-Merlin-III-V-Motoren, als Amiot 354 mit zwei Gnome-Rhône-14N-48/49-Sternmotoren und als Amiot 356 mit zwei Merlin X-Motoren.

Die französische Luftwaffe beschloss, den Amiot 350 nicht anzukaufen, und das erste Serienmodell wurde daher der Amiot 351B.4, dessen erstes Exemplar im Sommer 1939 fertig war. Die Erprobungsflüge begannen im November desselben Jahres kurz nach Ausbruch des Kriegs.

Ein paar Tage später kam der erste Amiot 354B.4 hinzu, der mit dem Amiot 351B.4 weitgehend identisch war bis auf den Antrieb und die Leitwerkseinheit, die aber austauschbare Einheiten bildeten. Die ersten Bestellungen der Amiot 350-Serie waren 1938 ergangen und liefen über jeweils 30, 60 und 40 Exemplare des Amiot 351, des Amiot 353 und des Amiot 354. 1939 wurden weitere Verträge über jeweils 30, 100 und 35 Exemplare des Amiot 351, des Amiot 353 und des Amiot 356 abgeschlossen. Fast sofort nach Kriegsausbruch im September 1939 erhöhte das französische Luftfahrtministerium die Anforderungen drastisch mit Verträgen über 30, 560 und fünf Amiot 351, Amiot 352 und Amiot 356, sodass von der Amiot-350-Serie insgesamt 890 Einheiten bestellt wurden.

Als die Produktion in Schwung kam, beschloss die französische Luftwaffe, auf die Fertigstellung der viersitzigen Aufklärervariante zu verzichten, und konzentrierte sich stattdessen ganz auf die Bombervariante. Dennoch erhielt sie bis April 1940 nur 21 Flugzeuge statt der vereinbarten 285. Im Folgemonat wurden 37 Stück ausgeliefert und am Ende hatte die französische Luftwaffe erst ganze 57

Flugzeuge (17 Amiot-351- und 40 Amiot-354-Bomber) erhalten. Das war für Frankreich zu spät; der deutsche Einmarsch hatte im Mai begonnen und die französische Niederlage erfolgte im Juni.

DIE DORNIER DO 215

1937 schrieb das deutsche Luftfahrtministerium ein Kriegsflugzeug mit großer Reichweite aus, das einerseits vielseitig, andererseits vor allem als schwerer Bomber und sowohl als Flächen- wie als Sturzkampfbomber geeignet sein sollte. Dornier antwortete mit einem Entwurf, der im Grunde eine vergrößerte Version seines erfolgreichen Do-17-Bombers war. In seiner voll entwickelten Form hieß er Do 215 und verfügte über eine vertiefte Kabine, die alle vier Besatzungsmitglieder in einer Weise aufnahm, die typisch für alle deutschen Bomber wurde. Auf der einen Seite erleichterte dies den Besatzungsmitgliedern, die Plätze zu tauschen, vereinfachte ihre Kommunikation und verbesserte so die Moral. Auf der anderen Seite stieg so für die Mannschaft das Risiko enorm, von einem einzigen Treffer des Cockpitbereichs auf einmal getötet oder verwundet zu werden. Das deutsche Luftfahrtministerium war beeindruckt von dem Entwurf, den Dornier im Sommer 1937 vorlegte, und unter der Bezeichnung Do 217 befahl es die Ausarbeitung im Detail und den Bau von Prototypen.

Der erste Prototyp der Do 217 V1 absolvierte seinen Jungfernflug im August 1938 mit zwei Daimler-Benz-DB-601A-V-Motoren mit jeweils 1075 PS (801,5 kW). Weitere sieben Prototypen folgten, bevor zwei Kontingente einer Vorserienproduktion herauskamen, deren erste aus acht Do-217A-0-Langstreckenaufklärern bestand. Sie wurden im Frühjahr 1940 an die „Aufklärungsgruppe" des Luftwaffenoberkommandos ausgeliefert und im Winter 1940/41 für geheime Aufklärungsflüge über der westlichen UdSSR eingesetzt zur Vorbereitung der deutschen Invasion im Juni 1941. Während ihr Vorgänger, der Do-217C-V1-Prototyp, zwei Jumo-211A-Motoren hatte, waren die vier Vorserienbombermodelle mit zwei DB-601A-Motoren und einer wesentlich verbesserten Bewaffnung ausgestattet. Die Bombenzuladung betrug 3000 kg.

Im Frühjahr 1940 konzentrierte sich das Do-217-Programm auf die sehr verbesserten Do 217E und man zog eine weitere Produktion der Do-217C-Serie nicht mehr in Betracht. Die fünf Maschinen dieses Typs (ein Prototyp und vier Vorserienmodelle) wurden danach für die Erprobung von neuer Ausrüstung und Motoren benutzt. Da man sich entschieden hatte, den wesentlich stärkeren BMW-801-MA-Sternmotor mit 1580 PS (1178 kW), der einen dreiblättrigen verstellbaren Schwarz-Holzpropeller antrieb, einzubauen, machte der Prototyp der Do 217 V9 seinen Jungfernflug im Januar 1940 mit einem überarbeiteten Rumpf, der auf seiner gesamten Länge deutlich dicker ausfiel. Die mittlere und hintere Sektion wurden in einen unteren und oberen Abschnitt aufgeteilt, der erstere enthielt eine längere Bombenkammer, die sich fast bis zum einziehbaren Heckrad erstreckte und die von einer dreiteiligen Klappe verschlossen war. Der letztere erhielt eine zusätzliche Versteifung, die durch die Bombenkammer und ihren Inhalt erforderlich wurde, sowie einen zusätzlichen Benzintank und Stauraum für ein Schlauchboot. Die Bombenkammer selbst war 4,50 m lang und hatte eine 1,73 m lange Erweiterung nach hinten für den Transport eines Torpedos. Die Do 217E ging in den ersten Monaten des Jahres 1940 in Serie.

Die Bezeichnungen Do 217F und Do 217G wurden für Modelle reserviert, die nicht über das Projektstadium hinauskamen, und die Do 217H war eine einzelne Do 217E-1, die mit einem Antrieb aus zwei DB-601-V-Motoren und zusätzlichen Turboladern für Versuchsflüge in großer Höhe ausgestattet war.

Die nächste Variante, die in Serie ging, war die Do 217K-1, deren Erprobungsflüge im März 1942 begannen. Die größte Neuerung war ein völlig überarbeitetes Vorderteil der Kabine, die die abgesetzte Windschutzscheibe des Piloten durch einen abgerundeten und weitgehend verglasten Bug ersetzte, auch wurden die BMW-801C-Motoren gegen BMW-801D-Sternmotoren mit je 1700 PS (1268 kW) beim Start und 1440 PS (1074 kW) in 5700 m Höhe ausgetauscht. Die Defensivbewaffnung bestand aus einem drehbaren, rückwärts feuernden 13-mm-MG 131 in einem elektrisch gesteuerten Gefechtsturm an der Unterseite, einem drehbaren 7,92-mm-Zwillings-MG 81z im Bug und zwei, später vier drehbaren 7,92-mm-MG 81 in den Seitenfenstern des Cockpits. Der Typ wurde als Do-217K-V1-, Do-217K-V2- und Do-217K-V3-Prototyp geprüft; der erste hatte eine einzelne vertikale Schwanzflosse und der dritte wurde später als Schleppflugzeug für das DFS-228-Versuchssegelflugzeug benutzt, einen Aufklärer für extreme Höhen.

Die Do 217K-1 ging im Frühsommer 1942 in Serie und wurde im Herbst desselben Jahres beim Kampfgeschwader 2 als Nachtbomber in Dienst gestellt. Sie war die erste Variante der Do 217, die

LINKS: Die Ju 88 war ein erstaunlich vielseitiges und „entwicklungsfähiges" Flugzeug, das in seiner Grundform als Bomber für immer schwerere Bomben adaptiert wurde.

mit dem Rüstsatz R 25 am Heck für einen Bremsfallschirm hergestellt wurde, und andere Varianten, die damit nachgerüstet wurden, wurden ebenfalls mit diesem Code bezeichnet.

DIE LENKWAFFE FRITZ-X

Die Do 217K-2, die im Dezember 1942 in Dienst gestellt wurde, war eine Weiterentwicklung der Do 217K-1 für die Lenkwaffe FX-1400 Fritz-X, eine ferngelenkte schwere Bombe, die gegen schwere Kriegsschiffe eingesetzt werden sollte. Sie war mit der FuG-203a-Kehl-Funkfernsteuerung ausgestattet (der der FuG-230a-Straßburg-Empfänger in der Lenkwaffe entsprach) und verfügte über zwei Aufhängungen für die Waffe unter den Tragflächen. Diese waren auf eine Spannweite von 24,80 m mit einer Gesamtfläche von 67 m² verlängert worden. Die Maschine erhielt ferner den R17-Rüstsatz für einen zusätzlichen 1160-Liter-Tank in der Bombenkammer und zwei R19-Rüstsätze im Heckbereich für vier 7,92-mm-MG 81, zu denen noch zwei weitere Paare von MG 81z an der Rückseite der Motorgehäuse hinzukommen konnten, die vom Piloten über eine Periskopsteuerung bedient wurden. Die Do 217K-2 setzte die Fritz-X erstmals im August 1943 im Mittelmeer ein und versenkte das italienische Schlachtschiff *Roma*, das nach dem italienischen Waffenstillstand mit den Alliierten auf dem Weg nach Malta war.

Später folgte die Do 217K-3, die sich von der Do 217K-2 nur durch die Funkfernsteuerung vom Typ FuGc/d Kehl IV unterschied, die sowohl die Fritz-X Lenkwaffe als auch die Henschel-Hs-293A-Anti-Schiffsrakete steuern konnte.

Im Frühjahr 1943 flogen die Prototypen Do 217L V1 und Do 217 V2 mit überarbeitetem Cockpit und einer anderen Anordnung der Bewaffnung, aber sie wurden nicht in die Serienproduktion übernommen. Die nächste und auch letzte Weiterentwicklung der Do 217 als reines Bombenflugzeug war die Do 217M, die parallel zur Do 217K gebaut wurde. Diese Variante entstand aus der Befürchtung heraus, dass der Bau des BMW-801-Sternmotors nicht mit der Nachfrage Schritt halten würde. Dornier entwickelte daher die Do 217M als Ableitung der Do 217K für das Triebwerk aus zwei Daimler-Benz-DB-603A-V-Motoren mit jeweils 1750 PS (1305 kW), deren Flugleistungen im Grunde denen der Do 217K-1 entsprachen. Das einzige Modell, das zum Einsatz kam, war die Do 217M-1, weitere geplante Versionen wurden zurückgestellt und schließlich abgesetzt, um sich auf den Do 217N Nachtbomber zu konzentrieren.

Die letzte Entwicklung der Do-217-Serie in Bomberform war die Do 217P, ein Aufklärer/Bomber für große Höhen, der aus einem Programm stammte, das von Dornier 1941 entwickelt worden war. Sie war im Grunde eine Do 217E-2 mit überarbeitetem Cockpit für vier Mann mit Druckausgleich und einer HZ-Anlage als Antrieb. Diese bestand aus zwei DB-603B-V-Motoren in in die Flügel integrierten Gondeln mit einem DB-650T-Turbolader, der halb im Freien unter der rückwärtigen Rumpfsektion angebracht war und einen zweistufigen Kompressor antrieb. Das ganze System leistete 3500 PS (2610 kW) beim Start und 2880 PS (2147 kW) in 13.750 m Höhe.

Die Produktion des Do-217-Bombers lief im Juni 1944 nach der Auslieferung von insgesamt 1541 Flugzeugen aus.

DIE HALIFAX

Obwohl sie von der superben Avro Lancaster überschattet wurde, die an ihrer Seite eine lange Zeit im Zweiten Weltkrieg im Bomberkommando der Royal Air Force eingesetzt wurde, war die Handley Page Halifax H.P.57 dennoch ein großartiges Kriegsflugzeug, das größere Beachtung verdient, als ihm normalerweise zuteil wird. Die frühen Halifax-Bomber funktionierten nicht so gut wie die frühen Lancasters und erforderten beträchtlichen Aufwand und Zeit, um alle anfänglichen Probleme zu beseitigen. Sie reiften dann zu einem außerordentlichen Bomber heran, der in seinen späteren Varianten schneller als die Lancaster war und ebenso viel Bombenlast tragen konnte, auch wenn ihr Treibstoffverbrauch nicht so günstig war und ihr die Wendigkeit und Steiggeschwindigkeit des Konkurrenten fehlte.

Ihre Ursprünge lassen sich bis zu der Ausschreibung B.1/35 des Luftfahrtministeriums für einen zweimotorigen Nachfolger der Vickers Wellington zurückverfolgen.

Das Konstrukteursteam von Handley Page plante den H.P.55 als Mitteldecker mit zwei Bristol-Hercules-Sternmotoren oder zwei Rolls-Royce-Merlin-V-Motoren, und das Luftfahrtministerium bestellte 1935 einen einzelnen Prototyp. Dann

Junkers Ju 88A-4

Typ: viersitziger mittelschwerer Bomber
Herkunftsland: Deutschland
Triebwerk: zwei 1340-PS-(999-kW-) Junkers-Jumo-211J-1/2-V-Motoren
Leistung: Höchstgeschwindigkeit 470 km/h in 5300 m Höhe; Dienstgipfelhöhe 8200 m; maximale Reichweite 2730 km
Gewicht: leer 9860 kg; maximale Startmasse 14.000 kg
Abmessungen: Spannweite 20,0 m; Länge 14,40 m; Höhe 4,85 m
Bewaffnung: zwei bis neun 7,92-mm-MG-81- und 13-mm-MG-131-Maschinengewehre sowie bis zu 2500 kg Zuladung

kam jedoch die Ausschreibung P.13/36 für einen etwas schnelleren mittelschweren Bomber heraus und die Firma entschied, den H.P.55 als H.P.56 zu überarbeiten mit einer von 28,96 m auf 27,43 m reduzierten Spannweite. Man schlug dem Luftfahrtministerium vor, die Entwicklung in zwei Stufen vorzunehmen: die erste sollte zwei Hercules-Sternmotoren erhalten, die zweite die beträchtlich leistungsfähigeren Rolls-Royce-Vulture-X-Motoren. Angesichts der Geschwindigkeit des deutschen Wiederaufrüstungsprogramms wollte das Luftfahrtministerium jedoch so schnell wie möglich vorgehen und schloss im April 1937 einen Vertrag über zwei H.P.56 mit dem Vulture-Antrieb ab. In der Theorie versprach diese Kombination ein exzellentes Kriegsflugzeug zu werden, dessen Entwicklung sich jedoch als problematisch erweisen sollte. Die Firma wandte sich daher an das Ministerium mit dem Vorschlag, den H.P.56 als H.P.57 mit einer größeren Spannweite und vier Merlin-Motoren zu überarbeiten. Das Ministerium stimmte zu und der H.P.57 gewann an Konturen mit einer Tragfläche, die auf 20,12 m verbreitert wurde und deren äußere Hälften die breiten automatischen Handley-Page-Landeklappen aufwies, die jetzt aber auf beiden Seiten spitz zuliefen und nicht nur an der Vorderkante, wie es beim H.P.56 der Fall gewesen war.

Die Arbeit an der Fertigstellung des ersten Typs wurde vorangetrieben, so schnell es ging, und die Maschine machte am 25. Oktober 1939 ihren Jungfernflug (weniger als zwei Monate nach dem Ausbruch des Zweiten Weltkriegs) mit vier Merlin-IX-Motoren, die dreiblättrige automatische Verstellpropeller antrieben, aber ohne Bewaffnung. Der zweite Prototyp folgte am 17. August 1940 mit derselben Motorisierung, jedoch anderen Rotol-Propellern mit verdichteten Holzblättern, und diese Maschine war voll bewaffnet hatte aber keine Landeklappen. Zu diesem Zeitpunkt lief die Produktion bereits, da das Luftfahrtministerium schon Ende 1938 die Serienproduktion des H.P.57 angeordnet und ihm im folgenden Jahr den Namen Halifax verliehen hatte.

Die Produktion wurde in sehr großem Maßstab ins Auge gefasst und anfangs kamen die Flugzeuge aus den Anlagen

■ OBEN: Nach dem Zweiten Weltkrieg wurden deutsche Flugzeuge wie diese Ju 88 auf dem Stützpunkt in Flensburg entwaffnet und flugunfähig gemacht und warteten aufs Verschrotten.

von English Electric, die bereits die mittelschweren Handley Page Hampden lieferten. Dann aber kamen die Lieferungen von einem Konsortium dazu, das schließlich die Rootes Group, die Fairey Aviation Co. Ltd. und die London Aicraft Production Group einschließen sollte.

Die Halifax Mk I ging im November 1940 in Dienst, als die industrielle Produktion an Tempo gewonnen hatte, und als erste von schließlich 36 Staffeln des RAF Bomberkommandos erhielt Staffel Nr. 35 den Typ, die ihren ersten Einsatz damit im März 1941 flog.

Die Lieferungen der Halifax Mk I erreichten eine Gesamtzahl von 84 Flugzeugen in drei Varianten: die Halifax-Mk-I-Serie 1 hatte vier Merlin-X-Motoren und war für eine maximale Startmasse von 26.309 kg ausgelegt, die Halifax-Mk-I-Serie 2 hatte das gleiche Triebwerk und brachte 27.216 kg maximale Start-

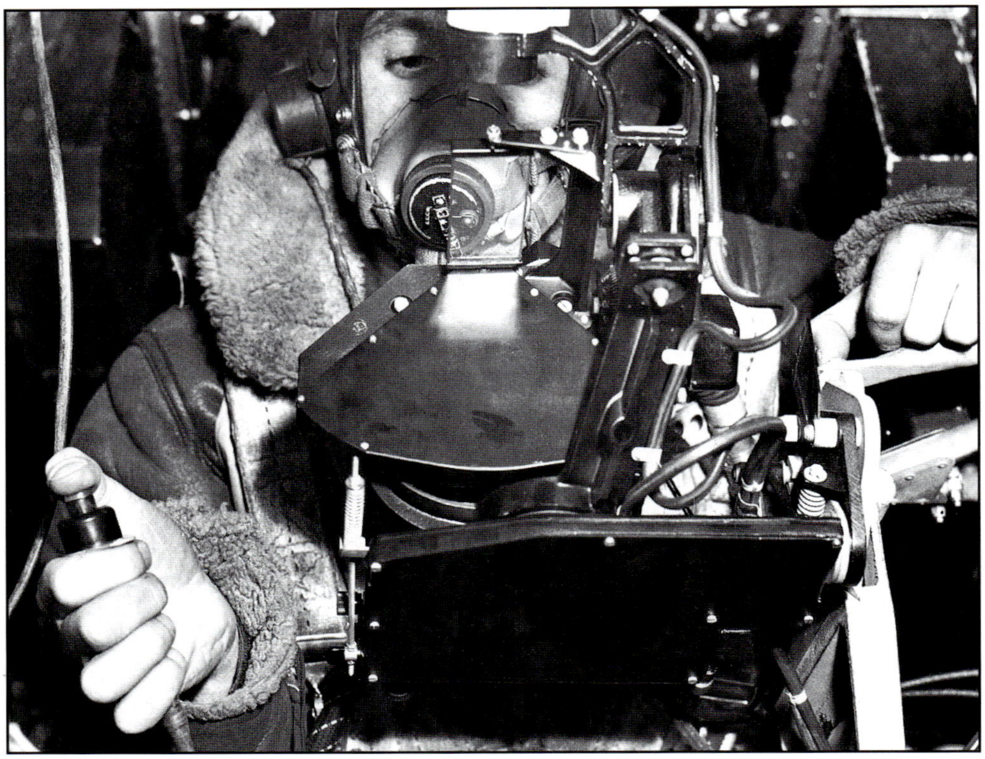

masse in die Höhe, und die Halifax-Mk-I-Serie 3 hatte ein Triebwerk aus vier Merlin-X- oder -XX-Motoren und eine vergrößerte Tankkapazität.

OBEN: Im Lauf des Zweiten Weltkriegs erhielten Bomber eine immer ausgefeiltere Ausstattung, vor allem immer modernere Bombenvisiereinrichtungen wie hier in diesem britischen Beispiel.

DIE HALIFAX B.MK II

Die Halifax Mk II, die 1942 zum Halifax B.Mk II umbenannt wurde, erreichte eine Stückzahl von 1977 Einheiten und war das erste Großserienmodell. Im Wesentlichen war sie eine Weiterentwicklung der Halifax-Mk-I-Serie 3 mit vier Merlin-XX- oder Merlin-22-Motoren mit je 1390 PS (1036 kW) und mit einem stark verbesserten Kompressor ausgestattet.

Das Ausgangsmodell dieser Serie war die Halifax B.Mk II Serie 1 mit vier Merlin-XXS-Motoren und einem maschinengesteuerten Boulton-Paul-Gefechtsturm auf der Oberseite, der mit zwei drehbaren Browning-7,7-mm-Maschinengewehren ausgestattet war. Trotz der zusätzlichen Leistung des höher motorisierten Triebwerks beeinträchtigten der Luftwiderstand und das Gewicht des Turms die Flugleistungen und man beschloss, auf ihn zu verzichten. Dies führte zur Halifax B.Mk II Serie 1 (Special), die sowohl den Gefechtsturm auf der Oberseite wie den im Bug wegließ.

Bei den meisten wurde auch der Auspuffdämpfer weggelassen, weil die Mannschaften der Ansicht waren, dass eine um 32 km/h vergrößerte Geschwindigkeit und eine größere Gipfelhöhe wichtiger waren als die Dämpfung von Abgasflammen, die ohnehin nur ein paar hundert Meter weit zu sehen waren.

Diese Veränderungen brachten eine deutliche Verbesserung der Flugleistungen, die sich nach der Einführung der Merlin-22-Motoren mit je 1390 PS (1036 kW) in der Halifax-B.Mk-II-Serie I A noch mehr steigerten. Hier wurde als Gefechtsturm auf der Oberseite der maschinengesteuerte Boulton-Paul in der Ausführung mit niedrigerem Luftwiderstand mit vier Browning-7,7-mm-Maschinengewehren wieder eingeführt. Der Bug erhielt eine gewölbte Plexiglaskanzel mit einem vorwärts feuernden Browning- oder Vickers-„K“-7,7-mm-Maschinengewehr. Dies vergrößerte zwar die Gesamtlänge auf 21,82 m, verminderte jedoch den Luftwiderstand der Bugkabine und erhöhte so die Geschwindigkeit.

Im Oktober 1942 stattete Handley Page eine Halifax B.Mk II „Hack“ mit einem Triebwerk aus vier Bristol-Hercules-Sternmotoren als Prototyp für die mit Sternmotoren betriebenen H.P.61-Serie aus und dies zog eine beträchtliche Veränderung des Typs nach sich: bis auf die Reichweite verbesserten sich sämtliche Flugleistungen. Auch die Bedienung des Typs, die bisher gerade noch annehmbar gewesen war, wurde bedeutend erleichtert.

Der Erfolg dieser Neumotorisierung führte zur Einführung des Halifax-B.Mk-

Lioré-et-Olivier LeO 451B.4

Typ: viersitziger mittelschwerer Bomber
Herkunftsland: Frankreich
Triebwerk: zwei 1140-PS-(850-kW-) Gnome-Rhône-14N-48/49-Sternmotoren
Leistung: Höchstgeschwindigkeit 495 km/h; Dienstgipfelhöhe 9000 m; maximale Reichweite 2900 km
Gewicht: leer 7815 kg; normale Startmasse 11.400 kg
Abmessungen: Spannweite 22,52 m; Länge 17,17 m; Höhe 5,30 m
Bewaffnung: Maschinengewehre, Kanone, bis zu 2000 kg Zuladung

III-Serienmodells, von dem das erste im Juli 1943 mit vier Hercules-XVI-Motoren mit je 1615 PS (1204 kW) flog, die dreiblättrige automatische de-Havilland-Metallpropeller, die ohne Luftschraubenhaube installiert waren, antrieben und lange Flammendämpfer hatten. Andere Neuerungen betrafen die Vorrichtung für den H_2S-Nav./attack-Radar und eine Kanzel an der Unterseite mit einem drehbaren, rückwärts feuernden Browning-12-mm-Maschinengewehr.

Die Halifax B.Mk III markierte eine deutliche Verbesserung gegenüber den vorhergehenden Modellen und in dieser Form konnte sie auch gegen Ziele eingesetzt werden, die vorher als unerreichbar galten. Die Produktion der Halifax B.Mk III erreichte eine Gesamtzahl von 2091 Einheiten und der schnelle Ausstoß der Fabrikation dieses Modells machte es möglich, dass vor dem Einsatz über Deutschland alle mit dem Merlin bestückten Flugzeuge ausgetauscht wurden.

Die nächste Variante, die in Serie ging, war die Halifax B.Mk V, eine Weiterentwicklung der Halifax B.Mk II, bei der das Originalfahrwerk von Messier und seine Hydraulik durch ein System von Dowty ersetzt wurden. Die meisten Flugzeuge wurden jetzt mit vierblättrigen Propellern versehen und es wurden insgesamt 904 Flugzeuge von Fairey und Rootes produziert.

Der Typ wurde auch in den Varianten Halifax B.Mk V Serie 1, Halifax B.Mk V Serie 1 (Special) und Halifax B.Mk V Serie 1A gebaut, die ihren Halbschwestern, der Halifax-B.Mk-II-Serie, sehr ähnlich waren, aber eine bedeutende Anzahl wurde für Luftlandetruppen, Seepatrouillen und den Wetterdienst umgebaut.

Die Halifax B.Mk VI, die zuerst im Oktober 1944 flog und von der 577 Stück von Handley Page und English Electric gebaut wurden, war eine verbesserte Version der Halifax B.Mk IV, die für Einsätze gegen die Japaner in Südostasien gedacht war und deswegen mit Hercules-100-Sternmotoren mit je 1800 PS (1342 kW) ausgerüstet wurde, einem Einspritzvergaser mit Filtern und einer überarbeiteten Treibstoffversorgung, deren Kapazität auch vergrößert wurde. Eine Anzahl der Flugzeuge wurde später für andere Einsatzgebiete umgebaut.

Bei den 193 Flugzeugen des Typs Halifax B.Mk VII wurden schließlich Hercules-100-Sternmotoren eingebaut, die hinter denen des Halifax B.VI zurückblieben, und mit ihnen wurden polnische und französische Staffeln ausgestattet.

OBEN: Fallschirmsplitterbomben werden von einem Flugzeug der 5. US Air Force auf eine Mitsubishi Ki-21 abgeworfen, die bei den Alliierten den Spitznamen „Sally" trug.

DIE MITSUBISHI G4M

Die Mitsubishi G4M geht auf eine Ausschreibung der kaiserlichen japanischen Marineluftwaffe von 1937 über einen Nachfolger der G3M zurück. Die Aufgabe, einen verbesserten Typ zu entwerfen, wurde von Mitsubishi einem Team unter der Leitung von Kiro Honjo übertragen, der schnell einsah, dass die Erfordernisse nicht mit einem Triebwerk von 2000 PS (1491 kW) Leistung in zwei Motoren erfüllt werden konnten. Er votierte also für zwei der neuen Mitsubishi-MK4-Kasei-Sternmotoren mit je 1500 PS (1118 kW). Das Flugzeug hatte eine sehr aerodynamische Form, und die beiden ersten Prototypen machen ihren Jungfernflug im Oktober 1939 mit zwei Mitsubishi-MK4A-Kasei-11-Sternmotoren mit je 1530 PS (1141 kW). Das Flugzeug wurde in Serie produziert als G4M1 und unter der militärischen Bezeichnung Marine Typ 1 Angriffsbomber Modell 11 in Dienst gestellt. Die Lieferungen erreichten 1200 Flugzeuge. Sie konnten 800 kg Bomben oder einen Torpedo zuladen und hatten zur Verteidigung ein Typ-92-7,7-mm-Maschinengewehr im Bug, ein Typ-92-7,7-mm-Maschinengewehr in einer Kuppel auf der Oberseite, zwei seitwärts feuernde Typ-92-7,7-mm-Maschinengewehre und schließlich eine Typ-99-20-mm-Kanone im Heck. Am Anfang hatte es ein Triebwerk aus zwei MK4A-Kasei-

11-Sternmotoren, aber später erhielt es als Marine Typ 1 Angriffsbomber Modell 12 zwei stärkere MK4E-Kasei-15-Sternmotoren mit je 1530 PS (1141 kW) beim Start und 1280 PS (954 kW) in 6000 m Höhe.

Es folgten 1154 fertig gestellte Flugzeuge nach dem verbesserten G4M2-Standard mit zwei MK4P-Kasei-21-Sternmotoren mit jeweils 1800 PS (1342 kW), einer neuen Tragfläche mit strömungsgünstigem Querschnitt, einer horizontalen Schwanzflosse mit größerer Fläche, abgerundeten Tragflächen und Schwanzflossenenden, einer anderen Position des Bombenschützen, die besser für Nachteinsätze geeignet war, und einer Vorrichtung für ein einzelnes drehbares, seitwärts feuerndes Typ-92-7,7-mm-Maschinengewehr, das durch kleine Luken beiderseits des Bugs feuerte. Die Kanzel auf der Oberseite wurde durch einen motorgesteuerten Gefechtsturm mit einer Typ-99-Modell-1-20-mm-Kanone ersetzt, ferner wurde eine Vorrichtung für einen zusätzlichen 1590-Liter-Tank im Rumpf installiert und vom 65. Flugzeug der Serie an Türen für die Bombenkammer. Diese verbesserte Variante wurde als Marine Typ 1 Angriffsbomber Modell 22 in Dienst gestellt.

Spätere Varianten waren der Marine Typ 1 Angriffsbomber Modell 22A, dessen seitwärts feuernde Maschinengewehre durch Typ-99-Modell-1-20-mm-Kanonen ersetzt wurden, und der Marine Typ 1 Angriffsbomber Modell 22B, dessen vier Kanonen durch solche vom Typ 99 Modell 2 ersetzt wurden.

Weil es erst spät im Jahr 1943 Ersatz in Form der Mitsubishi G7M Taizan gab, musste die G4M2 in der Produktion bleiben, und dies führte zu dem Modell G4M2a mit gewölbten Bombenklappen, die eine größere Zuladung bis zu 1000 kg erlaubten, und einem Triebwerk aus zwei MK4T-Kasei-Sternmotoren mit je 1825 PS (1361 kW) beim Start und 1540 PS (1148 kW) in 5500 m Höhe, die einen automatischen vierblättrigen Sumitomo-(VDM)-Metall-Verstellpropeller antrieben.

Die G4M2 wurde von der kaiserlichen japanischen Marineluftwaffe in vier Varianten eingesetzt als Marine Typ 1 Angriffsbomber Modell 24 mit derselben Defensivbewaffnung wie Modell 22, als Marine Typ 1 Angriffsbomber Modell 24A und als Marine Typ 1 Angriffsbomber Modell 24B mit derselben Bewaffnung wie Modell 22A bzw. Modell 22B und als Marine Typ 1 Angriffsbomber Modell 24C, dessen Bewaffnung im Bug durch ein drehbares Typ-2-13-mm-Maschinengewehr ersetzt wurde und der in der letzten Version über ein Luft-Boden-Radar verfügte.

DIE SHORT STIRLING

Die Short Stirling war der erste viermotorige Bomber, der vom Bomberkommando der Royal Air Force im Zweiten Weltkrieg in Dienst gestellt wurde, und er war auch der erste britische viermotorige Bomber, der von Anfang an als solcher entworfen worden war. Trotzdem kann die Stirling nicht als besonders inspirierter, sondern höchstens als handwerklicher Entwurf gelten. Dies basiert jedoch weniger auf Fehler im Grundentwurf als auf der Vorbedingung des Luftfahrtministeriums, dass der siegreiche Entwurf in die normalen Hangars der RAF passen sollte, die nur Flugzeuge mit Spannweiten von maximal 30,50 m aufnehmen konnten, und dass sie eine 500-Pfund-Bombe laden sollte. Dies bedeutete, dass die Tragflächen der Stirling zu hoch belastet waren und sie deswegen nicht höher als bis auf 3660 m mit voller Ladung aufsteigen konnte.

Auf der anderen Seite war die Stirling unglaublich robust und konnte selbst mit schweren Havarien zur Heimatbasis zurückkehren. Die Ausschreibung B.12/36 verlangte einen viermotorigen strategischen Bomber, der mit größter Schnelligkeit entworfen, entwickelt und in die Serienproduktion gegeben werden sollte.

Das Luftfahrtministerium erhielt Entwurfsvorlagen von Armstrong, Short und Supermarine und bestellte Prototypen von den beiden letzteren. Short reichte ursprünglich einen Entwurf mit guten Höhenflugeigenschaften ein, die von einer Spannweite von 34,14 m garantiert wurden. Seine Bauweise und Aerodynamik beruhten auf seinem Sunderland-Aufklärungsflugboot. Doch in diesem Punkt blieb das Ministerium hart und bestand darauf, dass die Maschinen in den Standardhangar passen sollten. Das Kontrukteursteam musste also seinen Entwurf mit einer Fläche von geringerer Spannweite und größerer Flügeltiefe überarbeiten. Das Luftfahrtministerium, das täglich Besorgnis erregendere Geheimdienstnachrichten über Umfang und

Mitsubishi Ki-21-IIb

Typ: siebensitziger schwerer Bomber
Herkunftsland: Japan
Triebwerk: zwei 1500-PS-(1118-kW-) Mitsubishi-Ha-101-(Armee-Typ-100-) Sternmotoren
Leistung: Höchstgeschwindigkeit 486 km/h in 4720 m Höhe; Dienstgipfelhöhe 10.000 m; maximale Reichweite 2700 km
Gewicht: leer 6070 kg; maximale Startmasse 10.610 kg
Abmessungen: Spannweite 22,50 m; Länge 16,00 m; Höhe 4,85 m
Bewaffnung: ein 12,7-mm-Typ-1-Maschinengewehr, fünf 7,7-mm-Typ-89-Maschinengewehre sowie bis zu 1000 kg Zuladung

Tempo der deutschen Wiederbewaffnung in den späten 30er Jahren erhielt, stimmte dieser Leistungsbeschränkung zu, bestellte zwei Prototypen des S.29-Entwurfs und ließ auch durchblicken, dass es die Serienproduktion anordnen werde, bevor sie geflogen seien.

Der Bau der beiden S.29-Prototypen dauerte bis Anfang 1939. Der erste machte seinen Jungfernflug im Mai 1939 und musste bei seiner Landung abgeschrieben werden. Das Fahrwerk wurde neu entworfen und der zweite Prototyp machte einen erfolgreichen Jungfernflug im Dezember 1939. Die Produktion war aber schon im Gange und der erste Stirling-Mk-I-Bomber machte seinen ersten Flug im Mai 1940.

Das erste Flugzeug aus der Serienproduktion war die Stirling Mk I Serie 1 mit vier Bristol-Hercules-II-Sternmotoren mit jeweils 1375 PS (1025 kW) beim Start, die in Gehäusen in Schalenbauweise untergebracht waren. Als nächstes kam die Stirling Mk I Serie 2 heraus mit von Short entworfenen Motoraufhängungen aus geschweißten Stahlrohren; schließlich aber folgte die endgültige Stirling-Mk-I-Serie 3 mit Hercules-XI-Sternmotoren in von Bristol entworfenen einschaligen Gehäusen. Der Hercules-XI-Sternmotor hatte eine Leistung von 1590 PS (1185,5 kW) beim Start und von 1020 PS (760 kW) in optimaler Angriffshöhe und trieb einen automatischen dreiblättrigen Verstellpropeller an.

Die Auslieferung der Stirling Mk I begann im August 1940 und belief sich insgesamt auf 756 Exemplare des ersten Modells. Das erste Flugzeug wurde für den Dienst in der Staffel Nr. 7 im August 1940 ausgeliefert und die Einsätze begannen im Februar 1941. Die Flugzeuge, die Ende 1942 im Dienst waren, erhielten die neue Bezeichnung Stirling B.Mk I.

Die Stirling Mk II, von der eigentlich in Kanada ein erstes Kontingent von 140 Stück gebaut werden sollte, erreichte in Wirklichkeit nur das Stadium zweier Prototypen mit vier Wright-GR-2600-A5B-Cyclone-14-Sternmotoren mit je 1600 PS (1193 kW).

Die Stirling B.Mk III wurde in einer Stückzahl von 875 Einheiten gebaut und war eine Version des Stirling Mk I Serie 3 mit einem Frazer-Nash-F.N.50-Gefechtsturm auf der Oberseite, wie er auch von der Avro Lancaster benutzt wurde und der weniger Luftwiderstand als der F.N.7 produzierte, vier Hercules-XVI-Sternmotoren mit je 1635 PS (1219 kW), einer Vorrichtung für eine größere Treibstoffkapazität und einer veränderten inneren Aufteilung mit weniger Fenstern im Hinterteil der Kabine. Die Stirling B.Mk III ersetzte bald die Stirling B.Mk I in den vier bestehenden Stirling-Staffeln und wurde auch an neun weitere Staffeln ausgeliefert. Später wurde sie für Luftlande- und Transporteinsätze benutzt.

OBEN: Ende der 30er Jahre wechselten französische Designer mit scheinbarer Leichtigkeit von den kastenartigen Monstern zu eleganten Bombern wie dem Amiot 351.

CONSOLIDATED LIBERATOR

Die Liberator wurde mit insgesamt 18.431 Einheiten in einer größeren Stückzahl produziert als jedes andere amerikanische Kriegsflugzeug im Zweiten Weltkrieg und für die verschiedensten Zwecke sowohl im Kampfeinsatz wie für die Ausbildung benutzt.

Dies wäre für sich allein schon bemerkenswert, aber es ist es erst recht angesichts der Tatsache, dass die Liberator eine viermotorige Maschine war. Die Ursprünge lassen sich bis zum Januar 1939 zurückverfolgen, als Reuben H. Fleet und Isaac M. „Mac“ Laddon, der Vorsitzende und der Chefkonstrukteur der Consolidated Aircraft Corporation, sich mit einem Angebot an das US Army Air Corps (USAAC) wandten, einen Bomber zu bauen, der der Boeing B-17 überlegen sei. Die Firma sah sich dazu in der Lage, nachdem sie selbst von dem USAAC als zweiter Lieferant für die Herstellung der B-17 angesprochen worden war und die Ingenieure der Consolidated von San Diego, Kalifornien, die Boeing-Fabrik in Seattle, Washington, besucht hatten. Sie kamen mit dem Vorschlag zurück, dass man ein beträchtlich besseres Flugzeug mit einer speziellen Tragfläche herstellen könne, die von Laddon auf der Grundlage des patentierten Konzepts von David R. Davies für das Modell-28-Flugboot entworfen worden war, das als PBY für die US-Marine produziert wurde. Das USAAC war beeindruckt von dem Vorschlag und Ende Januar 1939 wurde ein 1:1-Modell der Consolidated begutachtet. Dann wurde ein Wettbewerb an Martin und Sikorsky ausgeschrieben, der aber nichts weiter als eine Formalität war, weil er den „Mitbewerbern“ nicht mehr als drei Wochen einräumte, um ihre Vorschläge einzureichen.

Im Februar 1940 wurde das Modell 32 der Consolidated für gut befunden und im März ein einmotoriger Prototyp des XB-24 für das Jahresende bestellt. Spätere Bestellungen im selben Jahr beliefen sich auf sieben YB-24-Erprobungsflugzeuge und 38 B-24-Bomber aus der ersten Serienproduktion.

DER PROTOTYP DER LIBERATOR

Consolidated machte rasche Fortschritte mit der Fertigstellung des Entwurfs im Detail und des Prototyps, der im Dezember seinen ersten Flug machte als ein großer Schulterdecker in Ganzmetallbauweise mit stoffbespannten Rudern. Er war mit vier Pratt&Whitney-R-1830-33-Sternmotoren ausgestattet mit je 1200 PS (895 kW), die einen dreiblättrigen Hamilton-Standard-Hydromatic-Metallpropeller antrieben. Die Defensivbewaffnung umfasste sechs Browning-7,62-mm-Maschinengewehre im Bug, auf der Ober- und Unterseite im Heck sowie auf der Seite, die von Hand bedient wurden. Die Erprobungen zeigten, dass die XB-24 gut in der Luft lag und eine exzellente Reichweite aufwies, doch die Geschwindigkeit blieb etwas hinter den Erwartungen zurück. Das Flugzeug wurde darum weiterentwickelt zum XB-24B-Standard mit vier R-1830-41-Turboladermotoren, und dieses Modell wurde vom USAAC im August 1940 akzeptiert.

Das Modell 32 hatte bereits großes Interesse am Export hervorgerufen, insbesondere von Seiten Frankreichs, das verzweifelte Anstrengungen machte, seine Luftstreitmacht in der Eröffnungsphase des Zweiten Weltkriegs zu erhöhen. Im April 1940, dem Monat vor der deutschen Invasion, bestellte eine französische Einkaufsdelegation in den USA 175 Exemplare des LB-30MF-Version. Der Code 30 steht für den 30. Entwurf der Landbomberserie von Consolidated und das Suffix für „Mission Francaise". Frankreich kapitulierte jedoch bereits im Juni 1940, bevor ein einziges Flugzeug ausgeliefert worden war, und Großbritannien übernahm 135 der bestellten Maschinen und fügte noch die Bezeichnung „Liberator" hinzu, die aber bereits von Consolidated benutzt worden war.

Die von den Briten gewünschten Änderungen waren beträchtlich und betrafen hauptsächlich Verbesserungen an der Defensivausstattung des Flugzeugs. Sie umfassten schusssichere Benzintanks, eine Panzerung zum Schutz der Besatzung sowie maschinengesteuerte Gefechtstürme im Bug und Heck. Die Auslieferung sollte erst nach der Fertigstellung der B-24A für das USAAC erfolgen, aber der Druck der Briten war so groß, dass sie einen Prioritätenwechsel aushandeln konnten und sechs von sieben YB-24-Maschinen als unbewaffnete Transportflugzeuge unter der Bezeichnung LB 30A für den North Atlantic Return Ferry Service, den regelmäßigen Transportdienst über den Nordatlantik, erhielten.

Es folgten 20 Exemplare der LB-30B, die im März 1941 als Liberator Mk I bei der Staffel Nr. 120 des Küstenkommandos der Royal Air Force in Dienst gestellt wurden. Die Maschine wurde mit einem frühen Luft-Boden-Radar ausgestattet, ihre Bewaffnung bestand aus sechs drehbaren 7,7-mm-Maschinengewehren und im Boden befand sich eine Wanne mit vier oder sechs fixen, vorwärts feuernden 20-mm-Kanonen, die einen wirksamen Einsatz gegen die deutschen U-Boote ermöglichten, die bisher an der Meeresoberfläche im Bereich des mittleren Atlantik operiert hatten.

Danach erhielten die Briten große Mengen der späteren Varianten der Liberator für den Einsatz als Bomber, Transporter oder für Seepatrouillen.

In den USA folgten dem XB-24-Prototyp und den sieben YB-24-Testflugzeugen neun B-24A- und neun B-24C-Serienmodelle, die im Wesentlichen benutzt wurden, um die Motorisierung und die Defensivbewaffnung weiterzuentwickeln, bevor die Serienproduktion im großen Stil einsetzte. Dies war dann der Fall bei der B-24D, von der 2728 Exemplare von Consolidated und zehn von Douglas ausgeliefert wurden. Dies beweist, welchen Wert die amerikanische Luftwaffe jetzt auf die Liberator legte.

Consolidated hatte neue Produktionsanlagen in Lindbergh Field in San Diego und in Fort Worth, Texas, bauen lassen und die Fabrikation dieser beiden Werke wurde unterstützt durch die von Douglas in Tulsa, Oklahoma, von Ford in Willow Run, Michigan, wo auch Einzelteile für die anderen Produktionszentren hergestellt wurden, sowie von North American in Dallas, Texas.

Die Lieferungen der B-24D begannen im Januar 1942. Sie hatte vier R-1830-43- oder -65-Sternmotoren mit je 1200 PS (895 kW) in optimaler Flughöhe, die von einem Tank im Inneren versorgt wurden. Der Tank hatte in den anfänglichen Maschinen mit sieben Maschinengewehren und einer maximalen Startmasse von 24.948 kg ein Fassungsvermögen von 8948 Litern. Dies wurde später auf 13.680 Liter gesteigert, die maximale Startmasse auf 29.030 kg und die Bewaffnung auf zehn Maschinengewehre.

Von diesen Flugzeugen wurden 272 mit einem Gefechtsturm an der Unterseite (einem von Bendix in 179 Flugzeugen und einem von Sperry in den anderen 93) ausgestattet, womit die Bewaffnung von sieben oder acht auf zehn drehbare Browning-12,7-mm-Maschinengewehre anwuchs; die Bombenzuladung wurde auch auf ein Maximum von 3992 kg in Form von acht 499-kg-Bomben gesteigert.

Die B-24D aus der späteren Produktion hatte im Unterschied zur B-24J eine Gesamtlänge von 20,22 m, eine Höhe von 5,46 m, ein Leergewicht von 14.790 kg, ein Startgewicht von 27.216 kg, eine Höchstgeschwindigkeit von 488 km/h in 7620 m Höhe, eine Reisegeschwindigkeit von 322 km/h in optimaler Flughöhe, eine maximale Reichweite von 5633 km, eine Einsatzreichweite von 3700 km mit einer Zuladung von 2268 kg Bomben, eine Aufstiegsdauer auf 6095 m von 22 Minuten und eine Gipfelhöhe von 9755 m.

OBEN: Die Dornier Do 217, eine vergrößerte und stärker motorisierte Entwicklung der Do 17Z, die für die bis dahin vernachlässigte Rolle als schwerer Bomber entworfen worden war.

DIE B-24E

Die B-24E war eine Weiterentwicklung der B-24D mit anderen Propellerblättern und die Stückzahl erreichte 801 Flugzeuge, die ab September 1942 ausgeliefert wurden. Die 167 von Douglas hergestellten Flugzeuge hatten vier 1830-43-Sternmotoren, während die 634 von Ford gebauten Flugzeuge ein Triebwerk aus vier R-1830-65-Sternmotoren hatten. Die Produktion verzögerte sich vor allem wegen des Interessenkonflikts bei Ford zwischen dem Bau von Flugzeugen und Autos und der Typ war bereits veraltet, als er in Dienst gestellt wurde. Deswegen wurde er im Wesentlichen in den USA zur Ausbildung benutzt.

Die 430 Exemplare der B-24 G wurden von North American gebaut nach einem Standard, der dem der B-24D sehr ähnlich war mit dem R-1830-43-Motor. Er hatte jedoch eine Vorrichtung für einen motorgesteuerten Emerson-Gefechtsturm im Bug mit zwei drehbaren Browning-12,7-mm-Maschinengewehren, um die frontal angreifenden deutschen und japanischen Jäger zu bekämpfen, die diese Taktik als besonders wirksam gegen die frühen Liberator-Bomber entdeckt hatten. Die frühen Flugzeuge hatten keinen Gefechtsturm an der Unterseite, später wurde jedoch ein kugelförmiger Brigg-Sperry-Gefechtsturm eingeführt, gleichzeitig mit dem verbesserten Triebwerk aus vier R-1830-65-Sternmotoren.

Die B-24H wurde von Consolidated, Douglas und Ford gebaut und im Juni 1943 eingeführt. Sie ähnelte im Grunde der späten B-24G und wurde mit einem Emerson-Gefechtsturm am Bug und einem einziehbaren, kugelförmigen Sperry-Gefechtsturm an der Unterseite ausgerüstet, der bereits bei einigen späteren B-24D-Bombern montiert war. Die ersten B-24H-Bomber hatten noch die Triebwerke aus vier R-1830-43-Motoren, die später gegen vier R-1830-65-Motoren ausgetauscht wurden. Auch die seitlichen MG-Luken erhielten verbesserte Abdeckungen, die den Luftwiderstand des Flugzeugs verbesserten und den Schützen das Leben erleichterten. Eine Gesamtzahl von 3100 Maschinen wurde in Fort Worth (738 Stück) in Tulsa (582 Stück) und Willow Run (1780 Stück) hergestellt.

Mit einer Gesamtstückzahl von 6678 Einheiten, die von allen fünf Fabriken der Produktionsgruppe hergestellt wurden, war die B-24J die meistgebaute Variante der ganzen Liberator-Serie. Sie war im Grunde eine verbesserte B-24H mit hydraulisch gesteuerten Gefechtstürmen an Bug und Heck, die von Consolidated entworfen, aber von Motor Products gebaut wurden. Sie hatte außerdem einen Martin-Gefechtsturm auf der Oberseite und einen von Briggs-Sperry auf der Unterseite, einen neuen C-1-Autopiloten, ein neues Bombenzielgerät der M-Serie und andere Veränderungen in der Ausrüstung wie eine elektronische Steuerung der Turbolader.

Die B-24L war eine Weiterentwicklung der B-24J mit einem neuen, leichteren von Consolidated entworfenen Gefechtsstand im Heck mit zwei drehbaren, handbedienten Browning-12,7-mm-Maschinengewehren. Sie wurde in einer Stückzahl von 1667 Maschinen hergestellt, 1250 in Willow Run und 417 in Lindbergh Field.

Die letzte Variante der Liberator, die insgesamt 2593mal gebaut wurde (916 Stück in Lindbergh Field und 1677 in Willow Run) war die B-24M, eine Weiterentwicklung der B-24L mit einem leichten Heckturm von Motor Products. In ihren Dimensionen war sie mit der B-24J identisch, unterschied sich von ihr aber in Details wie dem Leergewicht von 16.330 kg, einer maximalen Startmasse von 29.257 kg und einer Höchstgeschwindigkeit von 483 km/h in 9145 m Höhe.

DIE MOSQUITO

Die de Havilland Mosquito ist eines der schönsten und erfolgreichsten Kampfflugzeuge aller Zeiten und nur die ebenso großartige Junkers Ju 88 könnte ihr den Rang als vielseitigstes Kampfflugzeug streitig machen, das je in Dienst ging. Das alles ist umso bemerkenswerter, als die Mosquito ohne offizielle Unterstützung entworfen wurde. Die Firma wollte zeigen, wie unsinnig die offizielle Linie bei den aufeinander folgenden Entwürfen britischer Bomber war. Ganz gleich, ob es um leichte Tagbomber, mittelschwere Tag-/Nachtbomber oder schwere Nachtbomber ging, die Anforderungen des Luftfahrtministeriums basierten auf der Prämisse, dass jedes Nachfolgemodell

UNTEN: An der Seite der Avro Lancaster bestritt die Handley Page Halifax die meisten britischen Nachtbomberoffensiven des Zweiten Weltkriegs; auch sie war viermotorig.

eine größere Bombenladung und eine größere Besatzung über eine größere Reichweite transportieren können und eine bessere Defensivbewaffnung besitzen sollte als das Vorgängermodell. Die Folge war eine Eskalation des Gewichts. Um dennoch die Leistung zu halten oder gar zu verbessern, mussten immer stärkere Motoren eingesetzt werden, was mit einem erheblich größeren spezifischen Treibstoffverbrauch verbunden war. Mehr noch, längst ehe diese Bomber einsatzbereit waren, hatte ihre zunehmende Masse, Größe und Komplexität bereits ungeheuren Einsatz von Arbeitszeit und Material verschlungen, vor allem die strategischen Leichtmetall-Legierungen, aus denen Bomber aller Klassen gebaut wurden.

Zu diesem Zeitpunkt in der Mitte der 30er Jahre war de Havilland für seine Ausbildungs-, Sport- und Rennflugzeuge und weniger für Kampfflugzeuge bekannt und konnte die Entwicklung moderner Bomber daher aus einer gesunden Distanz betrachten. Als die Ausschreibung P.13/36 eintraf, die zu Bombern wie der Avro Manchester, Avro Lancaster und Handley Page Halifax führen sollte, arbeitete de Havilland zunächst an einer Adaptierung seiner bestehenden Transportflugzeuge, vor allem der D.H.91 Albatros, einer Holzkonstruktion, und der D.H.95 Flamingo, eines Ganzmetall-Modells. Mitte 1938 hatte de Havilland beschlossen, dass kurzfristig den Anforderungen der Ausschreibung am besten mit einer Version des Albatros mit einem Triebwerk aus zwei Rolls-Royce-Merlin-V-Motoren entsprochen werden könne. In seiner Empfehlung an das Luftfahrtministerium betonte de Havilland den derzeitigen Mangel an Metallverarbeitungskapazitäten in der Industrie, die bereits durch das Wiederbewaffnungsprogramm stark unter Druck stand, während es genug Holzverarbeitungskapazitäten in der Art geben werde, wie sie zum Bau eines Holzflugzeugs nötig wären. De Havilland schlug einen Bomber vor, der nicht nur aus Holz war, sondern einem völlig anderen Konzept folgte. Es ging davon aus, dass ein Bomber, der hoch und schnell genug operierte, keine Defensivbewaffnung benötigte, da gegnerische Jäger und Flugabwehrraketen ihn nicht abfangen könnten. Das bedeutete, dass zwei Mann Besatzung in einem Flugwerk ausreichten, das so klein und leicht war, dass ein Triebwerk aus zweien der gängigen Kolbenmotoren die geforderte Leistung bringen könnte. Ein weiteres Thema war die Bewaffnung. De Havilland hielt daran fest, dass keine Gewehre nötig waren, war aber überzeugt, dass in Jagdbomber- oder Begleitjägerversionen eine Kanone anstelle der Bomben installiert werden sollte. Die Firma wies zudem darauf hin, dass sich die D.H.98 leicht in ein hocheffizientes Aufklärungsflugzeug verwandeln ließ.

BEDENKEN DES MINISTERIUMS

Das Luftfahrtministerium sah viele Vorzüge in de Havillands Entwurf, hatte jedoch große Bedenken wegen der fehlenden Bewaffnung. Die Firma wurde also mit Aufforderungen bombardiert, den Rumpf zu vergrößern, um einen Schützen unterzubringen, der entweder einen Gefechtsturm auf der Oberseite oder ferngesteuerte Gewehre im Rumpf bedienen konnte. Letztlich war es nur die Unterstützung von Air Chief Marshal Sir Wilfrid Freeman, der für Luftfahrtentwicklung zuständig war, die den de-Havilland-Vorschlag in seiner ursprünglichen Form rettete. Das Luftfahrtministerium war keineswegs überzeugt, dass die Leistungsschätzungen der Firma realistisch waren, befand aber, dass auch seine eigenen, wesentlich niedriger angesetzte Schätzungen eine ausgezeichnete Leistung erwarten ließen. Im Dezember 1939 beschloss das Ministerium daher, einen einzelnen D.H.98-Prototyp zu bestellen. Er sollte keine bestimmte Rolle erfüllen, doch der Vertrag enthielt die B.1/40 Spezifikation, was hieß, dass die Bomberrolle sicher vorgesehen war. Während der Vertrag für den D.H.98, der später auf de Havillands Vorschlag vom Ministerium Mosquito getauft wurde, vorbereitet wurde, erkannte das Luftfahrtministerium den Mangel an Voraussicht, der in der Bestellung nur eines einzigen Prototyps deutlich wurde, und gab schließlich 50 Flugzeuge in Auftrag, die als Aufklärungsbomber ausgelegt werden sollten.

De Havilland erhielt den Auftrag im März 1940. Doch selbst als der Prototyp schon in Arbeit war, schien die Zukunft des Mosquito erneut gefährdet, als Deutschland die Niederlande, Belgien und Frankreich überrannte und bis Juni 1940 Großbritannien als Deutschlands einziger Kriegsgegner übrig blieb. Lord Beaverbrook, der Minister für Flugzeugproduktion, beschloss zu einer Zeit, als ein deutscher Einmarsch unmittelbar bevorzustehen schien, dass alle Kräfte im Flugzeugbau auf die fünf Flugzeuge konzentriert werden sollten, die den unmittelbaren Bedürfnissen der Royal Air Force am besten gerecht wurden.

Handley Page Halifax B.Mk III

Typ: siebensitziger schwerer Bomber
Herkunftsland: UK
Triebwerk: vier 1615-PS-(1204-kW-) Bristol-Hercules-VI- oder -XVI-Sternmotoren
Leistung: Höchstgeschwindigkeit 454 km/h in 4115 m; Dienstgipfelhöhe 7315 m; Reichweite 3194 km
Gewicht: leer 19.278 kg; maximale Startmasse 29.484 kg
Abmessungen: Spannweite 30,07 m, später 31,59 m; Länge 21,74 m; Höhe 6,12 m
Bewaffnung: neun 7,7-mm-Vickers-„K“-Maschinengewehre sowie bis zu 6577 kg Zuladung

Mitsubishi G4M1 Modell 11

Typ: siebensitziger mittelschwerer Bomber
Herkunftsland: Japan
Triebwerk: zwei 1530-PS-(1141-kW-) Mitsubishi-MK4A-Kasei-11-Sternmotoren
Leistung: Höchstgeschwindigkeit 428 km/h; maximale Reichweite 6033 km
Gewicht: leer 6800 kg; maximale Startmasse 9500 kg
Abmessungen: Spannweite 25,0 m; Länge 20,0 m; Höhe 6,0 m
Bewaffnung: eine 20-mm-Typ-99-Modell-1-Kanone, zwei 7,7-mm-Typ-92-Maschinengewehre sowie bis zu 800 kg Zuladung

DÜNKIRCHEN

Der Prototyp und die 49 Serienmodelle wurden also zunächst storniert und dann zu drei verschiedenen Gelegenheiten in den finsteren Wochen nach der Evakuierung von Dünkirchen im Mai und Juni 1940 wieder bestellt. Endlich war das Programm bestätigt und die Karriere der Mosquito konnte beginnen. Im Juli 1940 wurde de Havilland beauftragt, eines der 50 Flugzeuge als Jägerprototyp fertig zu stellen. Letzte Ergänzungen zum Vertrag legten fest, dass von den 50 Flugzeugen drei als Prototypen (je einer als Bomber, als Jäger und als Aufklärungsflugzeug mit Fotoausrüstung) und 47 als Vorserienflugzeuge (10, 28 resp. 9 Flugzeuge als Bomber, als Jäger resp. als Foto-Aufklärer) fertig gestellt werden sollten. Dies war der Startschuss für insgesamt 7657 Mosquitos (6411 wurden in Großbritannien von schließlich drei de-Havilland-Fabriken sowie der Standard Motor Co. Ltd., Percival Aircraft Ltd. und Airspeed Ltd. gebaut, 212 in Australien und 1034 in Kanada). Ende 1940 war der erste Prototyp fertig und absolvierte seinen ersten Flug am 25. November, weniger als 12 Monate nach Beginn der Entwurfsarbeiten. Das allein war schon ein bemerkenswerter Erfolg. Doch noch viel bemerkenswerter waren die exzellente Leistung und Flugeigenschaften, die das neue Flugzeug bei den ersten Tests zum allgemeinen Erstaunen zeigte.

Der erste Bomber-Prototyp war die achte Mosquito, die gebaut wurde, und sie absolvierte ihren ersten Flug am 8. September 1941. Nur drei Wochen später folgten ihr die ersten neun Mosquito-B.Mk-IV-Serie-1-Bomber aus der Produktion zur Fluggerät- und Waffenerprobungsstelle in Boscombe Down. Diese Flugzeuge hatten die ursprüngliche Form des Motorgehäuses, das knapp vor der rückwärtigen Flügelkante endete; die nächsten 291 Flugzeuge wurden als Mosquito B.Mk IV Serie 2 fertig gestellt mit verlängerten Motorgehäusen und Vorrichtungen für zwei glatt anliegende Abwurftanks unter den Flügeln. Vorgesehen waren 300 Stück dieses Typs, doch neun wurden in anderer Form fertig gestellt, und 27 weitere wurden später in Aufklärungsflugzeuge umgebaut. Während diese Flugzeuge bei der Staffel 105 in Dienst gingen, zunächst als Ausbildungsflugzeuge, wurde der Prototyp erneut verbessert. Das Ergebnis war die Mosquito B.Mk V; sie erhielt unter den Tragflächen Vorrichtungen zum Transport von zwei 500-Pfund-Bomben, wurde aber nur als Einzelexemplar gebaut.

Das Debut der Mosquito Mk IV wurde ernsthaft verzögert, weil die Flugzeuge der Mosquito-B.Mk-IV-Serie 2 so langsam ausgeliefert wurden, die warten mussten, bis dringende Bestellungen von Jägern und Aufklärern erfüllt waren.

Zwar war die Mosquito B.Mk IV Serie 1 im November 1941 bei der Staffel 105 in Dienst gegangen, wie erwähnt, doch die Lieferung der Mosquito B.Mk IV Serie 2 begann erst im April des folgenden Jahres. Im Mai 1942 erhielten die aktiven Einheiten die Flugzeuge und am 31. Mai wurden vier Mosquito-B.Mk-IV-Serie-1-Bomber für die ersten Mosquito-Bombereinsätze verwendet, und zwar für Störangriffe nach dem ersten 1000-Bomber-Angriff auf Köln in der Nacht zuvor im Rahmen der Operation „Millennium". Es folgte eine Reihe kleinerer Einsätze, doch die Mosquito B.Mk IV Serie 2 war zu diesem Zeitpunkt am Beginn ihrer Karriere nicht besonders erfolgreich. Die Ursache waren zum einen hartnäckige Kinderkrankheiten des Modells, zum anderen mussten die geeigneten Taktiken für den optimalen Einsatz dieses Modells erst entwickelt werden. Bei diesen ersten Einsätzen wurden Bombenabwürfe aus großer, aus niedriger Flughöhe und im Sturzflug erprobt. Erfolge feierte die Mosquito mit gezielten Bombenabwürfen aus niedriger Höhe, meist in der Dämmerung, auf wichtige Ziele, und dann in Pfadfindereinsätzen. Dabei war das „Oboe"-System eine wichtige Hilfe, das es dem Flugzeug ermöglichte, Signalen von zwei Sendestationen in Großbritannien zu folgen, ohne sich um die überflogene Landschaft zu kümmern. Später erhielten einige Mosquito-B.Mk-IV-Bomber zusätzlich den H_2S-Bombenradar, der den Navigator/Bombenschützen mit einem Bild des überflogenen Bodens versorgte und daher die Treffergenauigkeit stark erhöhte. Dieses System war ab Januar 1944 verfügbar. Die Effizienz der Mosquito wurde durch diese Navigations- und Bombenzielhilfen erheblich verbessert. Das Gleiche galt für die Zerstörungswirkung ihrer Einsätze, als sie die Vorrichtung zum Transport einer 1814 kg schweren, dünnwandigen Bombe erhielt, einer Hochleistungswaffe, die oft als „cookie" (Keks) bezeichnet wurde. De Havilland war bereits im April 1943 überzeugt, dass die Mosquito eine solche

Waffe tragen könne, und entwickelte daraufhin eine Variante mit einer etwas tieferen Rumpflinie, geänderten und leicht ausgebauchten Türen zur Bombenkammer, einer kleinen Verkleidung im Rumpf unmittelbar hinter der Bombenkammer und einer Ein-Punkt-Aufhängung in der Bombenkammer. Das erste derartige Flugzeug flog im Juli 1943 und war als Mosquito B.Mk IV (Special) im Januar 1944 zum Einsatz freigegeben. Rund 20 Exemplare dieser Variante wurden fertig gestellt.

■ **OBEN: Die Mitsubishi G4M sollte lange Einsätze über dem Pazifik fliegen, war jedoch so leicht gebaut und so schlecht bewaffnet, dass sie für die US-Jäger eine leichte Beute war.**

KANADISCHE MOSQUITO

Bereits 1940 gab es Pläne, die Mosquito auch in Kanada bauen zu lassen, wo sich die de Havilland Aircraft of Canada Ltd. als Hersteller anbot. Verwendet wurde eine Version des Merlin-Motors, der in den USA als Packard V-1650 hergestellt wurde. Im Juli 1941 bestellte das Luftfahrtministerium 400 in Kanada gebaute Mosquitos. Die Produktion begann mit 25 Exemplaren der Mosquito B.Mk VII, bei der es sich in der Praxis um die Mosquito B.Mk IV Serie 2 handelte. Die Flugzeuge wurden unter Verwendung einer Fülle in England erzeugter Teile gebaut und das erste von ihnen absolvierte seinen Jungfernflug in September 1942 mit einem Triebwerk aus zwei Packard-Merlin-31-Motoren mit jeweils 1460 PS (1089 kW). Diese Maschinen blieben zur Entwicklungsarbeit und zur Ausbildung von Mosquito-Besatzungen in Nordamerika und erlebten daher keinen Kampfeinsatz.

Während die Mosquito B.Mk IV die Einsatzkarriere der Mosquitos startete, ging die Entwicklung der Mosquito-Bomber weiter. Der erste Schritt in diese Richtung war die Anbringung von Halterungen für eine 500-Pfund-Bombe unter den Tragflächen, wie erwähnt, und diese bereitete den Weg für die Entwicklung eines Universalflügels mit zwei Halterungen, die je eine 500-Pfund-Bombe oder einen 454,6-Liter-Abwurfbehälter tragen konnten. Um dennoch die Leistung aufrecht zu halten, war jedoch nun die Verwendung einer Variante des Merlin-Motors mit einem zweistufigen Turbolader erforderlich. Nur so konnte die Geschwindigkeit und, ebenso wichtig, die Höhe erreicht werden, in der deutsche Abfangjäger buchstäblich keine Chance hatten. Im Juni 1942 absolvierte der Mosquito-Bomber-Prototyp mit Merlin-61-Motoren mit je einem zweistufigen Turbolader seinen ersten Flug und vier Monate später wurden diese durch Merlin-77-Motoren ersetzt, um die Höchstgeschwindigkeit auf 703 km/h in optimaler Einsatzhöhe zu steigern.

Ein zweiter Mosquito-Bomber-Prototyp hatte inzwischen sein Debut gegeben und er besaß eine Druckkabine, die eine Dienstgipfelhöhe von 12.190 m für Mosquito-Bomber erreichbar machte. Diese Kabine war jedoch noch nicht bis zur Produktionsreife gelangt, als die nächste Variante des Mosquito-Bombers in Produktion ging, und wurde daher bei der Mosquito B.Mk IX noch weggelassen, von der nur 54 Stück gebaut wurden. Die erste Mosquito B.Mk IX flog im März 1943 mit einem Triebwerk aus zwei Merlin-72/73-Motoren mit je 1680 PS (1253 kW) in 2590 m Höhe im „M"-Gang und 1460 PS (1089 kW) in 6400 m Höhe im „S"-Gang; allerdings wurden diese bei späteren Flugzeugen durch Merlin-76/77-Motoren mit je 1710 PS (1275 kW) in 3355 m Höhe im „M"-Gang und 1475 PS (1100 kW) in 7010 m Höhe im „S"-Gang ersetzt; die maximale Treibstoffmenge betrug 3170 Liter, die auf 2260 Liter sank, wenn eine Bombenlast dazukam. Der Typ konnte 1361 kg Bomben in Gestalt von sechs 500-Pfund-Bomben tragen, von denen vier in der Bombenkammer und zwei unter den Flügeln transportiert wurden. Die Mosquito B.Mk IX hatte zwar die gleichen Abmessungen wie die Mosquito B.Mk IV, unterschied sich von dieser aber durch ihr Leergewicht von 6643 kg, die maximale Startmasse von 10.771 kg, die später auf 11.279 kg stieg, als Ausrüstung dazukam, und 11.794 kg mit dem H_2S-Mk-VI-Navigations- und Bombenradar betrug, das in einige Pfadfinder-Flugzeuge eingebaut wurde. Weniger als 20 Mosquito B.Mk-IX-Bomber wurden so verändert, dass sie eine 1814-kg-Bombe tragen konnten, den bereits erwähnten „cookie"; sie erhielten die Bezeichnung Mosquito B.Mk IX (Special).

Bei den Mosquito-Bombern, die für die „cookie"-Bombe umgebaut waren, traten Probleme mit der Längsstabilität auf; sie wurden mit einer Verlängerung des Rumpfes bei der Mosquito B.Mk XVI gelöst, die daher mit Ausnahme der ersten 12 Flugzeuge auf den Transport des 1814 kg schweren „cookie" in einer erweiterten Bombenkammer eingerichtet wurde. Die andere größere Veränderung bei dieser Variante war die Einführung einer Druckkabine, obgleich der Druckunterschied von nur 0,14 kg/cm² nur einen Rückgang von etwa 3050 m scheinbarer Höhe erzeugte, was bedeutete, dass die Besatzung in einer Flughöhe von mehr als 7620 m weiterhin Sauerstoffmasken tragen mussten. Die erste Mosquito B.Mk XVI mit der erweiterten Bombenkammer flog am 1. Januar 1944 und ging im folgenden Monat in Dienst. Sie wurde von den gleichen Merlin-72/73- oder Merlin-76/77-Motoren wie die Mosquito B.Mk IX angetrieben. Einige weitere technische Merkmale sind: maximale Treibstoffmenge 3910 Liter, die auf 2450 Liter absank, wenn vier 500-Pfund-Bomben und zwei 455-Liter-Abwurftanks dazukamen oder auf 2260 Liter bei einer Bombenlast von 1814 kg und zwei 227,3-Liter-Abwurftanks; Spannweite 16,51 m mit einer Tragfläche von 42,18 m², Länge 13,56 m, Höhe 4,65 m mit gesenktem Heck, Leergewicht 7031 kg, normale Startmasse 10.442 kg, maximale Startmasse 11.766 kg, Höchstgeschwindigkeit 668 km/h in 8535 m, 644 km/h in 4570 m, Reisegeschwindigkeit 576 km/h in optimaler Einsatzhöhe, Reichweite 2888 km mit 907 kg Bombenlast oder 2204 km mit einer

1814-kg-Bombe, maximale Steigrate in Meereshöhe 853 m pro Minute, Aufstieg auf 4570 m in 7 Minuten 30 Sekunden, und Dienstgipfelhöhe von 11.280 m. Die Produktion der Mosquito B.Mk XVI erreichte 1200 Flugzeuge und dieser Typ stattete die meisten Mosquito-Bomberstaffeln aus. Insgesamt wurden das 15 Bomberkommandos, drei Mittelmeerstaffeln, eine Staffel für Spezialaufgaben im Zweiten Weltkrieg und vier Staffeln der Luftwaffe der britischen Besatzungsmacht nach dem Krieg in Deutschland.

Die Mosquito B.Mk XX war eine der hauptsächlich in Kanada gebauten Versionen und entsprach im Wesentlichen der Mosquito-B.Mk-IV-Serie II, sieht man einmal von ihrer amerikanischen Ausrüstung und dem Triebwerk aus zwei Merlin-31- oder Merlin-33-Motoren ab; von ihr wurden insgesamt 245 Flugzeuge gebaut und bis Mitte 1944 ausgeliefert.

Die Mosquito B.Mk 25 war zahlenmäßig die wichtigste der in Kanada gebauten Bombervarianten mit insgesamt 400 Flugzeugen, die ab Juli 1944 ausgeliefert wurden. Dieses Modell unterschied sich von der Mosquito B.Mk XX nur durch ihr Triebwerk, das aus zwei von Packard hergestellten Merlin-225-Motoren bestand.

DIE LETZTE VARIANTE

Die Mosquito B.Mk 35, die erstmals im März 1945 flog, war eine Abwandlung der Mosquito B.Mk XVI mit einem Triebwerk aus zwei Merlin-113A/114A-Motoren mit je 1690 PS (1260 kW). Die Produktion dieser in Großbritannien gebauten Bombervariante hatte zum Zeitpunkt der deutschen Kapitulation im Mai 1945 Stückzahlen von rund 60 Flugzeugen erreicht, doch von diesen war noch keines in Dienst gegangen. Die Produktion belief sich schließlich auf insgesamt 122 Flugzeuge, die alle bis zum August 1946 fertig gestellt waren. Der Typ blieb nach dem Krieg als schneller Bomber im Dienst. Die letzten zwei Einheiten waren die Staffeln Nr. 109 und 139, die diese Variante der Mosquito bis Juli 1952 bzw. bis Juni 1953 als Pfadfinder einsetzten, als die Mosquitos der Staffeln endlich zugunsten der Turbojet-getriebenen leichten Bomber English Electric Canberra B.Mk 2 in den Ruhestand geschickt wurden. Die wichtigsten technischen Merkmale der Mosquito B.Mk 35: Spannweite 16,51 m, Tragfläche 42,18 m², Länge 12,34 m, Höhe 4,65 m mit gesenktem Heck, Leergewicht 6638 kg, normale Startmasse 10.433 kg, maximale Startmasse 11.431 kg mit einer 1814-kg-Bombe, Höchstgeschwindigkeit 668 km/h in 8535 m Höhe, Reisegeschwindigkeit 444 km/h in optimaler Einsatzhöhe, maximale Reichweite 3146 km, maximale Steigrate in Meereshöhe 823 m pro Minute und Dienstgipfelhöhe 12.800 m.

DIE MARAUDER

Die Martin B-26 Marauder war eines der wichtigsten taktischen Kampfflugzeuge, die die USA und ihre Alliierten im Laufe des Zweiten Weltkriegs einsetzten. Sie wurde parallel zur North American B-25 Mitchell für das USAAC und seinen Nachfolger, die USAAF, als mittelschwerer Bomber entwickelt, der auf Angriffe spezialisiert war und gute Leistung und Beweglichkeit in niedrigen und mittleren Höhen zeigte. Für einen unerfahrenen Piloten war der Typ schwer zu fliegen, eine Folge seiner hohen Tragflächenbelastung und seiner hohen Landegeschwindigkeit, doch sobald man gelernt hatte, damit umzugehen, war es ein ausgezeichnetes Kampfflugzeug, das sehr gute Ergebnisse bei einer sehr niedrigen Verlustrate erreichte. Während des Jahres 1938 war Martin eine von vier Firmen, die nach einer USAAC-Ausschreibung an einem leichten Bomber arbeiteten, und obgleich dieses Modell 167 keinen USAAC-Vertrag erhielt, wurde es produziert, da aus Frankreich und Großbritannien – wo der Typ als Maryland bezeichnet wurde – Bestellungen eintrafen. Das Modell 167 bereitete dem Modell 187 den Weg, das ebenfalls von Großbritannien gekauft und als Baltimore eingesetzt wurde. Die Produktion dieser beiden Typen erreichte rund 1800 Flugzeuge.

Die Anfänge der B-26 gehen auf den Januar 1939 zurück, als das USAAC einen Wettbewerb für den Entwurf eines mittelschweren Bombers mit fünfköpfiger Besatzung ausschrieb, der einer Anforderung entsprechen sollte, deren vollständige technische Details im März desselben Jahres herauskamen; die Entwürfe mussten im Juli eingereicht werden. Das Ergebnis war der Entwurf des Modells 179, der dem USAAC im Juli 1939 vorgelegt wurde und mehr Punkte erhielt als irgendeiner seiner Rivalen. Im August 1939 ging daraus ein Vertrag über 201 Exemplare des neuen Bombers mit der Bezeichnung B-26 hervor. Die Bezeichnung B-25 war zuvor bereits an den einzigen ernsthaften Rivalen des Modells 179 vergeben worden, den North American NA-62, der auf dem NA-40-Prototyp

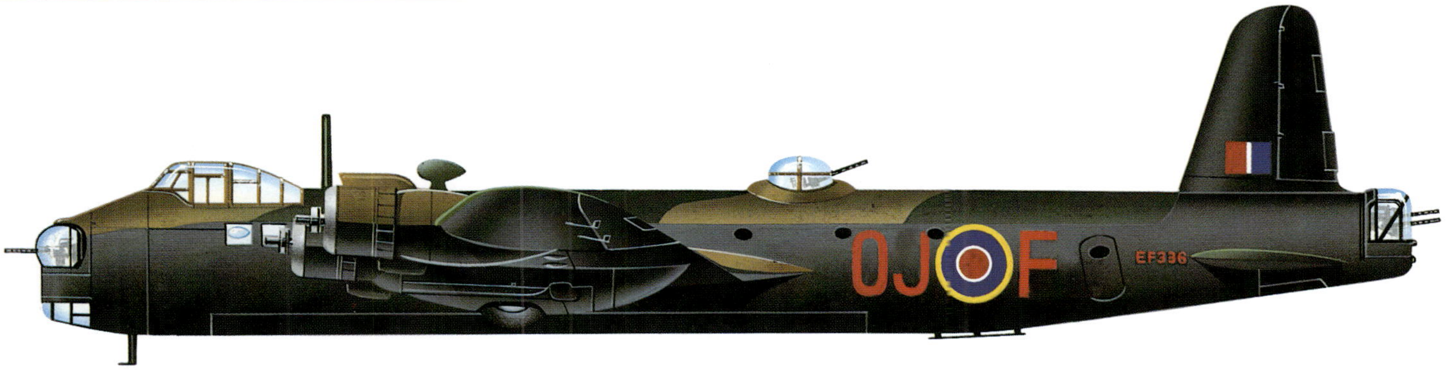

Short Stirling B.Mk III

Typ: siebensitziger schwerer Bomber
Herkunftsland: Großbritannien
Triebwerk: vier 1650-PS-(1230-kW-) Bristol-Hercules-XVI-Sternmotoren
Leistung: Höchstgeschwindigkeit 434 km/h in 4420 m Höhe; Dienstgipfelhöhe 5180 m; Reichweite 3235 km
Gewicht: leer 21.274 kg; maximale Startmasse 31.752 kg
Abmessungen: Spannweite 30,20 m; Länge 26,59 m; Höhe 6,93 m
Bewaffnung: acht 7,7-mm-Browning-Maschinengewehre sowie bis zu 6350 kg Zuladung

basierte, der als Privatinitiative entworfen und daher bereits fortschrittlicher war. Die erste Bestellung der B-25, die zur gleichen Zeit wie die für die B-26 herausging, belief sich auf 184 Flugzeuge.

Das Modell 179 war ein ausgesprochen konventioneller Entwurf, doch es war radikal in seiner Kombination von bis 1939 wohl erprobten Elementen – die Bauweise als Schulterdecker mit selbsttragender Tragfläche, einem einzelnen großen Seitenruder und dreirädrigem Fahrwerk – mit anderen Elementen wie einem Rumpf mit rundem Querschnitt, der einen relativ niedrigen Luftwiderstand hatte, und kleinen Tragflächen mit relativ geringer Flügelstreckung. Das Rumpfvolumen wurde von der Notwendigkeit bestimmt, die geforderte Besatzung, Bewaffnung, Bomben- und Treibstoffmenge unterzubringen, doch sein runder Querschnitt erschwerte die Produktion, da dafür doppelt gekurvte Außenhautplatten nötig waren. Die kleine Tragfläche wurde wegen ihres niedrigen Luftwiderstands gewählt und weil sie hohe Geschwindigkeit versprach, obgleich die unvermeidliche große Ladung zu Problemen am Boden führen würde: Die Maschine brauchte eine lange Startbahn und hatte eine hohe Landegeschwindigkeit. Mit maximal 2,23 kg/m^2 hatte die B-26 die höchste Tragflächenbelastung aller Flugzeuge, die bis dahin vom USAAC in Dienst genommen wurden, und mit ihrem Triebwerk aus zwei Pratt&Whitney-R-2800-Sternmotoren mit je 1850 PS (1380 kW) in großen Gehäusen an den Tragflächen würde die B-26 wahrscheinlich eine größere Unfallrate als die meisten anderen Flugzeuge aufweisen, als sie erstmals in Dienst ging.

DEFENSIVE BEWAFFNUNG

Wie zuerst vorgesehen, hatte das Modell 179 eine Defensivbewaffnung aus einzelnen 7,62-mm-Browning-Maschinengewehren in Bug und Heck (dieses auf einer Kugellafette) und doppelten 12,7-mm-Browning-Maschinengewehren in einem Gefechtsturm auf der Oberseite. Dieser speziell hierfür entwickelte Martin-Modell-250CE-Gefechtsturm war elektrisch gesteuert und der erste nicht handgesteuerte Gefechtsturm auf einem amerikanischen Bomber. Ein weiteres 12,7-mm-Browning-Maschinengewehr war in einer Bodenwanne hinter der Bombenkammer vorgesehen. Die maximale Bombenlast betrug theoretisch 2631 kg, in der Praxis jedoch nur 1814 kg, da sonst die Reichweite zu knapp geworden wäre.

Trotz der großen Tragflächenbelastung und des problematischen Start-Lande-Verhaltens bestellte das USAAC weder einen Prototyp noch Testmaschinen, und so absolvierte die erste B-26 ihren Jungfernflug am 25. November 1940 mit einem Triebwerk aus zwei R-1800-5-Sternmotoren mit Treibstoff aus Innentanks mit 3565 Litern, davon 2650 Liter in selbstabdichtenden Tanks und einer Reserve aus 915 Litern in ungeschützten Tanks. Die zweite Maschine war im Februar 1941 fertig, in dem Monat, in dem das USAAC den Typ zu akzeptieren begann, doch es zeigte sich bereits, dass die ersten Leistungsschätzungen zu hoch gegriffen waren, eine Folge der Eskalation des Gewichts durch immer mehr Ausrüstung. Im September 1940 bestellte das USAAC weitere 930 Stück des neuen Martin-Bombers, und zwar 139 B-26A-Maschinen und 791 B-26B-Maschinen. Zu den Verbesserungen für die B-26A gehörten selbstabdichtende Tanks anstelle der zunächst vorgesehenen Beuteltanks, die die B-26A zum ersten Flugzeug des USAAC machte, das nur selbstabdichtende Tanks hatte, und etwa 252 kg Panzerung zum Schutz der Mannschaft und lebenswichtiger Instrumente. Noch ehe die B-26 fertig war, erhob das USAAC diese Eigenschaften auch zum Standard für die älteren Flugzeuge. Das Leergewicht stieg daraufhin auf 9696 kg, das Höchstgewicht auf 12.855 kg bei gleichem Verhältnis von Ladung zu Reichweite, doch die Eskalation des Gewichts bedeutete einen Rückgang der Flugleistung: Die Höchstgeschwindigkeit sank auf 507 km/h in 4570 m Höhe, doch was für Piloten, die langsamere Bomber mit anderen Start-Lande-Leistungen gewöhnt waren, schwieriger war: die Anflug- und Landegeschwindigkeit stieg.

Die Bedeutung, die dem mittelschweren Bomber zukam, war jedoch so groß, dass das USAAC beschloss, die B-26 zu akzeptieren, wie sie war, und die erste Einheit, die die B-26 erhielt, war die 22. Bomb Group in Langley Field, Virginia, die vorher die Douglas B-18 geflogen hatte. Zu den Anfangsschwierigkeiten gehörte eine Serie von Bugradausfällen nach Landungen, die als Folge von Trimmfehlern bei Flügen mit wenig Ausrüstung härter als geplant stattfanden, und Unfälle als Folge der Tendenz der Curtiss-Electric-Propeller, in geringe Steigung zu gehen und die Motoren beim Start überdrehen zu lassen. Die Unfallquote der B-26-Bomber war daher für damalige Verhältnisse anfangs extrem hoch, doch später im Zweiten Weltkrieg hielt die Luftwaffe der 9. US Army fest, dass die B-26 (die offiziell im Oktober 1941 Marauder getauft wurde) bei Einsätzen die geringste Verlustrate von allen in Europa eingesetzten Flugzeugen auf-

LINKS: Ein schwerer Bomber, der jedoch bald als Transporter und zum Starten von Seglern diente, war die Short Stirling, der erste britische viermotorige Bomber des Zweiten Weltkriegs.

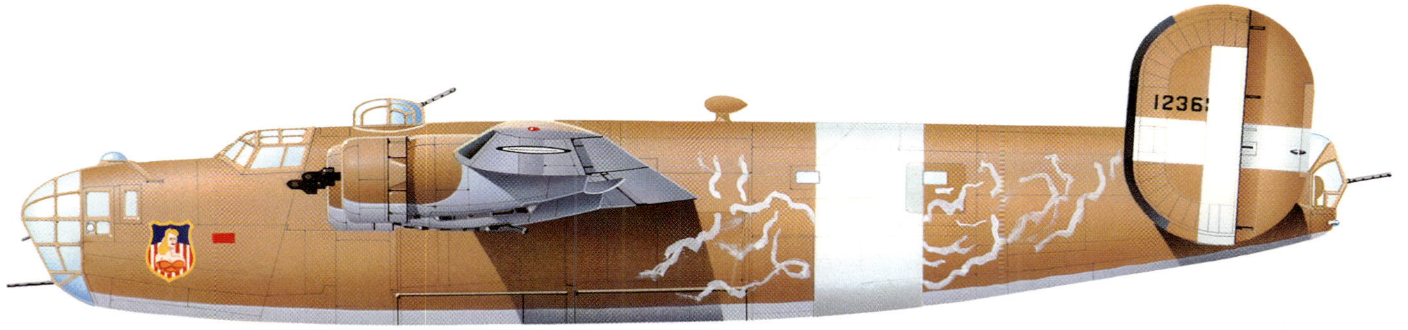

Consolidated B-24J Liberator

Typ: zehnsitziger schwerer Bomber
Herkunftsland: USA
Triebwerk: vier 1200-PS-(895-kW-) Pratt&Whitney-R-1830-65-Sternmotoren
Leistung: Höchstgeschwindigkeit 483 km/h; Dienstgipfelhöhe 9145 m; maximale Reichweite 5311 km
Gewicht: leer 16.556 kg; maximale Startmasse 29.484 kg
Abmessungen: Spannweite 33,53 m; Länge 20,47 m; Höhe 5,49 m
Bewaffnung: 12,7-mm-Browning-M2-Maschinengewehre sowie bis zu 5443 kg Zuladung

wies. Schon während die Produktion des neuen Bombers erst anlief, wurden Verbesserungsmöglichkeiten entwickelt und umgesetzt und sie wurden durch Veränderungen ergänzt, die sich durch die ständige Arbeit mit dem Bomber im Feld als notwendig erwiesen und die dann in vielen Fällen auf spätere Serienflugzeuge übertragen wurden.

MARAUDER-PRODUKTION

Die Produktion der B-26 belief sich auf 201 Flugzeuge des Standards mit folgenden technischen Merkmalen: Spannweite 18,81 m, Tragfläche 55,93 m², Länge 17,07 m, Höhe 6,05 m, Leergewicht 9696 kg, maximale Startmasse 14.515 kg, Höchstgeschwindigkeit 507 km/h in 4570 m Höhe, Reisegeschwindigkeit 426,5 km/h in 4570 m Höhe, Reichweite 1609 km, Aufstieg in 4570 m in 12 Minuten 30 Sekunden und Dienstgipfelhöhe 7620 m.

Von der B-26A wurden 139 Flugzeuge gebaut. Sie war eine einfache Weiterentwicklung der B-26 mit einer von 12 auf 24 Volt verstärkten Elektroanlage, Vorrichtungen für zwei weitere 946-Liter-Hilfstreibstofftanks in der hinteren Waffenkammer und einer veränderten Bewaffnung: Die 7,62-mm-Maschinengewehrs in den Bug- und Heckkanzeln wurden durch 12,7-mm-Waffen ersetzt. Diese Veränderung resultierte aus einem entsprechenden Umbau vieler B-26 Flugzeuge im Feld und die damit erforderliche Veränderung des Rumpfendes führte zu einer Gesamtlänge von 17,75 m. Die ersten 30 B-26A hatten die gleichen R-2800-5-Motoren wie die B-26, die nächsten 109 Flugzeuge wechselten zu den gleich starken R-2800-9- oder -39-Motoren und wurden so zur Subvariante B-26A-1 der Marauder. Eine weitere Veränderung war die Einführung von speziellen Halterungen unter dem Rumpf zum Transport von 907-kg-Torpedos vom Kaliber 559 mm, sodass die B-26B und die sehr ähnliche B-26C auch gegen Schiffe eingesetzt werden konnten. Wenn der Torpedo geladen war, betrug die interne Bombenlast noch zwei 726-kg-Bomben.

Mit der B-26A eröffnete die 22. *Bomb Group (Medium)* die Reihe der Erfolge des neuen Bombers, als sie ihn im April 1942 von Australien aus einsetzte. Mit zusätzlichem Treibstoff in der hinteren Waffenkammer wurden die Flugzeuge verwendet, um kleine Mengen sehr genau platzierter Bomben auf die Stellungen abzuwerfen, die die Japaner an der Nordküste von Neuguinea befestigen wollten. Die B-26A wurde zu dieser Zeit auch als Torpedobomber bei der Schlacht von Midway im Juni 1942 geflogen und von der 73. und 77. Bomberstaffel gegen Schiffe bei den Aleuten eingesetzt.

Die Flugzeuge, die gemäß dem zweiten Auftrag vom September 1940 fertig gestellt wurden, umfassten die ersten 791 Exemplare der B-26B, die es insgesamt auf eine Stückzahl von 1883 Flugzeugen brachte. Die B-26B war die erste echte „Massenproduktions-Variante“, die tatsächlich in einer Reihe von Subvarianten produziert wurde, die sich durch ihre Blocknummern unterschieden.

Die wichtigsten Veränderungen, die die B-26B auszeichneten, war die Einführung einer abgestuften Heckkanzel mit zwei handgesteuerten 12,7-mm-Browning-Maschinengewehren und die Verbesserung der Verteidigung nach hinten durch die Vorrichtung für ein handgesteuertes 7,62-mm-Browning-Maschinengewehr, das durch die hintere Einstiegsluke der Mannschaft feuerte. Eine Reihe von internen Verbesserungen wurde durchgeführt, um den Komfort und damit die Einsatzfähigkeit der Crew zu steigern, und die Luftschraubenhauben der Propeller wurden entfernt.

Die 81 Exemplare des B-26B-Grundmodells und die 225 Exemplare der fast identischen B-26B-1-Marauder behielten die R-2800-5-Motoren, doch bei dem 96 Maschinen umfassenden Block B-26B-2-Marauder wurden diese Motoren durch zwei R-2800-41-Sternmotoren mit jeweils 1920 PS (1431.5 kW) beim Start, 1490 PS (1111 kW) in 4360 m Höhe und 1550 PS (1156 kW) in 2165 m Höhe ersetzt. Ähnliche Leistungen erbrachte auch der R-2800-43-Motor, der bei den 27 Maschinen des Blocks B-26B-3 und allen späteren Marauder-Bombern verwendet wurde.

Die 211 Exemplare der B-26B-4 Marauder hatten erstmals eine verlängerte Bugradstütze, um die effektive Tragflächen-Neigung zu erhöhen, was zugleich den Anlauf beim Start verkürzte und Piloten, die Flugzeuge mit einem Fahrwerk mit Heckrad gewöhnt waren, den Umstieg erleichtern sollte. Diese Veränderung machte eine bauchige Verkleidung unter dem Rumpf nötig, die zum Teil das vordere Ende der Bugradklappen überlappte. Bei den letzten 141 Flugzeugen dieses Blocks wurde das Maschinengewehr in der Bodenwanne durch zwei drehbare seitwärts feuernde 12,7-mm-Browning-Maschinengewehre mit je 240 Schuss unten in den Seiten des hinteren Rumpfteiles ersetzt. Die

■ **OBEN: Dank ihrer großen Reichweite wurden von der Consolidated B-24 Liberator größere Stückzahlen gebaut als von jedem anderen US-Flugzeug im Zweiten Weltkrieg.**

Flugzeuge der Blöcke B-26B-2, B-26B-3 und B-26B-4 waren ansonsten untereinander gleich und folgten einem gemeinsamen Standard mit technischen Details wie einer Spannweite von 18,81 m, einer Tragfläche von 55.93 m^2, einer Länge von 17,75 m, einer Höhe von 6,05 m, einem Leergewicht von 10.660 kg, einer maximalen Startmasse von 15.876 kg, einer Höchstgeschwindigkeit von 480 km/h in 4570 m, die auf 452 km/h in Meereshöhe zurückging, einer Reisegeschwindigkeit von 473 km/h in 4570 m Höhe, einer Reichweite von 3220 km bzw. 1450 km mit einer 680-kg-Bombenlast, einer maximalen Steigrate in Meereshöhe von 457 m pro Minute und einer Dienstgipfelhöhe von mehr als 6000 m.

Mit den 150 Flugzeugen des B-26B-10-Marauder-Blocks war der ursprüngliche Auftrag für die B-26B-Variante erfüllt; sie gingen mit einer beträchtlichen Vergrößerung der Spannweite um 1,83 m und der Tragfläche um 5,20 m^2 einher, und auch das Seitenruder wuchs in Höhe und Fläche. Größere Tragflächen dieser Art waren bereits in den ersten Entwürfen aufgetaucht, waren aber zunächst verworfen worden, da der neue Bomber so wenig Luftwiderstand wie möglich haben sollte, damit er so schnell wie möglich sein würde. Die Entwicklung der B-26B ging gegenüber der B-26A mit einer weiteren unvermeidlichen Gewichtszunahme einher, wie die neue maximale Startmasse von 15.422 kg zeigt, die fraglos weiter steigen würde, und man beschloss nun, dass die immer schwieriger zu handhabenden Flugeigenschaften – eine Folge der zunehmenden Belastung der Tragflächen – ein Problem bildeten, dem dringend abgeholfen werden musste, auch wenn das Mittel dagegen einen Rückgang der Leistung zur Folge hatte. Die Vergrößerung der Tragflächen senkte die Höchstgeschwindigkeit der B-26B-10 um 26 km/h in 4570 m Höhe, doch die meisten Marauder-Crews hielten das für einen geringen Preis für die erhebliche Reduzierung der Landegeschwindigkeit und der erforderlichen Startbahnlänge. Bereits früh hatten Instandsetzungseinheiten einige B-26-Bomber mit einem zweiten Maschinengewehr im Bug versehen, und diese Veränderung wurde bei der B-26B-10 Standard: Sie erhielt ein starres vorwärts feuerndes 12,7-mm-Browning-Maschinengewehr mit 200 Schuss auf der unteren Steuerbordseite des Bugs. Eine weitere Veränderung der Bewaffnung, die die Tatsache spiegelte, dass die Marauder immer mehr als Tiefflieger eingesetzt wurde und daher immer wieder auf Gelegenheitsziele wie Flugabwehrkanonen stieß, war die Zufügung von vier starren vorwärts feuernden 12,7-mm-Browning-Maschinengewehren mit je 200 bis 250 Schuss in Paketen an den Seiten des vorderen Rumpfabschnitts. Dadurch besaß die Marauder eine starke Vorwärtsbewaffnung aus sechs Maschinengewehren zusätzlich zu den sechs weiteren 12,7-mm-Browning-Waffen, von denen je eine in den Kanzeln auf der Oberseite und im Heck installiert war und je zwei in den beiden Kanzeln in der Rumpfmitte. Die Flugzeuge des B-26B-10-Blocks folgten einem Standard mit technischen Merkmalen wie einer Spannweite von 21,64 m, einer Tragfläche von 61,1 m², hatten eine Länge von 17,75 m, eine Höhe von 6,05 m, ein Leergewicht von 11.113 kg, eine normale Startmasse von 16.783 kg, eine maximale Startmasse von 17.328 kg, eine Höchstgeschwindigkeit von 454 km/h in 4570 m und von 434,5 km/h in Meereshöhe, eine Reisegeschwindigkeit von 440 km/h in 4570 m Höhe, eine größte Reichweite von 4184 km mit vier Hilfstanks bzw. von 1690 km mit 1815 kg Bombenlast, eine maximale Steigrate in Meereshöhe von 396 m pro Minute und eine Dienstgipfelhöhe von mehr als 4600 m.

Die 100 Exemplare der B-26B-15 Marauder waren mit der B-26B-10 in jeder Hinsicht identisch, während bei den 100 Flugzeugen des B-26B-20-Marauder-Blocks die ursprünglich handgesteuerte Heckkanzel durch einen motorgesteuerten Martin-Bell-Gefechtsturm ersetzt wurde, der ebenfalls zwei 12,7-mm-Browning-Maschinengewehre trug, was die Gesamtlänge um 66 cm verkürzte.

Die weitere Entwicklung der B-26B führte zu Produktionseinheiten, die sich nur wenig voneinander unterschieden. Im Einzelnen waren das folgende Blöcke und Stückzahlen: B-26B-25 (100 Flugzeuge), B-26B-30 (100 Flugzeuge), B-26B-35 (100 Flugzeuge), B-26B-40 (101 Flugzeuge), B-26B-45 (91 Flugzeuge), B-26B-50 (200 Flugzeuge) und B-26B-55 (200 Flugzeuge).

WEITERE BESTELLUNGEN

Noch während die frühen Marauder-Varianten gebaut und in Dienst gestellt wurden, kamen ständig neue Bestellungen für den Typ dazu. Während des Jahres 1941 erhielt Martin zum Beispiel den Auftrag für weitere 1700 Flugzeuge. Diese Menge konnte die Fabrik in Baltimore allein nicht bewältigen; also wurde ein zweites Produktionsband in Omaha, Nebraska, aufgebaut. Dieses gehörte der US-Regierung, wurde aber von Martin betrieben, und man beschloss, 1200 der 1700 Flugzeuge, die 1941 bestellt worden waren, hier nach dem Vorbild des in Baltimore gebauten B-26B zu erzeugen, ihnen allerdings die Bezeichnung B-26C zu geben. 1942 wurden weitere 1600 Maschinen bestellt und auf 600 Stück B-26B und 1000 Stück B-26C aufgeteilt. Im Endeffekt wurden aber nur 385 B-26C-Maschinen fertig gestellt und die restlichen 615 storniert, als das Produktionsband in Omaha auf die Erzeugung des strategischen schweren Bombers Boeing B-29 Superfortress umgestellt wurde.

Marauder wurden in Omaha von August 1942 bis April 1944 ausgeliefert. Die späteren B-26B- und B-26C-Produktionseinheiten gaben das einzelne starre vorwärts feuernde Maschinengewehr im Bug auf, verringerten die Bewaffnung auf 11 12,7-mm-Waffen mit 4200 Schuss Munition und gleichzeitig wurde die rückwärtige Waffenkammer geschlossen. Das verringerte die Zahl der kleinen Bomben, die transportiert werden konnten, was nicht weiter wichtig war, doch es beschränkte die Flugzeuge auch auf zwei statt vier Hilfstanks. Die Produktion in Omaha umfasste folgende Produktionsblöcke und Stückzahlen: B-26C-5 (115 Flugzeuge), B-26C-6 (60 Flugzeuge), B-26C-10 (60 Flugzeuge), B-26C-15 (90 Flugzeuge), B-26C-20 (175 Flugzeuge), B-26C-25 (199 Flugzeuge), B-26C-30 (177 Flugzeuge) und B-26C-45 (334 Flugzeuge).

Die letzten Aufträge für die Marauder, die alle in der Fabrik in Baltimore gebaut wurden, beliefen sich auf 300 Stück der B-26F, die 1943 bestellt wurden, und 950 Stück der B-26G, die 1943 und 1944 bestellt wurden. Die B-26F war eine Weiterentwicklung der B-26B und B-26C mit dem gleichen Triebwerk aus zwei R-2800-43-Sternmotoren, ließ sich aber erheblich besser fliegen, besonders im Tiefflug, da der Anströmwinkel der Tragflächen um 3,5° erhöht wurde, die Querruder scharfe Vorderkanten erhielten und die Tiefe der Seitenruder verkürzt wurde. Die Veränderung der Anströmwinkel erlaubte eine leichte Vergrößerung der Treibstofftanks in den Tragflächen. Alle Vorrichtungen für den Torpedotransport wurden ent-

UNTEN: Die de Havilland Mosquito, ebenso vielseitig wie die Ju 88, war ein ausgezeichneter leichter Bomber mit so hoher Leistung, dass jede Defensivbewaffnung unnötig war.

fernt. Die maximale Bombenlast der B-26F betrug daher 1814 kg in Form von zwei 907-kg- oder vier 454-kg-Bomben, oder 1361 kg in Form von sechs 500-Pfund-Bomben. Die B-26F wurde in drei Blocks zu 100-Flugzeugen als B-26F-1, B-26F-2 und B-26F-6 gebaut. Die B-26G war mit der B-26F völlig identisch, bis auf die Tatsache, dass sie die „AN"-(Army/Navy-)Ausrüstung der Armee und Marine anstelle der „AF"-(Air Force-) Ausrüstung der Luftwaffe der B-26F trug. Sie wurde in folgenden Produktionseinheiten und Stückzahlen gebaut: B-26G-1 (100 Flugzeuge), B-26G-5 (200 Flugzeuge), B-26G-10 (125 Flugzeuge), B-26G-11 (75 Flugzeuge), B-26G-15 (140 Flugzeuge), B-26G-20 (60 Flugzeuge), B-26G-21 (75 Flugzeuge) und B-26G-25 (118 Flugzeuge). Das letzte dieser Flugzeuge absolvierte seinen ersten Flug am 18. April 1945. Damit ging die Produktion der Marauder-Serie nach insgesamt 5266 Maschinen zu Ende.

TOKIO-BOMBER

Eines der wichtigsten taktischen Kampfflugzeuge der Alliierten im Zweiten Weltkrieg war die Mitchell, ein klassischer mittelschwerer Bomber, der meist Landangriffe flog, aber auch bei Angriffen auf Schiffe erfolgreich war. Von ihm wurden insgesamt 9816 Stück gebaut.

Seine Wurzeln gehen auf das Jahr 1938 zurück, als North American pokerte und aus einer allgemeinen Anregung des US Army Air Corps vom Januar für einen dreisitzigen zweimotorigen Angriffsbomber schloss, dass bald eine reguläre Ausschreibung für einen mittelschweren Angriffsbomber folgen werde, der in sehr großen Stückzahlen gebaut werden würde, und daher in Privatinitiative die Arbeit an seinem NA-40-Entwurf aufnahm.

Dieser war in Ganzmetallbauweise konzipiert und verband einen Halbschalenrumpf mit frei tragenden Tragflächen in Schalenbauweise. Der NA-40-Prototyp absolvierte seinen Jungfernflug im Januar 1939 und in diesem Monat kündigte das USAAC die Ausschreibung für einen neuen Angriffsbomber an. Die Entwürfe mussten bis Juli 1939 eingereicht werden und North American beschloss, den NA-40 zum NA-40B (oder auch NA-40-2) weiterzuentwickeln, mit einem Triebwerk aus zwei Wright-GR-2600-A71-Cyclone-14-Sternmotoren mit je 1500 PS (1118 kW) beim Start und 1275 PS (951 kW) in 3660 m Höhe, die einen dreiblättrigen automatisch verstellbaren Hamilton-Standard-Metallpropeller antrieben. North American lieferte den NA-40B für Erprobungsflüge im März 1939, doch nur zwei Wochen später ging das Flugzeug bei einem Unfall verloren. Der Bomber, der nach der Ausschreibung bestellt wurde, war der Douglas Modell 7 als A-20.

Der NA-40B hatte das USAAC jedoch beeindruckt, und als es im März 1939 eine Anfrage nach einem fünfsitzigen mittelschweren Bomber herausbrachte, war North American mit seinem NA-62, einem Entwurf, der aus dem NA-40B entwickelt wurde, gut im Rennen. Ab Juli 1939 wurden die eingereichten Modelle beurteilt und das USAAC kaufte von North American „vom Reißbrett weg" 184 Flugzeuge als B-25. Der NA-62 war im Grunde der NA-40B mit einem breiteren Rumpf, der die Verdopplung der Bombenlast auf 1633 kg erlaubte, die Tragfläche wanderte in die Mitteldecker-Position, wodurch die Oberseite des Rumpfes begradigt werden konnte, das Triebwerk erhielt nun zwei R-2600-9-Sternmotoren mit je 1700 PS (1267,5 kW) beim Start und 1350 PS (1007 kW) in 3960 m Höhe, die interne Tankkapazität betrug 3452 Liter, die Crew wuchs von drei auf fünf Mann an und die Defensivbewaffnung umfasste nun ein rückwärts feuerndes 12,7-mm-Browning-Maschinengewehr, das ein liegender Schütze im Heck bediente, zwei seitwärts feuernde 7,62-mm-Browning-Maschinengewehre in der Rumpfmitte mit je einem Schützen und ein vorwärts feuerndes 7,62-mm-Browning-Maschinengewehr in einer von drei Bugstellungen, das der Bombenschütze bediente. Das erste B-25 Serienmodell wurde zu Serientests verwendet, und 24 NA-62-Flugzeuge wurden ab Februar 1941 nach einem ersten Flug im August 1940 ausgeliefert. Der Typ zeigte einen Mangel an Kursstabilität und wurde ab der 10. Maschine mit den flachen Außenflächen der Tragflächen geliefert, die dem Mitchell seine definitive und unverkennbare Gestalt gab (Bild Seite 129).

Die Produktion der B-25A, die ab Mai 1941 ausgeliefert wurde, erreichte 40 Flugzeuge mit der Firmenbezeichnung NA-62A, da sie Änderungen enthielt, die durch die Art des Luftkriegs über Europa nahe gelegt wurden. Dazu gehörte eine Schutzpanzerung für die Mannschaft und ein überarbeitetes Treibstoffsystem mit vier selbstabdichtenden Tanks in den Flügeln mit einer Treibstoffkapazität von 2627 Litern, die um 1582 Liter in einem Abwurftank in der Bombenkammer erweitert werden konnten. Die B-25A hatte eine Länge von 16,49 m, ein Leergewicht von 8105 kg, eine normale Startmasse von 11.486 kg, eine maximale Startmasse von 12.293 kg, eine Höchstgeschwindigkeit von 507 km/h in 4570 m, eine Reichweite von 2172 km mit 1361 kg Bombenlast, eine Dienstgipfelhöhe von 8230 m und stieg auf 4570 m in 8 Minuten 24 Sekunden. Die Flugzeuge gingen im Frühsommer 1941 bei der 34., 37. und 95. Bomberstaffel und der 89. Aufklärungsstaffel der 17. Bombergruppe (Me-

de Havilland Mosquito B.Mk IV Serie 2

Typ: zweisitziger schneller Bomber
Herkunftsland: Großbritannien
Triebwerk: zwei 1280-PS-(954-kW-) Rolls-Royce-Merlin 21- oder -23-V-Motoren
Leistung: Höchstgeschwindigkeit 611 km/h; Dienstgipfelhöhe 10.360 m; maximale Reichweite 3283 km
Gewicht: leer 6078 kg; maximale Startmasse 10.150 kg
Abmessungen: Spannweite 16.51 m; Länge 12,55 m; Höhe 5,31 m mit aufgestelltem Heck
Bewaffnung: bis zu 907 kg Bomben; speziell adaptierte Flugzeuge konnten eine 1814-kg-Bombe tragen

dium). Im Dezember 1941 sorgte die Besatzung einer B-25A der 17. Bombergruppe wahrscheinlich für das erste Blutvergießen dieses Typs, als sie erklärte, kurz nach dem japanischen Angriff auf Pearl Harbor ein japanisches U-Boot vor der Küste von Kalifornien versenkt zu haben.

Der ursprüngliche Vertrag über 184 Flugzeuge war 1941 erfüllt, und zwar mit 120 Stück des B-25B-Bombers, die North American mit der Firmenbezeichnung NA-62B, die Änderungen andeutete wie motorgesteuerte Bendix-Gefechtstürme auf der Oberseite und in der einziehbaren Kanzel unter dem Rumpf, mit je zwei 12,7-mm-Browning-Maschinengewehren und mit 400 bzw. 350 Schuss Munition je MG. Der Bombenschütze behielt seine Waffe mit 600 Schuss im Bug, doch das 12,7-mm-MG im Heck wurde entfernt. Die B-25B hatte eine Länge von 16,13 m, ein Leergewicht von 9072 kg, eine normale Startmasse von 11.888 kg, eine maximale Startmasse von 12.909 kg, eine Höchstgeschwindigkeit von 483 km/h in 4570 m, eine Reichweite von 2172 km mit 1361 kg Bombenlast und eine Dienstgipfelhöhe von 10.660 m.

DOOLITTLE-RAID

16 Flugzeuge dieses Typs bestritten den gefeierten „Doolittle-Raid“ im April 1942, als sie vom Flugzeugträger USS *Hornet*

starteten und Tokio angriffen, ehe die Überlebenden versuchten, zu Flugplätzen in China zu fliegen.

Die B-25C war die erste Variante, die offiziell Mitchell genannt wurde, und auch die erste, die in größeren Mengen gebaut wurde: insgesamt 1619 Flugzeuge ab Januar 1942. Äußerlich und in seiner Defensivbewaffnung unterschied sie sich nicht von der B-25B, hatte jedoch eine von 12 auf 24 Volt verstärkte Elektroanlage, Autopilot, ein Triebwerk aus zwei R-2600-13-Sternmotoren mit je 1700 PS (1267,5 kW) beim Start und 1400 PS (1044 kW) in 3960 m Höhe, die automatische dreiblättrige Hamilton-Standard-Metall-Verstellpropeller antrieben, ab dem 384. Flugzeug eine vergrößerte Tankkapazität von 3687 Litern, die um 2215 Liter in einem Abwurfbehälter in der Bombenkammer aufgestockt werden konnte, und die Bombenkammer konnte nun eine Vielfalt von Bombenlasten aufnehmen. Ab dem 606. Flugzeug wurde der Stan´dard B-25C-1 zugrunde gelegt. 258 der danach gebauten Flugzeuge erhielten Vorrichtungen für den Transport eines 907-kg-Torpedos unter dem Rumpf anstelle der Bomben in der Bombenkammer, obgleich diese immer noch den abwerfbaren Hilfstreibstofftank tragen konnte, oder für den Transport von acht 113-kg-Bomben unter den Flügeln zusätzlich zu denen in der Bombenkammer, wodurch die maximale Bombenlast auf Kurzstreckeneinsätzen von 1452 kg auf 2359 kg stieg. Eine weitere Veränderung war der Tausch des 7,62-mm-Browning-Maschinengewehrs des Bombenschützen gegen ein drehbares vorwärts feuerndes 12,7-mm-Browning-Maschinengewehr mit 300 Schuss, und in den 162 Exemplaren der B-25C-5, die zwischen Oktober und Dezember 1942 folgten, erhielt der Pilot ein starres vorwärts feuerndes 12,7-mm-Browning-Maschinengewehr mit 300 Schuss auf der Steuerbordseite des Bugs.

Im Januar 1942 bestellte Produktionseinheiten fielen unter das Leih-Pacht-Gesetz, obgleich nicht alle Flugzeuge zu ihren vorgesehenen Einheiten gelangten; dies waren 150 Stück der B-25C-10 für Großbritannien mit einem verbesserten Kompass und besserer Winterausrüstung und 150 Exemplare der B-25C-15 für China, die im Januar 1943 mit einzelnen Auspuffdämpfern zur Dämpfung von Abgasflammen gebaut wurden. Im Februar 1943 erhielt das USAAF die ersten von 200 Exemplaren der B-25C-20, einer Variante, die grundsätzlich mit der B-25C-15 übereinstimmte, die die USAAF aber für die eigene Verwendung bestellt hatte. Die letzte Variante der B-25C-Serie, die bis Mai 1943 ausgeliefert wurde und insgesamt 100 Flugzeuge umfasste, war die B-25C-25, die sich von der C-20 durch ihren selbstabdichtenden 870-Liter-Tank in der Bombenkammer und die Vorrichtung für einen 1230-Liter-Hilfstank in der Bombenkammer unterschied.

Die B-25C hatte ein Leergewicht von

UNTEN: Die Martin B-26 Marauder hatte einen schlechten Start: viele Flugzeuge und Crews gingen beim Landen verloren. Doch sie mauserte sich zu einem klassischen Angriffsbomber.

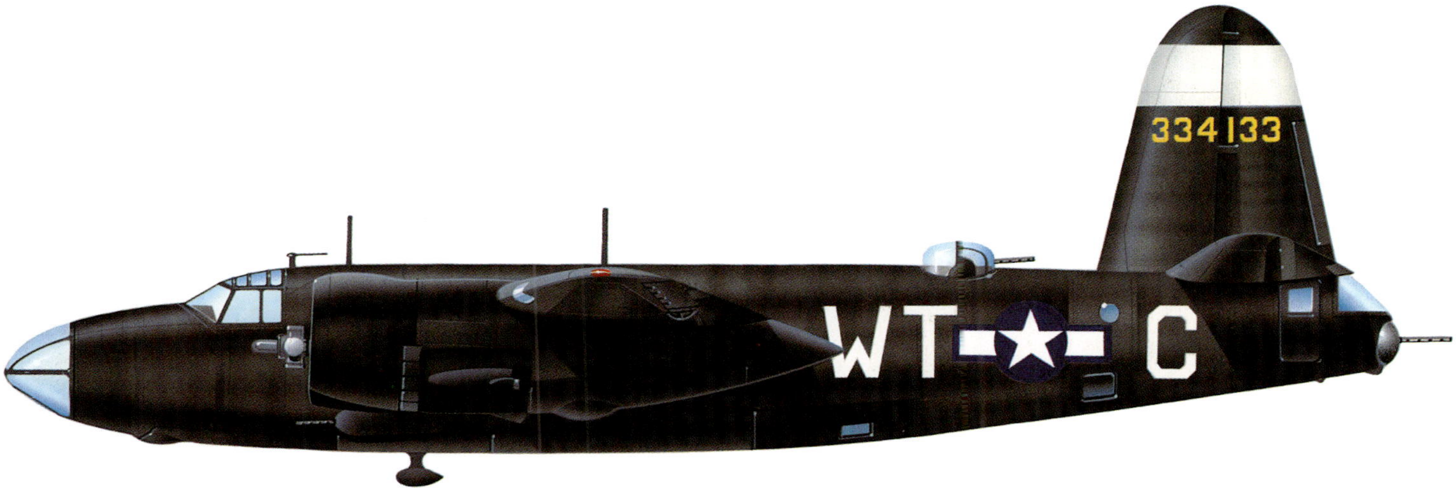

Martin B-26G Marauder

Typ: siebensitziger mittelschwerer Bomber
Herkunftsland: USA
Triebwerk: zwei 1920-PS-(1431-kW-) Pratt&Whitney-R-2800-43-Sternmotoren
Leistung: Höchstgeschwindigkeit 455 km/h; Dienstgipfelhöhe 6035 m; Reichweite 1086 km
Gewicht: leer 11.476 kg; maximale Startmasse 17.328 kg
Abmessungen: Spannweite 21.64 m; Länge 17,09 m; Höhe 6,20 m
Bewaffnung: vier starre vorwärts feuernde 12,7-mm-Browning-M2-Maschinengewehre, sieben drehbare 12,7-mm-Browning-M2-Maschinengewehre sowie bis zu 1814 kg Zuladung

9208 kg, ihre normale Startmasse betrug 15.196 kg, ihre maximale Startmasse 18.960 kg, ihre Höchstgeschwindigkeit 457 km/h in 4570 m Höhe, in Meereshöhe nur noch 425 km/h, ihre Reisegeschwindigkeit betrug 375 km/h in optimaler Einsatzhöhe; mit dem Tank in der Bombenkammer betrug ihre maximale Reichweite 4023 km, mit einer 1452-kg-Bombenlast 2454 km, ihre maximale Steigrate in Meereshöhe lag bei 419 m pro Minute, auf 4570 m stieg sie in 16 Minuten 30 Sekunden, und ihre Dienstgipfelhöhe betrug 6460 m. Im Dienst erhielt eine Reihe von Flugzeugen vier starre vorwärts feuernde 12,7-mm-Browning-Maschinengewehre an den Seiten des vorderen Rumpfteiles, um beim Angriff die Feuerkraft zu erhöhen.

B-25-HERSTELLER

Bis zur B-25C-Variante wurden alle Flugzeuge der B-25-Serie von North American in seiner Hauptniederlassung in Inglewood in Kalifornien gebaut. Im Dezember 1940 hatte die US-Regierung beschlossen, dass die Kriegssituation und die steigende Bedrohung der USA zusätzliche Produktionsmöglichkeiten erforderte und dass diese im bis dahin wenig industrialisierten Mittleren Westen anzusiedeln sei. North American sollte die Bomberproduktionsanlage in Kansas City betreuen und sie bezog immer mehr Bestandteile von Fabriken, die die Fisher Body Division der General Motors Corporation betrieb. Ihren ersten Auftrag erhielt sie im Juni 1941. Er belief sich auf 1200 B-25D-Bomber, die in jeder Hinsicht mit den frühen B-25C-Bombern identisch waren. Inglewood lieferte die Einzelteile für die ersten sechs Flugzeuge und dann alle Teile für die nächsten 94, um die Produktion in Kansas City in Schwung zu bringen, und das erste Flugzeug wurde im Februar 1942 geliefert. Ab dem 101. Flugzeug wurden Einzelteile von der Fisher Body Division als Zulieferant verwendet: äußere Flügelabschnitte und Rumpfseitenteile wurden beim Zusammenbau in Kansas City eingebaut.

Die ersten 200 B-25D-Bomber entsprachen genau der B-25C mit Ausnahme einer Vorrichtung für 473 Liter Treibstoff in einem Zusatztank im Rumpf, um die maximale Reichweite auf 4265 km zu steigern; ab November 1942 jedoch folgten 100 Stück der B-25D-1 mit externen Bombenhalterungen, einer Abtastradarkuppel über dem Rumpf, außen liegenden Treibstofftanks und Staubfiltern für die Vergasereinlässe wie bei der B-25C-1. Im Dezember 1942 wechselte die Produktion zu den 225 Stück der Variante B-25D-5, die grundsätzlich der B-25C-5 sehr ähnlich war und auch zwei 12,7-mm-Maschinengewehre im Bug besaß. Es folgten die 180 Stück des B-25D-10-Produktionsblocks mit Elementen der B-25C-10 wie verbesserter Winterfestigkeit und einem besseren Kompass. Die 180 Flugzeuge der B-25D-15-Subvariante entsprachen der B-25C-15 mit Auspuffdämpfern zur Dämpfung von Abgasflammen und die Produktion der der ersten Bestellung von Kansas City endete um Juni 1943 mit der Auslieferung von 340 B-25D-20-Bombern. Sie entsprachen grundlegend den B-25C-20 mit ihren verbesserten Windschutzscheiben und Tanks in der Waffenkammer. Weitere Bestellungen waren bereits eingelaufen und erhöhten die Gesamtproduktion der B-25D in Kansas City auf 2290 Flugzeuge bis März 1944. Hinzu gekommen waren Aufträge über 500 B-25D-30- und 250 B-25D-35-Bomber. Die ersten entsprachen der B-25D-25 und die letzteren hatten die verbesserte Winterfestigkeit und Defensivbewaffnung der B-25H- und B-25J-Varianten aus Inglewood.

Viele der B-25C- und B-25D-Bomber wurden im Südwestpazifik von den Einheiten der 5. US Army Air Force geflogen, vor allem von der 3., 22. und 345. Bombergruppe. Diese Einheiten machten die Erfahrung, dass zwar die Flugwerk-Triebwerk-Kombination der B-25 gut auf diesen Schauplatz passte, wo oft Angriffe auf Schiffe und kleine Ziele im Dschungel geflogen werden mussten, dass aber die Bewaffnung nicht ideal war. Daher wurden bis September 1943 rund 175 Stück der B-25C- und B-25D-Bomber durch das Arsenal in Townsville in Australien für Tiefflugangriffe mit einer dreiköpfigen Besatzung umgerüstet. Der untere Gefechtsturm wurde entfernt, die Bombenschützenkanzel durch zwei Paare von 12,7-mm-Browning Maschinengewehren ersetzt und durch zwei weitere Paare von Brownings an den Seiten des vorderen Rumpfteiles verstärkt; die Maschinen erhielten somit eine starre, vorwärts feuernde Bewaffnung aus acht schweren Maschinengewehren. Zugleich wurde die Waffenkammer zum Transport von 60 klei-nen Splitterbomben und sechs 45-kg-Sprengbomben umgerüstet.

Die B-25C und B-25D wurden auch von der 7. und 341. Bombergruppe der 10. Air Force auf dem chinesisch-burmesisch-indischen Schauplatz eingesetzt, von der 1. Bombergruppe des chinesisch-amerikanischen Geschwaders der 14. US Army Air Force in China, der 28. Bombergruppe der 11. Army Air Force auf den Aleuten, der 41. und 42. Bombergruppe der 13. Army Air Force im Zentralpazifik, und von der 12., 310., 321. und 340. Bombergruppe der 12. Army Air Force in Nordafrika und Italien.

DIE B-25G-VARIANTE

Die B-25G, von der 405 Stück gebaut wurden, einschließlich fünf aus B-25C umgerüsteten Exemplaren, war ein dezidiert für die Schiffsbekämpfung ausgelegtes Modell, das für den Einsatz im Pazifik entworfen worden war. Sie hatte eine vierköpfige Besatzung und eine 75-mm-M4-Kanone im Bug, ergänzt durch zwei starre, vorwärts feuernde 12,7-mm-Browning-Maschinengewehre mit je 400 Schuss und durch vier MGs in Paketen auf den Seiten des vorderen Rumpfteiles. Bei den letzten 221 Flugzeugen wurde der Gefechtsturm auf der Oberseite weggelassen, der bei Tieffliegereinsätzen gegen Schiffe als überflüssig angesehen wurde. Der Typ war nicht besonders erfolgreich, teils wegen des Gewichts der 75-mm-Kanone an der unteren Backbordseite des vorderen Rumpfteils, teils weil die 9,1-kg-Minen in einem 21-schüssigen Magazin nur sehr langsam von Hand geladen werden konnten. Die B-25G hatte das gleiche Triebwerk, die gleichen Abmessungen und das gleiche Gewicht wie die B-25C, unterschied sich von ihr jedoch durch ihre Höchstgeschwindigkeit von 452 km/h in 4570 m, die auf 431 km/h in Meereshöhe zurückging, ihre maximale Reichweite von 3540 km mit Zusatztreibstoff, ihre Reichweite von 2454 km mit 1361 kg Bombenlast, und ihre Dienstgipfelhöhe von 7405 m.

Die B-25H war eine Weiterentwicklung der B-25G mit einer fünfköpfigen Besatzung, der leichteren 75-mm-T13E1-Kanone, acht starren vorwärts feuernden 12,7-mm-Browning-Maschinengewehren (vier im Bug und vier auf den Rumpfseiten), sechs drehbaren 12,7-mm-Browning-Maschinengewehren (je zwei in der oberen und der Heckkanzel und je eine in den beiden seitlichen Luken), Vorrichtungen für 1361 kg Bomben in der Bombenkammer und Vorrichtungen für acht 127-mm-Raketen unter den Flügeln. Diese Variante des NA-92 war fraglos ein großartiges Angriffsflugzeug. Insgesamt wurden 1000 Stück davon produziert.

Die am häufigsten gebaute Variante mit insgesamt 4318 Flugzeugen war jedoch die B-25J, eine Abwandlung der B-25H für eine sechsköpfige Besatzung mit einem verglasten Bug, der ein drehbares und zwei starre vorwärts feuernde 12,7-mm-Browning-Maschinengewehre trug. Der obere Gefechtsturm war weiter zum Bug, gleich hinter die Tragflächen verlegt worden und die ersten 150 Stück erhielten Vorrichtungen für den Transport einer 907-kg-Bombe oder eines Torpedos. Viele dieser Flugzeuge erhielten später einen festen Bug mit einer starren vorwärts feuernden Batterie aus acht 12,7-mm-Browning-Maschinengewehren.

DIE SOWJETISCHE MOSQUITO

Die Pe-2 war zweifellos eines der besten taktischen Kampfflugzeuge im „großen patriotischen Krieg“ und kann als das sowjetische Gegenstück der de Havilland Mosquito und der Junkers Ju 88 gelten, wenngleich sie im Unterschied zu ihrer britischen und deutschen Entsprechung nur auf die taktische Rolle ausgelegt war. Eine Fülle von Varianten wurde gebaut, insgesamt 11.427 Flugzeuge, die bis in die 50er Jahre in Dienst blieben.

Wladimir Michailowitsch Petljakow war seit 1921 einer der fähigsten Mitarbeiter von Andrej Tupolew im ZAGI und spielte eine wichtige Rolle bei der Entstehung vieler Tupolew-Flugzeuge. Tupolew war ein überzeugter Verfechter der Metallbauweise und Petljakow wurde Experte für Leichtmetallkonstruktionen, die er in den 20er Jahren bei Junkers studiert hatte, die damals auf diesem Gebiet führend waren. Bis 1935 war Petljakow weitgehend verantwortlich für die Leichtmetalltragflächen von Flugzeugen wie der TB-1 und TB-3, und während Tupolew in den USA amerikanische Entwürfe studierte, war er allein verantwortlich für die Entwicklung der TB-4 und ANT-20. 1936 wurde Petljakow Leiter des ZOK, der dem ZAGI angeschlossenen Fabrik für Spezialkonstruktionen, und in dieser Funktion steuerte er den Entwurf der ANT-42, die später zur Petljakow Pe-8 umbenannt wurde. 1937 wurde Petljakow ebenso wie Tupolew im Rahmen der Stalin'schen Säuberungen verhaftet, angeblich weil er den Entwurf des VI-100-Jägers an die Deutschen verkauft hatte, die daraus den schweren Jäger Messerschmitt Bf 110 entwickelt hatten. Petljakow wurde in einem Spezialgefängnis inhaftiert und erhielt den Auftrag, unter der Schirmherrschaft der KB-100-Entwurfsbrigade mit A. M. Isakson als seinem Assistenten einen Höhenjäger zu entwerfen. Der Entwurf, der schließlich als WI-100 herauskam und die Basis der Pe-2 bildete, war so erfolgreich, dass Petljakow im Juli 1940 freigelassen wurde und sein eigenes Büro erhielt. Er starb im Januar 1942, als das zweite Pe-2-Serienmodell, das er als Verbindungs-

flugzeug seines Büros verwendete, in der Luft Feuer fing und abstürzte.

Die Ursprünge der Pe-2 gehen auf den Prototyp des WI-100 (*Wisoki Istrebitel-100* oder Höhenjäger Nr. 100) zurück, der erstmals 1939 oder 1940 flog. Er war ein Tiefdecker mit frei tragenden Flächen in fast reiner Metallkonstruktion bis auf die stoffbespannten Steuerflächen. Sein Aufbau war konventionell, doch die Details waren hochmodern; er besaß Motoren mit Turboaufladung, Kühler in Flügelkanälen mit vier Auslässen auf der Oberfläche statt in äußeren Wannen, keine Hydraulik, aber eine starke Elektroanlage mit 28 Volt und rund 50 Bedienelementen, die die meisten beweglichen Teile steuerten, eine Druckkabine mit hintereinander angeordneten Plätzen für den Piloten und den Funker/Bordschützen, ein angewinkeltes Höhenleitwerk mit zwei Seitenrudern als Endscheiben und ein völlig in die Unterseite der Gehäuse für die beiden Klimov-M-105-(später VK-105-)V-Motoren mit je 1050 PS (783 kW) einziehbares Hauptfahrwerk und ein Heckspornrad. Der WI-100 zeigte gute Leistungen und Flugeigenschaften, war aber teuer und anspruchsvoll in der Herstellung. Im Mai 1940 wurde beschlossen, dass sich die weitere Entwicklungsarbeit auf einen PB-100 (*Pikirujuschtschi Bombardirowschtschik-100* oder Sturzkampfbomber Nr. 100) ohne Druckkabine konzentrieren sollte, der eine Kanzel für einen unterhalb und vor dem Piloten im Bug liegenden Navigator/Bombenschützen besaß und dessen Triebwerk von zwei TK-3- zu zwei TK-2-Turboladern geändert wurde.

Der PB-100-Prototyp wurde aus dem zweiten WI-100-Prototypen abgeleitet und absolvierte seinen Jungfernflug im Juni 1940. Später im gleichen Monat wurde entschieden, die PB-100 mit geringen Änderungen als Pe-2 gleich in die Produktion gehen zu lassen und im nächsten Monat wurden Petljakow und sein Entwurfsteam freigelassen. Die Pe-2 verwendete im Prinzip den gleichen Rumpf wie die PB-100 mit geänderten Mannschaftsplätzen, M-105R-V-Motoren ohne Turbolader und in anderen Gehäusen, mit einer hydraulischen Steuerung der Hauptfahrwerkeinheiten, vergrößerten Seitenrudern und Verbesserungen zum Schutze der Besatzung und Treibstofftanks. Auch die Rumpfstruktur wurde so

■ UNTEN: Neben der B-26 war die North American B-25 Mitchell ein schneller Angriffsbomber, der sowohl eine umfangreiche Angriffs- als auch Defensivbewaffnung besaß.

überarbeitet, dass die Massenproduktion erleichtert wurde. In der ursprünglichen Form mit dem Triebwerk aus zwei M-105RA-Motoren hatte die Pe-2 eine Spannweite von 17,16 m mit einer Tragfläche von 40,50 m^2, eine Länge von 12,66 m, eine Höhe von 4,00 m, ein Leergewicht von 5870 kg, eine normale Startmasse von 7680 kg, eine maximale Startmasse von 8495 kg, eine Höchstgeschwindigkeit von 540 km/h in 5000 m Höhe, eine Reisegeschwindigkeit von 430 km/h in 5000 m, eine Reichweite von 1500 km, eine Aufstiegsrate von 5000 m Höhe in 7 Minuten und eine Dienstgipfelhöhe von 8800 m.

JUNGFERNFLUG

Die ersten Zeichnungen der Pe-2 gelangten im Juli 1940 in die Fabrik und das erste Serienmodell absolvierte seinen Jungfernflug im November 1940. Die Pe-2 gingen im April 1941 in Dienst und beim deutschen Einmarsch im Juni 1941 waren 458 Flugzeuge ausgeliefert und 290 davon einsatzbereit. Nach dem Einmarsch der Deutschen in die UdSSR wurden die Pe-2-Produktionsbänder im Oktober 1941 nach Kazan verlegt und mit dem Ziel größerer Produktivität mit einer anderen Fabrik vereint. Der Erfolg dieser Ver- und Zusammenlegung zeigte sich darin, dass in der zweiten Hälfte des Jahres 1941 1405 Pe-2 gebaut wurden. Insgesamt waren 11.427 Flugzeuge fertig gestellt, als die Produktion im Frühjahr 1945 auslief.

Die ursprüngliche Version der Pe-2 blieb bis Frühjahr 1942 in Produktion und wurde dann durch die *Frontovoje-Trebovanije*-Variante Pe-2FT ersetzt, die, wie der Name (Frontanforderungsvariante) sagt, Vorschläge und Anregungen der Fronttruppen aufgriff, die an das Entwurfsbüro geleitet wurden.

Die ursprüngliche Schützenkanzel auf der Oberseite wurde durch einen MV-3-Gefechtsturm ersetzt, der geschickt in den hinteren Teil der Cockpit-Abdeckung eingebaut wurde und ein drehbares rückwärts feuerndes 7,62-mm-SchKAS-Maschinengewehr enthielt; ein weiteres 7,62-mm-SchKAS-Maschinengewehr wurde als seitwärts feuernde Waffe in einem der Seitenfenster im Funker/Bordschützenabteil installiert, die Sturzflugbremsen unter den Flügeln wurden entfernt und die Verglasung verringert. Ab Februar 1943 und in dem Maße, wie es die Nachfrage nach Jakowlew-Jägern zuließ, wurde die Pe-2FT mit dem stärkeren Triebwerk aus zwei Klimow-WK-105PF-V-Motoren mit je 1260 PS (939,5 kW) Startleistung bestückt. Zugleich kamen einige aerodynamische Verbesserungen dazu (die Lücken zwischen starren und beweglichen Oberflächen wurden verkleinert, die Form des Motorgehäuses überarbeitet und die Fahrwerktüren fester geschlossen), die in Verbindung mit dem stärkeren Triebwerk für eine Verbesserung der Leistung trotz des höheren Gewichts dieser Variante zur Folge hatten.

Es gab viele Varianten der Pe-2 in ihrer Grundform als Angriffsbomber. Die Pe-2MV war eine Version der Pe-2 für den Angriff mit zwei starren vorwärts feuern-den 20-mm-SchVAK-Kanonen und zwei starren vorwärts feuernden 12,7-mm-Beresin-Maschinengewehren vorn in einer Bodenwanne, die die Bombenkammer ersetzte, und einem einzelnen drehbaren rückwärts feuernden 7,62-mm-SchKAS-Maschinengewehr in einem MV-3-Gefechtsturm auf der Oberseite. 1943 wurde diese Pe-2FZ-(für *Frontovoje Zadanije,* Frontaufgaben)-Variante der Pe-2FT in geringen Stückzahlen produziert und ohne Bugkanzel, doch mit einem FZ-Gefechtsturm auf der Oberseite mit zwei drehbaren rückwärts feuernden 12,7-mm-Beresin-Maschinengewehren ausgeliefert.

Die Pe-2B war ab 1944 die Standard-Bomberversion mit einer Reihe von Verbesserungen und drei 12,7-mm-Beresin-Maschinengewehren und einem 7,62-mm-SchKAS-Maschinengewehr.

Die Pe-2R war die Tagesaufklärer-Variante der Pe-2 mit drei oder vier vertikalen und schrägen Kameras an der Rumpfunterseite und einem AK-1-System zur automatischen Kurssteuerung, um maximale Genauigkeit zu erhalten. Ihr Triebwerk bestand aus zwei M-105PF-V-Motoren, die Bewaffnung aus drei 12,7-mm-UBS-Maschinengewehren und unter den inneren Flügelabschnitten konnte sie zwei 145-Liter-Abwurftanks tragen, die ihr eine maximale Reichweite von 1700 km gaben.

DIE AVRO LANCASTER

Der erfolgreichste und berühmteste schwere Bomber, den das Bomberkommando der Royal Air Force bei seinen Nachtangriffen in der zweiten Hälfte des Zweiten Weltkriegs einsetzte, war die Avro Lancaster. Während des Kriegs wurden rund 7300 Flugzeuge gebaut, die Arbeiten wurden aber erst drei Monate nach Kriegsausbruch begonnen. Damals war Avros wichtigstes Entwurfsteam unter Roy Chadwick vor allem mit der Entwicklung des zweimotorigen Bombers Typ 679 Manchester beschäftigt, der wie der Konkurrent, die Handley Page H.P.56, aus der Ausschreibung P.13/36 des

Petljakow Pe-2FT

Typ: viersitziger Mehrzweckbomber
Herkunftsland: UdSSR
Triebwerk: zwei Klimow-1260-PS-(939,5-kW-)WK-105PF-V-Motoren
Leistung: Höchstgeschwindigkeit 580 km/h; Dienstgipfelhöhe 8800 m; Reichweite 1315 km
Gewicht: leer 5950 kg; maximale Startmasse 8520 kg
Abmessungen: Spannweite 17,11 m; Länge 12,78 m; Höhe 3,42 m
Bewaffnung: fünf 7,62-mm-SchKAS- und 12,7-mm-Beresin-UBS-Maschinengewehre sowie bis zu 1600 kg Zuladung

OBEN: Das sowjetische Pendant zur Ju 88 und zur Mosquito war der ausgezeichnete zweimotorige leichte Bomber Petljakow Pe-2, der auf strategische Unterstützung spezialisiert war.

Luftfahrtministeriums für einen mittelschweren Bomber mit einem Triebwerk aus zwei Rolls-Royce-Vulture-X-Motoren hervorgegangen war.

Das ganze P.13/36-Programm litt unter den Problemem bei der Entwicklung des Vulture-Motors, der schließlich als stark, aber unzuverlässig auftrat, und bereits 1937 hatte Handley Page die Erlaubnis erhalten, seinen H.P.56-Entwurf mit zwei Vultures auf ein Triebwerk aus vier Rolls-Royce-Merlin-V-Motoren umzustellen und so den H.P.57 Halifax schweren Bomber geschaffen. Das Luftfahrtministerium bestand jedoch auf der zweimotorigen Vulture-Manchester und plante eine Großproduktion dieses Typs durch ein Herstellerkonsortium aus Avro, Armstrong-Whitworth, Fairey und Metropolitan-Vickers.

Chadwick und sein Entwurfsteam hatten jedoch schwere Bedenken wegen des Vulture-Triebwerks und arbeiteten an Manchester-Varianten mit einem anderen Triebwerk. Ende 1939 beauftragte das Luftfahrtministerium Avro, mit Detailentwürfen der Manchester Mk II fortzufahren, einer minimal veränderten Variante der Manchester Mk I mit einem Triebwerk aus zwei Napier-Sabre-Boxermotoren oder zwei Bristol-Centaurus-Sternmotoren, doch dieses Projekt wurde rasch von der Manchester Mk III mit einem Triebwerk aus vier Merlin-Motoren überholt. Trotz der Veränderung von zwei auf vier Motoren galt die Manchester Mk III als relativ einheitliche Entwicklung, die von der Manchester Mk I den Rumpf, das Leitwerk und den flachen mittleren Tragflächenabschnitt mit konstanter Tiefe übernahm, der das Gehäuse für die einziehbaren Haupteinheiten des Fahrwerks (mit Heckrad) trug. Er wurde nun für Merlin-Motoren anstelle der zunächst vorgesehenen Vulture ausgelegt: die äußeren Tragflächenabschnitte erhielten eine höhere Spannweite, wurden angewinkelt und in Stärke und Tiefe variiert; sie trugen das Gehäuse für das zweite Paar Merlin-Motoren.

Avro gab dem überarbeiteten Typ die Firmenbezeichnung Typ 683 und schätzte, er werde eine Bombenlast von 5448 kg über eine Distanz von 1609 km bei einer Geschwindigkeit von 394 km/h nach dem Start mit einer maximalen Startmasse von 25.878 kg tragen können. Diese Schätzung bedeutete, dass der Typ 683 erheblich leistungsfähiger wäre als die Manchester, obgleich er die Merlin-Produktion zusätzlich belasten würde. Das Luftfahrtministerium glaubte, der Typ 683 werde etwas weniger leisten als der rivalisierende H.P.57, beauftragte aber Avro, das Modell in Produktion zu nehmen, sobald die Firma ihren Auftrag über 300 Manchester-Bomber erfüllt hätte. Da das neue Modell weitgehend mit vorhandenen Komponenten und zusammengesetzten Bauteilen arbeitete, ging die Fertigstellung der Detailentwürfe und der Bau der zwei Prototypen rasch voran, und der erste Prototyp absolvierte seinen Jungfernflug am 9. Januar 1941 als deutliche Ableitung der Manchester Mk I mit ursprünglich schmalem Leitwerk mit kleinen Endscheiben und einem zentralen Seitenruder sowie mit einer Defensivbewaffnung aus zwei drehbaren vorwärts feuernden 7,7-mm-Browning Maschinengewehren in einem motorgesteuerten Frazer-Nash-F.N.5-Gefechtsturm im Bug und vier drehbaren rückwärts feuernden 7,7-mm-Browning-Maschinengewehren in einem motorgesteuerten Frazer-Nash F.N.4A-Gefechtsturm im Heck.

Nach den ersten Flugversuchen wurde der erste Prototyp an die Fluggerät- und Waffenerprobungsstelle in Boscombe Down für offizielle Tests überstellt und der zweite Prototyp machte seinen Jungfernflug im Mai 1941 mit einem Leitwerk, das von 6,71 m auf 10,06 m verbreitert worden war und größere Seitenruder an den Enden erhielt, die das zentrale Ruder unnötig machten; die Defensivbewaffnung des ersten Prototyps wurde auf den vorgesehenen Serienstandard gebracht: Dieser umfasste zwei drehbare, vorwärts feuernde 7,7-mm-Browning-Maschinengewehre in einem motorgesteuerten Frazer-Nash-F.N.5-Gefechtsturm im Bug, vier drehbare rückwärts feuernde 7,7-mm-Browning-Maschinengewehre in einem motorgesteuerten Frazer-Nash-F.N.20-Gefechtsturm im Heck, zwei drehbare 7,7-mm-Browning-Maschinengewehre im motorgesteuerten Frazer-Nash-F.N.50-Gefechtsturm auf der Oberseite und zwei drehbare 7,7-mm-Browning-Maschinengewehre im motorgesteuerten Frazer-Nash-F.N.64-Gefechtsturm an der Unterseite. Die Prototypen hatten ein Triebwerk aus vier Merlin-XX-Motoren mit je 1280 PS (954 kW) beim Start, 1460 PS (1089 kW) in 1905 m Höhe und 1435 PS (1070 kW) in 3355 m Höhe und trieben dreiblättrige automatische de-Havilland-Metall-Verstellpropeller an. Die Tests mit den Prototypen waren so erfolgreich, dass das Luftfahrtministerium beschloss, die Produktion der Manchester umgehend zu stoppen, nachdem nur 200 Flugzeuge ausgeliefert waren, sodass die Produktion der Lancaster so bald wie möglich einsetzen konnte. Die erste Lancaster Mk I aus der Serienproduktion flog im Oktober 1941, und Weihnachten 1941 erhielt die Staffel Nr. 44 drei Flugzeuge zur Einsatzerprobung, die in den ersten Einsätzen des Typs im März 1942 mündeten. Die Auslieferung an die Kampfeinheiten konnte jedoch nicht so rasch erfolgen wie gehofft, denn es zeigte sich, dass die Flügelspitzen verstärkt werden mussten und einige weitere Änderungen nötig waren, darunter eine Überarbeitung der oberen Haut des Flügels, doch grundsätzlich war die Lancaster Mk I

■ **OBEN: Eine Avro Lancaster über den Feldern von England. Die Lancaster war bei der RAF gleich ein großer Erfolg und erfüllte ihre Anforderungen an einen Nachtbomber bis Kriegsende.**

dem zweiten Prototyp sehr ähnlich. Die Einsatzstaffeln erkannten bald, dass der Gefechtsturm auf der Unterseite wenig nützte, und entfernten ihn daher oft, und zwei offiziell angeregte Änderungen waren die Hinzufügung einer sorgfältig gearbeiteten Verkleidung rings um das untere Ende des oberen Gefechtsturms, die den Luftwiderstand dieses vorstehenden Teils verringern und zugleich einer Sperre, die den Schützen davor bewahrte, in den Rumpf zu schießen, vor allem in die Seitenruder; ab dem fünften Flugzeug wurde die interne Treibstoffkapazität von 7774 Litern in vier Flügeltanks auf 9792 Liter in vergrößerten Standardtanks und Zusatztanks erhöht, die weiter außen in den Tragflächen installiert wurden.

SOFORTIGER ERFOLG

Die Lancaster Mk I war auf Anhieb ein Erfolg. Dass die Lancaster in jeder Hinsicht von Anfang an einfach stimmig war, zeigt sich auch darin, dass in der Massenproduktion nur drei weitere Varianten (eine mit größeren und zwei mit kleineren Änderungen) erzeugt wurden und dass die Lancaster Mk I bis zum Ende der Feindseligkeiten im Zweiten Weltkrieg produziert wurde. Das heißt nicht, dass es nicht im Laufe der Produktion jeder Variante erhebliche Entwicklungen gab; bei der Lancaster Mk I wurde zum Beispiel die Waffenkammer bald verstärkt, um eine einzelne 3629-kg-Bombe tragen zu können, und erhielt dann andere Klappen, um auch eine 5443-kg-Bombe aufhehmen zu können. Mit dem Triebwerk aus vier Merlin-XX-Motoren hatte die Lancaster Mk I eine maximale Startmasse von 27.921 kg bei einer Höchstgeschwindigkeit von 462 km/h in 3505 m und einer Reichweite von 2671 km mit 6356 kg Bomben. Später erhielten die Serienmodelle den Merlin-22-Motor und somit eine maximale Startmasse von 28.602 kg, eine Höchstgeschwindigkeit von 434 km/h in 5790 m und eine Reichweite von 1641 km mit 6356 kg Bomben, die auf 3942 km bei nur 2495 kg Bomben stieg. Wieder später wechselte die Produktion zu den Merlin-24-Motoren mit 1640 PS (1223 kW) in 610 m und 1500 PS (1118 kW) in 2895 m Höhe, die eine normale bzw. maximale Startmasse von 30.872 bzw. 32.688 kg ermöglichten. Weitere Verbesserungen an der Lancaster Mk I waren ein H_2S-Bodensichtungs- und Bombenradar, das im August 1943 die Flugzeuge ohne die erweiterte Waffenkammer erhielten – es war kenntlich an der großen matten Plexiglasverkleidung über der Antenne unter dem Rumpf – und die Fähigkeit, die 9979 kg schwere „Grand Slam"-Bombe zu transportieren, die mit Überschallgeschwindigkeit flog und Ziele mit erdbebenartigen Wellen zerstörte; hierfür wurden 33 Lancaster B.Mk I (Special) mit Merlin-24-Motoren ausgerüstet, die Klappen der Waffenkammer entfernt und die Gefechtstürme im Bug und auf der Oberseite durch Verkleidungen ersetzt, um Gewicht zu sparen. Die Produktion der Lancaster Mk I (ab Ende 1942 Lancaster B.Mk I und nach dem Krieg Lancaster B.Mk 1) betrug 3434 Flugzeuge.

Gegen Ende 1941 beschleunigte sich die Produktion der Lancaster Mk I so rasch, dass zu befürchten war, dass der Merlin-Nachschub ausgehen könne, und man beschloss daher, eine Abart in Erwägung zu ziehen, die einen weniger gefragten Motor verwendete. Die Wahl viel auf den Bristol-Hercules-Sternmotor als Hercules VI mit 1725 PS (1286 kW). Das Luftfahrtministerium bestellte zwei Prototypen dieser Lancaster Mk II: der zweite wurde nicht vollendet und der erste absolvierte seinen Jungfernflug im November 1941 mit einer leicht verlängerten Waffenkammer und dem F.N.64-Gefechtsturm unter dem Rumpf. Tests zeigten, dass die Lancaster Mk II der Lancaster Mk I in Gewicht und Leistung entsprach, bis auf eine geringere Dienstgipfelhöhe von nur 4570 m. Auch so wurde beschlossen, das Modell in Produktion zu geben, und Armstrong Whitworth lieferte ab September 1942 300 Stück. Einige der späteren Flugzeuge hatten die erweiterte Waffenkammer der späteren Lancaster Mk I mit überarbeiteten Triebwerken aus vier Hercules-XVI-Sternmotoren, deren Leistung identisch mit jener der ursprünglichen Hercules-VI-Motoren war. Das Modell wurde bald als Lancaster B.Mk II bezeichnet, doch nicht in so großen Stückzahlen wie geplant gebaut, da es bei der Merlin-Produktion keine Engpässe gab.

PACKARD-MOTOREN

Die Lancaster Mk III, die dann als Lancaster B.Mk III und nach dem Zweiten Weltkrieg als Lancaster B.Mk 3 bezeichnet wurde, entsprach genau der Lancaster Mk I mit einem Triebwerk aus vier Merlin-Motoren, die in den USA von Packard in Lizenz als V-1650 gebaut wurden. In den Lancaster B.Mk III hießen diese Motoren Merlin 28 oder 38 als Entsprechung zum Merlin 22, und Merlin 224 als Entsprechung zum Merlin 24. Die ersten in Amerika gebauten Motoren wurden zu Tests im August 1942 in einer Lancaster-Mk-I-Variante eingesetzt und die ersten Serienflugzeuge wurden später im gleichen Jahr geliefert. 23 Stück dieser Lancaster Mk III wurden zum Tragen der „bouncing bomb" umgerüstet, die Dr. Barnes Wallis für den berühmten Angriff der Staffel 617 im Mai 1943 auf die Eder-, Enepe-, Lister-, Mohne- und Sorpe-Talsperren entworfen hatte, die den Wasserstand der Ruhr regelten. Eine weitere Spezialwaffe, die die Lancaster-Mk-III- (und die Lancaster-Mk-I-)Bomber mit der erweiterten Waffenkammer tragen konnten, die für den Transport dieser 5443 kg schweren Hochleistungssprengbombe eingerichtet waren, war der„Tallboy", ebenfalls eine Erfindung von Wallis. Sie war stromlinienförmig und erreichte vor der Detonation Überschallgeschwindigkeit und hatte daher eine erhebliche Durchschlagskraft. Sie wurde erfolgreich gegen das Schlachtschiff KMS *Tirpitz*, tiefe Eisenbahntunnel und änliche Ziele sowie gegen die Betondächer von U-Boot-Bunkern eingesetzt.

Die Produktion der Lancaster B.Mk III erreichte 3030 Flugzeuge, die in Gewicht und Leistung ihren Pendants bei der Lancaster Mk I entsprachen. Während der Produktion kam es zu Veränderungen: der F.N.64-Gefechtsturm unter dem Rumpf wurde weggelassen, oft wurde der F.N.50-Gefechtsturm auf der Oberseite durch den F.N.79 oder F.N.150 ersetzt, und generell wurde der F.N.20-Gefechtsturm im Heck durch den F.N.121 mit vier 7,7-mm-Browning-Maschinengewehren oder durch den F.N.82 mit zwei 12,7-mm-Browning-Maschinengewehren ersetzt. Die höherkalibrige Bewaffnung wurde auch in einer weiteren Gefechtsturm-Variante, dem Rose-Rice-Typ R Nr. 2 Mk I, eingesetzt, der in der Endphase des Krieges oft mit einer anderen Entwicklung verbunden wurde, dem „Village Inn", einem vollautomatischen radargesteuerten Gefechtsturm. Wie alle anderen Lancaster-Varianten wurde auch der Lancaster-B.Mk-III-Bomber im Zweiten Weltkrieg nur auf dem europäischen Kriegsschauplatz eingesetzt.

Die Lancaster Mk IV besaß ein Triebwerk aus vier Merlin-85-Motoren mit je 1635 PS (1219 kW), die vierblättrige Propeller antrieben. Die Lancaster B.Mk VI war eine davon angeregte Weiterentwicklung der Lancaster Mk III mit dem gleichen Triebwerk wie die Mk IV, doch einem unveränderten Rumpf, sieht man von der Entfernung der Gefechtstürme im Bug und auf der Oberseite und der Verkleidung der dadurch entstandenen Öffnungen ab. Dieser Prototyp absolvierte seinen Jungfernflug im Frühjahr 1944, und es folgten weitere sechs Flugzeuge. Nur vier davon wurden zu Operationen eingesetzt, und zwar von den Staffeln Nr. 7 und 635 zur elektronischen Kriegsführung mit Radarstörsender und Düppel-Ausrüstung, und selbst diese wurden im November 1944 zurückgezogen.

Die Lancaster B.Mk VII, von der 180 Stück gebaut wurden, ging erst nach dem Ende des Zweiten Weltkriegs vor allem im Fernen Osten in Dienst und war eine Weiterentwicklung der Lancaster Mk III mit einem Martin-Gefechtsturm auf der Oberseite. Er war motorgesteuert und

OBEN: Dies war die „Dammbrecher"-Bombe, die Lancaster-B.Mk-I-(Special)-Flugzeuge der Staffel Nr. 617 abwarfen; sie hing an Armen mit einem Antrieb, der sie rückwärts rotieren ließ.

mit zwei drehbaren 12,7-mm-Browning-Maschinengewehren bestückt und war weiter vorne auf dem Rumpf als der Frazer-Nash Gefechtsturm montiert.

Den Namen Lancaster B.Mk X erhielten 430 Lancaster B.Mk III, die in Kanada von Victory Aircraft gebaut wurden und in allen wichtigen Teilen mit der Lancaster B.Mk III übereinstimmten.

DIE HEINKEL HE 177

Mitte 1937 stellte das deutsche Luftfahrtministerium fest, dass sein Schwere-Bomber-Programm den Schwung verloren hatte, als 1936 Generalleutnant Walther Wever starb, der Stabschef der Luftwaffe und Verfechter des Konzepts der schweren Bomber. Im Juni 1937 erhielt Heinkel den Befehl, ohne Verzögerung an seinem Projekt-1041-Entwurf weiterzuarbeiten, der ursprünglich entwickelt wurde, um der Anforderung von 1936 für einen Bomber A zu entsprechen, der eine Bombenlast von mindestens 1000 kg bei einer Reichweite von 6700 km bei einer Höchstgeschwindigkeit von mindestens 540 km/h bewältigen konnte. Die Aufgabe, eine verbesserte Version des P.1041-Entwurfs zu erarbeiten, ging an ein Team unter Dipl.-Ing. Heinrich Hertel mit Dipl.-Ing. Siegfried Günter als Stellvertreter. Erhebliche Verzögerungen technischer und politischer Art verlangsamten das Programm, und so absolvierte der dabei herausgekommene Prototyp He 177-V1 seinen ersten Flug erst im November 1939 als großer Schulter-/Mitteldecker in Ganzmetallbauweise. Der Entwurf war sehr klar und dazu trug das ungewöhnliche Triebwerk bei, das zweimotorig zu sein schien, doch tatsächlich vier Motoren umfasste. Jeder der beiden großen vierblättrigen Propeller wurde von zwei Daimler-Benz-DB-601-V-Motoren getrieben, die zu einer DB-606-Maschine gekoppelt waren.

Die Heinkel He 177 Greif hatte einige sehr moderne Teile und acht Prototypen wurden bei der Entwicklung benötigt. Drei davon gingen bei Abstürzen nach Motorbränden und Materialversagen der Tragflächen verloren, die immer wieder auch spätere Maschinen betrafen, und es folgten 35 He-177A-0-Vorserienflugzeuge, ehe die ersten von 130 bei Arado gebauten He-177A-1-Serienflugzeugen ab Juli 1942 in Dienst gingen.

Vier Varianten wurden gebaut: Der He-177A-1/R1-Bomber, das Grundmodell, die He 177A-1/R2 mit einer Bombenkanzel anstelle der zwei 7,92-mm-MG 81 hinter der Bodenwanne; der He-177A-1/R3-Bomber mit einer ferngesteuerten motorgetriebenen Barbette unter dem hinteren Rumpfabschnitt mit einem drehbaren 13-mm-MG-131-Maschinengewehr; und die He 177A-1/R4 mit einem drehbaren, rückwärts feuernden 13-mm-MG 131 hinter der Bodenwanne und einem drehbaren 13-mm-MG 131 in einem bemannten Gefechtsturm auf der Oberseite.

In einer Stückzahl von 170 Flugzeugen bauten Heinkel und Arado die He 177A-3. Sie unterschied sich von der He 177A-1 vor allem durch die etwas weiter vorn liegenden Motoren, der Rumpf wurde um 1,60 m hinter der Tragfläche verlängert und auf der Oberseite des hinteren Rumpfabschnitts saß ein bemannter Gefechtsturm mit einer Bewaffnung aus zwei drehbaren 13-mm-MG-131-Maschinengewehren. Dieses Modell war für die Daimler-Benz-DB-610-Maschine vorgesehen, die ein Paar gekoppelte DB-605-V-Motoren umfasste, die zusammen 2950 PS (2199,5 kW) beim Start und 3100 PS (2311 kW) in 2000 m Höhe leisteten, doch bei der Entwicklung dieses Motors gab es hartnäckige Probleme und die He 177A-3 erhielt wie die 177A-1 den DB-606-Motor.

Wie die He 177A-1 wurde auch die He 177A-3 in einer Reihe von Subvarianten erzeugt: als He 177A-3/R1 Grundmodell; als He-177A-3/R2-Bomber mit einer verbesserten Elektrik, einer veränderten Schützenstellung am vorderen Ende der Bodenwanne mit einer 20-mm-MG-151/20-Kanone anstelle der ursprünglich verwendeten 20-mm-MG-FF-Kanone und einer umgebauten Heckkanzel mit einer sitzenden anstelle einer liegenden Position für den Schützen, der nun eine 20-mm-MG-151/20-Kanone anstelle des 13-mm-MG 131-Maschinengewehrs bediente; als He-177A-3/R3-Abschussplattform für Henschel-Hs-193-Luft-Boden-Raketen, von denen er drei unter den Flügeln und unter dem Rumpf tragen konnte; als He 177A-3/R4, eine verbesserte Version der He 177A-3/R3 mit einer um 1,19 m verlängerten Bodenwanne, um Platz für die Raketensteuerung und die FuG-203b-Kehl-III-Befehlstransmitter zu gewinnen; als He 177A-3/R5, ein schweres Angriffsmodell, von dem nur fünf gebaut wurden, mit einem Triebwerk aus zwei DB 610-Motoren und einer Bodenwanne, die für die Aufnahme einer 75-mm-BK-7,5-Panzerabwehrkanone und ihrer handgeladenen Munition umgebaut war; und als He-177A-3/R7-Torpedobomber, von dem nur drei fertig gestellt wurden; sie hatten Halterungen für zwei italienische L5-Torpedos unter dem Rumpf oder den Tragflächen.

Die He 177A-4 war ein geplantes Modell für große Höhen, das später als He 274 benannt und nach dem Zweiten Weltkrieg in Frankreich als AAS.01A fertig gestellt wurde.

Die He 177A-5 war das Modell mit DB-610-Motoren, spezialisiert auf den Transport externer Lasten wie LT-50-Torpedos, Hs-293-Luft-Boden-Raketen und FX-1400-Fritz-X-Lenkwaffen; sie besaß daher verstärkte Tragflächen, verkürzte Fahrwerkbeine und an den Tragflächen wurden dort, wo die Vorrichtungen für die Waffen angebracht wurden, die Fowler-Klappen entfernt. Das Grundmodell hatte die gleiche Bewaffnung wie die He 177A-3/R2 und hieß daher He 177A-5/R2, und während es die ursprüngliche dreiteilige Waffenkammer beibehielt, wurden die Klappen des vordersten Teils in geschlossener Position verschlossen und mit externen Halterungen versehen. Zu den Untervarianten dieses Typs gehörte die He 177A-5/R5, von der nur ein Exemplar fertig gestellt wurde, mit einer zusätzlichen ferngesteuerten motorbetriebenen Barbette unter dem Rumpf hinter der Waffenkammer mit einer Bewaffnung aus einem drehbaren 13-mm-MG-131-Maschinengewehr; ferner die He 177A-5/R6, eine Variante der He 177A-5/R5, bei der die beiden vorderen Klappen der Waffenkammer geschlossen wurden; die He 177A-5/R7 mit Druckkabine; und die He 177A-5/R8, von der es nur ein einziges Exemplar gab, mit ferngesteuerten Barbetten unter dem Bug und am Heck. Die Produktion der He-177A-5-Serie begamm erst 1944 und belief sich auf 565 Flugzeuge.

Varianten, die bis zum Prototyp gediehen, aber nie eingesetzt wurden, waren die He 177A-6/R1, von der es sechs Stück gab, mit schwererer Bewaffnung und Panzerung zum Schutz von Mannschaft und Treibstofftanks; die He 177A-6/R2 (ein Exemplar) mit neuem Bug und schwererer Bewaffnung; und die He 177A-7, von der es sechs Stück gab, die aus der He 177A-5 entwickelt wurden, mit einer Spannweite von 36,0 m und einem Triebwerk aus zwei DB 610-Motoren anstelle des geplanten Triebwerks aus zwei Daimler-Benz DB 613-Motoren mit je 3600 PS (2684 kW).

Trotz aller Anstrengungen war die He 177 nie so zuverlässig, wie das bei einem effizienten Kampfflugzeug nötig ist, und trotz gelegentlicher Einsätze brachte es die Greif nie zu bedeutenden Leistungen. Zu Kriegsende wurde ein Exemplar für den Transport der nicht mehr gebauten deutschen Atombombe umgebaut.

DIE HELEN

Die Nakajima Ki-49 Donryu (Sturmdrache) hieß bei den Alliierten „Helen“, und

Heinkel He 177A-1/R1 Greif

Typ: sechssitziger schwerer Bomber
Herkunftsland: Deutschland
Triebwerk: zwei 2700-PS-(2013-kW-) Daimler-Benz-DB-606-24-Zylinder-Kolbenmotoren
Leistung: Höchstgeschwindigkeit 510 km/h; Dienstgipfelhöhe 7000 m; maximale Reichweite 5600 km
Gewicht: leer 18.040 kg; maximale Startmasse 30.000 kg
Abmessungen: Spannweite 31,44 m; Länge 20,40 m; Höhe 6,39 m
Bewaffnung: drei 7,92-mm-MG 81 und zwei 13-mm-MG 131, eine 20-mm-MG-FF-Kanone sowie bis zu 6000 kg Zuladung

Nakajima Ki-49-IIb

Typ: siebensitziger schwerer Bomber
Herkunftsland: Japan
Triebwerk: zwei 1500-PS-(1118-kW) Nakajima-Ha-109-(Armee-Typ-2-) Sternmotoren
Leistung: Höchstgeschwindigkeit 492 km/h in 5000 m; Dienstgipfelhöhe 9300 m; maximale Reichweite 2950 km
Gewicht: leer 6530 kg; maximale Startmasse 11.400 kg
Abmessungen: Spannweite 20,42 m; Länge 16,50 m; Höhe 4,25 m
Bewaffnung: eine 20-mm-Ho-1-Kanone, vier 12,7-mm-Ho-103-(Typ-1-) und zwei 7,7-mm-Typ-89-Maschinengewehre sowie bis zu 1000 kg Zuladung

obgleich sie den Mitsubishi Ki-21 ersetzen sollte, erwies sie sich als so unbefriedigend, dass sie ihn eher verstärkte als ersetzte. Die entwerfenden Ingenieure hießen Nishimura, Itokawa und Koyama; die Ki-49 basierte auf einer Ausschreibung von 1938. Sie war ein frei tragender Mitteldecker in Ganzmetallkonstruktion, mit einem ovalen Rumpfquerschnitt, ebenem Leitwerk, angewinkelten Tragflächen mit variierter Stärke und Tiefe und der Standard-Anordnung von Querrudern außen und Landeklappen innen, einem Heckrad-Fahrwerk, dessen Haupteinheiten in die Unterseite der Motorgehäuse eingezogen werden konnten. Der erste von drei Prototypen und sieben Testflugzeugen absolvierte seinen Jungfernflug im August 1939 mit einem Triebwerk aus zwei Nakajima-Ha-5-Kai-Sternmotoren mit je 950 PS (708 kW) beim Start und 1080 PS (805 kW) in 4000 m Höhe, die einen dreiblättrigen zweistufigen Metallpropeller antrieben. Im März 1941 ging der Typ als Ki-49-I in die Produktion mit der Dienstbezeichnung Armee-Typ 100 Schwerer Bomber Modell 1 Donryu; er hatte ein Triebwerk aus zwei Nakajima-Ha-41-(Armee-Typ-100-)Sternmotoren mit je 1250 PS (932 kW) beim Start und 1260 PS (940 kW) in 3700 m Höhe, die einen automatischen dreiblättrigen Metall-Verstellpropeller antrieben. Zwischen August 1941 und August 1942 wurden rund 129 Exemplare dieses Ausgangsmodells ausgeliefert; sie hatten eine Defensivbewaffnung aus einer drehbareb 20-mm-Ho-1-Kanone auf der Oberseite und einzelnen 7,7-mm-Typ-89-Maschinengewehreb in den Kanzeln im Bug, auf der Oberseite, im Heck und in den seitlichen MG-Luken.

Vom Typ Ki-49-II lieferte Nakajima 617 Flugzeuge zwischen September 1942 und Dezember 1944 aus und Tachikawa 50 Flugzeuge zwischen Januar 1943 und Januar 1944; er besaß ein verstärktes Triebwerk, das die Mängel der Ki-49-I auf dem Gebiet der Geschwindigkeit, der Nutzlast und der Reichweite ausgleichen sollte. Die Ki-49-IIa (Armee-Typ 100 schwerer Bomber Modell 2A Donryu) hatte die gleiche Bewaffnung wie die Ki-49-I, doch bei der Ki-49-IIb (Armee-Typ 100 schwerer Bomber Modell 2B Donryu) wurden die einzelnen 7,7-mm-Maschinengewehre in den Kanzeln im Bug, im Heck und auf der Oberseite durch 12,7-mm-Ho-103-(Typ-1-)Maschinengewehre ersetzt.

Die Ki-49-III, von der erst Prototypen fertig waren, als das Ki-49-Programm im Dezember 1944 eingestellt wurde, war ein weiterer Versuch, die Leistung zu verbessern, indem man ein wesentlich stärkeres Triebwerk aus zwei Nakajima-Ha-117-Sternmotoren mit je 2420 PS (1805 kW) beim Start einsetzte. In der Schlussphase des Kriegs flogen einige Ki-49-Bomber Kamikaze-Angriffe mit zwei Mann Besatzung und 1600 kg Bom-ben an Bord.

ATOMBOMBER

Die Boeing B-29 Superfortress hat durch den Abwurf der Atombomben auf die japanischen Städte Hiroshima und Nagasaki am 6. und 9. August 1945 für immer traurige Berühmtheit erlangt. Die ungeheure Zerstörung dieser Bomben veranlasste die japanische Regierung schließlich zur bedingungslosen Kapitulation. Zu groß war die Bedrohung weiterer Bomben und/oder einer amerikanischen Invasion der japanischen Inseln. Zur Zeit von Hiroshima und Nagasaki hatte die B-29 bereits die japanische Kriegsmaschinerie erfolgreich geschwächt. Sie hatte das Zentrum japanischer Städte zerstört, Japans Kommunikations- und Straßennetz unterbrochen, seine Industrie verkrüppelt und seine Küstengewässer vermint. In jeder Hinsicht kann der B-29-Bomber als eine der entscheidendsten Waffen des Zweiten Weltkriegs betrachtet werden, obgleich er seinen ersten Kampfeinsatz erst im Juni 1944 bestritt.

Die Anfänge dieses mächtigen Bombers gehen auf das Jahr 1938 zurück, als Major General Oscar Westover, der Kommandeur des US Army Air Corps, befand, ein neuer Bomber sei erforderlich, um das Boeing-Modell 299 (die B-17 Flying Fortress) abzulösen, das durch eine Reihe von kleinkarierten Beschaffungsbefehlen als Folge der Knauserei des Kongresses noch in der Entwicklung war. Westover starb bei einem Flugzeugunglück, kurz nachdem er den Prozess in Gang gesetzt hatte, der schließlich zum Entwurf des Boeing-Modells 345 führen sollte. Das Kriegsministerium spiegelte die Vorbehalte des Kongresses und reagierte negativ auf Westovers offizielle Anforderung eines „Superbombers“, doch Westovers Nachfolger, Brigadier General H. H. „Hap“ Arnold, und Major General Oliver Echols vom Beschaffungsamt hielten das Projekt am Leben; sie waren weitgehend verantwortlich für das „Hemisphere Defense Weapon“-Konzept und die damit verbundenen Anforderungen, das schließlich im Februar 1940 herauskam. Boeing antwortete mit seinem Modell 345, dessen geschätzte Leistungen bis auf die Ge-

Boeing B-29 Superfortress

Typ: strategischer Langstreckenbomber
Herkunftsland: USA
Triebwerk: vier 2200-PS-(1640-kW-) Wright-R-3350-23-Sternmotoren

Leistung: Höchstgeschwindigkeit 576 km/h; Dienstgipfelhöhe 9710 m; maximale Reichweite 9382 km
Gewicht: leer 31.816 kg; maximale Startmasse 56.246 kg

Abmessungen: Spannweite 43,05 m; Länge 30,18 m; Höhe 9,02 m
Bewaffnung: zehn 12,7-mm-Browning-M2-Maschinengewehre sowie bis zu 9072 kg Zuladung

schwindigkeit, die auf 615 km/h geschätzt wurde, den Anforderungen des USAAC entsprach. Boeing reichte den Modell-345-Entwurf 1940 dem USAAC ein; Consolidated, Douglas und Lockheed legten ebenfalls Entwürfe vor. Die Douglas- und Lockheed-Entwürfe fielen bald aus dem Rennen und in der letzten Entscheidung zwischen Boeing und Consolidated erhielt das Boeing-Modell 345 den Zuschlag.

DIE XB-29-PROTOTYPEN

Im Juni 1940 erhielt Boeing einen kleinen ersten Vertrag über weitere Entwurfsarbeiten und Windkanaltests der Modelle und im September des gleichen Jahres bestellte das USAAC drei XB-29-Prototypen (einen für statische Tests und zwei für Testflüge), ehe es im Dezember den Auftrag abwandelte und drei fliegende Prototypen in Auftrag gab. Boeing begann im Mai 1941 mit der Arbeit am 1:1-Modell der XB-29, und später in demselben Monat kündigte das USAAC seine Absicht an, 250 B-29-Bomber in einer neuen, von der Regierung geförderten Anlage in der Boeing-Fabrik in Wichita, Kansas, bauen zu lassen. Der Vertrag über diese 250 Flugzeuge wurde im September 1941 unterzeichnet; inzwischen war das USAAC in die US Army Air Forces umgewandelt wurden, und im Januar 1942, dem Monat, nachdem der japanische Luftangriff auf Pearl Harbor die USA in den Zweiten Weltkrieg gezogen hatte, wurde der Auftrag auf 500 Flugzeuge erhöht. Nur einen Monat später hatte das neue Bomberprogramm so große Priorität erlangt, dass die US-Behörden beschlossen, zusätzliche Produktionsstätten in regierungseigenen Fabriken einzurichten, die Bell in Marietta in Georgia, North American in Kansas City in Kansas und die Fisher Body Division der General Motors Corporation in Cleveland in Ohio betreiben sollten. Die letzten beiden sollten niemals die B-29 bauen: die USAAF trat die Anlage in Kansas City an die US Navy ab und erhielt dafür deren von Boeing betriebene Fabrik in Renton in Washington, und Martin in Omaha in Nebraska ersetzte die Fisher Body Division, sodass sich diese auf die Produktion von B-29-Bauteilen einschließlich des Gehäuses konzentrieren konnte.

Das Flugzeug, das aus diesen Bemühungen hervorging, war in jeder Hinsicht eine wirklich großartige Leistung, die dennoch nicht ohne Kritiker blieb. Diese monierten vor allem den hohen Flügeldruck des Bombers, eine Folge der ursprünglichen Anforderungen des USAAC nach zusätzlicher Tankkapazität, Bombenlast, Defensivbewaffnung und Panzerung. Diese Anforderungen machten das Modell 345 zum Zeitpunkt seiner Entwicklung zum schwersten Flugzeug der Welt und es folgten viele Diskussionen und Veränderungen, während Boeing mit Druck an den XB-29-Prototypen arbeitete. Der Entwurf sah eine außerordentlich schlanke Ganzmetallkonstruktion vor, die dicke Wände einsetzte, die mit Bolzen zusammengefügt waren, um die richtige Mischung aus niedrigem Luftwiderstand und großer Festigkeit zu erhalten. Dazu kamen Motoren mit starken Turboladern, die für eine gute Höhenleistung sorgen sollten, und eine Defensivbewaffnung auf der Basis von ferngesteuerten Barbetten. Die erste XB-29 absolvierte ihren Jungfernflug am 21. September 1942 ohne Bewaffnung, aber mit einem Triebwerk aus vier R-3350-13-Sternmotoren, die je einen dreiblättrigen Propeller antrieben, da die vierblättrigen Modelle noch nicht fertig waren. Ab April 1943 folgten 14 YB-29-Einsatztestflugzeuge mit voller Defensivbewaffnung und einem Triebwerk aus vier R-3350-21-Sternmotoren, die weiterhin dreiblättrige Propeller antrieben. Seit Beginn des Flugerprobungsprogramms war klar, dass die Superfortress, wie der Typ inzwischen getauft worden war, ausgezeichnete Leistungen brachte und eine wichtige Waffe werden konnte. Das Problem war nur, dass der Typ eine Fülle technischer Probleme aufwies, von denen viele darauf zurückgingen, dass die B-29 in die Produktion gedrängt worden war, ehe all diese Probleme analysiert und behandelt worden waren.

AUFMARSCH IM PAZIFIK

In Anbetracht der hohen Reichweite der B-29 bei hoher Bombenlast beschlossen die USAAF, den Typ nicht in Europa gegen die Deutschen einzusetzen, die bereits von den B-17-Flying-Fortress- und Consolidated-B-24-Liberator-Bombern eingedeckt wurden, sondern eher in Asien gegen die Japaner, die keineswegs immun gegen amerikanische Angriffe waren. Die erste Einheit, die die Superfortress erhielt, war das 58. *Very Heavy Bombardment Wing* (sehr schwere Bomber-Geschwader) das im Juni 1943 vor der Lieferung der ersten YB-29-Testflugzeuge aufgestellt worden war. Deren Eintreffen im Juli gestattete es der Einheit, sich mit dem neuen Bomber vertraut zu machen. Die ersten B-29 wurden von Boeing im Herbst 1943 ausgeliefert und Flugzeuge von den Bell- und Martin-Produktionsbändern trafen 1944 bei den Einsatzeinheiten ein. Von den 2181 Flugzeugen wurden 1620 von Boeing, 357 von Bell und 204 von Martin geliefert.

Die 40., 444., 462. und 468. *Very Heavy Bombardment Groups* des 58. *Very Heavy Bombardment Wing* erreichten Indien im Frühjahr 1944 und flogen ihren ersten Einsatz im Juni desselben Jahres gegen Bangkok mit Zwischenstationen in China. Die Einsätze wurden bald ausgedehnt, was Ziele und Reichweite anging, und richteten sich ab dem zweiten Einsatz auch gegen die japanischen Mutterinseln, doch es war bald klar, dass die einfachen Basen des XX. Bomberkommandos der 20. US Army Air Force in China zu weit von Japan und von den rückwärtigen Basen in Indien entfernt lagen, um den B-29-Bombern wirksame Kampagnen zu ermöglichen: Viel von ihrer Stärke wurde dazu benötigt, Treibstoff, Munition und Vorräte nach China zu bringen, und nur eine kleine Anzahl der Flugzeuge konnte überhaupt den Krieg gegen Japan führen, und auch das nur mit mäßigem Erfolg. Das war einer der Hauptgründe für die US-Kampagne zur Einnahme der Marianeninseln, denn auf Saipan, Tinian und Guam konnten US-Ingenieure rasch fünf Luftwaffenstützpunkte errichten, die groß genug waren für ein komplettes Geschwader aus 180 Bombern des XXI. Bomberkommandos. Der erste Angriff auf Tokio von den Marianen aus wurde im November 1944 geflogen.

Von der B-29A wurden 1119 Exemplare in der von Boeing betriebenen Fabrik in Renton gebaut. Sie unterschieden sich vom B-29-Standard durch ihr Triebwerk aus vier R-3350-57- oder -59-Sternmotoren, den Einbau einer vorwärts feuernden Barbette aus vier Gewehren auf der Oberseite anstelle der ursprünglichen mit zwei Gewehre und die Verwendung einer neuen Tragflächeneinheit, die die Spannweite auf 43,35 m erhöhte. Weitere technische Daten der B-29A: Länge 30,18 m, Höhe 9,02 m, Leergewicht 32.369 kg, maximale Startmasse 64.000 kg, Höchstgeschwindigkeit 575 km/h in 7620 m Höhe, Reisegeschwindigkeit 370 km/h in optimaler Einsatzhöhe, Reichweite 6598 km, Aufstieg in 6095 m in 38 Minuten und Dienstgipfelhöhe 9710 m.

Die Produktion der B-29-Serie wurde mit der B-29B-Variante abgeschlossen, von der bis Mai 1946 von Bell 311 Exemplare fertig gestellt wurden. Ihre Defensivbewaffnung war auf eine Heckkanzel mit drei Kanonen beschränkt, die mit Hilfe des APG-15B-Radars autmatisch geladen und abgefeuert wurden, und zwei drehbare seitwärts feuernde 12,7-mm-Browning-Maschinengewehre auf Spezialafetten im Schützenabteil im hinteren Rumpfteil. Das geringere Gewicht und der verringerte Luftwiderstand dieses Modells erhöhten seine Höchstgeschwindigkeit um rund 16 km/h und ermöglichten eine Steigerung der Bombenlast um 1361 kg. Weitere technische Merkmale der B-29B: Spannweite 43,05 m, Tragfläche 161,27 m^2, Länge 30,18 m, Höhe 9,02 m, Leergewicht 31.298 kg, maximale Startmasse 62.370 kg, Höchstgeschwindigkeit 586 km/h in 7620 m, Reisegeschwindigkeit 367 km/h in optimaler Einsatzhöhe, Reichweite 6759 km, Anstieg auf 6095 m Höhe in 38 Minuten, und Dienstgipfelhöhe 9755 m.

Die Produktion weiterer geplanter 5092 Bomber der B-29-Serie wurde mit dem Ende des Zweiten Weltkriegs eingestellt, und das letzte von insgesamt 3627 Flugzeugen einschließlich aller Prototypen und Testmaschinen wurde im Juni 1946 ausgeliefert.

DER ERSTE JET

Die Arado Ar 234 Blitz war der einzige Turbojet-getriebene Bomber, der im Zweiten Weltkrieg das Einsatzstadium erreichte, und bildete daher einen Meilenstein in der Geschichte der militärischen Luftfahrt. Die Anfänge des Typs gehen auf eine Anforderung des deutschen Luftfahrtministeriums aus dem Jahr 1940 für ein schnelles turbojet-getriebenenes Aufklärungsflugzeug zurück. Anfang 1941 begann das Arado-Entwurfsteam unter Professor Walter Blume und Dipl.-Ing. Hans Rebeski die Arbeit an seinem definitiven E.370-Projekt, das auf einer früheren Arbeit von Emil Eckstein beruhte, ehe dieser im Januar 1941 zu Henschel gewechselt hatte; vorgesehen war ein Eindecker mit frei tragenden Flügeln, der durch größtmögliche aerodynamische Sauberkeit hohe Leistung bringen würde, um den mittelmäßigen Output der damaligen Axialstromturbojets auszugleichen. Genügend Leistung und Zuverlässigkeit würde nur ein zwei- oder viermotoriges Triebwerk liefern, was die Montage der

UNTEN: Der Name „Enola Gay“ identifiziert diesen sehr schweren Boeing-B-29-Superfortress-Langstreckenbomber als die Maschine, die die erste Atombombe auf Hiroshima abwarf.

Motoren an den Tragflächen festlegte, und da man mit aufwändigen Wartungsarbeiten oder häufigen Motorwechseln rechnete, mussten die Gehäuse auf der Tragflächenunterseite angebracht werden, um den Zugriff zu erleichtern. Die hängende Gehäuseanbringung ihrerseits schrieb eine Konfiguration als Hoch- oder Schulterdecker vor, und um den Luftwiderstand niedrig zu halten, musste der Rumpf einen möglichst kleinen Durchmesser erhalten. Dieser schloss ein Fahrwerk aus, das eingezogen wurde, und die erste Überlegung des Entwurfsteams sah ein dreirädriges Fahrgestell vor, das nach dem Start abgeworfen wurde, und ausfahrbare Landekufen. All diese Faktoren bestimmten den ersten Entwurf, den das deutsche Luftfahrtministerium als Ar 234 bestellte: eine hoch sitzende, gerade Tragfläche, die in Dicke und Tiefe variierte und auf der Rückseite außen Frise-Querruder und innen Landeklappen trug; ein ebenfalls gerades konventionelles Leitwerk; ein Rumpf von ovalem Querschnitt mit dem Piloten im fast völlig verglasten Bug; zwei Treibstofftanks in den Abschnitten vor und hinter den Tragflächen; und ein Gleitkufenfahrwerk aus einer Haupteinheit unter dem Rumpf und kleineren Einheiten unter den Gehäusen der beiden Motoren.

Die Entwicklung und Produktion der vorgesehenen Junkers-Jumo-109-004-Turbojets dauerte länger als die des Rumpfes und Arado erhielt den ersten Satz Jumo-109-004A-0-Vorserien-Motoren erst im Februar 1943. Diese Motoren waren nicht flugbereit; also wurde der Ar-234-V1-Prototyp auf Taxierungstests beschränkt und absolvierte seinen ersten Flug erst im Juni 1943, als die ersten flugfähigen Motoren ausgeliefert wurden, Jumo-109-004A-Motoren mit je 8,24 kN ohne Nachbrenner. Das umfassende Test- und Entwicklungsprogramm erforderte nicht weniger als 18 Prototypen.

Die ersten fünf davon bereiteten dem Ar-234A-Serienmodell den Weg, das die Startgestell-Gleitkufen-Kombination verwendete, und dazu gehörte die Ar 234 V2, die der Ar 234 V1 weitgehend entsprach und erstmals im Juli 1943 flog, die Ar 234 V3, die erstmals im August 1943 mit einer Druckkabine mit Schleudersitz und mit Vorrichtungen für RATO-Einheiten flog, die Ar 234 V4, die eine verbesserte Version der Ar 234 V3 war und erstmals im September 1943 flog, und die Ar 234 V5, die erstmals im Dezember 1943 ohne Druckkabine, jedoch mit einem Triebwerk aus zwei Jumo-109-004B-Turbojets flog, die die gleiche Leistung brachten wie die Jumo-109-004A-Motoren, aber je 90 kg leichter waren. Inzwischen hatte das deutsche Luftfahrtministerium die taktischen Schwächen des Landegestells der Ar-234A-Serie als unhaltbar erkannt, das das Flugzeug auf dem Flugplatz unbeweglich machte, bis wieder ein Startgestell darunter geschoben werden konnte, und unterband die weiteren Arbeiten an der Ar 234A zugunsten der Ar 234B-Serie mit konventionellem Fahrwerk, das auf einer einziehbaren dreirädrigen Anordnung basierte. Arado verbreiterte dazu den Querschnitt des Rumpfes minimal und verwendete das Volumen der zentralen Rumpfträgerstruktur, um Vertiefungen für das Einziehen der schmalspurigen Hauptfahrgestelleinheit zu schaffen, die durch ein Bugrad ergänzt wurden, das in die Unterseite des Rumpfes unter dem Cockpit eingezogen wurde; um den Platz für die Haupträder zu schaffen, musste ein Teil der internen Treibstoffkapazität geopfert werden, und dieser Verlust wurde wettgemacht, indem die beiden selbstabdichtenden Treibstofftanks nach vorn und hinten verlängert wurden.

■ OBEN: Kostbare Beute: ein kurz vor Ende des Zweiten Weltkriegs herausgekommener deutscher Arado-Ar-234B-Blitz-Aufklärungsbomber mit einem Triebwerk aus zwei Turbojets.

DIE ERSTE AR 234B

Der erste Prototyp der Ar-234B-Serie war die Ar 234 V9, die ihren Jungfernflug im März 1944 mit einer Druckkabine und Schleudersitz und einem Triebwerk aus zwei Jumo-109-004B-1-Turbojets mit je 8.73 kN ohne Nachbrenner absolvierte; ihr folgte die Ar 234 V10 ohne Druckkabine, die zu einem späteren Zeitpunkt ihrer Entwicklung für die Bomberrolle mit Halterungen unter den Motorgehäusen für zwei 500 oder 250 kg schwere SC-500- oder SC-250-Bomben ausgerüstet wurde, die mit Hilfe eines Periskop-Zielgeräts in Gleitflug- und Tiefflugangriffen abgeworfen wurden. Diese Halterungen konnten auch Abwurftanks tragen und Halterungen für RATO-Einheiten wurden vorgesehen. Es folgte die Ar 234 V11, die der Ar 234 V9 glich, und dann folgte das erste von 20 Ar-234B-0-Vorserienflugzeugen, das seinen ersten Flug im Juni 1944 absolvierte. Dieses Ereignis fand zwei Tage nach der Landung der Alliierten in der Normandie statt und nun erhielt das Ar-234-Programm höchste Priorität, da sich das Kriegsglück zunehmend gegen die Deutschen wandte. Diese Priorität zeigte sich in der Verwendung der Prototypen der Ar 234 V5 und Ar 234 V7 für Einsatztests im Juli 1944, obgleich sie auf dem Startgestell-Gleitkufen-Fahrwerk beruhten; beide entgingen mühelos den alliierten Abfangjägern.

Mitsubishi Ki-67-I Hiryu

Typ: achtsitziger schwerer Bomber
Herkunftsland: Japan
Triebwerk: zwei 1900-PS-(1417-kW-) Mitsubishi-Ha-104-(Armee-Typ-4-) Sternmotoren
Leistung: Höchstgeschwindigkeit 537 km/h; Dienstgipfelhöhe 9470 m; maximale Reichweite 3800 km
Gewicht: leer 8649 kg; maximale Startmasse 13.765 kg
Abmessungen: Spannweite 22,50 m; Länge 1870 m; Höhe 7,70 m
Bewaffnung: eine 20-mm-Ho-5-Kanone, fünf 12,7-mm-Typ-1-Maschinengewehre sowie bis zu 1070 kg Zuladung

Die Ar-234B-0-Flugzeuge wurden ebenfalls für Einsätze verwendet, bis die ersten Serienmodelle kamen, und zwar die Ar 234B 1 Blitz, die für die Aufklärerrolle mit Vorrichtungen für Abwurfbehälter optimiert wurde, und die Ar 234B-2 Blitz, die für die Aufklärer- und zugleich Bomber/Pfadfinderrolle eingerichtet wurde. Die Produktion dieser zwei Varianten erreichte insgesamt 210 Flugzeuge und sie gingen im September 1944 beim Sonderkommando Götz in Dienst, einer speziellen strategischen Aufklärungseinheit, und dann im November desselben Jahres bei zwei weiteren Aufklärungseinheiten, dem Sonderkommando Hecht und Sonderkommando Sperling.

Im gleichen Monat ging die Ar 234B-2 beim Kampfgeschwader 76 in Dienst, der ersten Bombergruppe, die diesen Typ erhielt. Danach wurde die Ar 234 so regelmäßig eingesetzt, wie es die zunehmenden Nachschubprobleme beim Treibstoff zuließen, und erwies sich als effektives Modell, das seine Missionen in der Regel erfolgreich beendete, ohne von alliierten Jägern abgefangen zu werden. Die wichtigsten Varianten der Ar 234B-2 waren der Ar-234B-2b-Aufklärer mit zwei Rb-50/30- oder Rb-75/30-Kameras oder einer Rb-75/30- oder Rb-20/30-Kamera und der Ar-234B-2/1-Pfadfinder mit dem Lofte-7K-Bombenzielgerät. Die zwei Subvarianten konnten auch mit dem dreiaxialen Patin-PDS-Autopiloten und/oder Abwurfbehältern ausgestattet werden, was durch das Suffix „p" und/oder „r" in der Bezeichnung des Flugzeugs angezeigt wurde.

Eine Variante, die es nicht bis zur Einsatzfähigkeit schaffte, war die Ar 234C mit einem überarbeiteten Triebwerk aus vier BMW-109-003A-1-Sturm-Turbojets mit je 7,845 kN ohne Nachbrenner. Dieses Triebwerk resultierte aus der Einsicht, dass das Flugwerk auch erheblich stärkere Leistung vertrug, nicht so sehr in Bezug auf Geschwindigkeit – sie wurde durch Druckprobleme der geraden Tragflächen beim Überschallflug begrenzt – sondern zum Transport größerer Bomben- oder Treibstoffmengen. Zwei Prototypen der Ar-234A-Serie erhielten ein überarbeitetes Triebwerk, die Ar 234 V8, die erstmals im Februar 1944 flog, hatte die Motoren in vier separaten Gehäusen, und die Ar 234 V6, die im April 1944 folgte, hatte Motoren in zwei Zwillingsmotorgehäusen. Letztere Anordnung erwies sich als effizienter und wurde für die echten Prototypen der Ar-234C-Serie mit einziehbarem dreirädrigem Fahrwerk verwendet. Die ersten davon waren die Ar 234 V13 und Ar 234 V15, die als Prototypen der Ar-234B-Serie begannen, doch dann mit dem viermotorigen Triebwerk ausgestattet und zum Vorläufer der Ar 234 V19 wurden, der ersten Maschine als Prototyp der Ar-234C-Serie mit einer doppelt verglasten Druckkabine anstelle der ursprünglichen Druckkabine mit einfach verglasten Flächen. Nur 14 Serienflugzeuge wurden gebaut, einige Ar 234C-1 Blitz, die der Ar 234B-1 entsprachen, und einige Ar 234C-3-Blitz-Vielzweckbomber mit zwei starren vorwärts feuernden Kanonen des Typs 20 mm MG 151/20.

DIE MITSUBISHI KI-67 HIRYU

Die Mitsubishi Ki-67 Hiryu (fliegender Drache), der die Alliierten den Spitznamen „Peggy" gegeben hatten, war zweifellos der beste Bomber, über den die kaiserliche japanische Armee oder Marine im Pazifikkrieg des Zweiten Weltkriegs verfügte, denn er verband hohe Leistung mit guter Defensivkraft, einer angemessenen Bombenlast und einer zähen Bauweise, die der Besatzung und den Treibstoffvorräten guten Schutz bot.

Der Typ ging aus einer Ausschreibung der japanischen Luftwaffe aus dem Jahr 1940 für einen schweren Bomber hervor, der auf die Rolle als taktischer Bomber spezialisiert sein sollte. Der erste von 17 Prototypen und Testflugzeugen absolvierte seinen Jungfernflug im Dezember 1942. Die Fähigkeiten dieser Flugzeuge waren so weit gestreut, dass die japanische Luftwaffe viel Zeit damit vergeudete, eine ganze Familie verwandter Typen zu planen. Später beschloss sie, sich auf ein einziges Modell zu konzentrieren, das im Dezember 1943 als Ki-67-I mit der Dienstbezeichnung Armee-Typ 4 schwerer Bomber Modell 1 Hiryu in Produktion ging.

Die ersten 159 Flugzeuge wurden als reine Bomber fertig gestellt, doch spätere Flugzeuge hatten Vorrichtungen für den Einsatz als Torpedobomber, bei welchen häufig ein Luft-Boden-Suchradar hinzugefügt wurde. Dier Ki-67-I war ein großartiger Gegner und ohne Zweifel eines von Japans besten Kampfflugzeugen der letzten Jahre des Pazifikkriegs. Eine Reihe dieser Flugzeuge wurden später von den Japanern als Ki-67-I Kai zu dreisitzigen Kamikaze-Flugzeugen umgebaut, mit einer langen Stange am Bug, die die Detonation der zwei 800-kg-Bomben oder 2900 kg Sprengstoff an Bord auslösen sollte.

KAPITEL 4

BOMBER NACH DEM ZWEITEN WELTKRIEG

Der Kalte Krieg führte zum Bau schnellerer, größerer Bomber, die ihr Ziel auf weite Distanz erreichen konnten. Doch mussten sie Methoden entwickeln, um nicht von den verbesserten Flugabwehr-Systemen entdeckt zu werden.

1943 war das Bomberkommando der RAF noch stark an den strategischen nächtlichen Bombardements gegen Deutschland beteiligt. Doch die Planer der RAF befassten sich bereits mit den Notwendigkeiten des strategischen Luftkriegs gegen Japan, der nach Deutschlands Niederlage zur Hauptaufgabe des Bomberkommandos werden würde. Den bisherigen Typen der RAF mangelte es für einen wirksamen Einsatz gegen Japan an Reichweite und defensiver Bewaffnung. Die RAF bestellte daher einen Ersatz für die Lancaster und forderte ein Triebwerk aus vier Rolls-Royce-Merlin-Motoren mit Zwei-Geschwindigkeits-Kompressoren, um eine Reiseflughöhe von 10.670 m zu erreichen.

Das Avro-Konstrukteursteam hatte bereits über solch einen Bomber auf der aerodynamischen und strukturellen Basis der Lancaster nachgedacht und das Design für den verbesserten Bomber begann unter der Firmenbezeichnung Typ 694 Gestalt anzunehmen. Es beruhte auf einer größeren Flügelstreckung, einem längeren Rumpf, einer neuen Schnauze, einem neuen Bombenschacht und verstärktem Fahrwerk wegen des größeren Gewichts der neuen Type. Die RAF war von dem neuen Modell beeindruckt und wollte es in zwei Versionen, als Lancaster B.Mk IV mit einem Triebwerk von vier Merlin-85-Motoren (jeder mit 1253 kW), und als Lancaster B.Mk V mit vier Merlin-68-Motoren (jeder mit 1305 kW). Doch schließlich entschied die RAF, dass die Lincoln B.Mk 1 das Modell mit Merlin-85-Motoren sein sollte.

LINKS: Eine amerikanische B-1B Lancer über einer Luftbasis. Anders als die B-52 war sie von Beginn an konstruiert, im Tiefflug in sowjetische Luftabwehrstellungen einzudringen.

Am 9. Juni 1944 fand der Jungfernflug dreier Prototypen statt. 2254 Stück sollten gebaut werden und die erste Lincoln B.Mk 1 verließ im Februar 1945 die Fertigungsstraße. Der Typ ging im September, dem Monat der Kapitulation Japans, in Dienst, und da dem neuen Bomber nun der Schauplatz fehlte, beschränkte die RAF die Produktion des Modells auf nur 72 Stück, die bis 1946 in Dienst blieben und dann Nebenaufgaben erfüllten. Im Februar 1949 wurden sie ausgemustert.

DIE LINCOLN B.MK 2

Das definitive Modell war die Lincoln B.Mk 2. Ihre Motoren kamen aus Amerika und ihre Defensivbewaffnung war durch zwei 20-mm-Kanonen in der hinteren Kanzel verstärkt. Insgesamt wurden 477 Stück davon für die RAF produziert, doch 12 davon gingen 1947 an Argentinien, das auch 18 neue Flugzeuge erhielt. Bis April 1951 waren all diese Flugzeuge ausgeliefert. Schon im Juni 1948 waren die früheren Exemplare tropentauglich gemacht worden, da ihre Reichweite sie für Überseeeinsätze wie im Fernen Osten geeignet machte. Ab 1947 gab es bei der Ausrüstung der Lincoln B.Mk 2 zwei Standards: Jene mit der Bezeichnung Lincoln B.Mk 2/IIIG besaß H_2S-Mk-IIIG-Radar sowie „Gee-Mk-II"- und „Rebecca-Mk-II"-Navigationssysteme, während die als Lincoln B.Mk 2/IVA bezeichnete H_2S-Mk-IVA-Radar und außerdem „Gee-H-Mk-II"- und „Rebecca-Mk-II"- oder „Rebecca-Mk-IV"-Navigationssysteme hatte. Das Flugzeug wurde ab 1955 vom Einsatz an vorderster Front

■ **OBEN: Der erste nach dem Zweiten Weltkrieg in Dienst genommene britische Bomber war die Avro Lincoln, eine stark verbesserte Entwicklung der Lancaster mit besserer Bewaffnung.**

abgezogen, als die turbojet-getriebene Vickers Valiant zum Hauptbomber der RAF wurde. Den letzten Flug des Modells gab es im März 1963.

Die Lincoln B.Mk 30 war jene Version, die in Australien von der Beaufort Division des australischen Amts für Flugzeugproduktion gebaut wurde. Die ersten fünf Exemplare wurden alle aus Teilen hergestellt, die die Briten lieferten. Die erste Maschine flog im März 1946. Australien wollte 85 Stück bauen, doch diese Zahl wurde auf 73 reduziert. Die letzten davon waren Lincoln MR.Mk 31s – 19 Flugzeuge, die für die Seeaufklärung ausgerüstet waren, indem man ihre Nase auf 1,98 m verlängert hatte, um Raum für Radar und seine beiden Bediener zu schaffen. Die letzten Exemplare davon wurde alle 1961 ausgemustert.

DIE BOEING B-50

Der erste strategische Bomber des Zweiten Weltkriegs war das Boeing-Modell 345, das der Luftwaffe der US-Army als B-29-Superfortress diente. Doch schätzte man, dass die Leistung durch ein verbessertes Triebwerk bedeutend verstärkt werden konnte.

1944 erhielt Pratt&Whitney den Auftrag für eine B-29A mit XB-44-Standard mit vier Pratt&Whitney-R-4360-Wasp-Major-Stern-Kolbenmotoren in einzelnen Gehäusen, sodass jeder Motor und sein Vier-Blatt-Curtiss-Electric-Propeller über dem Flügel lag und darunter eine Luftschleuse zur Kühlung und ein Turbogebläse Platz hatten. Der Umbau erwies sich als erfolgreich, und im Juli 1945 gab die Luftwaffe der US-Army 200 Stück davon unter der Bezeichnung B-28D in Auftrag. Wegen der Kapitulation Japans wurde die Bestellung auf nur 60 Flugzeuge zurückgestutzt. Diese erhielten im Dezember 1945 die neue Bezeichung B-50.

Die B-50 unterschied sich erheblich von der B-29, wenn sie auch die Gesamterscheinung und Größe des ursprünglichen Superfortress-Modells beibehielt. Eigenschaften, in denen sie von der B-29 abwich, waren ihre stark veränderten Triebwerke mit 59 Prozent mehr Leistung, die Struktur aus der 75ST-Aluminium-Legierung anstelle der ursprünglichen 23ST-Legierung, die in größerer Kraft bei geringerem Gewicht resultierte (etwa einer Tragfläche, die 16 Prozent stärker, doch 272 kg leichter war), größere Klappen und eine größere Oberfläche des Leitwerks, dessen oberer Teil zur Benutzung der bestehenden Hangars heruntergeklappt werden konnte, hydraulisch betätigtes Ruder und Bugrad, ein schnelleres Fahrwerkeinzugs-System und elektrisch enteiste Cockpitscheiben. Weitere Verbesserungen waren thermische Enteisung der Tragflächen und des Leitwerks mit drei Brennern (einem an jeder Außenzelle der Motoren an den Flügeln und einem an der Basis des Leitwerks) und umstellbare Propeller, um den Landeauslauf zu verkürzen.

Diese Version der Superfortress, das Modell 345-2-1, war das erste Flugzeug, auf das die Entscheidung der US Air Force angewandt wurde, dem ersten Produktionsmodell jeder Type ein „A" an die nummerische Bezeichnung anzuhängen. Das ursprünglich B-50 genannte Modell wurde daher zum Produktionsstandard B-50A; es flog erstmals am 25. Juni 1947. Weitere 78 Flugzeuge folgten, von denen 11 als TB-50A-Superfortress-Ausbildungsflugzeuge für die Consolidated (später Convair) B-36 nach einem etwas anderen Standard fertig gestellt wurden. 57 der Bomber erhielten später Vorrichtungen zum Auftanken in der Luft nach dem britischen Schlauch-Fangtrichter-System, das von zu KB-29P-Tankern umgebauten B-29-Bombern ausgeführt wurde, und die B-50A war der erste neue Bomber, den das Strategic Air Command erhielt.

Die B-50B war eine strukturell verstärkte Version der B-50A mit größerer Nutzlast und Reichweite. Später wurde der Typ zum Auftanken in der Luft abgewandelt. Insgesamt wurden 45 Stück produziert und alle außer einem wurden in der Folge an ihre Rolle als strategische Langstrecken-Aufklärer unter der Bezeichnung RB-50B Superfortress angepasst. Sie hatten für zusätzliche Reichweite zwei 2649,8-Liter-Tanks unter den Flügeln, verbessertes Radar, neun Kameras an vier Positionen und der hintere Teil des Bombenschachts war zu einer Druckkammer für zusätzliche Besatzung, spezielle optische und elektronische Aufklärungs-Ausrüstung und Leuchtbomben für das Fotografieren bei Nacht umgebaut. 43 dieser umgebauten Exemplare wurden 1951 weiter für bestimmte Aufgaben angepasst:

Die Bezeichnung RB-50E Superfortress wurde auf 14 Flugzeuge für spezielle Aufklärungseinsätze angewandt, die Bezeichnung RB-50F Superfortress auf weitere 14 Exemplare, die mit dem SHORAN-(*SHOrt-Range-Air-Navigation* – Kurzstrecken-Luftnavigations-)System für Spezialmissionen ausgestattet waren, und die Bezeichnung RB-50G Superfortress wurde für die restlichen 15 Flugzeuge verwendet, die der RB-50F ähnlich waren, aber zusätzliche Radarausrüstung (erkennbar an fünf kleinen Radarkuppeln), ein von der B-50D abgeleitetes Bugabteil, eine 16-Mann-Crew und eine verstärkte Defensivbewaffnung hatten.

Bei der B-50D, die als Modell 345-9-6 entwickelt wurde und erstmals im Mai 1949 flog, wurde die siebenteilige, verglaste Nase durch ein einziges transparentes Plexiglasteil ersetzt, das eine optische Instrumententafel des Bombenschützen enthielt. Weitere Veränderungen waren ein neues Betankungssystem, Aufhängungen für zwei Tanks oder zwei 1814-kg-Bomben, die unter den Flügeln getragen wurden, eine verbesserte Luftbetankungskapazität ab der 16. Maschine, nämlich ein Andockstutzen für das Boeing-Flying-Boom-System, und eine neue vordere Rückenkanzel. Das Modell erschien zu einer Zeit, als sich der Kalte Krieg zwischen den USA und der UdSSR intensivierte, und die Produktionsrate wurde zur raschen Auslieferung von 222 B-50D-Bombern an das SAC gesteigert.

NEUER JET-BOMBER

Die USAAF war überzeugt, dass die neuen Turbinen-Strahltriebwerke, die seit Mitte der 40er Jahre in Entwickung waren, zu einer neue Generation von modernen Bombern führen würden. Doch hielt die Air Force die Kombination von bestehenden Bomber-Konzepten mit dem neuen Strahltriebwerk, das ihre Leistung verbessern würde, für den einstweilen aussichtsreichsten Weg. 1944 kam die Anforderung nach einem taktischen leichten Bomber, der eine den damaligen schweren Bombern vergleichbare Bombenlast tragen konnte. North American entwickelte dafür sein NA-130-Modell und erhielt 1945 den Auftrag für drei XB-45-Prototypen. Bei der NA-130 saßen Pilot und Kopilot hintereinander in einem Jäger-artigen Cockpit (der Bombenschütze vorne, der Bordschütze hinten). Sie wurde von vier Turbojets mit Axialkompressor in zwei Motorgehäusen unter den Tragflächen angetrieben. Die erste XB-45 hatte am 17. März 1947 ihren Jungfernflug. Ihr Triebwerk bestand aus vier Allison-(General-Electric-)J35-A-4-Turbojet-Triebwerken mit je 17,79 kN Leistung. Der neue Bomber ging als B-45A-Tornado in Produktion und 96 solcher NA-147 wurden gebaut.

Die B-45A ging im November 1948 in Dienst. Sie hatte eine Crew von vier Mann, (Pilot und Kopilot hintereinander auf North-American-Schleudersitzen in einem abgeschlossenen Cockpit, Bombenschütze/Navigator in einer verglasten Kanzel vorne und Bordschütze in einer hinteren Kanzel). Die maximale Bombenlast betrug 9072 kg. Die letzte B-45A wurde 1958 ausgemustert.

Die B-45B war als verbesserte B-45A mit neuem Radar und Feuerleitsystem geplant, ging aber nicht in Produktion.

Die erste von nur 10 verbesserten B-45C flog im Mai 1949 und die meisten B-45A-Bomber wurden diesem Standard angepasst. Die RB-45C war ein Modell für Tages- und Nacht-Fotoaufklärung, aber als Bomber untauglich. Sie flog erstmals im April 1950. Zwischen Juni 1950 und Oktober 1951 wurden 33 Stück davon geliefert.

SOWJETISCHE REAKTION

Mitte 1943 hatte die sowjetische Führung endlich entschieden, dass strategisches Bombardement ein wichtiger Teil des modernen Luftkriegs sei, und beantragte bei drei verschiedenen Gelegenheiten bei den

North American B-45C

Typ: Viersitziger leichter taktischer Bomber
Herkunftsland: USA
Triebwerk: vier 23-kN-General-Electric-J47-GE-13- oder -15-Turbojet-Triebwerke
Leistung: Höchstgeschwindigkeit 932 km/h; Dienstgipfelhöhe 13.170 m; Reichweite 3074 km
Gewicht: leer 22.182 kg; maximale Startmasse 51.235 kg
Abmessungen: Spannweite 27,13 m ohne Tanks an den Flügelspitzen; Länge 22,96 m; Höhe 7,67 m
Bewaffnung: zwei 12,7-mm-Browning-M7-Maschinengewehre und bis zu 9979 kg Bomben

USA die Belieferung mit Boeing B-29-Superfortress-Bombern. Die USA lehnten ab und die UdSSR beschloss, nun rücksichtslos vrozupreschen und jede verfügbare, bekannte oder geheime, Information auszunutzen. Das Tupolew-Konstruktionsbüro erhielt den Auftrag, eine sowjetische Version der B-29 zu schaffen. Der Sowjetunion war klar, dass dieses Programm erst langfristig Ergebnisse zeigen würde, und kurzfristiger sollte Tupolew zunächst das Projekt 64 starten, eine sowjetische Annäherung an die B-29 mit sowjetischen flüssigkeitsgekühlten Motoren. Dann spielte das Geschick den Sowjets in die Hände: Drei B-29-Bomber mussten im Juli, August und November 1944 in Sibirien landen, da sie bei Luftangriffen auf Japan beschädigt worden waren. Die Sowjets beschlagnahmten sie sofort und zerlegten sie, sodass mehr als 105.000 Einzelteile auf Material, Herstellungsprozess, Funktion, Format und Widerstandsfähigkeit analysiert werden konnten und ein Heer von etwa 1000 Konstruktionszeichnern Entwürfe entsprechend den sowjetischen Gegenstücken anfertigen konnte.

Anfang 1945 erhielt das Programm der Tu-4 als Kopie der B-29 höchste Priorität, während das Projekt 64 als Absicherung gegen ein Scheitern der Tu-4 bis 1946 mit geringerer Intensität vorangetrieben wurde. Viele Details der B-29 wurden abgeändert, um die sowjetische Produktion zu erleichtern. Größere Änderungen waren der Einsatz von 22 flexiblen Treibstoffzellen anstelle der integrierten Flügeltanks, das Weglassen des Verbindungstunnels zwischen den beiden Druckkammern vor und hinter den Bombenschächten und eine andere Defensivbewaffnung (mit Kanonen ständig wachsenden Kalibers). Der erste von 20 Prototypen flog im Juni 1947. Das Programm wurde von zahlreichen Problemen mit Propellern, Motorenkühlung, Turbogebläse, Defensivbewaffnung und dem Plexiglas verfolgt. Die Tu-4 ging 1949 in Dienst und bis 1952 wurden 400 Stück gebaut.

CONVAIRS RIESE, DIE B-36

Ab Anfang 1941 sahen amerikanische Planer voraus, dass die USA wahrscheinlich in den Zweiten Weltkrieg gezogen werden würde und Großbritannien Deutschland unterliegen könnte. Das Problem war, wie die amerikanische Luftstärke gegen die europäischen Achsenmächte eingesetzt werden konnte. Im April 1941 lud das US Army Air Corps (das bald zu den US Army Air Forces und 1947 zur US Air Force werden sollte) Boeing und Consolidated zu Konstruktionsstudien für einen Bomber ein, der 724 km/h in 7620 m Höhe erreichen sollte, eine Reichweite von 19.312 km bei einer Reisegeschwindigkeit von 443 km/h und einer Bombenlast von 1814 kg haben sollte, im Radius von 5472 km eine Bombenlast von 4536 kg abwerfen und eine Höhe von 10.670 m erreichen konnte.

Consolidated hatte schon über ein solches Modell nachgedacht: mit einem Flugwerk, das ein Leitwerk mit vertikalen Schwanzflächen besaß, und einem Triebwerk aus sechs Stern-Kolbenmotoren an der Rückseite der Flügelhälften, um die Luftströmung über den Flügel zu verbessern. Dieser Modell-35-Entwurf wurde im Mai 1941 unterbreitet. Die Firma verbesserte das Design im Sommer 1941, da Boeing (gemeinsam mit Douglas und Northrop) rivalisierende Konzepte entwickelte. Im November 1941 beauftragte die USAAF Consolidated mit zwei XB-36-Prototypen, die im Mai und November 1944 geliefert werden sollten. Die Konstruktion sollte erheblich größer und schwerer sein. Sie erforderte sechs riesige R-4360-Sternmotoren an den Tragflächen, wo sie während des Flugs zur Wartung erreicht werden konnten. Die geplante Bombenlast lag bei 19.051 kg in vier Bombeschächten unter einem 25,91 m langen Tunnel mit einem Schienenwagen auf Zwillingsschienen, um einen Austausch zwischen den beiden Druckkammern (vordere Crew und hinterer Schützenbereich) zu ermöglichen. 1943 entschied man sich für eine einzelne vertikale Schwanzfläche, um die Probleme mit der Konstruktion des Hecks zu mindern. Parallel zur aerodynamischen und Motor-Entwicklung des Modells ging die der modernen Systeme des Typs, darunter einer in Mehrfachstellungen fernbedienten Bordkanone als Defensivbewaffnung.

Die erste XB-36 flog am 8. August 1946 mit flacher Flugdeckverglasung und Hauptfahrwerkeinheiten mit je einem Rad von 2,79 m Durchmesser. Diese Einheiten übten so großen Bodendruck aus, dass nur drei Flugfelder in den USA den dafür nötigen, 0,56 m dicken Betonbelag aufwiesen. Die XB-36 wurde daher mit einem vierrädrigen Radgestell an jedem Hauptfahrwerk überarbeitet, was die nötige Betonstärke auf 0,34 m reduzierte. Die Maschine erhielt auch eine ansteigende Cockpitverglasung, die Standard wurde. In dieser verbesserten Form stieg sie im Juni 1948 in die Luft. Die zweite Maschine wurde auf YB-36-Standard ergänzt und nach einem ersten Flug am 4. Dezember 1947 zu strukturellen Tests benutzt. Es folgten 22 B-36A-Flugzeuge, die theoretisch operative Bomber waren, tatsächlich aber unbewaffnete Vor-Produktionsmaschinen. Der Typ hatte ein Triebwerk aus sechs R-4360-25-Sternmotoren, jeder mit 3000 PS (2237 kW). Ab Juni 1948 erhielt eine Bombergruppe 19 dieser Flugzeuge zur Ausbildung.

Das erste betriebsfähige Modell, das „Peacekeeper“ (Friedenserhalter) getauft wurde, war demnach die B-36B, deren erste ihren Jungfernflug am 8. August 1948 ausführte. 73 dieser Flugzeuge wurden in voller Bewaffnung an das Strategic Air Command geliefert, unter ande-

■ UNTEN: Die North American XB-45 war der Prototyp der B-45-Tornado-Serie von vierstrahligen leichten Bombern, die am erfolgreichsten als Aufklärungs-Typen eingesetzt wurden.

rem mit einer Maximal-Bombenlast von 39.010 kg pro Maschine. Den Antrieb lieferten vier R-4360-41-Sternmotoren, jeder mit einer Leistung von 3500 PS (2610 kW) mit Wassereinspritzung. Als Nächstes schlug Convair eine B-36C-Version mit R-4360-51-Turbo-Verbund-Sternmotoren vor, jeder mit einer Leistung von 4300 PS (3206 kW) und Zugschraubenantrieb, doch das Amt bevorzugte die weniger riskante B-36D mit höherer Geschwindigkeit durch den Zusatz von vier Turbojet-Triebwerken, paarweise in Gehäusen an Pylonen unter den äußeren Tragflächen befestigt. Den Weg für das Konzept bereitete eine umgebaute B-36B, die erstmals am 26. März 1949 mit vier Allison-J35-A-19-Turbinen-Strahltriebwerken flog, jedes mit einer Leistung von 17,79 kN. Doch die 24 produzierten B-36D-Bomber besaßen vier General-Electric-J47-GE-19-Turbojet-Triebwerke, jedes mit einer Leistung von 23,13 kN. Die erste B-36D flog im Juli 1949, und 64 B-36B-Bomber wurden demgemäß modifiziert.

Das Modell B-36F, das erstmals im November 1950 flog, war eine verbesserte Version des B-36D-Bombers mit dem gleichen Quartett von J47-GE-19-Strahl-Triebwerken, doch sechs stärkeren R-4360-53-Sternmotoren, jeder mit 3800 PS (2833 kW) Leistung, verbesserten ECM und modernerem Nav./Angriffs-Radar. 34 dieser Flugzeuge wurden produziert. Die Bezeichnung GRB-36F wurde für 13 Exemplare der RB-36F benutzt, des Aufklärer-Gegenstücks der RB-36D mit größerer Treibstoffkapazität, modifiziert im FICON-*(FIghter in CONvair-* oder *FIghter CONveyor-)*Programm, um einen Republic-GRF-84F-Thunderstreak-Aufklärungs- und Kampfjäger halb versenkt im Rumpf zu tragen.

Der B-36-Bomber war die B-36H, die erstmals im April 1952 als Ableitung der RB-36F flog. Er hatte eine Reihe System- und interner Veränderungen, darunter ein neues Cockpit. Von Mai 1952 bis Juli 1953 wurden insgesamt 83 solcher Bomber geliefert. Die B-36J war die letzte produzierte Version der B-36-Serie. Sie flog erstmals im September 1953 und hatte zusätzliche Treibstoffkapazität, ein höheres Maximalgewicht und ein verstärktes Fahrwerk. Von Oktober 1953 bis 14. August 1954 wurden 33 davon geliefert. Die letzten 14 dieser Maschinen wurden im B-36J-(III-)Leichtgewicht-Standard gebaut, alle bis auf die Heckkanonen weggelassen, um die Dienstgipfelhöhe auf angebliche 14.325 m zu steigern.

OBEN: Die Convair B-36 wurde im Zweiten Weltkrieg konstruiert, operierte aber am Anfang des Kalten Kriegs. Sie besaß sechs Kolbenmotoren, ergänzt durch vier Strahltriebwerke.

Tatsächlich betrug sie etwa 15.240 m. 1955 begann der Ersatz der B-36 beim SAC durch die Boeing B-52 Stratofortress. Die letzte B-36 wurde im Februar 1959 ausgemustert.

ERSTE SOWJETISCHE JET-BOMBER

Die Iljuschin Il-28 (bei der NATO „Beagle“ genannt) war ein bahnbrechender, Turbojet-getriebener taktischer leichter Bomber, der oft als sowjetisches Gegenstück zum epochemachenden britischen Typ, dem English Electric Canberra, angesehen wird. Zur Zeit der Entstehung der Il-28 produzierte das konkurrierende Tupolew-Konstrukteursbüro eine Reihe von Bomber-Prototypen. Tupolews Zeitvorsprung sollte aufgeholt und doch ein Prototyp mit besserer Leistung als alle Tupolew-Modelle geschaffen werden. Das Iljuschin-Konstrukteurs-Team wählte für seine Bomber eine Ganzmetallstruktur, die einer Drei-Mann-Crew in verschiedenen Positionen im kreisrunden Rumpfab-

Convair B-36J

Typ: Strategischer Langstreckenbomber und Aufklärungsflugzeug
Herkunftsland: USA
Triebwerk: sechs 3800-PS-(2834-kW-)Pratt&Whitney-R-4360-53-Sternkolbenmotoren und vier 23,13-kN-General-Electric-J47-GE-19-Turbojet-Triebwerke
Leistung: Höchstgeschwindigkeit 661 km/h;

schnitt angepasst war. Dieser trug auch die zwillingsrädrige Bugeinheit des dreiteiligen Fahrgestells, den Treibstoff und den Bombenschacht und unterstützte das Leitwerk. Dieses umfasste vertikale und horizontale Seiten- und Höhenruder, doch die Tragfläche war gerade und trug zwei Hängegehäuse für die Klimow-WK-1A-Strahltriebwerke sowie die einrädrigen Hauptfahrwerke. Das WK-1A-Strahltriebwerk war eine sowjetische Entwicklung des RD-45, seinerseits eine Kopie des britischen Rolls-Royce-Nene-Zentrifugal-Turbojets, und für die ausgezeichnete Flugleistung der Il-28 mitverantwortlich.

Im Oktober 1948 wurde die Il-28 mit der Tupolew Tu-78 verglichen und siegte in allen Hauptpunkten. Deshalb ging sie für den Dienst ab September 1950 in Produktion. Insgesamt sollen 3000 Stück gebaut worden sein, von denen mehr als die Hälfte an die Verbündeten im Warschauer Pakt, nach China (mindestens 500) und in viele andere Länder exportiert wurden. Die Il-28 wurde auch in Lizenz in China als Harbin H-5 und in kleiner Zahl in der Tschechoslowakei als B-228 ge-

Dienstgipfelhöhe 12.160 m; Reichweite 10.944 km
Gewicht: leer 77.580 kg; maximale Startmasse 185.973 kg
Abmessungen: Spannweite 70,10 m; Länge 49,40 m; Höhe 14,22 m
Bewaffnung: 16 20-mm-M24A1-Kanonen und bis zu 39.009 kg Zuladung

baut. Zu den Untervarianten gehörten das Il-28R leichte Bombermodell mit Zusatztanks für eine größere Reichweite und die Il-28T Torpedovariante für das Bombardieren mit Torpedos, bei der der Bombenschacht einen großen oder zwei kleine Torpedos oder alternativ als Minenleger aus der Luft abzuwerfende Minen trug.

ERSATZ FÜR DIE MOSQUITO

1944 erhielt W.E.W. „Teddy" Petter, Westlands Chefkonstrukteur, den Auftrag, die Möglichkeiten eines Turbojet-getriebenen Kampfflugzeugs als Ersatz für die Hawker Typhoon und Westland Whirlwind zu untersuchen. Petter wechselte kurz darauf zu English Electric, das große Produktionsanlagen, doch zu jener Zeit keine Konstruktionsfähigkeit hatte. Hier arbeiteten Petter und sein junges Team bald hart an einem Typ, der der endgültigen Anforderung von 1945 nach einem zweisitzigen Bomber als Ersatz für die de Havilland Mosquito entsprechen sollte und, wie sich zeigte, diesem klassischen Modell auch hinsichtlich der Vielseitigkeit Konkurrenz machte. Verlangt war die Fähigkeit, bei sehr hohen Geschwindigkeiten und großer Höhe zu operieren und eine Bombenlast von 1814 kg über einem Radius von 1297 km abzuwerfen. Der neue Typ war ursprünglich mit nur einem Rolls-Royce-Turbojet-Triebwerk geplant, mit einer Leistung von 57,83 kN in einem runden Rumpfabschnitt, doch die Installation eines solchen Aggregats vertrug sich nicht mit einem inneren Waffenschacht, und Petter entschied sich daher für zwei schwächere Triebwerke in Gehäusen an den Flügeln.

Der erste Prototyp flog am 13. Mai 1949 und diese Canberra A.1 beeindruckte allem durch ihre außergewöhnliche Manövrierfähigkeit. Das neue Modell war als Zweisitzer mit Radar-Bombensystem entworfen und dieser Standard wurde auch bei den drei folgenden Canberra-B.Mk-1-Prototypen beibehalten. Doch ging es nicht in die Produktion und die Canberra wurde für eine Drei-Mann-Crew, alle auf Martin-Baker-Mk-1-Schleudersitzen, umgebaut. Diese neue Anordnung wurde im fünften Prototyp realisiert, der im April 1950 erstmals flog und den Weg für das Canberra-B.Mk-2-Serienmodell bahnte, das erstmals im Oktober desselben Jahrs flog und im Mai 1951 in Dienst ging. Die britische Produktion betrug 413 Stück für den Heim- und den Exportmarkt, darunter zwei Vorführ- und Musterflugzeuge für Australien, dessen staatliche Flugzeugfabriken dann unter der Bezeichnung GAF (English Electric) Canberra B.Mk 20 weitere 48 Stück bauten. Als sie durch neue Modelle ersetzt wurden, polierte man viele britische Flugzeuge für den Export auf.

Spezielle Varianten der Serie waren die Canberra B.Mk 52 für Äthiopien, die Canberra B.Mk 62 für Argentinien, die Canberra B.Mk 72 für Peru und die Canberra B.Mk 82 für Venezuela. Die nächste Bomberversion der Canberra sollte die Canberra B.Mk 5 sein, mit integralen Tanks für zusätzliche 4091,4 Liter Treibstoff an abgewandelten Flügel-Vorderkanten, einem stärkeren Triebwerk in Form zweier Avon-RA-7-Mk-109-Turbojet-Triebwerke, jedes mit 33,36 kN Leistung, und einer „soliden" Nase mit Radar für das Blind-Bombardement (später Zielmarkieren). Der Canberra-PR.-Mk-3-Prototyp erhielt diesen Standard, doch dann wurde die Canberra B.Mk 5 aufgegeben. Die erhöhte Treibstoffkapaziät und das verstärkte Triebwerk waren trotzdem vorteilhaft und wurden deshalb bei der Canberra B.Mk 6 eingesetzt, der endgültigen leichten Bomberversion, die auf der Canberra B.Mk 2 basierte und außer diesen Verbesserungen unter den Flügeln Aufhängungen für je eine 454 kg-Bombe besaß, was ihre maximale Kriegslast auf 3629 kg erhöhte; neben den zwei 454-kg-Bomben, trug sie AS.30 ASM oder Mehrfachwerfer für ungelenkte Raketen. Die Auslieferung der Canberra B.Mk 6 setzte gann im Juni 1954 ein und umfasste insgesamt 106 Stück, darunter 94 für die RAF und kleine Stückzahlen für Ekuador und Frankreich.

Die Canberra B.Mk 15, von der Marshalls and BAC 39 Stück bauten, flog erstmals im Oktober 1960; sie war ein Umbau der Canberra B.Mk 6 für die Luftwaffen im Nahen und Fernen Osten. Für Nuklearschläge und konventionelle Angriffe hatte sie eine verbesserte Avionik mit Doppler-Navigation, drei Kameras und Aufhängungen unter den Flügeln.

Ebenfalls von Marshalls and BAC wurden 19 Canberra B.Mk 6 gebaut mit einer leicht veränderten Avionik.

DIE B-47 STRATOJET

Ab 1944 arbeiteten fünf US-Firmen an der Konstruktion eines Düsenbombers. Anfangs dachten sie dabei an ein konventionelles (und daher geradflügeliges) Flugzeug mit Strahltriebwerken anstatt Kolbenmotoren. Boeing schlug sein Modell 424 vor, das im Wesentlichen ein herabgestuftes Modell 345 (B-29 Superfortress) war und vier Turbojets paarweise unter den Tragflächen hatte. Die USAAF war nicht interessiert und die Firma änderte das Konzept ins Modell 432, das alle vier Motoren im Rumpf trug. Der neue Vorschlag fand begrenzte Anerkennung und Boeing erhielt den Auftrag für die Konstruktion und ein Modell dieser XB-47.

Nach dem Inspektionsbesuch eines Teams von Boeing-Konstrukteuren und -Technikern in erbeuteten deutschen Fabriken und Forschungszentren im Jahr 1945 gab es an dem Entwurf viele Änderungen. Sie entdeckten dabei die Vorteile von Pfeilflügeln für Flugzeuge mit hoher Unterschallleistung.

Nach etlichen Revisionen kam das neue Modell 450 mit sechs Motoren unter den Tragflächen, zwei Paar in Innenbordgehäusen und zwei einzelnen als Außenbordantrieb. Dieses Design wurde für eine Fracht von damaligen Nuklearwaffen, die groß und schwer waren, in einem großen Waffenschacht optimiert. Das Modell 450 reifte als Höhenflug-Typ mit Drei-Mann-Crew heran, mit zwei Piloten in einem Cockpit des Jäger-Typs, Pfeilflügeln mit einem flexiblen Abschnitt für wirbelfreie Strömung und zwei Fahrwerken mit Tandem-Zwillingsrädern unter dem Rumpf (je eines vor und hinter dem Waffenschacht) und stabilisierenden Einzelrädern, die aus den Gehäusen der Zwillingstriebwerke herausragten.

Der erste von zwei XB-47-(Modell 450-3-3-)Prototypen flog im Dezember 1947 mit einem Triebwerk aus sechs General-Electric-J35-GE-2-Turbojet-Maschinen, jede mit einer Leistung von 16.68 kN. Der zweite Prototyp hatte einen Antrieb aus sechs General-Electric-J47-GE-3-Turbojet-Triebwerken, jedes mit einer Leistung von 22,24 kN. Die undifferenzierte Leistung dieser Triebwerke legte den Gebrauch von Startraketen beim Abheben nahe, und deshalb hatten die XB-47-Prototypen Vorrichtungen für 16 Festtreibstoff-RATO-Einheiten an den Rumpfseiten hinter den Flügeln.

Der neue Bomber hatte außergewöhnliches Potenzial und die US Air Force, zu der die USAAF nun geworden war, orderte 10 B-47A-Stratojet-(Modell-450-10-9)-Testflugzeuge, damit das Fabriks- und Dienstpersonal sich mit dem neuen Typ vertraut machen konnte. Das erste dieser Flugzeuge flog am 25. Juni 1950.

Die Erfahrungen mit der B-47A bahnten den Weg für das erste echte Produktionsmodell, die B-47B, von der 399 Stück mit verstärkter Struktur für Operationen mit größerer Last und Halterungen für Tanks unter den Flügeln für größere Reichweite gebaut wurden. Die ersten 87 B-47B-Bomber hatten das Triebwerk der B-47A, doch die letzten 312 hatten sechs J47-GE-23-Turbojet-Triebwerke, jedes mit einer Leistung von 25,80 kN. Die erste B-47B flog am 26. April 1951. Mitte des Jahres ging das Modell in Dienst.

In späteren Jahren wurden die verbleibenden B-47B unter der Bezeichnung B-47B-II Stratojet auf B-47E-II-Standard

Iljuschin Il-28 „Beagle“

Typ: Dreisitziger leichter Bomber
Herkunftsland: UdSSR
Triebwerk: Zwei 26,48-kN-Klimow-WK-1A-Turbojets
Leistung: Höchstgeschwindigkeit 902 km/h; Dienstgipfelhöhe 12.300 m; Reichweite 2400 km
Gewicht: leer 11.890 kg; maximale Startmasse 21.200 kg
Abmessungen: Spannweite 21,45 m ohne Tanks an den Flügelspitzen; Rumpflänge ohne Heckkanone 17,65 m; Höhe 6,70 m
Bewaffnung: vier 23-mm-Nudelman-Richter-NR-23-Kanonen mit je 450 Schuss in einer Heckkanzel sowie bis zu 3000 kg Zuladung

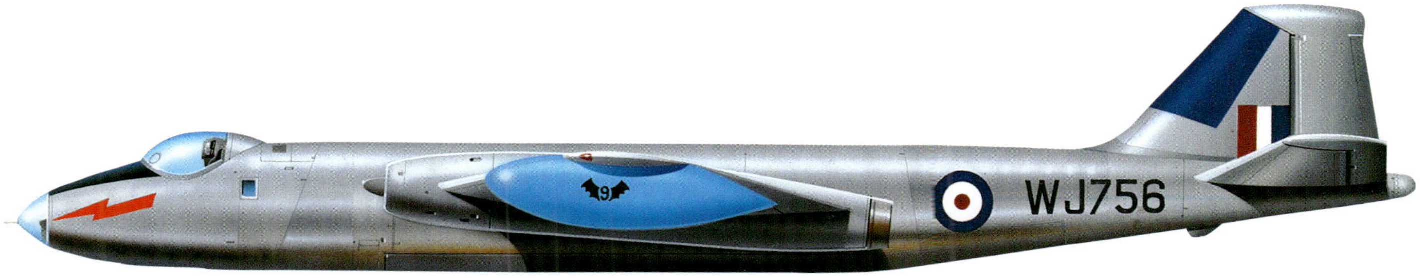

English Electric Canberra B.Mk 2

Typ: Zweisitziger leichter Bomber
Herkunftsland: Großbritannien
Triebwerk: zwei 32,92-kN-Rolls-Royce-Avon-RA.7-Mk-109-Turbojet-Triebwerke
Leistung: Höchstgeschwindigkeit 871 km/h; Dienstgipfelhöhe 14.630 m; Reichweite 1297 km
Gewicht: leer 12.678 kg; max. Startmasse 24.925 kg
Abmessungen: Spannweite 19,50 m ohne Flügelspitzen-Tanks und 19,96 m mit Flügelspitzentanks; Länge 19,96 m; Höhe 4,77 m
Bewaffnung: bis zu 2722 kg Zuladung

angehoben. Statt der eingebauten RATO-Kapazität gab es eine Vorrichtung für 33 statt 18 Einheiten, einen Bremsschirm, die Crew erhielt Schleudersitze, eine neue General-Electric-radargesteuerte-Heckbarbette mit zwei 20-mm-Kanonen wurde installiert, die ursprünglichen Motoren durch J47-GE-25-Turbojet-Triebwerke ersetzt, jedes mit einer Leistung von 26,69 kN bzw. 32,03 kN mit Wassereinspritzung, und die Tragflächen wurden verstärkt.

Die B-47E, erstmals geflogen im Januar 1953, war die größere Produktionsversion der Stratojet-Familie und ein wichtiger Meilenstein in der Entwicklung der strategischen Bomber der USA, da sie eine Reihe größerer Veränderungen einführte: Schleudersitze für alle drei Mann, Motoren mit Wassereinspritzung, betrieben aus reduzierten internen Treibstofftanks, die in der Luft durch einen Andockstutzen an der Steuerbordseite der leicht verlängerten Schnauze nachgefüllt werden konnten, eine abwerfbare 18- oder 33-RATO-Vorrichtung, eine Heckbarbette mit zwei 20-mm-Bordkanonen und eine Kombination von verstärktem Fahrgestell und einer verstärkten Struktur für den Einsatz mit größeren Lasten. Die Produktion umfasste in einem Programm, das bis Februar 1957 dauerte, insgesamt 1591 Flugzeuge. Die B-47E ging 1953 beim SAC in Dienst und 1957, am Höhepunkt der Bedeutung des Stratojets, waren 45 B-47-Bomber bei den 26 mittleren Bomber-Staffeln des SAC im Einsatz, 300 wurden für andere Aufgaben benutzt und 300 in Reserve gehalten. Die Gesamtzahl betrug also 1860.

LEICHTE US-BOMBER

1950 zwang der Koreakrieg die USAF, ein leichtes Düsenbomber-Modell zu suchen, das rasch eingeführt werden konnte. Keiner der heimischen Hersteller konnte ein geeignetes anbieten und die USAF entschied schließlich, dass nur die britische Canberra als Ersatz für die B-26 taugte.

Im November 1950 gab es eine Konkurrenz zwischen den verschiedenen Bewerbern und zur Überraschung mancher Amerikaner erwies sich die Canberra in Bezug auf Vielseitigkeit und Manövrierfähigkeit als beste Maschine und bot auch die geforderte „Entwicklungsfähigkeit". Martin war über die Ablehnung der XB-51 sehr enttäuscht, erhielt aber als Trost den Auftrag, 250 Canberra in Lizenz zu bauen. Obwohl die Canberra das amerikanische Kriterium „von der Stange" erfüllte, trat ihre amerikanische Version nur langsam ihren Dienst an, da der Typ gemäß britischen Produktionsnormen konstruiert war, die für die US-Praxis zu streng waren. So musste das Flugwerk umgebaut werden, um zu amerikanischer Hardware, Abmessung und Produktionsstandards zu passen.

Die erste amerikanische Maschine, die erste B-57A, flog im Juli 1953. Im Unterschied zur Canberra B.Mk 2 hatte die B-57A eine Zwei- statt einer Drei-Mann-Crew unter der selben Art Kabinenhaube wie die Canberra B.Mk 2, an den Flügelvorderkanten außerhalb der Motorengehäuse eine fixierte, vorwärts feuernde Bewaffnung (acht 12,7-mm-Maschinengewehre, die ab der 91. B-57B durch vier 20-mm-Kanonen ersetzt wurden), ein moderneres Bomben-Zielsystem, ein Cockpit mit amerikanischen Instrumenten und einer Klimanalage und ein neues Triebwerk, bei dem die zwei Rolls-Royce-Avon-Turbojet-Motoren der britischen Bomber durch zwei andere britische Modelle ersetzt waren, das Armstrong-Siddeley-Sapphire-Turbojet-Triebwerk, das Buick in Lizenz als J65-BW-5 und Wright als J65-W-5 für frühere und spätere Flugzeuge bauten. Versuche mit der ersten B-57A waren in Bezug auf die Leistung sehr ermutigend, da diese Maschine der Canberra B.Mk 2 in allen Flugeigenschaften gleichkam oder sie übertraf. In Bezug auf die Einsatzmöglichkeiten waren die Tests weniger ermutigend, da die Canberra nicht für nächtliche Niedrigflüge konstruiert war und es Probleme wie ein Verziehen der gewölbten Windschutzscheibe gab, was die Durchsicht verzerrte und es unmöglich machte, die Kanonen aufeinander abzustimmen; die ursprünglich gewölbte Windschutzscheibe wurde durch ein flaches Glaspaneel ersetzt.

Die B-57A kann als Produktions-Pilotmodell angesehen werden, von dem nur acht Stück gebaut wurden.

Die B-57B wurde als definitives Nacht-Intrudermodell entwickelt und unterschied sich von der B-57A in ihrem vorderen Rumpfteil und der geänderten Waffenkapazität. Der vordere Rumpfteil enthielt ein modernisiertes Druckcockpit, in dem Piloten- und Navigatorsitze hintereinander auf der Mittellinie unter einer schalenförmigen Kabinenhaube lagen. Halterungen unter den Flügeln erhöhten die Bombenkapazität. Die ursprünglichen schalenförmigen Klappen, die sich zu langsam öffneten und schlossen und die

■ **OBEN: Der erste Pfeilflügel-Düsenbomber, den die US Air Force in großem Umfang verwendete, die Boeing B-47 Stratojet. Hier sieht man ihre endgültige Form, die B-47E.**

in offener Position einen Leistungsverlust durch zu hohen Strömungswiderstand erzeugten, wurden durch Waffenschacht-Drehklappen der RB-57A ersetzt. Diese bewegten sich auf Zapfen vor und zurück, sodass sie mit hydraulischer Kraft in maximal sechs Sekunden die Bomben freisetzen konnten, die zwischen 454 und 100 kg wiegen konnten und für die es 21 Halterungen gab.

Die erste B-57B flog im Juni 1954 und die Produktion belief sich auf 202 Stück für den Fronteinsatz zwischen Januar 1955 und Juni 1959, als die zweite der beiden operativen Staffeln auf dem amerikanischen Festland deaktiviert wurde. Sie war auch bei der Pacific Air Force und Air-National-Guard-Einheiten im Einsatz, von denen einige ihre Flugzeuge für den Fronteinsatz in der Frühphase des Vietnamkriegs abtreten mussten, aus dem der Typ 1969 ausgemustert wurde.

1959 erhielt die pakistanische Luftwaffe 21 B-57B und B-57C-Flugzeuge, die mit dem RB-1A-„Georgia-Peach“-Allwettersystem ausgestattet wurden, das den Radar in einem veränderten Bugabschnitt turg. Diese Flugzeuge waren 1965 und 1971 stark an den Kriegen Pakistans gegen Indien beteiligt, ehe sie Mitte der 70er Jahre die Aufgaben der Zieleinrichtungen übernahmen. Mitte des folgenden Jahrzehnts wurden sie schließlich ausgemustert.

Die B-57C unterschied sich von der B-57B nur durch die Möglichkeit der Doppelsteuerung, sodass sie zur Ausbildung benutzt werden konnte. Die Version ging 1955 in Dienst, die Produktion umfasste insgesamt 38 Stück, die später in TB-57C umbenannt wurden.

Die B-57E unterschied sich von der B-57D nur in der Vorrichtung für Doppelsteuerung oder Zielschleppausrüstung (mit Vier-Fahnen-Zielen) unter dem Rumpfheck, sodass der Typ im Leistungstraining benutzt werden konnte, meist aber für das Training von Jagdpiloten im Luftgefecht als Alternative zu ihrem Standardeinsatz als Nacht-Intruder.

Erst gegen Ende des Entwicklungsprozesses der B-57 erwarb sie volle Eignung für Nachtangriffe, für die sie zunächst gedacht war. Die Nachtausrüstung erhielten nur 16 B-57B-Maschinen im Nachhinein, die als B-57G und „Night-Intruder“ bezeichnet wurden. Die B-57G wurde entwickelt, um Ziele bei totaler Dunkelheit aufspüren, erreichen, verfolgen und zerstören zu können. Eine stürzte vor der Auslieferung ab, doch 11 der anderen 15 waren im Vietnamkrieg im Einsatz, spielten aber nur eine unbedeutende Rolle, da sie zu schwach waren.

DER SOWJETISCHE „DACHS“

Von der Tupolew Tu-16, eine Zeit lang ein bemerkenswertes Kriegsflugzeug, wurden bis 1959 2000 Stück gebaut. Mitte 1995 schätzte man, dass von diesen Flugzeugen (die die NATO „Badger“ – „Dachs“ – nannte) noch 600 bei der Luftwaffe der UdSSR in Dienst waren, 350 davon als Kampfbomber, 250 in anderen Funktionen wie zur Aufklärung oder Luftbetankung. Dieser absolut moderne Bomber wurde durch die Konstruktion des Mikulin-AM-3-Turbojet-Triebwerks möglich, eines schlanken Axialfluss-Strahltriebwerks mit hoher Leistung bei relativ geringem Treibstoffverbrauch. Die Aussicht auf diesen Antrieb machte es der Tupolew-Konstruktionsabteilung möglich, ihre Anstrengungen auf kleinere Düsenbomber zu begrenzen. Im Sommer 1950 erhielt sie den Auftrag, so rasch wie möglich drei Prototypen zu bauen, die mit der kleineren Iljuschin Il-46 verglichen werden sollten. Der Bombenschacht sollte die größte konventionelle Bombe der Sowjetunion, die 9000-kg-FAB-9000, aufnehmen können. Der Rumpf war im Zentralabschnitt, dort wo die Tragflächen befestigt waren, „tailliert“. Dadurch wurde der Luftwiderstand bei hoher Unterschallgeschwindigkeit stark reduziert, was Vorteile für Geschwindigkeit und Reichweite brachte. Die Tragflächen waren ganz und gar neu. Sie waren größer, hatten Pfeilform und mit einer neuen Legierung verkleidet, die eine relativ dünne, jedoch sehr widerstandsfähige Außenhaut ermöglichte. Ein weiteres Novum war die Art und Anordnung der Haupteinheiten des dreiteiligen Fahrwerks. Diese vierrädrigen Einheiten führten das Rädergestell in die sowjetische Praxis ein. Da sie für die Einpassung in die Flügel zu groß waren, wurden sie in große Gehäuse an der Hinterseite eingezogen, die zum Markenzeichen vieler großer Tupolew-Flugzeuge wurden.

Der Tu-88-Prototyp unternahm am 27. April 1952 seinen Jungfernflug mit einem Antrieb von zwei AM-3A-Turbojet-Triebwerken, und eine spätere Bewertung im Vergleich mit der Il-46 bestätigte, dass die Tu-88 ein ganz und gar überlegenes Flugzeug war. Gegen Ende 1952 wurde die Tu-88 unter der Bezeichnung Tu-16 als Haupttyp für den Dienst ausgewählt.

Erhebliche Entwicklungsarbeit war nötig, da das Modell anfangs zu schwer war und es ihm an geeigneter Leistung mangelte, doch 1954 ging die Tu-16 als konventioneller strategischer Bomber mit der FAB-9000-Freifall-Bombe oder größeren Mengen kleinerer Bomben in Dienst. Später wurde sie in NATO-Berichten „Badger-A“ genannt. Die ersten Exemplare hatten einen Antrieb von zwei Mikulin-AM-3-Turbinen-Strahltriebwerken, jedes mit einer Leistung von 85.81 kN, die späteren Flugzeuge erhielten den verbesserten Antrieb aus zwei AM-3M-Turbinen-Strahltriebwerken, was die Reichweite ohne Wiederbetankung auf 7200 km und die Höchstgeschwindigkeit um 100 km/h erhöhte. Es gab fünf Subvarianten der grundlegenden Tu-16 als neu- oder umgebautes Modell, und alle behielten nach dem NATO-Benennungssystem für sowjetische Waffen in den Berichten die Bezeichnung „Badger-A“. Der einzige Bomber unter diesen Varianten war die Tu-16A, der nukleare strategische Bomber als Gegenstück zum konventionellen, der Tu-16, von der sie sich äußerlich nicht unterschied.

Die Tu-16KS-1-„Badger-B“ war die Tu-16-Variante für den Luftabschuss von zwei KS-1-(AS-1-„Kennel“-)Antischiff-Raketen von zwei Aufhängungen unter den Flügeln aus. Einige davon wurden später zum „Badger-G“-Standard umgebaut. Die Tu-16K-10-„Badger-C“ war eine weitere Antischiff-Variante und wurde erstmals 1961 gesichtet. Sie hatte eine halb unter dem Rumpf versenkte Halterung für eine K-10S-(AS-2-„Kipper“-)Rakete.

Die Tu-16KSR-5 „Badger-C (Modified)“ war eine Umwandlung der Tu-16K-10-Raketenwerfer-Flugzeuge, die durch ihre veraltete K-10S-Rakete überflüssig wurden, in einen moderneren Standard mit den halbversenkten Raketenstationen unter dem Rumpf verkleidet und zusätzlichen Halterungen unter den Flügeln für höchstens zwei, meist aber eine KSR-5-(AS-6-„Kingfish“-)Antischiff-Rakete, die alternativ K-26 genannt wurde, sodass der abgewandelte Typ auch als Tu-16K-10-26 oder Tu-16KM benannt wurde. Sie konnte auch alternativ eine Bombenlast oder Minen tragen.

Die Tu-16Kh-11-16 „Badger-G“ war eine moderne Antischiff-Raketen-Variante, die entweder neu gebaut oder ein Umbau einer Tu-16KS-1 war, um zwei Stück der moderneren K-11/K-16-(AS-5-„Kelt“-) Antischiff-/Luft-Boden-Raketen zu tragen. Erstmals 1977 bemerkt und ansonsten als Tu-16K-26 bekannt, war die Tu-16KSR-5 „Badger-G (Modified)“ eine Variante der Tu-16Kh-11-16, die eher für KSR-5 oder K-26 (AS-6-„Kingfish“)- als für K-11- und K-16-(AS-5-„Kelt“-)Antischiffraketen gebaut war. Einige Exemplare behielten das „Short Horn“-Radar der Tu-16K-11-16 bei und wurden vielleicht nicht ganz richtig als Tu-16KSR-5 oder Tu-16K-26 bezeichnet, da der volle Standard keine Bug-Radarkuppel hatte, sondern eine viel größere Kuppel unmittelbar vor dem Waffenschacht für ein neues Zielsuch- und Lenkwaffen-Steuerungs-Radar.

KEINE ABSCHRECKUNG

Unmittelbar nach dem Zweiten Weltkrieg wurde klar, dass das britische Bomberkommando in seiner damaligen Form durch die Existenz von Nuklearwaffen (damals nur im Besitz der Amerikaner), die eine relativ kleine Zahl von Hochleistungsbombern abwarf, praktisch über Nacht veraltet war. Großbritannien hatte nichts mit annähernd den Fähigkeiten der B-50, B-36 und B-47 und die Lage verschlechterte sich im August 1946, als der US-Kongress den McMahon Act beschloss, der die Weitergabe amerikanischer Information über Nuklearwaffen sogar an enge Verbündete wie Großbritannien verbot, das aktiv an der Entwicklung der ersten Nuklearwaffen beteiligt gewesen war. Die britische Regierung entschied im Frühjahr 1947, dass Nuklearwaffen das beste Mittel zur wirksamen Verteidigung des Königreichs seien, obwohl dies einen kostenintensiven Aufbau einer Nuklearwaffen-Industrie und der Entwicklung zumindest eines strategischen Bombertyps, der die Waffen tragen konnte, erforderte.

Die im Jahr 1946 entworfene und Anfang 1947 veröffentlichte Anforderung des Ministeriums verlangte einen Bomber, der eine 4536 kg schwere Freifall-Atombombe 6208 km weit tragen konnte, mit einer Maximalgeschwindigkeit von 927 km/h und einer Maximalhöhe von mindestens 15.240 m über dem Ziel. Die Geschwindigkeit der Maschine erforderte Pfeilflügel, und Vorschläge für ein Flugzeug mit dieser Konfiguration wurden von Armstrong Whitworth, Avro, Handley Page, Short Brothers und Vickers eingereicht. Es waren die Konstruktionen Avro Typ 698 und Handley Page H.P.80, für die die ursprünglichen Verträge abgeschlossen wurden und die dann zu den

■ UNTEN: Die Martin B-57 war ein Nacht-Intruder, entwickelt aus der britischen English Electric Canberra und dann von den Amerikanern als Aufklärer weiterentwickelt.

Vulcan- beziehungsweise zu den Victor-Bombern führten.

Der Vickers-Entwurf war der Typ 660 gewesen, ein weniger ehrgeiziges Konzept, und Vickers drängte das Luftfahrtministerium, seine Entwicklung als Ersatzmaschine anzuordnen. Das Ministerium war von der Aussicht auf schnelle Lieferung angetan und bestellte im Februar 1949 zwei Prototypen, jeder mit einem Antrieb von vier Turbojets mit Axialkompressor in Form von Rolls-Royce-Avon- bzw. Armstrong-Siddeley-Sapphire-Aggregaten im Typ 660 als ersten bzw. Typ 667 als zweiten Prototyp.

Der Typ-660-Prototyp flog erstmals am 18. Mai 1951 mit einem Antrieb von vier Avon-RA.3-Turbojet-Triebwerken, jedes mit einer Leistung von 28,91 kN. Im Monat darauf erhielt der neue Typ den offiziellen Namen Valiant. Der zweite Prototyp, Typ 667, flog erstmals am 11. April 1952. Er sollte von Sapphire-Turbojet-Triebwerken angetrieben werden, doch hatte er dann einen Antrieb von vier Avon-RA.7-Turbojet-Triebwerken, jedes mit 33,36 kN Leistung und Ansaugung durch größere Kanäle in den vertieften Vorderkanten der Flügelansätze.

Am Tag nach dem Erstflug des Typs 667 erhielt Vickers eine Bestellung über 25 Valiant-B.Mk-1-Bomber. Die ersten fünf sollten vier Avon-RA.14-Turbojet-Triebwerke, jedes mit 40,03 kN Leistung, haben, die anderen 20 vier Avon-RA.28-Turbojet-Triebwerke, jedes mit 46,71 kN Leistung und Absaugung über längere Düsenrohre. Fast gleichzeitig erhielt die Firma den Auftrag für einen Typ-673-Prototyp der geplanten Valiant B.Mk 2, ein als Pfadfinder und Zielmarkierer leicht abgewandeltes Modell, das als schneller Tiefflieger konzipiert war, mit verstärktem, umgebautem Flugwerk, Avon-RA.14-Turbojets und erhöhter Treibstoffkapazität. Dieser flog erstmals im September 1953 und die Produktionsversion sollte vier Rolls-Royce-RB.80-(prototype-Conway-)Turbofan-Triebwerke haben, doch das Luftfahrtministerium beschloss, den Einsatzbereich dieses Typs gebe es nicht mehr, und die Valiant B.Mk 2 kam nie über den Prototyp hinaus. Die Ironie lag darin, dass das Ministerium zehn Jahre später entschied, Bomber sollten für längerfristige Überlebenschancen auch die Tieffliegerrolle übernehmen, und dass die Valiant B.Mk 1 nach größeren Abnutzungsproblemen durch den Einsatz in diesem strapaziösen Operationsbereich ausgemustert werden musste.

ERSTER FLUG DER VALIANT

Die erste Valiant B.Mk 1 von der Fertigungsstraße unternahm im Dezember 1953 ihren Jungfernflug und die 25 Flugzeuge des Modells wurden in drei Standards gebaut: Fünf Typ-674-Maschinen mit Avon-RA.14-Turbojets, 15 Typ-706-Maschinen mit Avon-RA.28-Turbojets und fünf Typ-710-Maschinen mit Avon-RA.28-Turbojets und Raum im Waffenschacht für eine entfernbare Ausrüstung für die Tag/Nacht-Höhen-Fotoaufklärung. Alle Flugzeuge wurden zwischen Dezember 1954 und Juli 1955 ausgeliefert. Der Typ 710 erhielt die Dienstbezeichnung Valiant B(PR).Mk 1.

Der nächste Schub von 24 Flugzeugen, die alle zwischen August 1955 und März 1956 geliefert wurden, umfasste 16 Typ-706-Bomber, sechs Typ 710 mit Bomber- und Fotoaufklärungsfunktion und zwei Typ 733. Letztere gingen unter der Bezeichnung Valiant B(PR)K.Mk 1 als Bomber, deren Waffenschacht mit Fotoaufklärungsgerät des Typs 710 ausgestattet werden konnte, in Dienst oder alternativ mit einer HDU-Ausrüstung, die die Maschine in einen Luftbetanker verwandelte. Das Flugzeug konnte auch selbst im Flug über eine Sonde am Bug betankt werden.

Der nächste Produktionsschub von 17 Flugzeugen, geliefert zwischen März und Juli 1956, umfasste 11 Stück des Typs 733 und sechs des Typs 758. Letzterer war die vierte Untervariante des Grundmodells und hatte eine Doppelrolle als Bomber und Luftbetanker. Sie ging unter der Bezeichnung Valiant B(K).Mk 1 in Dienst. Wie ihr Vorläufer hatte sie eine Betankungssonde am Bug und im Waffenschacht eine Vorrichtung für eine HDU, die ein anderes Flugzeug mit maximal 22.730 Litern Treibstoff versorgen konnte.

Die letzten Valiant waren 38 (von einem Auftrag über 56) Maschinen des Typs 758, die im August 1957 ausgeliefert wurden. Die Gesamtzahlen betrugen daher 36 Valiant B.Mk 1, 11 Valiant B(PR).Mk 1, 13 Valiant B(PR)K.Mk 1 und 44 Valiant B(K).Mk 1-Flugzeuge. Die Valiant kam im Januar 1955 in Dienst und wurde für die operationale Entwicklung der britischen Nuklear- und Thermonuklear-Freifallbomben eingesetzt, die erstmals im Oktober 1956 und im Mai 1957 von Valiant-Bombern aus der Luft abgeworfen wurden.

Tupolew Tu-16 „Badger-A“

Typ: Strategischer mittlerer Bomber
Herkunftsland: UdSSR
Triebwerke: Zwei 85-kN-MNPK-„Sojus“-(Mikulin-)AM-3A-Turbojet-Triebwerke
Leistung: Höchstgeschwindigkeit 992 km/h; Dienstgipfelhöhe 12.300 m;
Reichweite 5925 km
Gewicht: leer 37.200 kg; maximale Startmasse 75.800 kg
Abmessungen: Spannweite 32,93 m; Länge 36,25 m; Höhe 14,0 m
Bewaffnung: Sieben 23-mm-Nudelman-Richter-AM-23-Kanonen sowie bis zu 9000 kg Zuladung

Ab 1964 erhielt die Valiant wie gesagt auch die Tieffliegerrolle. Für die damit verbundenen größeren Belastungen war sie nicht konstruiert worden, und bei längeren Tiefflug-Operationen brachen die Flügelholme. Ein Programm zur Beseitigung des Problems wurde angesichts der Verfügbarkeit der überlegenen Victor und Vulcan nicht ernsthaft erwogen und im Januar 1965 erhielt die Valiant Startverbot.

BOEINGS MÄCHTIGER SCHLAG

Obwohl das Boeing-Modell 450 und das erheblich größere Modell 464 in ihrer Produktionsform als mittlerer B-47-Stratojet-Bomber und als schwerer B-52-Stratofortress-Bomber große Familienähnlichkeit besaßen, wurden beide Typen entlang völlig unterschiedlicher Linien entwickelt. Die Ursprünge des Modells 464 liegen im Juni 1946, als die US Army Air Forces mit Boeing einen Vertrag über eine Konstruktionsstudie für einen schweren strategischen Langstreckenbomber abschlossen. Boeings erste Überlegungen waren im Modell 462 verkörpert, das gerade Tragflächen mit sechs Wright-T35-Turboprop-Triebwerken mit je 5500 PS (4101 kW) hatte. Diesem fehlte jedoch die geforderte Reichweite. Boeing veränderte daher den Grundentwurf um vier T35-Turboprop-Triebwerke einer verbesserten Version mit 8900 PS (6636 kW). In dieser Form war das Modell anfangs für die USAAF akzeptabel. Sie forderte eine Flügelneigung um 20°, die Mmöglichkeit der Luftbetankung und ein maximales Startgewicht von 158.760 kg. Boeing machte mit diesem Modell 462 weiter, meinte jedoch, dass Turbojet-Antrieb und höhere Leistung ohne Einsparung bei der Reichweite möglich seien, und betrieb daher auf Firmenkosten Studien über einen moderneren Typ auf Basis eines neuen Turbojets, der bei Pratt&Whitney in Entwicklung war.

Im Oktober 1948 beschloss die US Air Force, zu der die USAAF geworden war, das Turboprop-betriebene Modell 462 zu streichen, da ihm die geforderte Leistung immer noch fehlte, beauftragte die Firma aber mit der Grundkonstruktion eines schweren, vom Pratt&Whitney-J57-Turbojet getriebenen Bombers.

In nur vier Tagen skizzierte ein Team von sechs Boeing-Konstrukteuren den Entwurf für einen Bomber mit einem Antrieb von acht J57-Turbojets, paarweise in Pylonen unter und vor den Flügelvorderkanten montiert. Dies ebnete den Weg für die detailliertere Planung des Modells 464, das die USAF in Form eines XB-52-(Modell-464-67-)Prototyps und einer YB-52-Testmaschine in Auftrag gab. Die Konstruktion des Modells 464 reifte mit einer Reihe von Ähnlichkeiten mit dem Modell 450. Am auffälligsten waren die 35°-Pfeilstellung der Tragflächen; das Tandem-Hauptfahrwerk (in diesem Fall zwei Zwillingslaufräder), das sich in den Rumpf zurückzog, wobei einziehbare

■ OBEN: Die sowjetische Tupolew Tu-16 „Badger“ wurde von nur zwei Turbojet-Triebwerken angetrieben, bot aber hohe Leistung, große Reichweite und eine beträchtliche Bombenlast.

Ausleger unter den äußeren Flügeln die Stabilität erhöhten; unter und vor den Flügel-Vorderkanten derart in Gehäusen montierte Triebwerke, dass die Flügel als hochgestellte, dünne Struktur konstruiert werden konnten und sich (wie beim Modell 450) senkten, wenn sie nicht durch den aerodynamischen Auftrieb unterstützt wurden; und eine auf Heckkanonen in einer bemannten Heckkanzel beschränkte Defensivbewaffnung, die auch durch das MD-5-Radar-Feuerleitsystem betrieben werden konnte.

Die XB-52 flog erstmals im Oktober 1952 mit zwei Piloten hintereinander in einem Jäger-artigen Cockpit mit einem Antrieb von acht YJ57-P-3-Turbojet-Triebwerken, jedes mit 38.70 kN.

Die YB-52 flog erstmals im April 1952 und war bis auf ihre Landeklappen, sechs anstatt drei Spoilern an jeder Flügelhälfte und die Heckbewaffnung aus zwei 12,7-mm-M3-Maschinengewehren der XB-52 äußerlich ähnlich.

Es folgten drei Exemplare der B-52A, die trotz ihrer Dienstbezeichnung ein Vorproduktions-Modell war, mit nebeneinander sitzendem Piloten und Kopiloten in einem konventionellen Cockpit, das die Verlängerung des vorderen Rumpfes

um fast 1,22 m erforderte, vier weiteren Mann Besatzung, darunter einem Spezialisten für das neue ECM-System, acht J57-P-1W- oder -9W-Turbojet-Triebwerken, jedes mit 40,03 kN und mehr Leistung mit Wassereinspritzung, die mit Treibstoff aus internen Tanks mit 134.760 Litern Kapazität und aus zwei Zusatztanks mit 3785,4 Litern unter den Flügeln versorgt wurden, mit Luftbetankungsmöglichkeit und dem A-3A-Radar-Feuerleitsystem für die Heckkanzel.

Zu dieser Zeit hatte sich die B-52 als so problemlos erwiesen, dass die letzten zehn des 13-Stück-Auftrags für B-52A im B-52B-Standard fertig gebaut und um weitere 13 solcher Modelle ergänzt wurden, die als erstes operationales Stratofortress-Modell in Dienst gingen und vor allem zur Crew-Ausbildung eingesetzt wurden. Die B-52B hatte das MA-6A-Radar-Nav./Angriffs-System und das A-3A-(später MD-5-)Radar-Feuerleitsystem für die Heckkanzel, eine maximale Startmasse von 204.120 kg und einen Antrieb von acht J57-P-19W- oder -29W-Turbojet-Triebwerken mit einer Leistung von je 53.82 kN mit Wassereinspritzung.

Die B-52C flog erstmals im März 1956, und ab Juni 1956 wurden von ihr 35 Stück geliefert. Sie war eine verbesserte RB-52B mit der gleichen Doppelrolle mit Aufklärerausstattung, J57-P-29W-Triebwerken und einer Vorrichtung für 22.712,4 Liter Treibstoff in zwei sehr großen Tanks unter den Flügeln. Die Heckbewaffnung war abgewandelt: vier 12,7-mm-Browning-M3-Maschinengewehre in einer Kanzel, steuerbar durch das A-3A- oder MD-9-Radar-Feuerleitsystem.

Die B-52D wurde parallel zur B-52C als reiner Bomber entwickelt. Sie flog erstmals im September 1956 und ab Dezember desselben Jahres wurden 170 Flugzeuge dieses Typs ausgeliefert. Für den Vietnamkrieg wurde die B-52D in einen konventionellen Bomber umgebaut, wobei die intern getragene konventionelle 9072-kg-Standard-Bombenlast auf intern geführte 84 227-kg- oder 42 340-kg-Freifall-Bomben abgeändert und durch 24 340-kg-Freifall-Bomben ergänzt wurde, die extern in Form von 12 Bomben an jedem der beiden Pylone unter den Flügeln getragen wurden, die für die Führung von zwei North-American-AGM-28-Hound-Dog-Raketen an der B-52G konstruiert waren, doch nachträglich an diesem Modell angebracht wurden.

Die B-52E flog erstmals im Oktober 1957. 100 Flugzeuge des Modells wurden als reine Bomber gebaut. Sie war eine höher gestufte B-52D mit verbesserter Navigation, Bombenausrüstung und elektronischen Systemen sowie einem abgewandelten Cockpit für die komplizierteren

■ OBEN: Der erste von drei britischen viermotorigen „V-Bombern“ im Dienst der RAF, wenn auch für eine durch strukturelle Probleme verkürzte Laufbahn, war die Vickers Valiant.

Displays dieser Erweiterungen.

Die B-52F flog erstmals im Mai 1958. Sie war ein weiter verbesserter Bomber, äußerlich von der B-52E nicht zu unterscheiden, doch angetrieben von J57-P-43W-Turbojet-Triebwerken mit je 61.16 kN Leistung mit Wassereinspritzung aus vergrößerter Kapazität. Sie ging im Juni 1958 in Dienst, 89 Stück wurden gebaut.

DIE B-52G

Die B-52G flog erstmals im Oktober 1958. In Dienst ging sie ab Februar 1959 als endgültige Turbojet-getriebene Version der Stratofortress-Familie. Sie führte eine Reihe wichtiger Veränderungen ein. Interne anstelle der Gummisack-Flügeltanks erhöhten die interne Treibstoffkapazität auf 176.309 Liter in zwei fixen Unterflügeltanks, was die Reichweite bedeutend steigerte, verschiedene Verbesserungen im Druckabteil der Mannschaft, eine niedrigere, aber breitere Schwanzflosse, eine Heckbarbette für die Defensivbewaffnung aus vier 12,7-mm-M3-Maschinengewehren, die von einem Schützen vom Haupt-Mannschaftsabteil aus oder durch ein ASG-15-Radar-Feuerleitsystem fernbedient wurden, und eine Vorrichtung für McDonnell-ADM-20-Quail-Köderraketen (vier intern geführt) und North American-AGM-28-Hound-Dog-Luft-Boden-Nuklearlenkwaffen (zwei extern in großen Pylonen unter den Flügeln) als Alternative zur sonstigen Nuklearlast von B61- oder B83-Freifall-Atombomben, von denen maximal 12, meist aber vier intern getragen wurden.

193 Flugzeuge dieses Typs wurden produziert. Von den 167, die es zu Anfang der 90er Jahre noch gab, waren 98 auf den nuklearen Luft-Boden-Krieg ausgerichtet, die anderen 69 auf Feuerleitaufgaben. Die in der Nuklearfunktion hatten eine Hauptbewaffnung aus 12 AGM-86B-Cruise-Missiles unter der Tragfläche (je sechs an den beiden Flügelstationen), eine interne Ladung von acht AGM-69A-SRAM-Raketen gegen Defensivraketen, oder alternativ insgesamt 20 AGM-69A- oder AGM-86B-Waffen oder vier thermonukleare B83-Freifall-Bomben.

Das Modell konnte auch an den Zulast-Pylonen unter den Flügeln mit zwei Heavy Stores Adaptor Beams ausgestattet werden, was eine Bombenlast von 45 907-kg-Mk-84-Bomben erlaubte (27 intern und 18 extern), während der Gebrauch von Mehrfach-Ausstoßvorrichtungen an den Unterflügel-Pylonen das Führen von 51 454-kg-Mk-83- oder 340-kg-M117-Bomben erlaubte (27 intern und 24 extern). 30 der Flugzeuge hatten alternativ die Funktion der Seekontrolle und eine Hauptbewaffnung aus acht AGM-84-Harpoon-Antischiff-Missiles (ASM) und/oder optronisch gesteuerte GBU-15(V)-Gleitbomben, extern geführt, mit der wirksamen AGM 142 „Have Nap“, einem optronisch gelenkten ASM an den beiden HSAB. Der Typ konnte auch mit Lasten wie 12 Mk-52-Minen, acht Mk-55-, Mk-56- oder Mk-60-Minen zum Minenlegen eingesetzt werden. Als die moderneren B-52H-Bomber verfügbar wurden, erhielten die B-52G-Modelle des Nuklear-Luft-Boden-Typs Feuerleitfunktion und im Oktober 1991 wurde als Sparmaßnahme der Schütze aus der Crew gestrichen. Das letzte dieser Flugzeuge wurde Ende 1994 ausgemustert.

DIE B-52H

Die B-52H flog erstmals im März 1961 und ging im September desselben Jahres in Dienst. Dem Produktionsprogramm gemäß wurden insgesamt 102 Flugzeuge bis Produktionsende im Oktober 1962 ausgeliefert. Die B-52H war die letzte Entwicklung der B-52-Serie und ursprünglich als Abschussplattform für die nukleare Douglas-AGM-87-Skybolt-Luft-Boden-Rakete gedacht. Die deutlichsten äußeren Veränderungen bestanden in der Benutzung eines Antriebs von acht Turbofan-Triebwerken für etwa 33 Prozent größere Reichweite und dem Wechsel zu einer anderen Defensivbewaffnung in Form einer sechsrohrigen 20-mm-Kanone. Weiter Änderungen bestanden in der stark erweiterten Avionik, darunter die Einrichtung eines Terrain-Meidungs-Radars, und die modernste elektronische Ausrüstung für Gegenmaßnahmen, darunter der ITT-ALQ-172(V)2-Radar-Störsender anstelle des ALQ-117- oder ALQ-172(V)1-Systems der B-52G.

85 B-52H-Bomber mit einer Primärbewaffnung von 20 Boeing-AGM-86B ALCM- oder Convair-AGM-129A-ACM-Cruise Missiles (12 extern in vier Tripel-Halterungen und acht intern am Common Strategic Rotary Launcher) blieben bis 2000 in Dienst.

DER SOWJETISCHE BÄR

1948 forderte die sowjetische Luftwaffe einen strategischen schweren Bomber, der es mit den Fähigkeiten der B-36 aufnehmen konnte. Das Tupolew-Konstruktionsbüro machte sich an den Entwurf der Tu-85, die die letzte Entwicklung des Tu-4-Grundkonzepts darstellte. Das Flugzeug hatte zwei Crews für Langzeit-Einsätze, war größer und hatte einen Antrieb mit erheblich höherer Leistung mit prak-

UNTEN: Achtstrahlige schwere Boeing-B-52-Stratofortress-Bomber der US Air Force, hier 1967 mit AGM-28-Hound-Dog-Luft-Boden-Lenkwaffen unter den Tragflächen.

tisch verdoppelter interner Kapazität für Treibstoff.

Obwohl sie nicht die Klasse der B-36 hatte, bot die Tu-85 sehr große Vorteile gegenüber der Tu-4, doch ging sie nicht in Produktion, da man nun große Erwartungen in eine neuere Generation strategischer Bomber setzte, deren Pfeilform als Garant für große Zielüberfluggeschwindigkeit und Höhe diente und die einen Turbojet- und Turboprop-Antrieb hatte. Dies waren die Mjassischtschew M-4 „Bison“ und die Tu-95.

Letztere resultierte aus der 1950 getroffenen Entscheidung, auch einen technisch weniger gewagten Bomber zu entwickeln, der die operationale Lücke füllen konnte, falls die M-4 nicht erfolgreich sein sollte. Sie basierte auf dem außergewöhnlich starken NK-12-Turboprop-Triebwerk, das im Kusnezow-Konstruktionsbüro von einem Team deutscher Techniker entworfen wurde, die gegen Ende des Zweiten Weltkriegs gefangen genommen worden waren.

Die Konstruktion der Tu-95 wurde Aleksander A. Archangielskij anvertraut, dessen Konzept 1952 reif für den Bau eines Prototypen war. Das Triebwerk mit seinem gegenläufig rotierenden Antriebsaggregat stellte ein großes technisches Wagnis dar, die Tu-95 strukturell gesehen nicht, da sie schließlich aus der Tu-4 über die Tu-75, Tu-80 und Tu-85 hergeleitet war. Der Rumpf war eine verlängerte Version des für die Tu-85 gebauten mit größerem Druckunterschied und dickerer Verkleidung, und das Leitwerk war dem des Tu-88-Prototyps der Tu-16-Serie sehr ähnlich. Die größte strukturelle Herausforderung war die Tragfläche, doch auch hier stützte sich Archangielskij auf die Erfahrungen des Büros mit der Tu-88, was Aerodynamik und Struktur betraf. Da die Tu-95 für eine hohe Reisegeschwindigkeit konstruiert war, brauchte sie keine Ersatzcrew. Man einigte sich auf acht Mann in drei Druckabteilen, verbunden durch einen Tunnel. Das Fahrwerk war eine maßstäbliche Vergrößerung jenes der Tu-88 und enthielt die gleiche Kombination aus einer Zweirad-Bugeinheit und Haupteinheiten mit je einem Vierräder-Gestell, das sich um 90° drehte, wenn es rückwärts in sein Gehäuse an der Tragflächenhinterkante eingezogen wurde.

Die Tragflächen basierten auf jenen der Tu-88. Die Flügel waren an den Vorderkanten zunächst um 37° geneigt, bis zu einem Punkt genau innerhalb der äußeren Triebwerksgehäuse, wo sich der Winkel auf 35° verringerte.

Das pfeilförmige Leitwerk umfasste einzelne horizontale und vertikale Flächen, die alle den Standardtyp von Steuerrudern trugen, die wie an den Flügeln hydraulisch reguliert wurden.

ERSTER FLUG DER TU-95

Der erste von zwei Prototypen der Tu-95/1 flog im September 1955 nach einer Verzögerung, die durch das Fehlen von flugbereiten Kusnezow-2TV-2F-Turboprop-Triebwerken eintrat, jedes mit einer Nutzleistung von 12.000 PS (8947 ekW) für den Start. Sie zeigte allgemein befriedigende Leistung, auch wenn es ernste Triebwerks-/Propeller-Probleme gab, die möglicherweise für den Verlust dieser Maschine verantwortlich waren. Der zweite Tu-95/2-Prototyp mit einem Antrieb von vier Kusnezow-TV-12-Turboprop-Triebwerken, jedes mit 12.000 Nutz-PS für den Start, folgte der Tu-95/1 im Februar 1955 in die Luft und dann folgten vielleicht zehn Exemplare für staatliche Tests. Die Triebwerks-/Propeller-Probleme wurden reduziert, doch nicht beseitigt, und der neue Bomber ging im April 1956 als Tu-20 mit der Büro-Bezeichnung Tu-95M in Dienst. Bei der NATO erhielt sie bald die Bezeichnung „Bear-A“ (Bär-A). Vom früheren Modell unterschied sie sich durch Verstellpropeller anstelle eines sehr großen Bremsschirmes. Sie konnte eine 20.000-kg-Waffenlast tragen, nukleare oder konventionelle Freifall-Bomben. Die Tu-20 verlor bald ihre offizielle Bezeichnung und war allgemein unter ihrem Konstruktionsbüro-Namen Tu-95M bekannt.

Bald wurden von der Tu-95 „Bear“ wichtige Varianten für die maritime und strategische Aufklärung sowie für die Rolle als Lenkwaffen-Basis entwickelt, die weit wichtiger wurden als die ursprüngliche Aufgabe des Flächenbombardements. Die Produktion des Grundmodells dauerte bis 1961. Insgesamt wurden 300 Stück gebaut. Viele von diesen wurden für andere Aufgaben abgewandelt,

Boeing B-52D Stratofortress

Typ: Strategischer schwerer Bomber und Startplattform für Lenkwaffen
Herkunftsland: USA
Triebwerk: acht 44,5-kN-Pratt&Whitney-J57-P-19W-Turbojet-Triebwerke
Leistung: Höchstgeschwindigkeit 1014 km/h; Dienstgipfelhöhe 13.720 m; Reichweite 9978 km
Gewicht: maximale Startmasse 204.115 kg
Abmessungen: Spannweite 56,39 m; Länge 49,05 m; Höhe 14,74 m
Bewaffnung: vier 12,7-mm-Maschinengewehre sowie bis zu 27.215 kg Zuladung

OBEN: Eine B-52 hebt während der Operation Desert Storm, der Operation der UNO gegen den Irak, ab. Es scheint sicher, dass die B-52 noch viele Jahre Teil des Arsenals der USAAF sein wird.

andere blieben bei ihrer ursprünglichen Rolle, und 65 davon waren für den Langstreckenzweig der Luftwaffe der UdSSR noch Mitte der 90er Jahre verfügbar.

Relativ kurz nach Indienstnahme der Tu-95M wurde klar, dass sie als Plattform für den Abschuss einer großen Luft-Boden-Rakete mit einer Reichweite, die den Abschuss von außerhalb des feindlichen Verteidigungskreises erlaubte, umgebaut werden musste. Im Fall der Tu-95-Serie war die erste Variante mit Lenkwaffen die Tu-95K-20 „Bear-B", die erst durch Umbau der vorhandenen Tu-95M-Bomber entstand und dann eigens produziert wurde. Die Tu-95K-20 wurde erstmals 1961 mit der Vorrichtung für eine Mikojan-Gurewitsch-Kh-20-(AS-3-„Kangaroo")-ASM-Rakete, halb versenkt in den umgebauten Bombenschächten, gesehen.

Ab 1962 wurde der Typ mit einer Sonde oberhalb des Bugs zur Betankung im Flug abgewandelt. Sie erhielt die Bezeichnung Tu-95KD und einige dieser Flugzeuge wurden später für die strategische Aufklärungsfunktion an der Steuerbordseite am hinteren Rumpfteil mit einer Kuppel für den Empfänger eines Elint-Systems ausgestattet. Als die Kh-20-Rakete überholt war, wurden manche Exemplare weiter auf verschiedene Standards modifiziert, während andere als Übungsflugzeuge ohne Betankungssonde eingesetzt wurden.

Die weitere Entwicklung der Serie führte zu einer Reihe von Typen mit anderen Funktionen als Bombardierung und Raketenabschuss. Dazu zählten die Tu-95KM „Bear-C", eingeführt etwa 1963 für See-Aufklärung und Elint-Funktion, die Tu-95RTs „Bear-D", eingeführt etwa 1966 für maritime Multi-Sensor-Aufklärung und Raketenunterstützung, und die Tu-95MR „Bear-E", eingeführt Ende der 60er Jahre für maritime Multi-Sensor-Aufklärung. Die Tu-95K-22 „Bear-G", die nur als Umbau der Tu-95K-20- und Tu-95KM-Standards produziert wurde, war eine Elint-Plattform und Raketenabschuss-Maschine für zwei Kh-22-Burja-(AS-4-„Kitchen"-)Missiles, getragen an Pylonen unter den inneren Flügelteilen, benutzt in Verbindung mit dem neuen „Down Beat"-Radar, das seine Antenne in einer kleinen Bug-Radarkuppel hatte, die sich nur wenig von denen früherer Modelle unterschied.

Die Tu-95MS „Bear-H", die jüngste Produktionsversion, war gemeinsam mit der Tu-142 „Bear-F" der Grund für die Reaktivierung der Fertigungsstraßen im Jahr 1983. Der Typ hat eine verringerte Crew und ein Flugwerk, das auf der Tu-142 basiert (und deshalb einen etwas längeren Bug, ein abgewandeltes Cockpit, gebauchte Klappen an den Fahrwerken, ein tieferes Seitenruder und keine Beobachterkuppel unter der Höhenflosse, da es keine Kanonenbarbetten gibt), ohne signifikante Verlängerung gegenüber der Tu-95. Obwohl sie auf einem Typ basierte, der in der sowjetischen Marine-Luftwaffe der maritimen Aufklärungsfunktion und dem Einsatz gegen Unterseeboote gewidmet war, wurde die Tu-95MS für das Langstrecken-Flugwesen der sowjetischen Luftwaffe als modernisierte Abschussplattform für Missiles entwickelt, optimiert für das Führen und Abfeuern von Kh-55- oder RKV-500-(AS-15A-„Kent"-)Marschflugkörpern.

Ab 1984 wurden von der Tu-95MS 80 Stück von zwei Untervarianten für den Dienst produziert. Die eine ist die Tu-95MS-6-„Bear-H6" mit Vorrichtungen für sechs Missiles an einem drehbaren Werfer im Waffenschacht, dessen Länge auf 7,50 m reduziert ist. Die andere Variante ist die Tu-95MS-16-„Bear-H16" mit Vorrichtungen für 16 Lenkraketen, von denen sechs am drehbaren Werfer, vier paarweise an zwei Pylonen unter den Flügelansätzen und weitere sechs an Pylonen zwischen den Triebwerkspaaren an jedem Flügel geführt werden. Diese Raketen sollten durch die modernere BL-

■OBEN: Alte Gegner des Kalten Kriegs in ruhigeren Zeiten bei einer britischen Luftfahrtschau in den 90er Jahren: Eine Boeing B-52H Stratofortress (links) und eine Tupolew Tu-95MS (rechts).

10-(AS-19-„Koala") ergänzt und dann ersetzt werden, ein Überschallmodell, das Anfang der 90er Jahre entwickelt, doch 1995 aufgegeben wurde. Der Rumpf wurde erheblich verbessert, die Bauchbarbette weggelassen. Nur die Heckkanzel blieb (jetzt mit einer zweirohrigen 23-mm-Griasew-Schipunow-GSch-23L-Kanone anstelle der ursprünglichen zwei einrohrigen 23-mm-Nudelman-Suranov-NS-23-Kanonen ausgestattet), und die externe ECM- und ESM-Ausrüstung wurde durch interne Anlagen ersetzt. Mit dieser Variante endete 1992 die Produktion der Tu-95-Familie.

DIE „BISON"

1949 befahl Stalin dem Konstrukteursbüro mit Wladimir Michailowitsch Mjasischtschew an der Spitze, einen düsengetriebenen strategischen Bomber zu entwerfen, der von Basen in der Nord- und Ost-Sowjetunion aus Atombomben auf Ziele in Nordamerika abwerfen konnte. Die technische Aufgabe, einen Bomber zu entwickeln, der mit der geforderten Bombenlast von 5000 kg 16.000 km weit fliegen konnte, war entmutigend, und nach Verwerfung des ursprünglichen Konzepts für einen Bomber mit Turboprop-Antrieb dachte man an ein Flugzeug mit 250.000 kg und einem Antrieb von nicht weniger als acht Mikulin-AM-3-Turbojet-Triebwerken. Das Büro schraubte seine Pläne bald herunter. Man meinte, ein ausgezeichneter strategischer Mittelstrecken-Bomber mit einem realistischeren Antrieb von vier AM-3-Turbojet-Triebwerken sei besser als gar kein strategischer Bomber, und der Prototyp, der erstmals gegen Ende 1953 flog, hatte eher herkömmliche Ausmaße, war aber eine moderne und technisch ausgeklügelte Maschine mit leichter Pfeilform der Tragflächen und einer hohen Flügelstreckung in gesenkter Position. Die vier starken Turbojets mit Axialkompressor befanden sich in Gehäusen an Pylonen unter und vor den Flügelvorderkanten, das Fahrwerk umfasste zwei vierrädrige Tandem-Haupteinheiten unter dem Rumpf und zwei stabilisierende Zwillingsrad-Ausleger, die aus dem Boden der beiden äußeren Triebwerksgehäuse ragten. Obwohl sie nicht die Reichweite für einen Angriff auf nordamerikanische Ziele von sowjetischen Basen aus hatte, ging der Typ als M-4 in Produktion, wobei zur Senkung des Strömungswiderstand der Antrieb an die Flügelansätze und die stabilisierenden Ausleger-Einheiten in Gehäuse an den Flügelspitzen verlegt wurden. Die ersten der etwa 20 Bomber wurden nach dem M-4-Standard fertig gestellt, der später die NATO-Bezeichnung „Bison-A" erhielt.

Der neue Bomber ging 1956 in Dienst, und obwohl er für die Mittelstreckenrolle erheblich tauglicher als die Tupolew Tu-16 „Badger" war, wurde er in für sowjetische Verhältnisse bescheidener Anzahl gebaut. Dies spiegelte wahrscheinlich einen gewissen behördlichen Ärger darüber wider, dass der Bomber keine wirklichen Langstreckenfähigkeiten bot, war aber auch in der Tatsache begründet, dass die M-4 doppelt soviele Triebwerke benötigte wie die Tu-16 und deshalb teurer zu bauen, zu erhalten und zu betreiben war. Auch war die „Entwicklungsfähigkeit" der M-4 durch die Größe ihres Bombenschachts begrenzt, der sich zwischen zwei unbeweglichen Punkten, den beiden Hauptfahrwerks-Einheiten, erstreckte.

In den frühen 60er Jahren dachte man, die Tage der Höhen-Bomber seien vorbei, und die überlegene Reichweite und Ladekapazität bot auf jeden Fall die Tupolew Tu-95 „Bear". Die M-4 war aber immer noch ein brauchbarer Typ und man entschied daher, die bestehenden Flugzeuge für andere Aufgaben umzubauen, alle ohne die fixe Bugkanone. Eine der wichtigsten Weiterentwicklungen der M-4 war daher die als Luftbetanker, wobei der Waffenschacht für eine HDU-Ausrüstung mit ihrer hydraulischen Druckvorrichtung und Tanks für den Treibstofftransfer umgebaut wurde. Zusätzlich erhielt die M-4 Tanks im vorderen und im rückwärtigen Rumpfabschnitt.

DIE HANDLEY PAGE VICTOR

Nach dem Zweiten Weltkrieg begann Großbritannien seine eigenen Nuklearwaffen zu entwickeln. 1946 trat die Royal Air Force mit der ehrgeizigen Anforderung eines Bombers auf, der 4536 kg solcher „Spezialwaffen" oder eine schwere Last konventioneller Bomben bei Unterschallgeschwindigkeit und einer Flughöhe von 15.240 m über weite Distanzen tragen konnte. Unter den Firmen, die sich dieser Anforderung stellten, die bis auf die festgesetzte Startmasse von weniger als 45.360 kg technisch durchführbar war, waren die zwei, die die RAF mit den beiden wichtigsten schweren Bombern des Zweiten Weltkriegs versorgt hatten, mit der Avro Lancaster und der Handley Page Halifax. Der Entwurf von Handley Page war die H.P.80 mit einem Rumpf mit kreisförmigen Querschnitt, dessen Vorderteil für die Crew unter Druck stand und in die Tiefe ging, um Platz für das große Radar zu bieten, der das primäre Nav.-/Angriffssystem war.

Der erste Prototyp flog erstmals am 24. Dezember 1952 mit einem Antrieb aus vier Armstrong-Siddeley-Sapphire-ASSa.7-Mk-200-Serien-Turbojets. Der zweite Prototyp folgte erst am 11. November 1954. Tests zeigten, dass eine Reihe von Veränderungen nötig war, etwa eine Reduktion der Höhe der Seitenflosse um 0,381 m und die Verlängerung des Bugs um 1,016 m, um den Schwerpunkt besser zu positionieren. Sie bahnten den Weg für das erste Produktionsmodell der

Victor B.Mk 1, das erstmals im Februar 1956 flog und im November 1957 in Dienst gehen sollte.

Verzögerungen bei der Entwicklung der Victor zum Einsatzstandard hatten aber zur Folge, dass der Typ immer verwundbarer durch moderne Jäger und Luftabwehrsysteme wurde, und in den frühen 60er Jahren wurden 24 der Flugzeuge mit einem kraftvollen ECM-System im stark veränderten Heckbereich auf den Standard Victor B.Mk 1A umgebaut.

Als die alten Victor teilweise zugunsten der stark verbesserten Victor B.Mk 2 ausgemustert wurden, beschloss man, eine Reihe von ihnen in Aufklärungsflugzeuge und Luftbetanker umzubauen. Die Aufklärungsserie erhielt die Bezeichnung Victor B(PR).Mk 1, und die ersten sechs Luftbetanker behielten ihre Tauglichkeit als Bomber und wurden in Victor B(K).Mk 1A umbenannt, nachdem sie nachträglich mit zwei Mk-20B-HDU unter den Flügeln ausgestattet worden waren. Diese letzteren Exemplare kehrten im Mai 1965 in den Dienst zurück und erhielten 1968 die geänderte Bezeichnung Victor B.Mk 1A(K2P). Diesen Maschinen folgten 24 reine Tanker mit den HDU unter den Flügeln, ergänzt durch eine Mk 17 HDU im hinteren Teil des Waffenschachts, der versiegelt und für zwei zusätzliche Treibstofftanks umgebaut wurde. Diese 24 Tanker waren 10 Victor K.Mk 1 und 14 Victor K.Mk 1A, die aus der Victor-B.Mk-1- beziehungsweise Victor-B.Mk-1A-Serie umgebaut worden waren.

1954 war die Arbeit an einer Version des Victor-Bombers mit Turbofan-(Zweikreis-) anstelle von Turbojet-Antrieb gut vorangeschritten. Dies würde die Reichweite erheblich vergrößern. Man wählte dafür den Rolls-Royce-Conway in Form von RCo.11 Mk 103 mit einer Leistung von 76,73 kN. Die erste Victor mit einem solchen Antrieb flog im Februar 1959 als Maschine der Victor B.Mk 2-Produktionsserie. Ihr folgten weitere 33 Bomber, die bei der Übergabe alle mit dem ECM-System der Victor B.Mk 1A ausgestattet waren. Die Flügelansätze der Victor B.Mk 2 mussten für die Conway-Triebwerke an jeder Seite um 0,91 m verlängert werden. Weitere Veränderungen waren größere Luftkanäle, eine Rückenflossenleiste, zwei einziehbare Schaufeln an den Rumpfseiten, um die beiden Turbo-Wechselstromgeneratoren mit Luft zu versorgen, die das gänzlich überarbeitete elektrische System antrieben, ein Turbomeca-Artouste-Hilfsaggregat am Steuerbord-Tragflächenansatz, um das Modell von Bodenantrieben unabhängig zu machen, und Vorrichtungen für die Avro-„Blue Steel"-Luft-Boden-Lenkrakete in einer halb versenkten Installation unter dem Rumpf.

Die Victor B.Mk 2 ging im Oktober 1961 in Dienst und erhielt als Nachfolger der Vickers Valiant bald die Rolle eines Tiefflug-Penetrators. Diese Rolle beanspruchte ihr Flugwerk, das für den Höhenflug gebaut war, sehr stark. Es wurde aber durch die abfallenden Vorderkanten und „Küchemann-Karotten" abgemildert, einem Paar großer Schoten, die sich von den Vorderkanten nach hinten erstreckten, um bei hoher Unterschallgeschwindigkeit das Auftreffen der Schockwellen zu verzögern. An den „Karotten" konnten auch Düpelabwerfer angebracht werden und 21 Victor B.Mk 2 wurden damit sowie mit verbessertem ECM und einem verstärkten Antrieb ausgestattet, um die Victor B.Mk 2R zu schaffen.

Ein weiteres Aufrüstungsprogramm führte zur Victor-B(PR).Mk-2-(später Victor-SR.Mk-2-)Variante für strategische maritime Aufklärung. Neun Flugzeuge erhielten für diese Aufgabe zwei Zusatztanks im vormaligen Waffenschacht, ein abgewandeltes Radar, Kameras und eine große Zahl Blitzlichtbomben. Die einzige Victor-Version, die noch bis in die 90er Jahre in Dienst blieb, war die Victor K.Mk 2, von der in den frühen 70er Jahren 24 Stück als abgewandelte Victor-B.Mk-2-Bomber gebaut wurden, als Ergänzung zur Victor K.Mk 1/1A, die besser für „heiße" Operationen ohne Opfer von Bombenlast geeignet war.

EINE NEUE AVRO-KONSTRUKTION

Der Entwurf von Avro, der dieselben Forderungen erfüllen sollte, die zur Victor führten, war der Typ 698, der auf einem Rumpf mit rundem Querschnitt basierte, der von vorn nach hinten Platz für ein großes Bombenradar, ein Druck-Cockpit, die zwillingsrädrige Bugeinheit des einziehbaren dreiteiligen Fahrwerks, Treibstofftank, Bombenschacht und Schächte für Avionik und elektronische Abwehrinstrumente bot. Der Rumpf stützte die große, vertikale Schwanzfläche und den Zentralabschnitt der Tragfläche, einer Tiefenstruktur mit zwei Bristol-Aero-Engines-BE.-10-(später Bristol-Siddeley-Olympus-)Turbojets an jedem Flügel. Sie befanden sich hinten am Zentralabschnitt, ihre Düsen ragten leicht über die Hinterkanten hinaus und sie saugten die Luft

Tupolew Tu-95MS-16 „Bear-H"

Typ: Strategisches Langstrecken-Raketenwerfer-Flugzeug
Herkunftskand: UdSSR
Triebwerke: vier 14.800-PS-(11.035-ekW-)KKBM-(Kusnezow-) NK-12MV-Turboprop-Triebwerke
Leistung: Höchstgeschwindigkeit 925 km/h; Dienstgipfelhöhe 12.000 m
Gewicht: leer 120.000 kg; maximale Startmasse 187.000 kg
Abmessungen: Spannweite 50,04 m; Länge 49,13 m inklusive Wiederbetankungssonde; Höhe 13,30 m
Bewaffnung: Zwei 23-mm-Nudelman-Richter-NR-23-Kanonen oder zwei 23-mm-Griasew-Schipunow-GSch-23L-Kanonen, sowie bis zu 16 Kh-55-(AS-15-„Kent"-)Marschflugkörper

über große Kanäle auf jeder Seite an. Außenbords des Zentralabschnitts waren die Hauptabschnitte der Deltaflügel, jeder um 50° geneigt, die jeder ein Hauptfahrwerk (mit je vier kleinen zwillingsbereiften Rädern) und fünf große Treibstofftanks sowie an den Hinterkanten zweiteilige Höhenruder und zweiteilige Außenbord-Querruder trugen. Zwei Prototypen des Typs 698 wurden bestellt, doch beschloss man auch, die modernen aerodynamischen Besonderheiten des Bombers an fünf Exemplaren des Typs 707 zu testen, die ein Drittel der Größe des Typs 698 besaßen. Das Typ-707-Programm war fast ein nachträglicher Einfall und lief daher eher parallel zum als nach dem Typ-698-Programm. Es trug aber erheblich zur Entwicklung des großen Deltaflügelbombers bei. Der erste Typ-698-Prototyp war vor seinen Triebwerken fertig und unternahm daher seinen ersten Flug am 30. August 1952 mit einem Ersatzantrieb aus vier Rolls-Royce-Avon-RA.3-Turbojet-Triebwerken, jedes mit einer Leistung von 28.91 kN. Diese wurden aber bald durch Armstrong-Siddeley-Sapphire-ASSa.6-Turbojets, jeder mit einer Leistung von 33.36 kN, und später durch Olympus-BOl.1/28-Turbojets ersetzt.

Der zweite Prototyp flog erstmals am 3. September 1953 und war näher an der geplanten Produktionsserie. Sein vorderer Rumpfteil war wegen der längeren Bugstrebe, die installiert worden war, um der Tragfläche beim Abheben einen größeren Anstellwinkel zu verschaffen, um 0,406 m verlängert. Das Modell wurde von vier Olympus-Mk-100-Turbojets angetrieben,

jeder mit einer Leistung von 43,37 kN. Es führte eine Bauch-Radarkuppel mit einem optischen Bomben-Zielinstrumentenbrett ein und bahnte den Weg für das serienproduzierte Flugdeck mit dem Piloten und Kopiloten im Oberdeck auf Martin-Baker-Mk-3K-Schleudersitzen und dem Navigator, Radar-Operator und System-Operator im Unterdeck auf gewöhnlichen Sitzen.

DIE AVRO VULCAN

Inzwischen hatte der neue Bomber den Namen „Vulcan" erhalten. Die erste Vulcan B.Mk 1 aus der Fertigung flog im Februar 1955 mit dem Olympus-Mk-100-Turbojet, der bald durch den Olympus BOl.1/2C Mk 101 mit 48,93 kN Leistung ersetzt wurde, dann durch den Olympus Mk 102 mit 53,38 kN Leistung und schließlich durch den Olympus BOl.12 Mk 104 mit einer Leistung von 59,61 kN. Insgesamt wurden 45 Flugzeuge gebaut, die ab Februar 1957 ihren Dienst antraten. Die stärkere Antriebskraft des Olympus Mk 104 brachte insgesamt eine Verbesserung der Leistung, besonders bei der Geschwindigkeit, führte aber auch zu einem leichten Rütteln der Tragflächenenden. Dieses drohte das Flugwerk des Modells zu erodieren, wurde aber durch nachträgliche Ausstattung der meisten Flugzeuge mit der so genannten Phase-2-Tragfläche mit geknickten und abwärts gewölbten Flügeln beseitigt, die tiefere äußere Flügelabschnitte besaß und so das Dicke-Tiefe-Verhältnis verkleinerte. Als die letzte Vulcan B.Mk 1 im April 1959 geliefert war, war das Olympus-Mk-104-Triebwerk und die Austattung mit der Luftbetankungssonde Standard geworden, und die meisten Exemplare wurden mit einem vergrößerten Heck mit verbesserter ECM-Kapazität ausgestattet. Das führte zur Neubezeichnung Vulcan B.Mk 1A für Flugzeuge mit einer Spannweite von 30,18 m, einer Tragfläche von 330,17 m², einer Länge von 29,59 m, einer Höhe von 8,08 m, einer normalen Startmasse von 72.567 kg, einer maximalen Startmasse von 90.720 kg, einer Höchstgeschwindigkeit von 1010 km/h in 12.190 m, einer Dauergeschwindigkeit von 964 km/h in Optimalhöhe, einer Reichweite von 4818 km und einer Dienstgipfelhöhe von 15.240 m. Zusätzlich zur konventionellen Last von 454-kg-Hochexplosiv-Bomben als taktischer Ladung waren thermonukleare Freifall-Bomben für die Vulcan B.Mk 1 und Vulcan B.Mk 1A geeignet (nach der Reihenfolge ihrer Aufnahme in den Dienst): die 4990-kg-„Blue Danube", die 4082-kg-„Violet Club", die 2722-kg-US-Mk-5 (unter US-Code zwischen 1958 und 1962 an Bord der Flugzeuge des Waddington-Geschwaders), die 3175-kg-„Yellow Sun Mk 1" (zwischen 1962 und 1966) und die 3289-kg-„Yellow Sun Mk 2" (zwischen 1962 und 1966); auch die taktische 907-kg-Freifall-Nuklearbombe „Red Beard" war verfügbar.

■ LINKS: Trotz ihrer Turboprop-Triebwerke bot die Tu-95 (hier eine Tu-95KM „Bear-C" für maritime Aufklärung) eine Jet-artige Leistung und hatte eine sehr große Reichweite.

In der zweiten Hälfte der 50er Jahre wurde der Olympus-Turbojet so stark und erfolgreich weiterentwickelt, dass man eine neue Version der Vulcan für nötig hielt, um die zusätzliche Leistung auszunutzen, die nun von der Olympus-BOl.6-Mk 200-Triebwerksserie geliefert wurde. Das neue Modell gründete auf der Phase-4-Tragfläche, deren Spannweite um 3,66 m länger und deren Dicke-Tiefe-Verhältnis weiter reduziert war. Größere Kanäle sorgten für vebesserte Luftzufuhr für die stärkeren Triebwerke.

1956 und 1957 wurde der zweite Typ-698-Prototyp an den aerodynamischen Standard der geplanten Vulcan B.Mk 2 angepasst. In seiner neuen Form flog er erstmals am 31. August 1957. Man maß der Vulcan B.Mk 2 solche Wichtigkeit bei dass 15 Flugzeuge dem Entwicklungsprogramm zugeteilt wurden. Es umfasste nicht weniger als 90 größere Modifikationen, darunter die neue Tragfläche, den Ersatz der ursprünglichen Höhenruder-Querruder-Kombination durch vier kombinierte Höhen-Querruder auf jeder Seite, die Vergrößerung der Eingänge und Düsenröhren für die Olympus-Mk-200-Serie und die geplante Olympus-BOl.21-Mk-300-Serie, eine Verstärkung des Flugwerks für stark erhöhte maximale Startmasse mit vergrößerter interner Treibstoffkapazität, die Verkürzung der Bugstrebe und den Umbau des Hauptfahrwerks, den Einbau eines Rover-2S/150-Gasturbinen-Hilfsaggregats, ein komplett neues elektrisches System und Vorrichtungen für die Avro-„Blue Steel"-Luft-Boden-Lenkrakete (halb versenkt im Waffenschacht) als Hauptwaffe.

17 Flugzeuge, die als Vulcan B.Mk 1A-Bomber in Bau waren, wurden gemäß dieses neuen Standards fertig gestellt, und die ersten davon flogen im August 1958 mit Olympus-BOl.7-Mk-200-Triebwerken, jedes mit 71,17 kN Leistung. Sie erhielten bald darauf Olympus Mk 201 mit einer Leistung von 75,62 kN und ab 1961 wurde dieser Antrieb auf Olympus-Mk-202-Standard mit einem Pressluft-Aggregat-Startsystem aufgerüstet. Die Vulcan B.Mk 2 war ab Juli 1960 im Einsatz und die Produktion von 89 Flugzeugen war im Januar 1965 abgeschlossen.

„BLUE STEEL"-TRÄGER

Der definitive Standard, nach dem die meisten Exemplare abgewandelt oder gebaut wurden, war die Vulcan B.Mk 2A mit „Blue Steel"-Kapazität, einem Gelände-Tast-Radar für die Penetration im Tiefflug, die 1966 zur Hauptfunktion der Vulcan wurde, ferner einem Antrieb aus vier Olympus-Mk-301-Turbojets und einem modernen ECM mit dem ARI.18228 RWR. Als die letzte Vulcan B.Mk 2 geliefert wurde, waren die meisten Vulcan-B.Mk-1/1A-Bomber aus dem Dienst verschwunden, und in den späten 60er Jahren folgte eine Verringerung der Zahl von Vulcan B.Mk 2/2A, als zwei der acht in der Heimat stationierten Staffeln aufgelöst und zwei weitere Staffeln nach Zypern verlegt wurden. 1973 erhielt eine weitere Schwadron eine andere Funktion als strategische maritime Aufklärer. Ihre Flugzeuge wurden zum Vulcan-SR.Mk-2A-Standard mit elektronischen, optischen und anderen Sensoren und vermutlich mit zusätzlichen Tanks im ehemaligen Waffenschacht umgebaut.

In den frühen 80er Jahren entschied man, alle Vulcan zwischen Juni 1981 und Juni 1982 zurückzuziehen, da es zu teuer sei, die bestehenden Flugzeuge weiterzuführen. Dieser Prozess war praktisch abgeschlossen, als im April 1982 argentinische Truppen auf den Falkland-Inseln eindrangen, und die letzten paar Flugzeuge aus drei Geschwadern wurden zu einer ad-hoc-Staffel zusammengelegt, die die Falkland-Inseln von einem Stützpunkt auf der Insel Ascension aus angreifen konnte. Weitere sechs Flugzeuge wurden nach dem Vulcan-K.Mk 2-Luftbetankerstandard umgebaut. Die HDU befand sich im vormaligen ECM- und Extratreibstoff im ehemaligen Waffenschacht. Diese Exemplare waren die letzten Vulcan-Maschinen im Einsatz. Sie wurden 1983 ausgemustert.

DIE AMERIKANISCHE HUSTLER

Schon 1946 verarbeitete Convair die Masse von deutschen Forschungsdaten, die es am Ende des Zweiten Weltkriegs erhalten hatte. Mit Hilfe des deutschen Theoretikers und Befürworters der Deltaflügel, Dr. Alexander Lippisch, konnte

Convair bei der Entwicklung einer Reihe faszinierender Deltaflügel-Konzepte auf deutsche Ideen aufbauen. Eine solche Form wurde für den GEBO IV *(GEneralized BOmber Nr. 4)* oder Modell 4 gewählt, den die Firma auf die Anforderung der USAF eines Langstrecken-Überschall-Aufklärers und -Bombers vorlegte. Modell 4 sollte Bomben und Treibstoff in einem großen, externen Bauchgehäuse tragen, eine Einheit mit Finnen, die einer massiven Bombe, die über dem Ziel abgeworfen wurde, ähnelte und dem Flugzeug das Entkommen mit hoher Geschwindigkeit und die Heimkehr mit seiner geringen internen Treibstoffkapazität erlaubte. Der Durchmesser des externen Gehäuses war so groß, dass die nötige Bodenfreiheit nur durch sehr lange Streben am dreiteiligen Fahrwerk geschaffen werden konnte, das eine Bugeinheit mit Zwilingsrädern und zwei Haupteinheiten mit je einem achträdrigen Rädergestell umfasste. In dieser Form schien das Modell 4 genügend aussichtsreich und Convair erhielt einen Vertrag zur Entwicklung des ersten wirklichen Waffensystems in Bomber- und Aufklärungsform, obwohl letztere bald aufgegeben wurde.

Im Oktober 1952 bestellte die USAF zwei XB-58-Prototypen, im Oktober 1954 16 YB-58A-Testflugzeuge (diese Bestellung wurde später auf 11 reduziert und dann um weitere 17 ergänzt) und 31 Bauchgehäuse. Convair arbeitete weiter an dem neuen Flugwerk und benutzte dabei Schichtverkleidungen aus verbundenen Waben gegen die aerodynamische Erhitzung bei längerem Flug mit Mach 2.

Der erste XB-58-Prototyp flog im November 1956 mit einem Antrieb aus vier J79-GE-1-Turbojets, jeder mit einer Leistung von 63,61 kN mit Nachverbrennung. Bald war klar, dass der neue Bomber die Anforderungen ohne größere Modifikationen erfüllen würde, obwohl bei der Konstruktion viele Entscheidungen eher aufgrund von kundiger Vermutung als von empirischen Daten getroffen wurden.

Die B-58 erhielt 1956 den Namen Hustler. Sie war eine für den Volleinsatz enorm kompliziert und schwierig fertig zu stellende Maschine und das Entwicklungsprogramm umfasste 30 Flugzeuge (die beiden XB-58 und 28 YB-58A) mit 35 MB-1C Bauchgehäusen, jedes für einen W39-Nuklearsprengkopf und 15.792,7 Liter Treibstoff. Die Härte des Entwicklungsprogramms und die hochmoderne Natur der Hustler zeigt sich daran, dass nicht weniger als sieben dieser 30 Flugzeuge verloren gingen.

Die Strategie für dieses Waffen-Treibstoff-Gehäuse war Luftbetankung zur Entlastung der Tanks und ein maximales Fluggewicht von 80.342 kg, Eintritt in den Tiefflug bei 1112 km/h, ein scharfer Anstieg auf 16.765 m und 2126 km/h oder Mach 2.0, ehe das Gehäuse in einem Bomben-Abwurfmanöver gelöst wurde, und dann Abflug mit Höchstgeschwindigkeit. Ab 1960 wurde das MB-1C-Gehäuse durch das TCP *(Two-Component Pod)* ergänzt, das 18,90 m lang war und einen BLU-2/B-2-Unterabschnitt mit Treibstoff trug, der abgesprengt wurde, wenn der Treibstoff verbraucht war, und einen BLU-2/B-3-Oberabschnitt mit BA53-Sprengkopf, Kameras, ECM und/oder Treibstoff, der am Ziel abgeworfen wurde.

Die YB-58 und die YB-58A wurden beide von J79-GE-5- oder -5A-Turbojets angetrieben. Letzterer wurde im ersten von schließlich 86 B-58A-Hustler-Serienbombern benutzt. Die späteren Exemplare hatten verbesserte J79-GE-5B- oder -5C-Triebwerke. Das erste der Serienproduktion wurde im März 1960 ausgeliefert und diese 86 Flugzeuge wurden durch elf Test-Einsatzflugzeuge ergänzt, die auf vollen Einsatzstandard gebracht worden waren. Andere Varianten des Serienproduktions-Bombers waren die RB-58A Hustler und die TB-58A Hustler. Die RB-58A war ein Aufklärer und entstand aus dem Umbau von 17 Testflugzeugen. Sie trug ein Multi-Sensor-(optisches und IR-Linescanning-)Aufklärungsgehäuse, und die TB-58A war ein Ausbildungsflugzeug mit Doppelsteuerung, das als Umbau von acht Testflugzeugen entstand.

Die B-58A erreichte im August erste Operationstauglichkeit und wurde in der Mitte der 60er Jahre für Tiefflüge auf kürzeren Strecken eingesetzt (oft mit zwei Halterungen an den Flügelansätzen für zusätzliche 3175-kg-Depots, die im Allgemeinen vier B41-Nuklearbomben enthielten). Im Januar 1970 wurde sie wegen ihrer relativ hohen Unfallrate und sehr hohen Erhaltungskosten aus dem Dienst genommen.

DIE SOWJETISCHE „BLINDER“

Die Tu-22 ging 1961 als geplanter Nachfolger der Tu-16 in der Rolle eines Hochflug-Penetrationsbombers gegen die immer raffinierteren westlichen Verteidigungsmethoden in Dienst, doch trotz ihrer Geschindigkeit von Mach 1,5 führte ihr geringer Radius dazu, dass sie bald eher als Ergänzung zur Tu-16 denn als ihr Nachfolger angesehen wurde. Der

Mjassischtschew M-4 „Bison-A“

Typ: Strategischer schwerer Bomber
Herkunftsland: UdSSR
Triebwerk: vier 85,32-kN-MNPK-„Sojus“-(Mikulin-)AM-3D-Turbojet-Triebwerke
Leistung: Höchstgeschwindigkeit 998 km/h; Dienstgipfelhöhe 13.700 m; Reichweite 8100 km
Gewicht: leer 90.000 kg; maximale Startmasse 210.000 kg
Abmessungen: Spannweite 50,53 m; Länge 47,20 m; Höhe 14,10 m
Bewaffnung neun 23-mm-Nudelman-Richter-NR-23-Kanonen sowie bis zu 9000 kg Zuladung

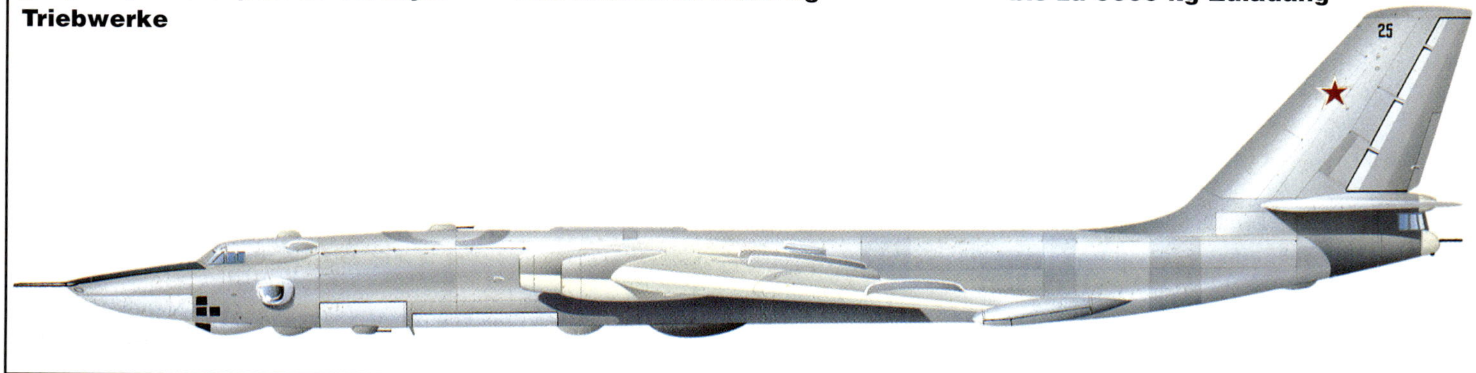

■ OBEN: Die letzten „V-Bomber", die in Dienst gingen (und ihn verließen), waren die Handley Page Victor mit einem bauchigen Rumpf und mondsichelförmigen Tragflächen.

Typ, von dem nur 250 Exemplare ausgeliefert wurden, erhielt anfangs die NATO-Berichtsbezeichnung „Beauty" (Schönheit), die aber bald in „Blinder" (Blender) geändert wurde, da das Air Standards Coordinating Committee entschied, dieser Name sei zu schmeichelhaft. Die anfängliche „Blinder-A"-Variante war ein Aufklärungsbomber mit Kameras für die Aufklärung und Schadensbewertung im hinteren Teil der Hauptfahrwerksverkleidung und SLAR- oder IR-Linearscanning-Ausrüstung zwischen dem Bug-Radar und dem Crew-Abteil.

Die Tu-22K „Blinder-B" war die Grundversion der Lenkraketen tragenden Tu-22 mit abgewandeltem Waffenschacht mit beschnittenen Klappen für die halb versenkte Rampe einer Kh-22-Burja-(AS-4-„Kitchen"-)Luft-Boden-Waffe, die mit dem „Down Beat"-Radar anstelle des „Short Horn"-Typs des Tu-22-Bombers arbeitete. Die Variante führte auch eine Luftbetankungssonde vom halb einziehbaren Typ in der Verkleidung oberhalb des Bugs ein.

Die anderen Versionen waren die Tu-22R „Blinder-C", ein Modell für maritime Aufklärung, die Tu-22UB „Blinder-D", eine umgebaute operative Ausbildungsvariante, und die Tu-22P „Blinder-E" EW- und Elint-Unterversion der Tu-22R, die eine modifizierte Bug-Radarkuppel und eine Reihe zusätzlicher Dielektrik-Anzeigen für weitere Sensoren, doch keine Einrichtung für optische Aufklärung an Bord hatte.

DIE FORCE DE FRAPPE

1954 beschloss die französische Regierung, die *Force de Frappe* als Hauptelement der nationalen nuklearen Abschreckungsstrategie zu schaffen und so Frankreichs Weltmachtstellung zu erhalten. Eine Schlüsselrolle spielte dabei ein bemannter Bomber mit der AN-22-Waffe, einer französischen nuklearen Freifall-Bombe mit einem 60-Kilotonnen-Sprengkopf.

Zu dieser Zeit war Dassault mit der Konstruktion des Mirage-III-Abfangjägers mit einem Antrieb aus einem SNECMA-Atar-101G-1-Turbojet-Triebwerk mit SEPR-Startrakete und des schweren Mirage-IV-Jägers mit einem Antrieb aus zwei Atar-9-Turbojet-Triebwerken befasst. Die Mirage III hatte schließlich einen Antrieb aus einem Atar-9-Turbojet-Triebwerk und einer SEPR-Rakete als optionalen Antrieb für verbesserte Höhenleistung und man erwog auch, die stärkere Mirage IV mit einer Tragfläche von 29 m² in beiden Versionen als Mirage IVA und Mirage IVB auf eine maximale Startmasse von 6400 bzw. 7380 kg auszulegen.

Als nächstes schlug Dassault der französischen Luftwaffe die aufgerüstete Mirage IVC mit einem Antrieb von zwei Atar-9-Turbojet-Triebwerken, einer Tragfläche von 43 m² und einer maximalen Startmasse von 11.000 kg vor, ersetzte dann aber dieses Angebot durch einen identisch konstruierten Vorschlag für einen Jäger mit einem Antrieb aus einem de-Havilland-PS.26-3-Gyron-Nachverbrennungs-Turbojet-Triebwerk und einer Tragfläche von 50 m². Im November 1956 war die Mirage IVA zur Mirage IVF mit einer SEPR-Treibrakete geworden, was die geschätzte Dienstgipfelhöhe auf 24.000 m erhöhte. Die französische Marine zeigte Interesse an der Mirage IVM, der Marine-Version der Mirage IVC.

Zuletzt wurden alle diese Mirage-IV-Jäger-Varianten aufgegeben, doch die Arbeit der Firma war nicht verschwendet, da die Mirage IVC zur Grundlage des mittleren strategischen Bombers, den die französische Luftwaffe anforderte, wurde. Nach einem Jahr von Versuchen, die Mirage IVC in ein solches Kriegsflugzeug umzuwandeln, meinte Dassault zu Recht, dass mehr Größe und Gewicht für die von der französischen Luftwaffe geforderte Kriegslast, Geschwindigkeit und Reichweite nötig seien. Dieses vergrößerte Modell sollte die Mirage IV mit einem Antrieb aus zwei großen Pratt&Whitney-J75-B-Turbojet-Triebwerken sein, doch dann entschied die französische Luftwaffe, dass Luftbetankung mehr Möglichkeiten bot. Sie bestellte daher 12 Boeing-C-135F-Tanker zur Versorgung einer geplanten Zahl von 62 Bombern, doch auch so erforderte ein Schlag gegen Ziele tief in der UdSSR, dass nach der Neubetankung durch einen Tanker im freundlichen Luftraum Einsätze von Flugzeugpaaren geflogen wurden, von denen eines Nuklearwaffen, das andere zusätzlichen Treibstoff und eine „Kumpel"-Betankungsausrüstung trug.

Der schließlich für diese Rolle entwickelte Bomber war die Mirage IVA, die erstmals im Juni 1959 mit einer niedrig/-mittel gesetzten Tragfläche flog. Der Navigator/System-Operator befand sich in einer kleinen, praktisch unverglasten Kabine hinter dem Pilotencockpit, der Antrieb aus zwei nebeneinander liegenden Atar-9-Nachbrenn-Turbojet-Triebwerken lag am hinteren Rumpfteil und das einziehbare Fahrwerk war dreiteilig.

Letzteres war für das Abheben mit RATO-Treibraketen von natürlichem Boden, der durch Auftragen rasch bindender Chemikalien gehärtet wurde, optimiert. Das Fahrwerk umfasste eine Bugeinheit mit Zwillingsrädern und zwei Haupteinheiten mit je einem vierrädrigen Fahrgestell.

Dem Prototyp folgten drei etwas größere Vorserienmodelle. Das erste davon flog im Oktober 1961 mit einem Antrieb aus zwei Atar-9C-Turbojet-Triebwerken, jedes mit 62,76 kN Leistung mit Nachverbrennung, und das dritte im Januar 1963 nach einem Standard, der repräsentativ für die Mirage-IVA-Serienproduktion war, mit Atar-9K-50-Turbojet-Triebwerken, einer Luftbetankungssonde im Bug, voller operativer Ausrüstung und Vorrichtungen für die Bewaffnung.

Die ersten von insgesamt 62 Mirage-IVA-Bombern gingen 1964 als Teil der französischen nuklearen Abschreckungsstreitmacht beim 91., 93. und 94. *Escadre de Bombardement* in Dienst. Jeder Bomber hatte Thomson-CSF-DRAA-8A-Rundsichtradar, Marconi-Doppler-Navigation, Dassault-Einsatzcomputer und die Halterung für eine AN-22 nukleare Freifall-Bombe, halb versenkt im unteren Rumpfsegment für Interventionseinsätze, bei einem Maximalgewicht von 33.475 kg. Alternative Beladungen waren konventionelle 450-kg-Bomben oder vier AS.37-Martel-ASM (Antischiff-Missiles).

In den mittleren und späten 80er Jahren, als ihre Freifall-Bombenlast veraltet war, wurden 19 Mirage-IVA-Bomber umgebaut, um die 150/300-Kilotonnen-ASMP-Kurzstreckenrakete zu tragen. In dieser Rolle wurde die Mirage IVP für Tiefflugpenetration optimiert. Sie erhielt das neue Thomson-CSF-Arcana-Radar, verbesserte Nav./Angriffs- und EW-Ausrüstung, darunter das Thomson-CSF Serval RWR, duale Sagem-Uliss-INS und Leuchtkugeln/Düpel an Außenbordstationen unter den Flügeln. Zwölf Flugzeuge erhielten den Mirage-IVR-Standard, strategische Höhen/Tiefen-Aufklärung mit spezieller Marine-Ausrüstung, einem abgewandelten EW-System und speziellen Sensorsystemen, darunter das CT52-Gehäuse, das für die zuvor für die nukleare Freifall-Bombe benutzte Nische unter dem Rumpf konstruiert war. Am Ende des 20. Jahrhunderts waren nur noch fünf für als Aufklärer umgewandelte Mirage-IVP-Kampfflugzeuge im Dienst.

DIE TU-22M

Eine Zeitlang hielt man im Westen dieses Flugzeug für die Vollproduktionsform der Tu-26, wobei die Bezeichnung Tu-22M nur für eine kleine Zahl früher Prototypen und aus dem Tu-22-„Blinder"-Standard umgebaute Testmodelle benutzt wurde. Das heute korrekt als Tupolew Tu-22M bezeichnete Modell ist ein mächtiger Bomber, Raketenwerfer und Aufklärer, der sich von der Tu-22 herleitet. Diese hatte sich hinsichtlich ihrer Leistung und ihres Aktionsradius' aufgrund ihrer starken Pfeilflügelform als enttäuschend erwiesen, die für Überschallflüge optimiert war. Bei der Umwandlung der Tu-22 in die Tu-22M wurden die ursprünglichen fixen Flügel durch einen abgewandelten Typ ersetzt, deren innere fixierte Abschnitte den schwenkenden äußeren Teil stützten und in der minimalen Schwenkstellung der äußeren Abschnitte von 20° für bessere Leistung, in der Reisestellung der äußeren Flügelabschnitte in mittlerer Schwenkposition für größere Reichweite, und in der maximalen Schwenkstellung der äußeren Flügelabschnitte von 65° für bessere Sprintleistung sorgten. Der Antrieb wurde verändert: Anstelle der beiden Turbojet-Triebwerke mit Nachverbrennung in Gehäusen beiderseits der vertikalen Schwanzfläche mit Ansaugung über kreisförmige Kanäle wurde ein Paar Turbofan-Triebwerke mit Nachverbrennung in konventioneller seitlicher Installation und mit Ansaugung über rechteckige Kanäle mit verstellbaren Spaltplatten montiert.

Der überarbeitete Typ verfügte über eine Reihe von Verbesserungen und der erste von zwei Tu-22M-0-(Tu-126-)Prototypen flog wohl im Sommer 1969 zu Beginn eines Flugtestprogramms, zu dem auch sieben Vorserienmodelle gehörten.

Von der ersten Tu-22M-1-Produktions-Variante wurden nur neun Stück gebaut (vielleicht genug für eine Staffel), die 1973 in Dienst gingen. Das bemerkenswerteste aerodynamische Merkmal des Typs war seine Tragfläche, welche nicht nur wegen ihren veränderbaren Geome-

Avro Vulcan B.Mk 2A

Typ: Strategischer schwerer Bomber
Herkunftsland: Großbritannien
Triebwerk: vier 75,62-kN-Rolls-Royce-(Bristol-Siddeley-)BOI.6-Olympus-Mk-201-Turbojet-Triebwerke
Leistung: Höchstgeschwindigkeit 1038 km/h auf 12.190 m; Dienstgipfelhöhe 16.765 m; Reichweite 7412,5 km
Gewicht: maximale Startmasse etwa 113.400 kg
Abmessungen: Spannweite 33,83 m; Länge 30,50 m ohne Sonde; Höhe 8,29 m
Bewaffnung: bis zu 9526 kg Bombenlast

trie, sondern auch wegen ihrer komplexen Auftriebs- und Steuereigenschaften interessant war. Die Auftriebsvorrichtungen an jeder Tragfläche umfassten vierteilige Klappen (mit äußeren Abschnitten, die oft als Querruder angesehen wurden) mit Doppelschlitz an jeder Hinterkante und einer automatisch funktionierenden Leiste entlang der gesamten Vorderkante, während die Steuereinrichtungen an jedem Flügel an der oberen Fläche dreiteilige Störklappen zur Seitensteuerung enthielten. Manche dieser Spoiler waren auch zum Einsatz als Luftbremse und Auftriebs-Dumper konstruiert. Das Leitwerk bestand aus einer horizontalen Plattenfläche in zwei Hälften, die sich von Punkten entlang der unteren Ecken der Nachbrenner aus erstreckten, und einer vertikalen Seitenflosse mit einem Ruder.

Trotz ihrer Verbesserungen gegenüber der Tu-22 enttäuschte die Tu-22M-1 bei der Reichweite, vielleicht eine Folge des Strömungswiderstands durch die von den Flügelhinterkanten zurückragenden Gehäuse. Im Westen dachte man, sie seien nach Tupolew-Art für das einziehbare dreiteilige Fahrwerk gedacht, doch heute weiß man, dass dem nicht so war.

DIE BACKFIRE-B

Die Tu-22M-2 „Backfire-B" war die erste definitive Version des Basisdesigns, das im Sinne besserer Leistung und Offensivkraft erheblich abgewandelt wurde. Unverändert blieben nur das vertikale Heck, die Rumpfschale und die innere Tragflächenstruktur, der Rest des Flugwerks war neu; es erhielt eine größere Spannweite ohne hinten vorragende Gehäuse, einen Antrieb von zwei KKBM-(Kusnezow-)NK-22-Turbofan-Triebwerken, jedes mit 215.74 kN mit Nachverbrennung, Platz für eine Vier-Mann-Crew in Tandem-Form auf Schleudersitzen und eine andere Anordnung des dreiteiligen Fahrwerks, das eine rückwärts einziehbare Bugeinheit mit zwei Rädern und zwei Haupteinheiten mit je einem Sechs-Rad-Gehäuse vorsah, das sich in den unteren Teil der inneren Flügelabschnitte und in den Rumpf einzog. In der ersten Zeit ihres Einsatzes trug die Tu-22M-2 eine Kh-22-Burja-(AS-4-„Kitchen"-)ASM halb versenkt im unteren Waffenschacht im Rumpf, doch der Typ wurde später abgewandelt: Als externe Waffengestelle hinzugefügt wurden, um die maximale Waffenlast auf 21.000 kg zu erhöhen (die 12.000 kg im Waffenschacht mit eingerechnet), trug er zwei Missiles desselben Typs unter den Tragflächen. Die Defensivbewaffnung umfasste zwei zweirohrige, rückwärts feuernde 23-mm-Griasew-Schipunow-GSh-23L-Kanonen in einer Heckbarbette, die von „Fan Tail"-Radar gesteuert wurden.

Von der Tu-22M-2 wurden insgesamt 211 Stück gebaut. Bis in die frühen 90er Jahre wurden diese und spätere Varianten einheitlich als Tu-26 bezeichnet, um die umfangreichen Veränderungen gegenüber dem Tu-22M-1-Standard anzuzeigen. Doch diese Einschätzung erwies sich später als falsch.

Die Tu-22M-2 „Backfire-C", die 1984 eingeführt wurde, ist eine abgewandelte Version der Tu-22M-2 mit höherer Leistung durch den verstärkten Antrieb aus zwei Kusnezow-NK-25-Turbofan-Triebwerken, jedes mit einer Leistung von 245,16 kN mit Nachverbrennung und Ansaugung über keilförmige Kanäle, einer einziehbaren Luftbetankungssonde anstelle der fixen Sonde der früheren Modelle, einer abgewandelten und nach oben gerichteten Bug-Radarkuppel mit einem anderen Nav./Angriffs-Radar (oder auch Nav./Angriffs-Radar und Gelände-Tast-Radar), einer wendigeren Offensivbewaffnung in Form eines sechsteiligen drehbaren Raketenwerf-Systems mit RKV-500B- oder Kh-15-(AS-16-„Kickback"-)Antiflugabwehrraketen, von denen weitere vier paarweise unter der inneren Tragfläche an den früheren Kh-22-Stationen getragen werden können, und einer Defensivbewaffnung aus nur einer zweirohrigen 23-mm-GSh-23L-Kanone in einer Heckbarbette mit verbesserter aerodynamischer Form unter einer trommelförmigen Radarkuppel des Typs, der zum Teil durch die Produktion der Tu-22M-2 eingeführt worden war.

OBEN: Der beliebteste und visuell beeindruckendste der „V-Bomber" war die Avro Vulcan mit einer Tragflächenkonstruktion, die später von der Höhen- zur Tieffflugrolle angepasst wurde.

Die Tu-22M wird von der Bombertruppe für strategische Operationen mit Freifall-Waffen und Marschflugkörpern benutzt, von der Marine für elektronische Aufklärung und Angriffe mit ASM. Die Produktion endete 1993 mit der Lieferung des 268. Flugzeugs.

DIE GEBURT DER B-1

Seit der Indienstnahme des ersten Atom-U-Boots für ballistische Raketen der US-Marine im Dezember 1959 vertrauten die USA bei ihrer primären strategischen Verteidigung auf eine Trias von Nuklearwaffensystemen. Diese umfasst U-Boote für ballistische Raketen mit Unterwasserstart, ballistische Raketen mit Bodenstart und den bemannten Bomber. Letzteren hält man allgemein für am verwundbarsten, doch zugleich bietet er konkurrenzlose Operationsflexibilität (darunter die Möglichkeit zum Abwurf konventioneller Waffen als Alternative zu Nuklearbomben und des Rückrufs bis zum Moment des Bombenabwurfs). In den 50er Jahren und zu Beginn der 60er Jahre setzte die US Air Force ein Trio von bemannten Bombern in strategischer Rolle ein: den Boeing B-47 Stratojet mittleren Unterschallbomber, den Boeing B-25 Stratofortress schweren Unterschallbomber und den Convair B-58 Hustler mittleren Überschallbomber. Alle drei waren für die Höhenflug-Penetration konstruiert, doch in den frühen 60er Jahren zeigte sich, dass die Entwicklung der sowjetischen Verteidigungsmaßnahmen gegen

■ **OBEN: Die Convair B-58A Hustler bot hohe Überschallleistung. Sie trug ihre Nuklearlast und den Treibstoff für den Einsatz in feindlichem Gebiet in einem großen Gehäuse unter dem Rumpf.**

eine solche Penetration, vor allem die Einführung von immer stärkeren Boden-Luft-Raketen und leistungsfähigeren bemannten Abfangjägern mit modernen Luft-Luft-Raketen, einen Wechsel zur Tiefflug-Penetration unter der Grenze des Erfassungsbereichs des sowjetischen Radars nötig machte. Die damaligen Bomber konnten diese Rolle übernehmen, wenn auch auf Kosten ihrer Leistung und der Lebensdauer ihres Flugwerks, doch die B-47 und B-58 näherten sich dem Ende ihrer operationellen Laufzeit.

1962 begann die USAF die Planung eines *Advanced Manned Strategic Aircraft* (fortschrittlichen strategischen bemannten Flugzeugs). Sie führte 1965 zu einer Ausschreibung, auf die Boeing, General Dynamics, North American und Rockwell reagierten. Das Angebot von North American wurde für weitere Entwicklung gewählt. Die absehbaren Kosten und gemeinsame sonstige Interessen führten im September 1967 zur Fusion von North American und Rockwell zur North American Rockwell Corporation, die 1973 zur Rockwell International Corporation wurde.

Im Juni 1970 gab die USAF als Vorspiel für die groß angelegte Entwicklung des neuen Bombers den Bau von vier B-1A-Prototypen in Auftrag. Der erste von ihnen hatte am 23. Dezember 1974 seinen Jungfernflug. Zu dieser Zeit hoffte das SAC der USAF, 250 Stück des neuen Bombers in Auftrag zu geben und damit allmählich die nun alternden B-52-Bomber zu ersetzen.

Doch Opposition im Kongress und ein Regierungswechsel brachten solche Pläne zum Stocken und im Juni 1977 erklärte Präsident Jimmy Carter, dass die Tests an den vier Prototypen nur als Versicherung gegen ein Scheitern des strategischen Cruise-Missile-Programms fortgeführt würden, das nun nach Ansicht von Verwaltungs- und politischen Kreisen bessere Eignung bei geringeren Kosten bot. Zur selben Zeit bekräftigte Präsident Carter, dass die Produktion der B-1A eingestellt würde.

REAGANS UNTERSTÜTZUNG

1981 hatte sich das politische Klima wieder geändert und Ronald Reagan, der neue Präsident, nahm der UdSSR gegenüber eine wesentlich härtere Haltung ein. Einer der unmittelbaren Nutznießer des neuen Konzepts einer verstärkten Militärstärke, das sich sehr auf die größere ökonomische Stärke der USA und ihre technologische Überlegenheit über die UdSSR stützte, war das SAC, das im September 1981 informiert wurde, es würde endlich den längst überfälligen Bomber in Form einer reduzierten Gesamtzahl von 100 Stück des B-1B-Derivats erhalten, das auf der äußeren Gestalt der vierten B-1A beruhte.

Der zweite und vierte B-1A-Prototyp wurden im März 1983 für Tests der Flugeigenschaften der B-1B benutzt, die auf einer Tragflächen-Rumpf-Konstruktion in spitzem Winkel beruht. Die äußeren Flügelabschnitte sind variabel, der Schwenkwinkel ihrer Vorderkanten kann von 15° bis maximal 67°30' umgestellt werden. Die B-1B wird von vier General-Electric-F101-Turbofan-Triebwerken angetrieben, die paarweise nebeneinander unten hinten am fixen Mittelabschnitt der Flügel montiert sind. Die Gehäuse liegen im Sinne optimaler Stabilität bei Luftwirbeln, wie sie bei Tiefflügen bei Hochgeschwindigkeit typisch sind, nahe am Schwerpunkt der Maschine.

Damit die B-1B rascher als die B-52 abheben und im Krisenfall von dürftigeren, vorgeschobenen Flugfeldern aus operieren kann, ist sie mit zwei Auftriebsvorrichtungen ausgestattet: Die Tragfläche enthält Leisten in sieben Segmenten an den Vorderkanten und geschlitzte Klappen in sechs Segmenten an den Rückseiten. Es gibt keine Querruder, zur Kontrolle des Rollens dient eine vierteilige Luftbremse (Störklappe) an den äußeren Flügelabschnitten. Mit Ausnahme der elektrisch betriebenen Außenbord-Spoiler sind alle Flugsteuerungen elektrohydraulisch getrieben, auch die beweglichen Elemente des Leitwerks, das ein Seitenruder und eine Höhenflosse mit „Heckquerrudern“ umfasst, die gemeinsam als Höhenruder und Querruder wirken. Die Schwanzflächen haben ein Fly-by-Wire-Hilfssteuersystem. Kleine bewegliche, schaufelartig gegliederte Flächen in 30°-negativer-V-Stellung sind unter und vor dem Cockpit angebracht. Sie sind Sensoren für seitliche und vertikale Bewegung und sorgen bei turbulentem Flug für die Dämpfung des Scherens und Fallens der Maschine.

GRENZEN DER B-1B

Die absolute Leistung der B-1B wurde im Vergleich zu der der B-1A durch eine Reihe von Veränderungen, die weitgehend vom Kostenfaktor diktiert wurden, verringert. Zu den größeren Verbesserungen am Flugwerk zählte ein verstärktes Fahrwerk, ein bewegliches Schott im vorderen doppelten Waffenschacht, um eine Reihe von Waffen verschiedener Größe führen zu können, eine Einrichtung von Waffenschacht-Treibstofftanks für eine Erweiterung der Reichweite und externe Halterungen unter dem Rumpf für zusätzliche Waffen oder Treibstofftanks. Die Reduktion der Höhenfluggeschwindigkeit der B-1A von Mach 2,5 auf etwa Mach 1,25 erlaubte den Ersatz der verstellbaren Triebwerkeinlässe durch leichtere, billigere und zuverlässigere fixe Einlässe.

Die Rolle der Tiefflug-Hochgeschwindigkeitspenetration gegen raffinierte Luftabwehrsysteme sollte durch elektronische Störausrüstung, IR-Gegenmaßnahmen, Radar-Ortungs- und -Warnsysteme und die Anwendung von „Niedrig-Wahrnehmbarkeits"-Technologie erfüllt werden. Große Aufmerksamkeit auf die Eingangsgeometrie führte zu flachen Oberflächen der vier Triebwerkskompressoren, die durch S-förmige Eingangsschächte mit Ablenkplatten vor Radar geschützt wurden. Bei Schlüsselkomponenten wurde viel RAM *(Radar Absorbent Material)* eingesetzt. Der vielleicht beste Beweis für die erfolgreiche Reduktion der elektromagnetischen Signatur der B-1B ist, dass ihr Radar-Querschnitt um mindestens eine Größenordnung kleiner als der einer B-52 ist, obwohl die B-1B nur wenig kleiner und von vergleichbarem Gewicht ist.

Die Vier-Mann-Crew der B-1B besteht aus Pilot, Kopilot, OSO *(Offensive Systems Operator)* und DSO *(Defensive Systems Operator)*. Pilot und Kopilot sitzen nebeneinander im Cockpit, OSO und DSO in ähnlicher Anordnung in einem Abteil hinter dem Cockpit. Alle Fenster können mit PLZT-(Zirkoniumtitanat-) Strahlungsschutzschilden ausgestattet werden. Alle vier Crew-Mitglieder sitzen auf McDonnell-Douglas/Weber-ACES-II-Null/Null-Schleudersitzen in einer Einrichtung, die die nützliche, doch komplizierte und teure Mannschafts-Rettungskapsel der B-1A ersetzt. Die FBW- und elektromechanischen Flugkontrollsysteme werden von Pilot und Kopilot bedient. Für den Fall eines Ausfalls haben sie Umpolungsverbindung. Der OSO fungiert hauptsächlich als Navigator. Er soll vor allem die B-1B zu ihrem Ziel lenken und die Waffen im optimalen Moment abfeuern, während der DSO die Abwehr-Elektronik der B-1B steuert.

Die Entwicklung des offensiven Avionik-Systems lag vor allem bei Boeing. Das Primärsystem ist das Westinghouse-APQ-164-Multi-Modus-Offensivradar, abgeleitet vom APG-66 der General-Dynamics-(jetzt Lockheed-Martin-)F-16-Fighting-Falcon und mit einer nur schwach wahrnehmbaren phasengespeisten Antennengruppe für Gelände-Tiefflug und genaue Navigation. Weitere Navigationssysteme schließen ein hochpräzises Singer-Kearfott INS, Teledyne-Ryan-APN-218-Doppler- und Honeywell-ASN-121-Radar-Höhenmessgerät ein. Das Honeywell-Offensiv-Anzeigen-Set umfasst drei MFD, zwei für den OSO eine für den DSO. Von ersteren zeigt eines die Bedrohungen in alphanummerischer Bezeichnung, das andere gibt Information über die Bedrohung in tabellarischer Form. Der DSO muss vor allem unter Benutzung des Eaton-AIL-ALQ-161-Systems Gegenmaßnahmen gegen externe Gefahren treffen. Dieses bildet den Kern der ständig aufgerüsteten Defensivkapazität der B-1B. Das System umfasst ein ALQ-161A-Hochfrequenz-Überwachungs/-ECM-System, eine Heck-Warneinheit, das ASQ-184-Defensiv-Führungssystem und ein ausstoßbares Gegenmaßnahmen-System (Düpelung und Leuchtkugeln). Das System kann Signale von feindlichen Quellen entdecken, orten und klassifizieren und simultan über eine Reihe von Sensoren übermitteln, die rund um das Flugwerk verteilt sind und eine volle 360°-Erfassung bieten. Das System kann die Bedrohungen reihen und über viele Northrop-Störsender und phasengespeiste Raytheon-Antennengruppen automatisch Gegenmaßnahmen einleiten.

DER ERSTE FLUG DER B-1B

Die erste B-1B aus der Fertigung hatte ihren Jungfernflug am 18. Oktober 1984. Die Lieferungen an die Offutt-Basis der Air Force in Nebraska begannen im Juli 1985, und genau ein Jahr später erreichte das SAC die Operationsfähigkeit mit der B-1B, die später Lancer genannt wurde, noch ehe der rasche Aufbau einer Truppe aus vier Geschwadern vollendet war. Mit Ausnahme der neunten Maschine, die für Testaufgaben an die Edwards AFB in Kalifornien geliefert wurde, wurden die ersten 29 B-1B dem 96. Geschwader der Dyess-Basis in Texas zugeteilt. Die nächsten Bombergeschwader waren das 28. der Ellsworth-Basis in South Dakota, das 319. der Grand-Forks-Basis in North Dakota und das 384. der McConnell-Basis in Kansas.

Die Laufbahn der B-1B ist von Kontroversen geprägt und von langen Startverboten unterbrochen. Auch gab es mehrere Aufsehen erregende Verluste. Probleme

■ UNTEN: Die Tupolew Tu-22 „Blinder" versorgte die Sowjets mit Überschall-Bomber-Kapazität, hatte aber eine zu geringe Reichweite und auch nur eine schwache Feldleistung.

entstanden durch falschen Alarm von computerisierten Selbst-Diagnostik-Systemen, nicht funktionierendes Gelände-Tast-Radar und wiederholte Fehler im ALQ-161-System. Auch Triebwerksprobleme waren für die Startverbote und vielleicht für manche Verluste verantwortlich.

Eine dieser Phasen erzwungener Inaktivität verhinderte den Einsatz der B-1B bei den Operationen von „Desert Storm", der Vertreibung der irakischen Besatzung aus Kuwait 1991, obwohl sie nominell immer noch die nukleare „Bereitschaft" des SAC ausübte.

ZUKUNFTSPLÄNE

Die Zukunftspläne für die B-1B-Flotte schließen die Ergänzung durch GPS, einen MIL-1760-Datenbus, ECM-Verbesserungen und fortschrittlichere Waffenkapazität mit konventionellen sowie Nuklearwaffen ein, da sie in der Penetrationsrolle von der Northrop Grumman B-2A Spirit ergänzt wird. Im Juni 1994 begann eine sechsmonatige Beurteilung der operationellen Bereitschaft und das positive Ergebnis war hauptverantwortlich dafür, dass die Opposition im Kongress gegen die Weiterfinanzierung der Verbesserung des Modells teilweise durchbrochen wurde. Bis in die Gegenwart war die Hauptaufgabe der B-1B eine strategische mit Nuklearbomben, obwohl der Typ auch Cruise Missiles führen kann.

Die B-1B hatte eine Serieneinrichtung von drei Waffenschächten. Das vorn an die Tragflächenverbindung angrenzende Paar hatte eine Gesamtlänge von 9,53 m, der hinter der Tragflächenverbindung eine Länge von 4,57 m. Die Schächte sind mit hydraulisch betriebenen Klappen verschlossen und zu den meist mitgeführten Waffen zählen thermonukleare B61- und B83-Bomben mit einem Höchstgewicht von 34.020 kg. Alternativ können die Waffenschächte mit drei SRAM-Werfern für bis zu 24 Stück der AGM-69A-Kurzstrecken-Lenkrakete (später SRAM-A, jetzt nicht mehr im operativen Einsatz), 12 984-kg-B28- oder 28 340-kg-B61- oder 1089-kg-B83-Freifall-Atombomben ausgerüstet werden. Die B-1B besitzt auch die Kapazität zur Führung von acht luftgestützten AGM-86B-Cruise-Missiles (vielleicht ersetzbar auf Eins-zu-eins-Basis durch die AGM-86C-Version mit einem 454-kg-Hochexplosiv-Sprengkopf) oder AGM-129A-Advanced-Cruise-Missiles auf dem Common Strategic Rotary Launcher, der nach Modifikation des vorderen Doppel-Bombenschachts mit dem beim neunten Flugzeug eingeführten Schott installiert werden kann, obwohl die ALCM bei Routine-Operationen noch nie getragen wurde. Die sechs Laststationen unter dem Rumpf können zusätzliche 12 ALCM oder zusätzliche konventionelle Lasten bis zu einer Gesamtlast von 60.782 kg tragen. Die B-1B kann auch konventionelle Waffen abwerfen, die erste Ladung aus dem verbesserten Block B bis zu 84 227-kg-Mk-82-Bomben oder intern geführte Mk-36-Minen, gefolgt von der 431-kg-CBU-87/B-Combined-Effect-Munition-Streubombe, die im verbesserten Block C gemeinsam mit der Vorrichtung für die CBU-89-(Gator-Antipanzer- und Antipersonen-Mine-)Streubombe und die CBU-97-Sensor-Fused-Weapon-Streubombe mit zehn BLU-108-Submunitionen mit je vier „Skeet"-Antipanzerwaffen hinzu kam. Der verbesserte Block D, ergänzt Ende 1993, hat verbesserte Kommunikationseinrichtungen, das Raytheon ALE-50 Towed Decoy System, auf INS gebrachtes GPS, einen MIL-1760-Datenbus für die bessere Integration der Waffenmerkmale und Vorrichtungen für moderne konventionelle Waffen wie die 900-kg-GBU-31-Joint-Direct-Attack-Munition, einen Lenkflugkörper als GBU-31(V)1 mit einem Splitter-Sprengkopf oder als GBU-31(V)3 mit einem Wuchtgefechtskopf.

Zu den künftigen Waffenoptionen des konventionellen Typs, die gerade im verbesserten Block E entwickelt werden, für 2002 geplant sind und auf verbesserter Computeranlage und -software beruhen, um das Führen von bis zu drei verschiedenen Waffentypen zu gestatten, gehören mehrere modernere Typen wie die Texas Instruments JSOW *(Joint Stand-Off Weapon),* die JASSM *(Joint Air-to-Surface Stand-off Missile)* und die WCMD *(Wind-Corrected Munitions Dispenser)* trägheitsgelenkte Hecksteuerung als Zusatz zu Streubomben (CBU-87, CBU-89, CBU-97, CBU-103, CBU-104 und CBU-105) sowie besser etablierte Waffen wie die AGM-84-Harpoon-Antischiff-Lenkrakete und die AGM-142 „Have Nap" ASM.

In den späten 90er Jahren übernahm Boeing die Verantwortung für die Erhaltung und weitere Verbesserung der B-1B, darunter die zusätzliche Ausstattung mit dem geschleppten Raytheon-ALE-50-Lenkwaffen-Ablenkungssystem.

DIE TUPOLEW TU-160

Das schwerste je gebaute Flugzeug, neben dem die ähnlich strukturierte B-1B Lancer ein Zwerg ist, ist die Tupolew Tu-160, der größte Bomber der Welt. Zweifellos wurde die Konstruktion dieses sowjetischen Bombers stark durch den B-1A, den Vorläufer der Lancer, beeinflusst, der seinen Jungfernflug am 23. Dezember 1974 hatte, doch 1977 von Präsident Carter gestrichen wurde. Zunächst als Produkt 70 bekannt, unternahm die Tu-160 ihren Jungfernflug am 19. Dezember 1981 bei Schuchowski, das im Westen damals als Ramenskoje bekannt

Tupolew Tu-22M „Backfire-A"

Typ: Mittlerer strategischer Bomber und maritimes Angriffsflugzeug
Herkunftsland: UdSSR
Triebwerk: zwei 156,90-kN-RKBM-(Koliesow-)VD-7M-Turbojet-Triebwerke
Leistung: Höchstgeschwindigkeit 1480 km/h oder Mach 1,4 in

war. Das Flugzeug war drei Wochen vor seinem Erstflug von einem US-Aufklärungssatelliten entdeckt worden und erhielt die vorläufige Bezeichnung „Ram-P“, ehe es „Blackjack“ genannt wurde.

Die Tu-160 wurde zwischen zwei Tupolew Tu-144-„Charger“-Überschalltransportern fotografiert und zeigte viele gemeinsame Merkmale mit der B-1, obwohl der Vergleich mit der Tu-144 fast sofort enthüllte, dass der sowjetische Bomber viel größer als sein amerikanisches Gegenstück war. Die B-1A war für das Durchdringen von feindlicher Luftabwehr bei großer Höhe und hoher Geschwindigkeit und mit raffinierter ECM-Verkleidung konstruiert worden, um ohne unnötige Verluste einen Weg durch die Luftabwehr zu bieten. Als das Projekt als billigere, weniger komplexe, doch praktischere B-1B wieder auflebte, hatte man alle Gedanken an Höhenpenetration aufgegeben und die weniger ausgeklügelte Maschine sollte nun eine Kombination aus Tiefflug (wo die Geschwindigkeit auf den Überschallbereich beschränkt ist) und verringertem Radar-Querschnitt zur

12.000 m Höhe; Dienstgipfelhöhe 18.300 m; Reichweite 2400 km ohne Luftbetankung
Gewicht: leer etwa 40.000 kg; maximale Startmasse 83.900 kg
Abmessungen: Spannweite 23,75 m; Länge 40,53 m ohne Sonde; Höhe 10,67 m
Bewaffnung: eine 23-mm-Nudelman-Richter-NR-23-Kanone sowie bis zu 10.000 kg Zuladung

Durchdringung der feindlichen Luftabwehr benutzen. In der UdSSR wollte man nicht aus ökonomischen Gründen die Gesamtleistung beeinträchtigen und das Tu-160-Programm blieb daher sowohl auf Tiefflug-Penetration bei Überschallgeschwindigkeit als auch auf Höhenflug-Penetration bei etwa Mach 1,9 festgelegt.

SCHWENKFLÜGEL

Die Kombination von schwenkbarem Tragflächen-Grundriss und starken Auftriebsverstärkern sollte gute Manövrierfähigkeit bei geringer Geschwindigkeit und daher die geforderte Feldleistung mit der Tragfläche in der minimalen Schwenkposition von 20°, ausgezeichnete Reichweite mit Last in der mittleren Stellung von 35° und Hochgeschwindkeit bei der Maximalschwenkung von 65° bringen. Der Schwenkungswinkel wird von Hand gewählt.

Zu den Auftriebsverstärkern gehören Rippen an den Vorderkanten und doppelspaltige Flaps an den Hinterkanten über die ganze Tragfläche. Die Hinterkante der Innenbord-Flapabschnitte, die immobilisiert sind, wenn die Flügel nach hinten geschwenkt sind, hat keinen Schlitz im Rumpf, in den sie bei Schwenkung eingezogen werden kann. Stattdessen faltet sie sich aufwärts parallel zur Mittellinie der Maschine und dient so als Führung. Manche Flugzeuge haben einen Faltabschnitt mit Doppelgelenk, was eine Führung von 35° oder 65° ermöglicht.

Die Tu-160 hat eine Vier-Mann-Crew, paarweise nebeneinander auf Zvezda-K-36D-Schleudersitzen in einem geschlossenen Cockpit, das über eine Leiter im hinteren Teil des Schachts für die zweirädrige Bugeinheit des dreiteiligen Fahrwerks betreten wird. Die Haupteinheiten tragen ein sechsrädriges Gestell, das sich um 90° dreht, wenn die Haupteinheit in die Tragfläche eingezogen wird.

Pilot und Kopilot führen das Flugzeug mittels Steuersäulen vom Jäger-Typ durch Inputs für das Fly-by-Wire-Steuersystem, doch die gesamte Cockpit-Ausstattung ist analo ohne MFD, CRT oder HUD. Vor dem Cockpit befindet sich die lange, spitze Radarkuppel für das Gelände-Tast- und Angriffs-Radar mit einem Gehäuse darunter für die nach vorn blickende TV-Kamera als Zielsichtgerät. Für Interkontinental-Reichweite sorgt eine völlig einziehbare Luftbetankungs-Sonde. Die Kampflast wird wird in zwei Tandem-Waffenschächten geführt, jeder ist 12,80 m lang und im unteren Rumpfteil gelegen. Jeder dieser Schächte ist normalerweise mit einem drehbaren Werfer ausgerüstet, der entweder sechs Kh-55M-(AS-15-„Kent“-)Marschflugkörper oder 12 Kh-15P-(AS-16-„Kickback“-)„SRAMski“-Verteidigungs-Abwehr-Missiles führt.

■ OBEN: Die Rockwell-(jetzt Boeing-)B-1B-Lancer wurde für das Eindringen in verteidigten Luftraum unter dem Radarbereich konstruiert, um Bomben oder Lenkraketen freizusetzen.

LIEFERUNG DER TU-160

Die Entwicklung der Tu-160 zum Produktionsstatus zog sich extrem in die Länge und mindestens ein Prototyp soll verloren gegangen sein. Die Fertigung wurde in Kazan durchgeführt und ging bis Januar 1992 weiter, als Präsident Boris Jelzin erklärte, es würden keine weiteren strategischen Bomber gebaut. Später dachte man, die Produktion könnte wieder aufgenommen werden, um die bei der Auflösung der UdSSR von der Ukraine beschlagnahmten Flugzeuge zu ersetzen, doch hält man dies jetzt aus finanziellen Gründen für unwahrscheinlich, obwohl die Aufteilung der Bomber weder Russland noch der Ukraine eine ausreichende Zahl dieser modernen Bomber ließ. Sogar nachdem das Flugzeug ab Mai 1987 an das 184. Schwere-Bomber-Regiment geliefert wurde, gab es ernste Probleme mit der Tu-160, die die Operationen einschränkten: Knappheit bei der Basisflugausrüstung irritierte die Flug-Crews, das Fehlen von Ohrenschutz und Antischwingungs-Stiefeln für die Bodenmannschaften führte zur Ertaubung einiger Männer, manche Schleudersitze konnten den einzelnen Crew-Mitgliedern nicht angepasst werden und die Zuverlässigkeit von Flugzeugen, Triebwerken und Systemen war sehr gering. Der Betrieb musste deshalb von Teams der Kazan-Fabrik und des Tupolew-Konstruktionsbüros unterstützt werden. Die Auslieferung des Flugzeugs wurde fortgesetzt, obwohl noch kein Produktionsstandard festgelegt war. Daher unterscheiden sich Spannweite und Ausstattung bzw. Ausrüstung von Flugzeug zu Flugzeug.

19 Tu-160-Bomber wurden an die zwei Staffeln des 184. Regiments der Priluki-Luftwaffenbasis geliefert, wo sie nach dem Zusammenbruch der UdSSR unter Kontrolle der Ukraine blieben. Diese konnte die Flugzeuge nicht erhalten und später wurde ihr Transfer nach Russland beschlossen. Die letzten 12 Stück wurden an russische Einsatzeinheiten, darunter das 1. Schwere Bomberregiment (fünf Flugzeuge) übergeben, die anderen sieben erhielten verschiedene Testaufgaben. Das Regiment steht in der Engels-Luftwaffenbasis in der russischen Region Saratow, die als erste Tu-160-Basis vorgesehen war, ehe dieses Privileg Priluki zuteil wurde.

DER STEALTH-BOMBER

Das B-2-Spirit-Nurflügelflugzeug wurde unter größtmöglicher Geheimhaltung entworfen und entwickelt. Es ist ein „stealthy“ (heimlicher) strategischer Bomber mit bester Tarnung gegen Radar und IR-Sensoren für die Aufgabe des Kalten Kriegs, wichtige sowjetische Ziele mit Nuklearbomben und Luft-Boden-Lenkwaffen anzugreifen. Die B-2 begann als „schwarzes“ Programm, das anfangs als „Project Senior C. J.“, später als *Advanced Technology Bomber* (ATB) bekannt war. In den Anfangsphasen dachten die meisten höheren Offiziere der US Air Force, dass die oberste Priorität auf diesem Feld der B-1B-Überschallbomber haben sollte. Nur eine sehr kleine Zahl von Offizieren wusste vom Projekt der B-2 als Unterschall-Penetrationsbomber. Für diese war die B-1B daher eine Zwischenlösung, die bis zur Verfügbarkeit der B-2 gebaut und entwickelt werden sollte, und auf dem Höhepunkt des Kalten Kriegs hoffte die USAF auf nicht weniger als 132 Stück dieses sehr teuren, doch zweifellos leistungsfähigen Modells.

Bei der Konstruktion des neuen Bombers konnte Northrop (jetzt Northrop Grumman) auf seinen Erfahrungen mit Nurflüglern aufbauen, wurde aber auch erheblich von Boeing, Vought und General Electric unterstützt. Das Konstrukteursteam benutzte ein computergestütztes 3-D-Konstruktions- und Fertigungssystem für die einzigartige gemischte Tragflächen/Doppel-W-Grundrissform der B-2, und mehr als 100.000 Radar-Querschnittbilder von B-2-Modellen und Teilen wurden zur Beurteilung ihrer „Stealth“-Eigenschaften analysiert, ehe verkleinerte und Teile in Originalgröße in 550.000 Arbeitsstunden für Tests im Windkanal benutzt wurden. 900 spezielle Fertigungsprozesse mussten für das Programm entwickelt werden, darunter Verbundmaterialien, die erhebliche Hitze ohne Verlust an Stärke aushalten, Ultraschall-Fräsemaschinen, automatisierte Bearbeitung über 3D-Datenbank und Laser-Sheraographie-Kontrolle.

Die Fertigung des Flugzeugs ist eine Zusammenarbeit von Northrop, verantwortlich für die vorderen Abschnitte und das Cockpit, Boeing für die Außenbord- und Abschnitte hinter dem Zentrum und Vought für die mittleren Rumpfabschnitte und die Aluminium-, Titan- und Verbundteile, wobei Northrop Grumman den Zusammenbau erledigt. Graphit/Epoxid-Zusammensetzungen werden ausgiebig als Hauptelement für das Waben-Material benutzt, das elektromagnetische Energie eher absorbiert als reflektiert. Zur Reduktion der IR-Signatur des Antriebs strahlen die vier General-Electric-F118-GE-110-Turbofan-Triebwerke durch V-förmige Ausgänge hinter und oberhalb der Hinterseiten ab, um diese Hitzequellen zu verbergen, während die visuelle Wahrnehmbarkeit durch Einspritzung von Chlor-Fluorsulfonsäure in die Abstrahlfahne zur Unterdrückung von Kondensstreifen verringert wird. Durch die Verbindung von um 33° geneigten Vorder- und gezähnten Hinterkanten wird Radarenergie eher eingefangen als reflektiert. Weitere Tarnmaßnahmen sind S-förmige Triebwerkseingänge und „stealthy“ dielektrische Platten. Sie tarnen die Antenne des großen Hughes-APQ-181-Radars vor feindlichen Radarwellen, während er selbst normal funktionieren kann.

ELEKTRONISCHE AUSSTATTUNG

Das Radar hat gemeinsame Merkmale mit dem APG-70 in der McDonnell Doug-

Rockwell B-1B Lancer

Typ: Strategischer Langstreckenbomber und Abschussplattform für Lenkraketen
Herkunftsland: USA
Triebwerk: vier 136,92-kN-General Electric-F101-GE-102-Turbofan-Triebwerke
Leistung: Höchstgeschwindigkeit 1324 km/h oder Mach 1,25 beim Höhenflug; Dienstgipfelhöhe 15.240 m; maximale Reichweite etwa 12.000 km mit Standardtreibstoff
Gewicht: leer 87.091 kg; maximale Startmasse 216.365 kg
Abmessungen: Spannweite 41,67 m gestreckt und 23,84 m geschwenkt; Länge 44,81 m; Höhe 10,36 m
Bewaffnung: maximal 34.020 kg Waffenlast

las F-15C/D/E Eagle mit synthetischer Apertur und weist 21 Operationsmodi auf, darunter kohärentes Kartografieren. Die B-2 stützt sich auf ihr APQ-181-Radar, das nur einen kleinen Bereich bestrahlt, um direkt vor dem Angriff die Position von Zielen zu verifizieren. Dieses Radar wird seit 1987 in einer speziell umgebauten Boeing C-135 getestet, und obwohl einige Prototypen des B-2-Bombers Radar hatten, wurden alle Radar-Tests an der C-135 durchgeführt.

Das elektronische Kampfsystem der B-2 umfasst das Loral-Federal-System APR-50-(ZSR-62-)RWR und das hoch eingestufte Northrop-Grumman-ZSR-63-Defensivsystem. Das Cockpit ist für zwei Mann für den Standardeinsatz mit nach oben schnellenden McDonnell-Douglas/-Weber-ACES-II-Null/Null-Schleudersitzen und einer Steuersäule für jeden ausgerüstet, doch ist Platz für ein drittes Crewmitglied. Der Pilot auf dem Backbord-Sitz hat die Aufsicht über den Einsatz-Computer, der die Zielzuweisung (oder Neuzuweisung im Flug) erledigt. Für Navigation und Waffenabschuss ist der Waffensystem-Operator/Einsatzkommandant steuerbords verantwortlich. Beide Hauptpositionen haben vierfarbige multifunktionale Anzeigen und alle Flug-, Triebwerks-, Sensor- und System-Informationen werden auf einem neunteiligen EFIS-*(Electronic-Flight-Instrumentation-System-)*Display angezeigt. Die Maschine hat ein ein vierfaches digitales Fly-by-Wire-System, das die beweglichen Flächen der Tragflächenhinterseite steuert, die Querruder-, Höhenruder- und Flap-Funktion kombinieren und 15 Prozent der Tragfläche einnehmen. Ein Biberschwanz fungiert als Höhenachsen-Trimmruder und hilft gemeinsam mit den Höhen-Querrudern bei der Windstoßdämpfung. Die beweglichen Teile der Hinterseiten enthalten Höhen-Querruder für Fall- und Rollsteuerung und „Luftwiderstands"-Flächen beugen dem Scheren vor.

KEINE RADAR-REFLEXION

Bei der Konstruktion achtete man auf völlig glatte Oberflächen und gerundetes Cockpit und Gehäuse. Daher ist die Radar-Rückstrahlung der B-2A sehr gering. Man verwendet Strahlen absorbierende Materialien, eine genau optimierte Form (darunter abgeschirmte Triebwerkseingänge) und einen frontalen Radar-Querschnitt von etwa Eins zu Zehn bzw. Eins zu Hundert im Vergleich zur B-1 bzw. zur B-52. Obwohl ursprünglich für die Höhenflug-Penetration gedacht, hatte die B-2 1983, als die Konstruktion eingefroren wurde, eine Tiefflug-Rolle angenommen. Die dafür nötigen Modifikationen am ursprünglichen ATB-Design schlossen die Verlegung des Cockpits und der Triebwerkseingänge, Hinzufügung von Innenbord-Höhen-Querrudern, was die typische „Doppel-W"-Form ergibt, Veränderung der Vorderkante und wichtige interne Veränderungen ein, darunter neue Schotte.

Überraschenderweise gab die USAF im April 1988 die Abbildung eines Künstlers von dem Flugzeug frei, das zuvor total geheim gehalten wurde. Sechs Prototypen, fünf davon für die USAF, wurden 1982 bezahlt, und der erste von ihnen wurde am 22. November 1988 aus der USAF Plant 42 bei Palmdale in Kalifornien gerollt. Northrop steuerte die Zeremonie sorgfältig, um Details der Tragfläche zu verbergen, und die 500 Gäste sahen die B-2 nur von vorn und aus der Bodenperspektive. Obwohl ursprünglich für 1987 geplant, fand der erste Flug der B-2 erst am 17. Juli 1990 statt, als die erste Maschine, auch als AV-1 *(Air Vehicle No. 1)* bekannt, an die Edwards-Basis der USAF geliefert wurde, um mit dem Testprogramm zu beginnen. Das Datum hatte sich seit dem 15. Juli wegen einer Fehlfunktion des Treibstoffsystems verzögert. Am 13. Juli hatte man das Flugzeug rollen lassen und das Bugrad hob kurz ab.

Am 19. Oktober 1990 kam die AV-2 zur AV-1, und ein Zeitplan von 3600 Flugstunden begann mit 16 Flügen (67 Stunden) zur Erprobung der Flugtüchtigkeit und Manövrierfähigkeit. Diese Flüge wurden Mitte Juni 1990 abgeschlossen und schlossen die erste Luft-Betankung mit einem McDonnell Douglas KC-10A Extender am 8. November 1989 ein. Die Tests des zweiten Blocks zur Prüfung und Beurteilung der Tarneigenschaften des wirklichen Flugzeugs begannen im Oktober 1990. Die Flüge zeigten, dass nicht alle „Stealth"-Merkmale der B-2 so wie angepriesen waren, und die

UNTEN: Der Höhepunkt der sowjetischen Nuklearbomber-Entwicklung, die Tupolew Tu-160 „Blackjack" ist ein Mammut-Flugzeug. Gegenwärtig ist sie bei der russischen Luftwaffe in Dienst.

folgenden Flüge wurden gestoppt, während an der AV-1 Modifikationen durchgeführt wurden. Bis 1993 gingen die „Stealth"-Tests weiter, während die AV-2 auf Leistung und Belastung geprüft wurde. Die dritte Maschine flog erstmals am 18. Juni 1991. Sie trug als erste die volle Einsatzausrüstung moderner Avionik, darunter das APQ-181-LPI-*(Low Probability of Intercept-)*Radar. Den ersten Waffenabwurf einer B-2 führte die vierte Maschine aus, die erstmals im April 1992 flog. Sie warf am 4. September 1992 eine 907-kg-Mk-84-Bombe ab. Die fünfte Maschine, vorgesehen für andere Waffen-, Tarnungs- und Klimatests, flog erstmals am 5. Oktober 1992, die sechste am 2. Februar 1993. Ende 1993 hatte das Programm 1500 Flugstunden erreicht.

„STEALTH"-PROBLEME

Wie erwähnt, zeigten sich ab Juli 1991 Mängel bei der „Stealthiness" der B-2. Während die Amerikaner heute zugeben, dass das Flugzeug von einigen Hochleistungs-Frühwarn-Bodenradars entdeckt werden kann, haben sie die russische Behauptung nicht offiziell kommentiert, dass der Bomber durch die neue Generation von SAM-Systemen der russischen Luftwaffe verwundbar ist, durch die S-300PMU (SA-10A „Grumble") und die S-300V-9M83/82 (SA-12A/B „Gladiator"/-„Giant"). Als Folge ergänzt die USAF einige Teile der Vorderkanten und Tragflächen durch eine „Reihe von Vorrichtungen", um die Signatur der B-2 auf einer Spanne von Frequenzen zu reduzieren.

Probleme mit der Leistung haben dem Modell beim Kampf um die Finanzierung der Produktion auch nicht geholfen. Ursprüngliches Ziel war eine Flotte von 133 Stück einschließlich des Prototyps als Träger von 2000 der 4845 strategischen Nuklearwaffen im Arsenal der US Air Force, doch 1991 wurde die Zahl auf 76 Maschinen zurückgenommen. Nach den anfänglichen 1982 bestellten sechs Flugzeugen wurden drei weitere finanziert, während die B-2 weiterhin ein „schwarzes" Projekt war. 1989 gab es Geld für weitere drei Maschinen und 1990 und 1991 für zwei. Dann fror der Kongress die Ausgaben auf nur 16 Flugzeuge für die USAF ein, die meinte, sie könne mit weniger als 20 Stück keine wirksame operative Leistung anbieten. Daher gab man 1993 die Zustimmung zur Finanzierung von fünf weiteren Flugzeugen. Diese Zustimmung des Kongresses erfolgte allerdings unter dem Vorbehalt, dass vor Beginn jeder weiteren Produktion die Probleme mit der Tarnung des Modells beseitigt werden müssten.

OBEN: Gegenwärtig das letzte Wort bei den Bombern: die Northrop Grumman B-2A Spirit (Geist). Sie benutzt ihre „Stealthiness", um der Aufmerksamkeit von Luftabwehrsystemen zu entgehen.

Nach der Übergabe des ersten B-2A-Fertigungsexemplars mit dem Namen *Spirit of Texas* an Northrop für Tests der elektromagnetischen Kompatibilität und Emissionen, war die erste B-2A für die USAF das achte Flugzeug, *Spirit of Missouri* genannt. Sie wurde am 17. Dezember 1993 an das 509. Bombergeschwader der Whiteman-Luftwaffenbasis, Missouri, geliefert, nachdem sie schon vor der siebenten Maschine geflogen war. Wie die anderen am Flugtestprogramm beteiligten Flugzeuge wurde die siebente Maschine 1997 an die USAF übergeben. Das 509. Bombergeschwader ist in die 393. und 715. Bomberstaffel geteilt. Jede betreibt acht Flugzeuge. Die 2. und 16. Maschine wurden auf B-2A-10-Spirit-Standard aufgerüstet, sie besitzen viele „Stealth"-Verbesserungen, die sich aus dem Testprogramm ergaben.

Die 17. bis 19. Maschine haben B-2A-20-Spirit-Standard, auf den auch eine Reihe älterer Flugzeuge nachgerüstet wurde, und dasselbe gilt für den B-2A-30-Spirit-Standard, dem das 20. und 21. Flug-

zeug sowie eine Anzahl nachträglich umgerüsteter Maschinen folgen.

DIE BEWAFFNUNG DER B-2

Die B-2A ist um ein nebeneinander liegendes Paar von Waffenschächten im unteren Mittelköper herum gebaut. Vor jedem Schacht sind kleine, abfallende Spoiler, die Wirbel für den sauberen Waffenabwurf produzieren. Drehbare Werfer in Wannen-Bombenschächten können eine theoretische Last von 34.020 kg und eine eher praktikable von 18.144 kg aufnehmen, doch nach dem nationalen *Single Integrated Operational Plan* (SIOP) der USA für Kriegsführung würde die Nuklearlast auf 9072 kg in Form von 16 AGM-129-Advanced-Cruise-Missiles oder 16 B61 operative/strategische oder strategische B83-Freifall-Nuklearbomben, getragen als acht Waffen an jedem der Werfer, die acht 906-kg-Mk-84-Bomben oder acht Joint Direct Attack Munitions in der konventionellen Funktion tragen können, begrenzt sein. Sind die drehbaren Werfer nicht installiert, so können die Waffenschächte mit zwei Bomben-Sammelgestellen für eine maximale Last von 80 227-kg-Bomben oder 36 340-kg-M117-Bomben oder 36 CBU-87-, CBU-89-, CBU-97- oder CBU-98-Streubomben oder 80 Mk-36- oder Mk-62-Seeminen ausgestattet werden. Die B-2A ist aber zu wertvoll, um sie als bloßen „Bomben-Laster" aufs Spiel zu setzen, und die wirkliche Stärke des Flugzeugs in einer konventionell bewaffneten Funktion liegt in seiner Fähigkeit, „smarte" Waffen wie die JDAM über einen weiten Bereich mit einer Genauigkeit von 9,1 m abzufeuern.

Das 2. bis 16. Serienflugzeug sowie die für die USAF bestimmten fünf Prototypen sind auf Block-10-Standard aufgerüstet worden, was ihnen die Führung von 16 B83-Freifall-Nuklearbomben, 16 konventionellen 907-kg-Mk-84 Bomben oder 16 AGM-129A-Cruise-Missiles ermöglicht. Ab 1996 wurde die Maschine auf Block-20-Standard verbessert. Dabei kommt die Kapazität für bis zu 16 nukleare B61-Freifall-Bomben oder bis zu 36 konventionelle CBU-87-, CBU-89-, CBU-97- und CBU-98-Streubomben hinzu und eine begrenzte Kapazität für konventionelle präzisionsgesteuerte Munition, die ab 1997 nachträglich eingebaut wurde und das Führen zweier neuer Waffen erlaubt. Die erste davon ist die AGM-137 TSSAM *(Tri-Service Stand-off Attack Missile)*, eine „stealthy" Unterschall-Cruise-Missile mit einer Reichweite von 605 km und einer Sprengladung von IR- und schallgesteuerter Submunition: acht AGM-137-Waffen können in Vierergruppen an jedem Werfer geführt werden. Die zweite neue Waffe ist die GPS-gestützte JDAM *(Joint Direct Attack Munition)*. An einer Mk-82-, Mk-84- oder BLU-109-Waffe angebracht, bietet die JDAM Hochpräzisionssteuerung durch das Navigationssystem und ein bordeigenes INS. Die JDAM wird eine autonome Allwetter-Waffe mit programmierbarem Zünder sein. Die zwei letzten B-2A der Serienproduktion werden vollen Block-30-Standard haben, den auch einige frühere Maschinen erhalten werden. Sie werden zusätzlich zu 80 227-kg-Mk-Bomben präzisionsgesteuerte Munition führen.

Die B-2A-30 wird auch volle operationale Avionik, ein verbessertes Apertur-Radar, ein Milstar-Satelliten-Kommunikationssystem und ein automatisiertes Einsatz-Planungssystem besitzen.

Mitte 1990 wurde bekannt, dass die B-2A eine maritime Überwachungs- und Angriffs-Sekundärfunktion hat und Waffen wie die AGM-84-Harpoon-Antischiff-Missiles führt. Die Fähigkeit des Stealth-Bombers, unentdeckt in größeren Höhen zu fliegen, verbessert die Treibstoff-Ökonomie (und so die Reichweite) und vergrößert den Bereich seiner Sensoren.

Da die Kosten neuer Entwicklungen steigen, ist die Zukunft des Bombers heute keineswegs gesichert. Lenkraketensysteme werden immer besser, und unbemannte Flugkörper sind immer weiter verbreitet. Da aber die letzte B-52 erst um 2040 ausgemustert werden soll, wird es wahrscheinlich trotzdem noch eine Zeit lang bemannte Bomber geben.

■ OBEN: Die B-2 kann konventionelle wie auch Nuklearwaffen freisetzen, darunter mit dem Global Positioning System (GPS) ausgestattete Bomben, die extrem genau sind.

REGISTER

Kursiv gesetzte Seitenzahlen verweisen auf Abbildungen